普遍高等教育“十四五”规划教材

马生产管理学

姚新奎　韩国才　主编

中国农业大学出版社
·北京·

图书在版编目(CIP)数据

马生产管理学/姚新奎,韩国才主编．—北京:中国农业大学出版社,2008.9(2024.5重印)
ISBN 978-7-81117-493-9

Ⅰ.①马… Ⅱ.①姚…②韩… Ⅲ.①马-饲养管理-高等学校-教材 Ⅳ.①S821.4

中国版本图书馆CIP数据核字(2008)第123796号

书　名 马生产管理学

作　者 姚新奎　韩国才　主编

策划编辑	张　程　潘晓丽	**责任编辑**	张苏明　胡晓蕾　刘耀华
封面设计	郑　川　李尘工作室	**责任校对**	陈　莹　王晓凤
出版发行	中国农业大学出版社		
社　址	北京市海淀区圆明园西路2号	**邮政编码**	100193
电　话	发行部 010-62818525,8625		读者服务部 010-62732336
	编辑部 010-62732617,2618		出　版　部 010-62733440
网　址	http://www.cau.edu.cn/caup	**e-mail**	cbsszs@cau.edu.cn
经　销	新华书店		
印　刷	北京时代华都印刷有限公司		
版　次	2008年9月第1版　2024年5月第5次印刷		
规　格	185 mm×260 mm　16开本　20印张　492千字		
定　价	59.00元		

编 审 人 员

主　编　姚新奎　新疆农业大学

　　　　韩国才　中国农业大学

副主编　王永军　西北农林科技大学

编　委　王彦容　内蒙古农业大学

　　　　努尔江　新疆农业大学

　　　　孙玉江　山东省东营市农业科学研究所

　　　　　　　　青岛农业大学

　　　　王旭光　新疆农业大学

审　稿　赵天佐　新疆农业大学

内容介绍

本书为高等院校教材，共计 11 章。第一章绪论，主要介绍国内外马业发展情况，包括数量与分布、遗传资源现状及今后的发展趋势；第二章马的体质外貌鉴定，主要介绍如何通过马的外貌了解马的品质、性能、用途及鉴定的方法和技术。包括马的体质、气质及经济类型，毛色分类，各类步法及主要特征，外貌鉴定的原则、方法、技术及各项体尺测定和指数计算，马的年龄鉴定方法和技术，各类马匹选择的标准和要求；第三章马(驴)的品种资源，主要介绍国内外主要的马(驴)品种资源情况，包括马属动物分类、品种类型，各个马(驴)品种的产地分布、形成历史、外貌特征、体尺、性能、现状及评价；第四章马的饲养管理技术，主要包括马的消化生理特点和对饲料的利用特性，马的营养需要，各类型及用途马的饲养管理技术；第五章马的繁殖技术，主要包括马的生殖生理、繁殖规律特点，人工授精及胚胎移植技术，提高马匹繁殖成活率的综合技术措施；第六章马的育种工作，包括马匹育种的任务和途径，马匹选种方法和选配方法及技术，马匹繁育方法，育种规划、育种工作组织及措施，生物技术在马育种中的应用；第七章马术运动，包括马术运动的分类，比赛内容、方法，各类马术比赛的特点，观众如何观看、鉴赏各类马术比赛，各类马术运动对马的基本要求、选择评判方法和指标，各类马术运动用马的饲养管理、繁育、训练调教方法和技术；第八章产品养马，包括产品养马目前的发展现状，马肉、马奶的营养价值和生物学价值，马肉、马奶的生产管理技术，马肉、马奶的加工技术，高科技含量、高附加值马产品的开发利用；第九章群牧养马，包括群牧马的生物学特性和行为特点，群牧马放牧地规划与四季放牧管理技术，群牧马繁育技术，群牧马生产的基本建筑与设施；第十章马场的管理，主要介绍马场、马术俱乐部、赛马场的类型、合理布局、规划设计、人员培训、生产技术、经营管理、财务管理、成本核算、盈利模式；第十一章驴、骡生产，包括驴、骡的生物学特性、外貌鉴定、繁殖及饲养管理技术。另附马匹接近和部位识别及鉴定、马匹体尺测量称重、马匹毛色和年龄鉴定、马品种的识别、种马等级评定、刷拭与护蹄、马的骑乘、马的屠宰试验、母马泌乳力测定、驴、骡的鉴定共计 10 个实习。本书不仅是大学教材，同时也可供从事马属动物生产、利用及产品开发的科学研究人员、涉马(驴)企业技术和管理人员及社会广大爱马人士参考使用。

前　言

根据国家有关部门对高等院校教材的编写要求，本书在编写初期，主编单位征求了本课程各相关院校主讲教师的意见，编写制订了本教材的编写大纲和说明，组成了编写班子，并与出版社进行联系和沟通，根据各位编写者的特长，经磋商进行了分工：绪论（姚新奎、韩国才）、马的体质外貌鉴定（姚新奎）、马（驴）的品种资源（姚新奎、韩国才、王永军、努尔江）、马的饲养管理技术（王永军、孙玉江）、马的繁殖技术（王旭光）、马的育种工作（王彦容）、马术运动（姚新奎）、产品养马（姚新奎）、群牧养马（努尔江）、马场的管理（韩国才）、驴、骡生产（王永军）。

各位编委完成初稿后，进行了编委之间的互审，同时征求相关人员的意见。互审后，由主编进行统编、整理、审查，修改后的教材交主审审稿，最后由主编定稿交付出版社。

本着教材密切结合生产，服务于行业发展需要的原则，在符合思想性、系统性、科学性和先进性的前提下，本教材着重解决适用性问题。目前，我国马业正处在传统马业向现代马业的转变过渡时期，马的用途由过去单一提供动力，转向以运动为主，同时产品生产、役用等多用途发展。驴、骡生产也由过去的单一役用转向役用、肉用、乳用、生物制药等多方向发展。本教材根据行业发展变化，加强了马术运动、产品养马、马场经营管理内容，同时将驴、骡生产单独列章重点阐述。

由于我国地域辽阔，地区间差异较大，各院校在使用本教材时可结合当地实际适量增减。

由于时间仓促，水平有限，本书中难免有欠妥之处，敬请读者批评指正，以待今后加以修订。

编　者

2008 年 4 月

目　录

第一章
绪　论

第一节　世界马业发展现状

一、世界数量与分布

根据联合国粮食与农业组织（FAO）官方统计，2006 年全世界马匹存栏数为 5 854.2 万匹，各大洲数量及分布比例差异很大（表 1-1）。马匹数量最多的是南美洲，占世界总数的 41.24%，其他依次为亚洲（24.0%）、北美洲（16.9%）、欧洲（10.6%）、非洲（6.7%）和大洋洲（0.6%）。

表 1-1　世界各地区马匹数量及分布比例

	世界	非洲	亚洲	欧洲	南美洲	北美洲	大洋洲
数量/万匹	5 854.2	391.2	1 404.8	619.1	2 413.0	988.6	37.5
比例/%	100.0	6.7	24.0	10.6	41.2	16.9	0.6

世界各国马匹存栏差异更大，前 10 位存栏总数占世界存栏总数的 70%以上。数量最多的是美国，占世界马匹总数的 16.22%，然后依次为中国（12.64%），墨西哥（10.69%）、巴西（9.88%）、阿根廷（6.24%）、哥伦比亚（4.36%）、蒙古（3.46%）、埃塞俄比亚（2.82%）、俄罗斯（2.25%）、哈萨克斯坦（1.99%）。世界主要国家马匹数量及分布比例见表 1-2。

表 1-2　世界主要国家马匹数量及分布比例

国　家	数量/万匹	比例/%	国　家	数量/万匹	比例/%
美国	950.0	16.22	委内瑞拉	50.0	0.85
中国	740.2	12.64	古巴	48.3	0.82
墨西哥	626.0	10.69	玻利维亚	45.6	0.77
巴西	578.7	9.88	乌拉圭	43.2	0.73
阿根廷	365.5	6.24	法国	42.3	0.72
哥伦比亚	255.4	4.36	厄瓜多尔	41.1	0.70
蒙古	202.9	3.46	印度尼西亚	39.95	0.68

续表 1-2

国　家	数量/万匹	比例/%	国　家	数量/万匹	比例/%
埃塞俄比亚	165.5	2.82	加拿大	38.5	0.65
俄罗斯	131.9	2.25	巴拉圭	36.0	0.61
哈萨克斯坦	116.4	1.99	吉尔吉斯斯坦	35.0	0.609
罗马尼亚	83.4	1.42	多米尼加	34.3	0.59
印度	75.00	1.28	巴基斯坦	33.9	0.58
秘鲁	73.0	1.25	波兰	30.7	0.52
智利	67.0	1.14	意大利	30.0	0.51
乌克兰	58.5	1.00	乍得	27.5	0.47
塞内加尔	51.8	0.88	北非	27.0	0.46
德国	50.0	0.85	尼加拉瓜	26.8	0.46
海地	50.0	0.85	西班牙	24.5	0.42

近 30 年来，世界马匹存栏总数减少趋缓。1976 年，世界马匹存栏总数为 6 161.6 万匹，至 2006 年减少了 307.4 万匹。

二、世界马匹遗传资源现状

2007 年联合国粮农组织(FAO)出版了《世界粮食与农业动物遗传资源状况》一书，对全世界畜禽遗传资源情况进行了全面的分析和概述。目前全世界拥有马匹品种和类群 633 个，其在世界各地区的分布情况见表 1-3。

表 1-3　世界马匹遗传资源分布情况　　%

地　区	非洲	亚洲	欧洲	南美洲	北美洲	大洋洲
品种比例	7	26	48	11	4	4

尽管马匹数量最多的是南美洲，但欧洲马的遗传资源多样性最丰富，拥有世界马匹品种及类群的 48%，其他依次为亚洲(26%)、南美洲(11%)、非洲(7%)、北美洲(4%)和大洋洲(4%)。

与其他畜禽遗传资源一样，马的品种遗传资源也面临着危机。统计分析表明，马是濒危品种比例最高的畜种，23%的品种和类群处于濒临灭绝的边缘。在过去的 5 年中，已经有 19 个马的品种和类群彻底灭绝。因此，在发展马业的同时，如何保护现有的马遗传资源，确保马业今后长久可持续发展，是当代从事马业人员面临的一个严峻问题。

三、世界马业发展现状

马业正经历由传统马业向现代马业的转变，由于各个国家和地区社会经济发展水平不同，传统文化影响不同，其转化进程有一定差异。传统马业的特点是马主要为人类社会提供动力，其形式为农用、交通运输、军事等；而现代马业的特点是马主要满足人们体育休闲娱乐及产品生产的要求。现代马业包括马术、赛马、乘骑、休闲娱乐及马奶、马肉、生物制品生产等。目前全世界有约 2 000 个赛马场，分布在 88 个国家，其中澳大利亚有 464 个、法国有 273 个、美国有

152 个、英国有 63 个、日本有 38 个。英国有马术俱乐部 2 800 所、法国有 1 500 所,日本有 500 所。现代马业取代传统马业是历史的必然,不可逆转。而在这个转化进程中,各个国家的进程却不尽相同。英国、德国、法国、美国、日本和澳大利亚等发达国家,受到经济、社会、传统文化等的影响,转化进程较快,已进入了现代马业的快车道,对经济发展、社会进步具有良好的促进作用。如美国现代马业直接和间接产值 1 121 亿美元,超过美国的服装业、电影业、家具制造业,是美国的重要产业之一。同时美国马业又为社会提供 140 万个就业岗位,远远大于铁路运输、广播电视、石油煤炭产品制造业,是美国社会非常重要的就业行业之一。阿根廷、墨西哥、巴西、俄罗斯等发展中国家,处于转化的中期。中国、哈萨克斯坦等国家,刚刚开始进行现代马业的转变,在一些局部地区正在形成现代马业的雏形,仍要经历一定的进程才能步入正轨。而世界上一些社会、经济较落后的国家和地区,目前仍然保持着传统马业的格局。传统马业向现代马业的转变并不以人的意志为转移,只有当社会经济发展到一定程度时,才会有这种转变的动力,才可能实现这种转变。

第二节 中国马业发展现状

一、数量与分布

我国自古就是养马大国,2006 年全国马匹存栏 740 万匹。但与马匹存栏最高的 1977 年(1 144 万匹)相比减少了 404 万匹。我国各省、市、自治区的马匹数量见表 1-4。

表 1-4 我国各省、市、自治区的马匹数量 万匹

省份	数量	省份	数量	省份	数量
全国总计	740.0	浙江	0.1	重庆	2.4
北京	0.2	安徽	0.4	四川	88.5
天津	0.3	福建	—	贵州	78.0
河北	33.1	江西	—	云南	78.3
山西	3.9	山东	13.1	西藏	42.0
内蒙古	67.9	河南	17.3	陕西	1.2
辽宁	28.2	湖北	1.6	甘肃	24.5
吉林	53.7	湖南	3.9	青海	24.5
黑龙江	41.3	广东	0.1	宁夏	0.4
上海	—	广西	39.6	新疆	94.2
江苏	1.4				

由表 1-4 可看出,马匹数量最多的新疆(94.2 万),其他依次为四川(88.5 万)、云南(78.3 万)、贵州(78.0 万)、内蒙古(67.9 万)、吉林(53.7 万)、黑龙江(41.3 万)、西藏(42.0 万)、广西(39.6 万)、河北(33.1 万)、辽宁(28.2 万)、青海(24.5 万)和甘肃(24.5 万)等。从地区分布情况来看,西北、西南、东北及内蒙古地区是我国马匹主要分布区,而华南、华中地区马匹数量很少。

二、中国马遗传资源现状

我国是马匹遗传资源最丰富的国家之一。据《中国马驴品种志》(1987 年)记载,我国有 15 个地方品种和 11 个培育品种。由于我国国土辽阔,自然生态条件千差万别,因此形成的马匹遗传资源有着独特的、巨大的经济和研究价值。特别是一些地方品种资源,如蒙古马的长途耐力、持久力;西藏马的高海拔耐低氧特性;西南矮马的特定遗传性等,都是世界马种中最珍贵的遗传资源。

但随着我国马业自 20 世纪 80 年代开始出现滑坡以来,不但马匹数量减少,品质下降,而且许多珍贵遗传资源流失严重,目前许多遗传资源处于濒临灭绝的状况(表 1-5)。

表 1-5 我国地方马种目前发展态势分析

中国马种类型(26 个)	数量平稳(3 个)	数量减少(9 个)	濒危(8 个)	濒临灭绝(6 个)
地方品种(15 个)	云南马 贵州马 利州马	蒙古马 岔口驿马 哈萨克马 藏马 建昌马 百色马 河曲马	巴里坤马 焉耆马 大同马	鄂伦春马 锡尼河马
培育品种(11 个)		伊犁马 山丹马	三河马 伊吾马 吉林马 黑龙江马 关中马	铁岭挽马 金州马 黑河马 渤海马

2007 年开始,国家投入巨资开始进行畜禽遗传资源的调查及保护,马、驴遗传资源的保护也列入其中。今后对我国马、驴遗传资源调查摸底、开发利用、积极保护将是一项非常重要的工作。

三、中国马业的发展现状

与世界马业发展趋势一样,我国马业也必须从传统马业向现代马业转型。国外现代马业是以商业性赛马为龙头,引领整个马业的发展。而在我国由于产业政策的限制,目前尚不能开展商业性赛马,这就意味着我国现代马业的发展在一定时期内不能照搬国外的模式,必须结合本国的国情,摸索出适合我国的发展道路和模式。在人类发展的历史长河中,马在解决社会发展动力、促进经济和市场繁荣等方面发挥了重大作用。在我国边疆少数民族地区,马不仅是生产生活资料,民族马文化也是中华民族文化的重要组成部分。近年来,由于马在体育健身、休闲娱乐、生物制品开发等方面的多种功用,现代马业正呈现良好发展态势。马产业高质量发展对推进农业现代化、城乡融合发展、增加农牧民收入、解决就业,带动文化旅游体育等相关产业发展、丰富人民文化生活、建设宜居宜业和美乡村、推进乡村振兴等方面具有巨大推动作用。

值得欣喜的是，我国现代马业已经开始起步。1982 年中国马术协会成立，并于 1983 年加入了国际马术联合会(FEI)。2002 年成立了中国马业协会，并成为国际马种登记组织(ISBC)的成员。2008 年北京奥运会上首次出现了中国马术运动员的身影。目前，全国约有 3 100 余家马术俱乐部，50 余个大型赛马场，260 余个马业相关社会组织机构，从事马产品加工及马业配套生产的企业有 2 000 余家。中国马业正在从低谷走出，马业转型已经开始，其主要特征体现在以下几个方面：

第一，马业生产正从过去的强调存栏数量向提高生产的综合经济效益转变。目前马的数量减少趋缓，同时整体生产效益提高。

第二，马匹使用功能发生改变。正在从过去的提供役用动力为主，向运动、乘骑、休闲娱乐及产品生产多用途方向转变。

第三，马匹拥有者发生改变。原来的马主要是归国家、集体和偏远地区的农牧民所有，而现在国家、集体拥有马匹的数量很少，城市市民、有一定经济实力的爱马者、企业主、社会名流等非农牧民拥有马匹的数量增加。

第四，我国主要产马区中生产的高质量的运动马匹正向南方，尤其是经济发达的大中型城市转移，形成了经济欠发达的马匹主产区主要是生产培育马，而经济发达的大中型城市主要是购买使用马的格局。

第五，产品养马业在新疆、内蒙古、东北、山东等地发展迅速，在传统马产品如马奶、马肉生产的基础上，许多高科技含量、高附加值产品如孕马尿结合雌激素(conjugated estrogens)、孕马血清(PMSG)、马脂护肤护发用品等开始工厂化大批量生产，有些还出口海外，经济效益明显。农牧民通过养马提供工业化生产原料，增收明显，大大刺激了农牧民养马的积极性，产品养马正在成为偏远少数民族地区农牧民脱贫致富奔小康的重要产业。

第六，行业管理上发生了改变。过去主要是政府职能部门来管理马匹生产、销售和使用等行业活动，而现在多由行业协会或民间组织和个人直接管理，从管理体制上更符合市场需求，更能代表所有者的利益。

复习思考题

1. 简述世界马业现状、发展趋势及特点。
2. 简述中国马业现状、发展趋势及特点。

第二章
马的体质外貌鉴定

马匹外貌是指马体结构和气质表现构成的全部外表形态。根据外貌可以了解马的品种特点、主要用途、生产性能、健康状况、适应性和种用价值等，在挑选马匹时外貌是选择的主要依据，所以外貌鉴定对养马业生产和科研都具有重要意义。

第一节　外貌学说的发展及其实践意义

一、我国马匹外貌学说的发展及其实践意义

我国对马匹外貌的研究，早在 2 500 年前就有了相当高的水平。如春秋战国时期秦穆公的监军少宰孙阳（伯乐）所著的《相马经》就是一个代表作，《相马经》指出："马头为王，欲得方；目为丞相，欲得亮；脊为将军，欲得强；腹为城廓，欲得张；四下为令，欲得长"，扼要说明了利于发挥马匹工作能力的几个重要部位必须具备的条件，并明确外貌鉴定要从整体出发。《相马经》中还提到马体各部位的相互关系，体表外貌与内部器官之间、结构与功能之间的相互关系，由表及里来推断马的生产性能，如"心欲得大，目大则心大，心大则猛利不惊；肺欲得大，鼻大则肺大，肺大则能奔……"。这种表里相关、观其外而知其内的思路，是带有朴素的辩证法思想的。

二、西欧各国马匹外貌学说的发展及其实践意义

马匹外貌学说在西欧发展较晚，比我国最少晚了 2 400 年。到了 18 世纪的 1768 年，法国布尔纠勒的《马体对称学说》是一部代表作，他是以马的头长为标尺，来衡量其他部位，其他部位就等于头长的几倍或几分之几，以此来判定马体部位是否恰当。19 世纪德国塞得加斯特的《比较外形学说》也是一部代表作，他认为上面通过鬐甲的顶点，下面通过带径底部划两条水平线，前面通过肩端，后面通过臀端划两条垂线；再由肩胛骨后角，腰角前方划两条垂线，这样将马体分为前、中、后三躯，这 3 部分应该相等。又以这个平行六面体长度的 1/24 作为指标，与马体的其他部位作比较，订出一定的比例关系，来衡量马匹部位的优劣。这些学说都是机械唯

物论，都是脱离实际的，对马体外貌鉴定缺乏实际的指导意义。

随着养马科学技术的研究，马匹外貌学说得到了全面发展。现代马匹外貌学说认为马体是一个统一的整体，既要注意外表，又要重视内部的体质，形态与机能、部分与整体都是相互制约、相辅相成的。根据马体外貌的一般特征，可判断马匹的工作能力，体质的结实程度和其他生产性能，从而选出优良的个体。同时，国内外学者在传统的外貌定性评定的基础上，利用数量统计技术，将体尺与性能测定或比赛结果相结合，进行定量分析，大大提高了通过外貌评定选择优秀个体的精准性。这在很大程度上改变了传统的马匹外貌鉴定以定性为主、很难进行定量分析、精准性低的弊端，是对马匹外貌鉴定学说的发展和补充，在目前养马生产实践中具有重要的实际意义。

第二节　影响马匹体形外貌的因素

一、生态环境

马的体形外貌是在遗传的基础上同化了外界条件而在个体发育过程中形成的，因此，生态环境对体形外貌有重要的影响。由于各地区的自然条件不同，特别是气候条件的差异，而形成了不同类型的马匹。在北纬45°以北地区，气候温凉湿润，牧草繁茂，多汁饲料丰富，逐渐育成了体格大、体质湿润的重型挽马，这种马皮厚毛密，长毛发达，皮下脂肪和结缔组织发达。而在干燥炎热的半沙漠地区，由于气候和饲料条件的影响，逐渐育成了体形轻、体质干燥的马匹，这些马皮薄毛稀，皮下脂肪少，汗腺发达，体表血管外露，有利于体热的散发。总之，马匹的生活条件越接近生态环境条件时，则生态环境条件对体形外貌的影响也愈大。

二、调教锻炼

调教是发挥马匹遗传性状的重要条件，可以促进马的新陈代谢，使呼吸、血液循环、体温调节、排泄等机能之间更加协调。据测定，平时不调教锻炼的马匹，心脏只占体重的0.73%，而经过调教锻炼的马匹，心脏可达体重的0.81%。调教可以改变骨骼及肌肉的长短、角度和连接方式，改善各部位的结构，可以改善神经活动类型，使神经系统与运动器官之间更加协调，运动更加精确。因此，调教和锻炼不仅是正确培育幼驹的重要手段，而且也是改进马匹体形外貌和品种品质的必要措施。

三、性别

公、母马由于第二性征的影响，在体形外貌和神经活动类型方面，有一定程度的差别。一般公马的体格较大，体质粗糙结实，悍威较强，头较重大，颈部肌肉丰满，颈脊明显，胸深而宽，中躯较短，骨骼粗壮，犬齿发达，被毛浓密，长毛发达，血液氧化能力强，有效成分较多，容易兴奋，雄性特征表现明显；母马体格较小，体质偏细致，悍威中等，性情安静，头较轻，颈较细，胸不太宽，胸围率稍大，中躯较长，尻较宽，骨量轻，皮肤薄，被毛细软，长毛较少，雌性特征表现明显。

四、年龄

不同年龄的马，各部位生长发育有不同的表现，在体形外貌上有很大的差异。幼驹的四肢较长，躯干较短，胸窄而浅，肋部较平，关节粗大，额部圆隆，鬣短而立，鬐甲低短，后肢较高，皮肤有弹性；壮龄马体躯长宽而深，呈圆筒形，肌肉发达，营养良好，眼窝丰满，被毛光泽，体力充沛，运步稳健；老龄马眼盂凹陷，下唇弛缓，腰角突出，多呈凹背，尾椎横突变粗，肛门深陷，被毛干燥，皮肤缺乏弹性，皮下结缔组织减少，行动迟钝，运步僵硬。

第三节　马的气质、体质和经济类型

一、马的气质

气质亦称悍威，是马匹神经活动类型的象征，也是它对外界事物反应的敏感性。马的气质与工作能力及使用价值有密切的关系。不同的个体，气质表现截然不同，特别是种公马和骑乘马更为突出，可分为以下几种：

（1）烈悍　神经活动属强而不平衡型，对外界刺激反应强烈。易兴奋暴躁，不易控制和管理。往往因性急而消耗精力和能量，持久力差。对条件反射容易建立也容易消失。

（2）上悍　神经活动强而灵活，对外界反应敏感，兴奋与抑制趋于平衡。这种马听从指挥，能力强，动作敏捷，工作持久，容易饲养管理。

（3）中悍　神经活动稍迟钝，对外界刺激不甚敏感，容易调教，饲料利用率高，工作性能好。

（4）下悍　神经活动类型以抑制为主，对外界刺激不敏感，性情迟钝，动作不灵活，工作效率低。

二、马的体质

体质是马体结构和机能的全部表征状态，它体现马匹身体的结实程度。

体质和外貌具有密不可分的关系，外貌是体质在马体外部的表现，体质是外貌在马体内部的反应。

马匹体质的优劣决定着马匹的经济性能、种用价值、生产能力和适应性，因此，在外貌鉴定时，应同时重视体质的选择。马的体质可分为以下几种：

（1）湿润型（疏松型）　头大，骨骼粗，肌肉松弛，皮下结缔组织发达，皮厚毛粗，关节肌腱不明显，蹄质较松，长毛较多。性情迟钝，不够灵活。

（2）干燥型（紧凑型）　头部清秀，骨骼结实，肌肉结实有力，皮下结缔组织不发达，关节肌腱明显，头部及四肢血管显露，蹄质坚实，皮薄有弹性，被毛细短，长毛不多。性情活泼，运动敏捷。

(3)细致型 头小,骨量较轻,肌肉不够发达,皮下结缔组织少,皮薄毛细,关节明显,长毛稀少,感觉过敏,性情暴躁,运动缺乏持久力,适应性较差。

(4)粗糙型 头重,骨粗,肌肉厚实,皮下结缔组织一般,关节肌腱不够明显,皮厚,被毛粗硬,鬃、鬣、尾、距毛多而浓密。

(5)结实型 头大小适中,骨骼结实,肌肉厚实,肌腱和韧带发达,皮肤厚,被毛光泽,皮下结缔组织少,无粗糙外观。

在马群中,单一体质类型的马很少,一般都是以某种类型为主的混合型,如湿润粗糙型、湿润细致型、干燥细致型、干燥结实型和粗糙结实型等。干燥细致型多见于竞赛骑乘马,以英纯血马为代表,我国的伊犁马、三河马多属于干燥结实型,而蒙古马、哈萨克马又多属于粗糙结实型。

结实和干燥型体质,对所有的马都是理想的,应多加选留。但对群牧条件下培育的草原品种,粗糙型体质亦无可厚非。

三、马的经济类型

(一)经济类型分类

(1)乘用型 体质应为干燥结实型,气质是烈悍或上悍。其肢长大于胸深,前、中、后躯3部分大致相等,体形呈方形,步样正直,轻快而顺畅。又分为竞赛型、普通型和重乘型3种。

(2)挽用型 体质应是湿润或粗糙且带结实型,气质为中悍。这类马多低身广躯,肢长与胸深大致相等,体形近似长方形。挽用型是专指重挽型马而言。

(3)兼用型 兼用型是介于乘用型与挽用型之间的一种类型,其体质应为结实型,气质属中悍。这种类型的马体躯稍长而宽,中等肢长,运步轻快,力速兼备,性能中等。按其体形轻重和主要用途,又分为乘挽兼用型和挽乘兼用型2种。前者以乘为主,可作挽用;后者以挽为主,也可乘用。

(二)经济类型与体尺指数的关系

马的体形是划分经济类型的主要依据,体形和经济类型是一致的。马的体形主要决定于体长、胸围、管围与体高的比例关系,体尺指数是判定马匹体形的重要依据,各种类型的马有它一定的体尺指数范围。因此,不同的指数标志着不同的体形,按照体形可以判定马的经济类型。常用的体尺指数有以下几种:

1.体长率

体长率=(体长÷体高)×100%,表示体长与体高的相对发育程度。

乘用马的体长率小,一般在102%以下,所以外形近似方形。这样的体形重心高,支持面小,有利于重心的前移,便于速力的发挥;重挽马的体长率大,在106%以上,体形呈长方形,重心低,支持面大,有利于发挥挽力;兼用马要求力速兼备,体长率在102%~106%。

2.胸围率

胸围率=(胸围÷体高)×100%,表示马匹胸部的相对发育程度。

重挽马的胸围率最大,一般在122%以上;乘用马的一般在116%以下;兼用马的介于二者之间，一般在116%～122%。

3.管围率

管围率=(管围÷体高)×100%，表示马体骨骼的发育状况，是鉴定马匹骨骼发育的指标。

重挽马的管围率最大，在14%以上；乘用马的低于13%；兼用马的介于两者之间，一般在13%～14%。

4.体重率

体重率=(体重÷体高)×100%，表示肌肉与骨骼的发育状况。

重挽马的体重率在400%以上，乘用马的在300%以下，兼用马的在300%～400%。

四、不同经济类型马匹外貌的理想结构

1.乘用型马外貌的理想结构

一般头轻而干燥，直头或凹头，大眼阔鼻，耳尖直立，颈较细长，正颈或轻微鹤颈，颈础较高，鬐甲高长，厚度适中，背腰平直，短而强固，尻长而水平，呈正尻或卵圆尻，胸深而长，宽度适中，腹型正常，四肢骨骼结实，长而干燥，关节轮廓明显，肌肉筋腱发育良好，蹄质坚实，蹄形正确，长毛纤细稀少。体质干燥结实，气质活泼，具有上悍。

2.挽用型马外貌的理想结构

一般头重大，正头或半兔头，颈中长，肌肉厚实，鬐甲低广平顺，肩长而斜，背腰宽广平直，尻宽长，肌肉发达，呈复尻，胸部宽广，肋骨拱圆，腹部平直，无垂腹，四肢粗壮，关节强大，肌腱发达，系短蹄大，蹄质坚实，长毛浓密。体质湿润粗糙或粗糙结实，悍威适中。

3.兼用型马外貌的理想结构

一般头长中等，正头，偏挽型可有半兔头，颈长，多有鹤颈，肌肉厚实；偏乘型多有正颈。鬐甲长高中等，背腰平直略长，尻部宽长，正尻或圆尻，肌肉发达，胸廓深长，宽度适中，腹形正常，四肢较长而粗壮，关节轮廓明显，筋腱发达，蹄质坚实，长毛中等。体质干燥结实或粗糙结实，悍威中等。

第四节　马体各部位的鉴定

一、鉴定的原则和方法

①鉴定马匹应在地势平坦、光线充足的地方。鉴定时应使马匹保持正确的站立姿势，先对马的类型、外貌、体形结构、主要失格和损征做大致的观察，对马匹外貌形成一个完整的印象，然后再进行各部位的鉴定。最后还要进行步样检查。

②确定被鉴定马匹是什么经济类型，以便用不同的标准进行鉴定。因为不同经济类型的马匹，其外貌特点截然不同，鉴定优劣的标准也不相同。要区别对待，不可千篇一律。

③应注意到马匹是一个有机的整体。部位是整体的一部分，二者是统一的，互相依存，不可分割。鉴定时，要把局部和整体、外貌与体质、结构和机能结合起来考虑，做出正确的判断。

④应注意马匹的品种、性别、年龄特点，不可忽视。不同品种、性别、年龄马匹的外貌结构上有较大差异，鉴定时要注意到这些。同一经济类型不同品种的马匹，外貌上亦有差异，应该用各品种的标准进行鉴定。如，同是骑乘型的英纯血马和阿拉伯马，在外貌上的要求就不一样。

⑤检查马匹有无失格和损征。凡具有严重影响马匹种用价值和工作能力的失格和损征的个体，必须严格淘汰。

二、部位鉴定

(一)头部

头是大脑和五官所处的位置，能协调全身各个系统，所以是一个很重要的部位。同时头与颈是一个杠杆，头部位置的变动可以影响马体运动。

1.头的大小

头的大小代表着马体骨骼发育情况，而且影响马的工作能力。小而轻的头多为干燥细致体质；大而重的头，多为湿润粗糙体质。头的大小，一般是以头与颈作比较：头长与颈长相等者为中等大的头，头长大于颈长者为大头，头长小于颈长者为小头，头过大过小都不理想。

2.头的方向(即头的倾斜状态)

(1)斜头　头的方向和地面成45°角，与颈成90°角者为斜头，是良好的，适于任何类型的马。

(2)水平头　头的方向与地面所呈的角度小于45°角，头倾向于水平，为水平头。这种头形的马视远易视近难，衔感不好，难以驾驭。

(3)垂直头　头的方向与地面所成的角度大于45°角，与颈部所成的角度小于90°角，为垂直头。这种马视近易视远难，衔感好，但往往影响呼吸，不利于速度的发挥。

3.头的形状

马的头的形状见图2-1，分为以下几类：

(1)直头　侧望由额部至鼻端成一直线，且鼻大、口方、无楔形者为正头。为理想头形，适于各类型的马。

1.直头　2.兔头　3.半兔头　4.凹头　5.羊头　6.楔头

图2-1　马的头形

(2)兔头　由额部至鼻端的连线,侧望呈显著弓起状态,为兔头。挽用马中多有之。

(3)半兔头　额部平直,仅鼻梁部呈弓起状态,为半兔头。挽用及兼用马中均有之。

(4)羊头　额部凸起为羊头,是不良头形。

(5)凹头　额部正常,额部与鼻梁之间有一凹陷,形似鲛鱼的头,称为凹头。乘用型马中偶有之。

(6)楔头　额部正常,但鼻梁和口部显细,形如木楔,为楔头。

4.头部各部位鉴定

(1)项　以枕骨嵴和第一颈椎为基础。项应长广,肌肉发达,项长则耳下宽,头颈结合良好,同时多伴有宽腭凹,这样头颈灵活,伸缩力强,利于速力的发挥。

(2)头础　头与项结合的部位叫头础,头颈界限应清楚,耳下和颌后应适当的宽广和凹陷,颌凹和咽喉部应宽广,无松弛臃肿状态。

(3)耳　耳应短尖、直立,如削竹。耳距近。动作灵活。

(4)眼　眼应大而明亮,角膜和结膜颜色正常。表情温和。

(5)口　嘴唇应软薄,致密灵活,上下唇紧闭,牙齿排列整齐,没有异臭。

(6)鼻　鼻孔应大,鼻翼应薄而灵活,鼻黏膜粉红色,表明呼吸系统发达和健康。

(7)腭凹　下腭两后角之间的凹陷部分称为腭凹,俗称槽口。腭凹应宽广,宽腭凹有利于头自由活动,臼齿发达。以手触摸,能容纳 4 指(8～9 cm)及以上者为宽,容纳 3 指(6～7 cm)者为中等,容纳不下 3 指者为窄腭凹。

(二)颈部

颈部以 7 个颈椎为骨骼基础,外部连以肌肉和韧带。颈是头和躯干的中介,能引导前进的方向,并能平衡马体重心,因此应有适当的长度和厚度。颈部的形状、长短以及和头部、胸部的结合状态,对马的工作能力都有很大的影响。

1.颈的形状

马的颈的形状见图 2-2,分为以下几个类型:

(1)正颈　颈的下缘近于直线,方向与地面成 45°角倾斜,为正颈。正颈是理想的颈形,适于任何类型的马。

1.正颈　2.鹤颈　3.脂颈　4.鹿颈　5.水平颈

图 2-2　马的颈形

(2)鹤颈　颈上缘在近头处凸弯,颈下缘凹弯,头倾向于垂直状,为鹤颈。这种颈易于受衔控制,重心向前移动小,步样轻快高举,步态美观,在乘马和轻挽马中多见。

(3)鹿颈　颈上缘凹弯,颈下缘凸弯,头易形成水平状,为鹿颈。这种颈短,不易受衔,骑乘难以控制,是不良颈形。

(4)水平颈　颈上缘线方向呈水平状,头呈垂直状态,颈短的马多如此,为不良的颈形。

(5)脂颈　颈上缘结缔组织发达,鬣床隆起,上缘凸弯,有大量脂肪蓄积,有时鬣床倒向一侧,称为脂颈。这种颈形对乘用马是较大的缺点。

2.颈的长短

颈的长短决定于颈椎骨的长短,一般分为长颈、短颈和中等颈。颈长与头长相比,超过12 cm 以上者为长颈,与头长相等或仅超过很少者为短颈。颈长者,颈的摆动幅度大,利于速力的发挥,对乘马至关重要,对其他类型的马也为优点。

3.颈础

颈肩结合处称为颈础,以结合面平顺,没有坎痕者为佳。根据气管进入胸腔的位置,分为高颈础、低颈础和中等颈础。

(1)高颈础　气管进入胸腔的位置高于肩关节的连线者为高颈础。高颈础的马,颈脊和鬐甲界线不明显,这是因为肩部长斜所致,是各类马极大的优点,不仅外形美观,而且前肢迈步长远。

(2)低颈础　气管进入胸腔的位置低于肩关节的连线者为低颈础,低颈础的马,颈脊与鬐甲结合处有明显的凹陷,肩立而短。水平颈、垂直头、发育不良的低能马大致都这样。

(3)中等颈础　气管进入胸腔的位置略高于两肩关节水平线之上,正颈多呈中等颈础,是良好的颈础。

(三)躯干

躯干包括鬐甲、背、腰、胸、腹及尻股等部分,它的结构好坏,对马的工作能力有一定的影响。

1.鬐甲

以 2～12 胸椎棘突、韧带、背肌及一小部分肩胛软骨为基础。鬐甲是胸廓肌肉杠杆的集中点,也是前肢头颈韧带和肌肉的固定点及支架,对维持头颈正常姿势和前肢运动有着重要的作用。鬐甲的高低、长短、厚薄应和马的体形相适应,不同经济类型的马,需要不同形态的鬐甲。

(1)高鬐甲　鬐甲高于尻高者为高鬐甲。鬐甲有适当的高度、厚度和长度,肌肉发育良好者为优良鬐甲,特别是乘用马需要有较高长的鬐甲。

(2)低鬐甲　鬐甲低于尻高者为低鬐甲。挽用马多为低鬐甲,对乘用马来说是大的缺陷。

(3)中等鬐甲　鬐甲与尻高大致相同者为中等鬐甲,这种鬐甲在兼用型马中多有。

(4)开鬐甲　肩胛骨上端突出,致使鬐甲上面是开裂的,表面有凹沟存在,为开鬐甲。这种不良鬐甲对任何马皆不适宜。

(5)锐鬐甲　鬐甲高而薄者为锐鬐甲,易发生鞍伤,驾挽能力亦差,为不良鬐甲。

2.背部

以最后 7～8 个胸椎和肋骨上部为基础。前为鬐甲,以后肋与腰为界。主要功能是连接前后躯,负担重量,传递后躯的推动力。对任何用途的马,背部以宽广、平直,肌肉发达为宜。

(1)直背　背部呈直线或由后向前有轻度倾斜,长短适中,两侧肌肉发育适度为直背,是理想背形。

(2)长背　马胸腔过长可形成长背。长背造成的过长中躯，减弱背的负担力，降低后肢的推进作用，影响马的速力和驮力，对乘马和驮马都不利。

(3)短背　胸腔过短形成的背为短背。背过短，多伴随着短躯，致使胸腔容积小，对任何类型的马都不利。

(4)凸背　背部向上弓起，两侧肌肉发育不良，伴随平肋者为凸背，亦称鲤背。为不良背形。

(5)凹背　背部向下凹陷，肌肉和韧带发育不良，称为凹背。凹背的马运步不正确，体力不足，对任何用途的马都不利，亦为不良背形。

3.腰部

以5～6节腰椎为骨骼基础，位于背和尻之间。腰为前后躯的桥梁，无肋骨支持，结构更应坚实。腰部应和背同宽，肌肉发达，和背、尻结合良好，短、宽、直者为佳。腰的长短视最后一节肋骨到腰角的距离而定。

(1)短腰　最后一根肋骨到腰角的距离不超过8 cm者为短腰。腰短而宽，肌肉发达，负担力强，对任何用途的马均适宜。

(2)长腰　最后一根肋骨到腰角的距离达13 cm以上为长腰。腰过长，肌肉不发达，是马的严重缺点。

(3)中等腰　最后一根肋骨到腰角的距离在8～13 cm者为中等腰。

(4)直腰　腰、背、尻呈一条直线者为直腰，是良形腰。

(5)凸腰　腰部隆起，向上弓，称为凸腰。凸腰影响后肢推进力的传导，破坏前后肢的协调，为不良腰形。

(6)凹腰　腰部向下凹陷，负重力差，影响后肢推进力，破坏前后肢协调性，亦为不良腰形。

4.尻部

尻部以荐骨、髋骨及强大的肌肉为基础，是后躯的主要部分。尻的长度与速力有关，尻的宽度与挽力关系密切，乘用马尻部要长，宽度适中，尻长则附着的肌肉长，伸缩力大，富于速力；挽用马尻部要宽，长度适中，尻宽则附着的肌肉厚，肌肉丰满，利于挽力的发挥。马尻部形状见图2-3。

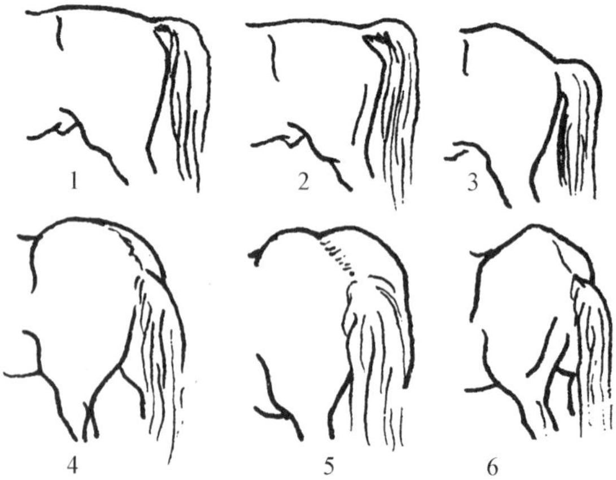

1.正尻　2.水平尻　3.斜尻　4.圆尻　5.复尻　6.尖尻

图2-3　马尻部形状

（1）正尻　侧望，由腰角至臀端的连线与水平线的夹角为 20°～30°，宽度适当，形状正常，为正尻。这种尻形利于速力和持久力的发挥，是理想的尻形。

（2）水平尻　侧望，腰角至臀端的连线与水平线的夹角小于 20°，荐骨的方向近于水平，为水平尻。这种尻利于发挥速力，适于乘用马。

（3）斜尻　腰角至臀端的连线与水平线的夹角大于 30°者为斜尻。斜尻持久力强，利于挽力的发挥，适于挽用马，但速力差。

（4）圆尻　后望，两腰角突出不明显，尻的上线呈浅弧曲线，肌肉发达，形似卵圆状，为圆尻。是乘马和速步马的理想尻形。

（5）复尻　后望，尻中线形成一条凹沟，两侧肌肉隆起，呈双尻形，为复尻。挽用马多为此尻形。

（6）尖尻　后望，荐骨突出明显，两侧呈屋脊形的倾斜面者为尖尻。尖尻肌肉欠缺，是严重的缺点，为不良尻形。

5.尾

尾由 18 节尾椎形成的尾干及尾毛构成，主要用于驱逐蚊蝇，对马体后躯起保护作用。按尾根在尻部附着的位置分为高尾础、低尾础和中等尾础。尾巴高举，尾与体躯分离明显者为高尾础，乘用马多有这种尾础；尾巴夹于尻下股间，为低尾础，挽用马尾多有之；介于以上二者之间的尾形为中等尾础。

6.胸部

胸部以胸椎、肋骨和胸骨为骨骼基础。胸部是心肺所在，其发育、容积大小，与马的工作能力有密切关系。鉴定要从前胸和胸廓两方面进行。

（1）前胸

①宽胸。正肢势，两前肢之间的距离大于一蹄者为宽胸。挽用马的前胸应宽。

②窄胸。正肢势，两前肢间的距离小于一蹄者为窄胸，窄胸为不良的胸，对任何马匹都是缺点。

③中等胸。正肢势，两前肢间的距离等于一蹄者为中等胸。乘马以中等胸为宜。

④平胸。胸的前壁与两肩端成一平面，肌肉发育良好，比较丰满者为平胸。为理想胸形。

⑤凸胸。胸骨突出于两肩端之前，类似鸡胸者为凸胸，属不良胸。如果肌肉发育良好尚可。

⑥凹胸。胸的前壁凹陷于两肩端之间的连线，多伴有窄胸和全身肌肉发育不良，属于不良胸。

（2）胸廓　胸廓是指肩胛后的肋骨部，其发育程度决定于胸骨的长度、肋骨的长度和拱隆度。长、深、宽的胸廓，胸腔容积大，心肺发达，对任何用途的马都是理想的。乘用马要求胸廓深长，宽度适中；挽用马要求胸廓深长，宽度充分。

7.腹部

腹部形态与运动和饲料有关，腹部正常的马，腹下线与胸下线应成一直线逐渐向后上方呈缓弧线，两侧不突出，以适度的圆形移向腰部。不良的腹形有：垂腹——腹部下垂，腹下线向下方弯曲；草腹——腹下线不仅下垂，而且向左右两侧膨大；卷腹——腹部外形缩小，呈紧缩状态。

8. 肷部

肷部位于腰两侧，在最后一根肋骨和腰角之间，俗称肷窝。肷以短而丰满，平圆看不到凹陷者为佳，长短以容纳一掌为宜。大而深陷者不良。

9. 生殖器

公马的阴囊、阴筒皮肤要柔软，有伸缩力，睾丸的大小应大致相等，应有弹力，能滑动，单睾和隐睾的马不能作种用；母马的阴唇应严闭，黏膜颜色正常，乳房应发达，乳头大小均匀，向外开张，乳静脉曲张明显，骨盆腔大。

(四)四肢

1. 前肢

前肢以肩胛骨、肱骨、前臂骨、腕骨、掌骨、第一趾骨等为骨骼基础。其功能主要是支撑躯体，缓解地面反冲力，同时又是运动的前导部位，因此，要求前肢骨骼和关节发育良好，干燥结实，肢势正确。

(1)肩部　以肩胛骨为基础，借助韧带和肌肉与前躯相连。肩长而倾斜，与地平线的夹角小，一般55°左右，肌肉发育良好，前后摆幅大，步幅亦大，有弹性，适于乘用马；肩短而立，与地平线的夹角达60°，马匹的步幅小，速度慢，挽马多有这种肩。

(2)上膊　以肱骨为基础。上膊短、方向正、倾斜角度小，肌肉丰满者，有利于前肢，对各种用途的马都是优点。与肩胛的倾斜角度乘用马约为95°，挽用马一般在98°。上膊的长大约等于肩长的1/2为宜。

(3)肘　以尺骨头为基础。其大小和方向对前肢的工作能力和肢势有很大的影响。对肘的要求应长而大，方向端正，肘头突出于后上方，这样附着的肌肉强大有力，有利于马匹工作能力的发挥。

(4)前膊　以桡骨、尺骨为基础。对前膊要求长、垂直而宽广，肌肉发达。前膊长则管部相对较短，这样有利于管向前提举，步幅大，速度快，而步样低。垂直而宽广的前膊，肢势正确，有利于支持体重和富有持久力。

(5)前膝　以腕骨为基础。前膝能增加前肢的弹性，缓和地面对肢体的反冲力，是重要的关节之一。对前膝的要求，应轮廓明显，皮下结缔组织少，前望宽，侧望厚，后缘副腕骨突出，方向垂直，上与前膊，下与管部呈直线者为优良。窄膝、弯膝、凹膝均为不良的膝形。

(6)管部　以掌骨和屈腱为基础。管部应短直而扁广，屈腱发达且与骨分开，轮廓明显，中间呈现浅沟，长度约为前膊的2/3为宜。鉴定时，必须检查有无骨瘤和腱肥厚等损征。管骨瘤多发生于管内侧上1/3处，越接近屈腱，越妨碍运动，危害越大；屈腱肥厚是软肿的结果，严重时伴有跛行，并容易再度发生。

(7)球节　是掌骨与第一趾骨及籽骨三者构成的关节，球节起弹簧作用，使前肢的冲击力得以缓解。球节应宽厚直正，轮廓清楚，角度在110°～145°。马在运动时球节的腱和韧带十分紧张，如因运动不当，腱会受到损伤，球节向前方突出，称为突球，支持力弱，为严重损征。

(8)系　以第一趾骨为基础。系的长短、粗细和倾斜角度，对系的坚实性和运步的弹性有很大影响。系长则倾斜，运动虽有弹性，但支持力弱，不能持久，称之为卧系；系短则立，虽能持久，但步法僵硬，运步缺乏弹性，称为立系。立系和卧系均不良。系的长度要适当，一般为管长的 1/3，倾斜度在 45°～50°。系和管在同一垂直线上为良系。

系部出现的骨瘤为趾骨瘤，趾骨瘤不仅妨碍系和蹄的机能，影响马的工作能力，有时还能遗传给后代，是严重的失格。

2.后肢

后肢以股骨、胫骨、跗骨、跖骨为骨骼基础。以髋关节与躯干相连接，可以前后活动。后肢弯曲度大，有利于发挥各关节的杠杆作用，有较大的摆动幅度，可产生较大的动力，推动躯体前进。

(1)股部　以股骨为基础。该部为后肢肌肉最多的地方，是后肢产生推动力的重要部位，其状态好坏，关系着后肢的运动能力。股长斜，与地面形成的角度小，附着的肌肉长，伸缩力大，则步幅大，有利于速度的发挥，对乘用马是理想的；股短而峻立，肌肉负担小，有利于发挥力量而持久，适于挽用马。

(2)后膝　以膝盖骨、股骨和胫骨构成的膝关节为基础。后膝应大，呈圆形，韧带发育良好，稍向外开张。

(3)胫部　以胫骨和腓骨为基础。胫长斜，附着的肌肉亦长，步幅大，速度快，胫宽则肌肉发达，后肢推进力大，适于乘用马；胫短立时，肌肉负担小，利于负重和持久，适于挽用和驮用马。

(4)飞节　以跗骨为基础。飞节可缓和、分散来自地面的反冲力，是推动躯体前进的重要关节之一。飞节应长、广、厚，轮廓清楚，血管外露，皮下结缔组织少，飞索、飞凹明显，方向端正。乘用马飞节角度约 155°，挽用马飞节角度为 160°。飞节角度大于 160°时为直飞节，后肢弹性小，关节及蹄的负担大；飞节角度小于 155°时，称曲飞节，又名刀状肢势，该飞节增加肌腱紧张度，易引起飞节的各种损征。飞节的损征有飞节外肿、飞节内肿、内髁肿等。

(5)后管　以跖骨和屈腱为基础。乘用马的后管应比胫部短 1/3 为佳；挽用马的后管与胫部相等者为宜。

(6)后球节　以宽圆、结实者为佳。

(7)后系　约为后管长的 1/3，倾斜角度为 50°～60°。

3.蹄

蹄是马的主要运动器官，对马匹工作能力的发挥有着重要作用，有“无蹄即无马”之谚。蹄的大小应与体躯相称，蹄质应坚实致密，表面平滑光泽，蹄壁呈黑褐色。蹄底凹，蹄叉发达，富有弹性。前蹄应比后蹄稍大，略呈圆形，蹄尖壁与蹄踵壁的长度之比约为 3∶1，蹄和系的倾斜度应一致，与地面的夹角为 45°～50°，主要起支撑作用；后蹄较小，呈卵圆形，蹄尖壁与蹄踵壁的长度之比为 2∶1，倾斜度即与地平面的夹角为 50°～60°。马蹄形状及部位名称见图 2-4。马蹄的主要功能是蹬地，推动躯体前进。蹄形与肢势有关，不正肢势能造成不正的蹄形。不正蹄形有立蹄、低蹄、内狭蹄、外狭蹄、内向蹄、外向蹄、裂蹄等。

4.肢势

马匹四肢驻立的状态称为肢势。肢势的好坏对马的工作能力影响很大。正肢势能发挥马的工作能力，不正肢势可妨碍马匹工作能力的发挥。因此，在鉴定四肢各部位的同时，必须检查肢势是否正确。

(1)正肢势　马的前肢和后肢正确肢势见图 2-5。

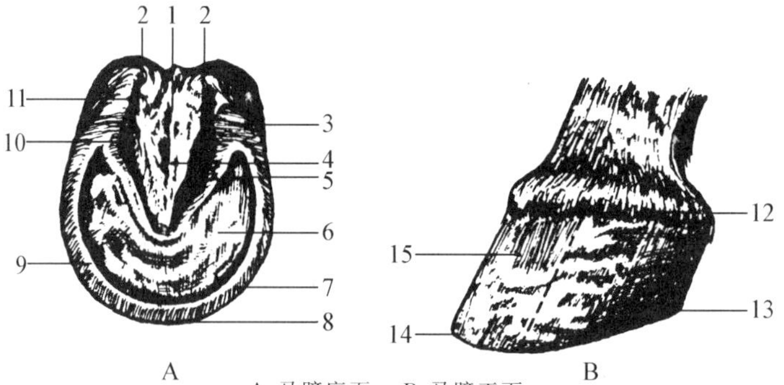

A. 马蹄底面　B. 马蹄正面

1. 蹄叉中沟　2. 蹄球　3. 蹄支角　4. 蹄叉　5. 蹄支　6. 蹄底　7. 蹄负缘　8. 蹄底外缘　9. 白线　10. 蹄叉侧沟　11. 蹄踵　12. 蹄冠　13. 蹄踵　14. 蹄尖　15. 蹄壁

图 2-4　马蹄形状及部位名称

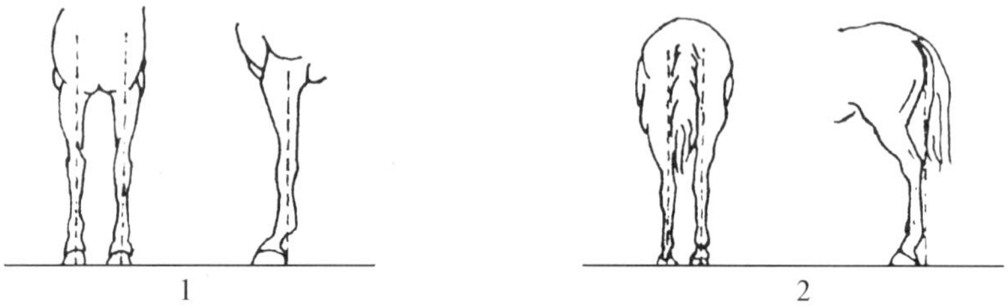

1. 前肢正肢势　2. 后肢正肢势

图 2-5　正确肢势

①前肢。前望，由两肩端引垂线，左右分整个前肢；侧望，由肩胛骨中线上 1/3 处引垂线，将前肢球节以上部分前后等分，垂线通过蹄踵后缘落于地面。系和蹄的方向一致，且与地面成 45°～50°的夹角。

②后肢。由两臀端向下引垂线，侧望，该垂线触及飞节，沿管和球节后缘落于蹄的后方；后望，这两条垂线将飞节以下各部位左右等分。系和蹄的方向一致，且与地面成 50°～60°夹角。

(2)不正肢势　马的前肢和后肢不正肢势见图 2-6 和图 2-7。

①前踏肢势。前后肢不弯曲，但着地时落于标准垂线的前方，为前踏肢势。

②后踏肢势。前后肢不弯曲，着地时前肢落于标准垂线的后方，后肢飞节以下落于标准垂线的后方。

③广踏肢势。前后肢均落于标准垂线外侧。

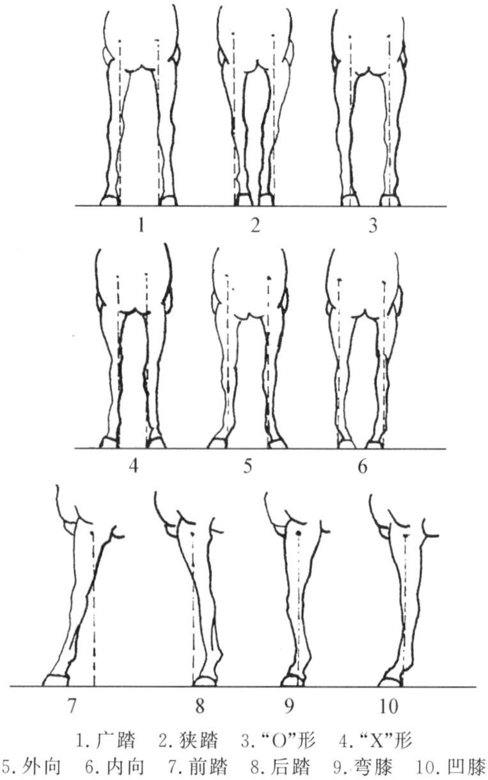

1. 广踏　2. 狭踏　3. "O"形　4. "X"形　5. 外向　6. 内向　7. 前踏　8. 后踏　9. 弯膝　10. 凹膝

图 2-6　前肢不正肢势

④狭踏肢势。前后肢均落于标准垂线内侧。

⑤"X"形肢势。前膊斜向内侧，管部斜向外侧，称为前肢"X"形肢势。后肢两飞节相互靠近，称为后肢"X"形肢势。

⑥"O"形肢势。前膊斜向外侧，管部斜向内侧，两膝距离较远，称为前肢"O"形肢势。后肢两飞节远离标准垂线，而两蹄又在垂线上，称为后肢"O"形肢势。

⑦内向肢势。球节以上呈垂直状态，系部以下斜向内侧。

⑧外向肢势。球节以上呈垂直状态，系部以下斜向外侧。

⑨刀状肢势。又称为曲飞，飞节以下斜向垂线前方，飞节有时在垂线后方。

⑩弯膝。前肢不直，腕关节向前凸起。

⑪凹膝。前肢不直，腕关节向后凹陷。

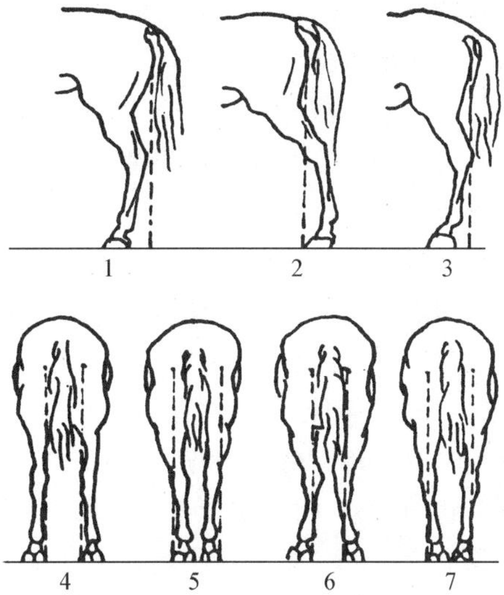

1.前踏　2.后踏　3.刀状(曲飞)　4.广踏
5.狭踏　6."X"形　7."O"形

图 2-7　后肢不正肢势图

第五节　马的年龄鉴定

在选购马匹或进行育种登记时，首先要鉴定或登记马匹的年龄，因马匹的生产性能和种用价值与年龄有密切的关系。要正确地调教和训练马匹，使役和管理马匹，也要依年龄的大小分别对待，所以年龄鉴定是养马不可缺少的基本知识。

在养马业中，通常把 3 岁以下的马称为驹子；3 岁以上的马称为成年马；6～15 岁的马称为壮龄马；15 岁以上视为老龄马。6～13 岁是最好的使役年龄段，3～8 岁是竞赛马出最高速度的年龄。马的寿命一般为 25～30 岁，但因饲养管理和利用方式不同而有差异。

根据切齿的发生、脱换及磨损的变化规律，可对马的年龄作出较准确的判断。

一、马的齿式及切齿的构造

1. 马的齿式

马的牙齿分为切齿、臼齿和犬齿 3 种。公马有切齿 12 枚，臼齿 24 枚，犬齿 4 枚，共 40 枚；母马没有犬齿，共有牙齿 36 枚。切齿在上下颌各 6 枚，中央的一对叫门齿；两侧最外的一对叫隅齿；在门、隅齿之间的叫中间齿。

2. 乳齿与永久齿的区别

马驹初生时长出的是乳齿，到一定年龄脱落，换成永久齿。乳齿和永久齿区别如下：乳齿体积小，齿冠呈三角形，色白，表面有浅沟，齿间隙大，齿颈明显，齿根较细；永久齿体积大，齿冠呈条状，颜色发黄，齿间隙小，磨面不规整。

3. 切齿的构造

切齿露于齿龈外面的部分叫齿冠，埋藏于齿槽中的是齿根，连接齿冠与齿根的部分为齿颈。将整个切齿纵剖，可以看到切齿是由 3 层不同物质组成的(图 2-8)。

(1)垩质　位于牙齿的最外层，污黄色，含 65% 的无机盐，起保护釉质和固定牙齿的作用。在齿坎内的白垩质，因食物的分解物质腐蚀而呈黑色，形成齿坎中的黑窝。

(2)釉质　颜色洁白发青，含 96% 的无机盐，坚硬耐磨可防止酸碱的腐蚀，是牙齿的保护层和造型的基础。釉质在咀嚼面上向下形成一个漏斗状的凹陷，叫齿坎。齿坎上段空腔部分呈黑色，叫黑窝，下切齿黑窝深度为 6 mm，上切齿黑窝深度为 12 mm。齿坎的下段叫齿坎痕，上、下切齿的齿坎痕深度均为 14 mm。

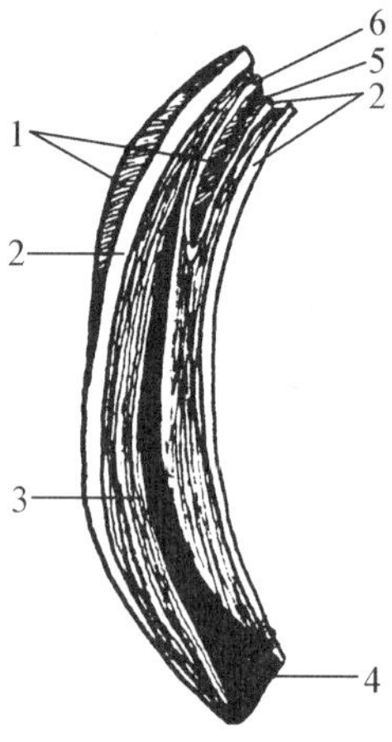

1. 垩质　2. 釉质　3. 齿质
4. 齿髓腔　5. 黑窝　6. 齿坎

图 2-8　切齿构造

(3)齿质　在牙齿的最内层，其结构类似骨质，浅黄色，含 72% 的无机盐，是牙齿的基础部分。齿质在齿中心部位形成齿腔，腔内富含血管、神经的齿髓，随着年龄的增长，齿髓端部被新生的齿质填充，呈黄褐色，即为齿星。

二、切齿的发生、脱换及磨损规律

马的切齿每年生长约 2 mm，又因采食每年大约磨损 2 mm。随着年龄的增加，切齿出现几个阶段性的变化，依此来判断马的年龄。

1. 乳切齿的发生与磨损规律

幼驹出生 1～2 周长出乳门齿，6 个月时长出乳隅齿。乳齿黑窝磨损很快，1 岁时门齿黑窝磨完，2 岁时隅齿黑窝消失。

2. 换牙的规律

马匹在 2.5 岁时乳门齿脱换，3 岁时长齐；3.5 岁时乳中间齿脱换，4 岁时长齐；4.5 岁时乳隅齿脱换，5 岁时长齐。

3. 永久齿黑窝磨灭的规律

因下切齿黑窝深 6 mm，上切齿黑窝深 12 mm，而牙齿每年磨灭 2 mm，则下切齿黑窝磨完需要 3 年，3 岁时门齿长齐，开始磨灭，黑窝到 6 岁磨完；4 岁时中间齿长齐，开始磨灭，黑窝到 7 岁磨完；5 岁时隅齿长齐，开始磨灭，黑窝到 8 岁磨完。上切齿黑窝磨完需要 6 年。加上换牙时间，门齿黑窝到 9 岁磨完；中间齿黑窝到 10 岁磨完；隅齿黑窝则需到 11 岁磨完。

4. 齿坎痕变化的规律

齿坎痕的深度，上、下切齿均为 14 mm，所以磨完均需 7 年，若加上黑窝的深度，则下切齿齿坎痕磨完需要 10 年，加上换牙时间，则下门齿齿坎痕消失需要 13 年；下中间齿齿坎痕消失需要 14 年；下隅齿齿坎痕消失需要 15 年。上切齿齿坎痕磨完需要 13 年，加上换牙时间，则上门齿齿坎痕消失需要 16 年；上中间齿齿坎痕消失需要 17 年；上隅齿齿坎痕消失需要 18 年。

5.磨面形状变化的规律

随着磨灭时间的增加，切齿的横径逐渐变小，纵径逐渐加大，大致看来，3～9 岁为横椭圆形，12～14 岁为圆形；15～17 岁呈三角形；18～20 岁呈倒三角形，亦称纵三角。

(1)齿星出现　齿星呈黄棕色，马 7 岁时下门齿出现齿星。刚出现时呈线条状，位于磨面的唇缘，以后变为短而宽，乃至圆形，位置逐渐移到磨面的中央。

(2)燕尾发生　马到一定年龄时，上腭隅齿出现未被磨损的残存部分称为燕尾。通常在 7 岁和 12 岁时各出现 1 次。

(3)上隅齿纵沟出现　11 岁时，上隅齿齿龈下缘露出一条深褐色或浅褐色的纵沟，称为隅齿纵沟。由上而下延伸，15 岁时可达隅齿中央部，20 岁时纵贯全齿。

(4)咬合角度变化的规律　随着年龄的增大，咬合角度逐渐变小，角度逐渐变成锐角，老马齿向前斜。

(5)犬齿发生　公马一般 3 岁时长出犬齿，5 岁长齐。

除上述规律外，一些特殊因素亦要考虑，如舍饲马切齿磨灭得较慢，群牧马切齿磨灭得较快；隅齿的黑窝较深；"粉渠"黑窝质地较软，易磨损。年龄鉴定时，要注意这些因素的影响。

三、根据切齿变化判断年龄

1.乳齿生出阶段

乳门齿生出	幼驹出生 1～2 周
乳中间齿生出	3～4 周
乳隅齿生出	6～9 个月
乳切齿长齐，门齿黑窝消失	1 岁
乳中间齿黑窝消失	1.5 岁
乳隅齿黑窝消失，门齿齿坎痕呈小椭圆形	2 岁

2.乳齿脱换阶段

乳门齿脱落，永久门齿生出到与其他齿同高(换钳齿)	2.5～3 岁
乳中间齿脱落，永久中间齿生出到与永久门齿同高	3.5～4 岁
乳隅齿脱落，永久隅齿生出到与其他齿同高(齐口)	
公马犬齿长成	4.5～5 岁

3.黑窝消失阶段

下门齿黑窝消失	6 岁
下中间齿黑窝消失	7 岁
下隅齿黑窝消失	8 岁
上门齿黑窝消失	9 岁
上中间齿黑窝消失	10 岁
上隅齿黑窝消失	11 岁

下门齿磨面最圆，齿星位于磨面中央　12岁

4.齿坎痕消失阶段

下门齿齿坎痕消失，中齿齿坎痕呈点状　13岁

下中间齿齿坎痕消失　14岁

下隅齿齿坎痕消失　15岁

上门齿齿坎痕消失，下门齿磨面呈三角形　16岁

上中间齿齿坎痕消失，下中齿磨面呈三角形　17岁

上隅齿齿坎痕消失，下隅齿磨面呈三角形　18岁

5.齿面形状变化

下门齿磨面呈纵椭圆形　19岁

下中间齿磨面呈纵椭圆形　20岁

下隅齿磨面呈纵椭圆形　21岁

除了通过切齿的变化可准确判定马的年龄外，马的外貌在一定程度上，也可反映出马的老和幼。

一般幼龄马(小口马)举止活泼好动，身腰短而窄，四肢长，尤以管部以下较长，额部(脑门)圆而突出，鬣毛短而直立，髻甲低于尻部，皮肤有弹性，毛有光泽。而老龄马(老口马)则行动迟缓，精神沉郁，额部平广，口唇下垂，皮肤缺乏弹性，若是青毛马则到老时呈白色，老百姓俗称“七青、八白、九斑点”。当然，根据马的外貌，仅能大致判定老龄马和幼龄马，并不能准确地判断马的具体年龄。

第六节　马的毛色和别征

毛色和别征是识别马匹品种和个体的重要依据，是养马业记载工作中不可缺少的内容之一。如作鉴定卡片或其他记载，都要登记毛色。马的毛色状态，对于马的骏美程度和军用价值也有一定的关系，马的被毛洁净光亮，表示马体生理和营养状况良好；如果被毛粗硬蓬松，暗污无光，则多是饲养管理不良所致。

一、马毛的种类

(1)被毛　指覆盖全身的短毛，每平方厘米约700根。被毛一年脱换2次，晚秋换成长而密的毛，春末又换成短而稀疏的毛。

(2)保护毛　是生长在马体上的长毛，包括鬃毛、鬣毛、尾毛和距毛，这些毛对马体起保护作用，故称为保护毛。轻种马的保护毛纤细而少，重种马的粗长而密，土种马的粗硬而多。

(3)触毛　主要分布于口、眼、鼻周围，在被毛中每平方厘米有3～4根。这些毛有触觉功能，可感触到外界的各种刺激。

二、马毛色的形成

形成马匹毛色的物质，一个是色原体，另一个是氧化酶。色原体又分为黑色素和含铁色素，它们存在于毛的皮质内或皮肤表皮的色素细胞中。黑色素在氧化酶的作用下，形成黑色、黑褐色；含铁色素在氧化酶的作用下，形成橙色、黄色和红色。黑色素和含铁色素颗粒的分布、比例不同，则形成各种颜色的被毛。而氧化酶活性的强弱，决定着马毛颜色的浓淡。光照、低温、高湿及含酪氨酸饲料等条件，都能加速色素的形成。

毛色是受基因支配的。通过色原体基因和着色基因相互作用，而形成各种毛色性状进行遗传。

实践中，常常遇到两个交配组合的公马和母马毛色相同，但所生后代毛色却不一样，甚至一对配偶，两个年度生的后代毛色也不一致。这是由双亲的毛色基因型决定的，现已知马的毛色遗传基因有基础毛色基因和修正基因。基础毛色基因有着色基因（即 C 基因）、骝毛基因（A 基因）、黑毛基因（B 基因）和 E 基因等。修正基因有显性淡色基因（D 基因）、显性白色基因（W 基因）、显性青毛基因（G 基因）等。

马的基础毛色为骝毛（包括黑骝毛）、黑毛和栗毛，这些毛色的基因是复等位基因，如骝毛对黑毛呈显性，而黑毛对栗毛又呈显性，形成了骝＞黑＞栗的趋势。马双亲毛色与子代毛色的关系见表 2-1。

表 2-1　马基本毛色的表现型

双亲毛色	子代毛色	备注
栗×栗	栗	
黑×黑	黑、栗	主要是黑毛
黑×栗	骝、黑、栗	三者数量基本相等
骝×黑或栗	骝、黑、栗	

种公马对马群毛色性状的影响较大，所以在实践中应重视分析种公马个体毛色基因是纯合体还是杂合体。掌握了种公马的毛色基因型后，并根据其配偶母马的毛色，即可大体预测其后代群中各种毛色出现的频率。通过长时期选种选配，可以使马群的毛色趋于一致。但需指出，毛色与生产能力无直接关系，为追求单一毛色，延长育种时间，并会将一些其他毛色优秀的个体淘汰。在现实社会中由于个人对毛色的喜好不同，可能会造成不同毛色马匹个体间价格的差异，但这并不能表明个体性能间就一定有差异。在育种工作中应该以个体的性能、遗传稳定性等判断其品质优劣，不必过分强调其毛色。

三、毛色分类

马的毛色按出生月龄可分为胎毛色和固有毛色 2 种。胎毛色是指出生至 5 个月以内的毛色，颜色较深。固有毛色是指 6 月龄换毛以后的毛色，经常用于记载的毛色，指的就是固有毛色。

根据长毛、短毛色泽不同，马的毛色分为骝毛、栗毛、黑毛、青毛、兔褐、海骝、鼠灰、银鬃、银河、花尾栗、沙毛、花毛和斑毛等 13 类 33 种。详细分类标准在实习中进行描述。

第七节　马的步法

马的步法是指马匹运步的方法。可分为天然步法和人工步法。天然步法是先天性获得，不教自会的步法，如慢步、快步和跑步等。人工步法是由人工调教而获得，必须经过训练才能学会，其种类繁多。

掌握马的运步方法，必须理解以下概念：

步速：是指马体运步的速度，如伸长快步比普通快步的速度快。

步幅：是指一步的长度，即同一侧肢前后两蹄足迹之间的距离。

步期：是指一肢由离地至着地各项动作阶段。步期一般分为举扬期和负重期两个阶段。可细分为离地期、举扬期、踏着期和负重期 4 个阶段。

完步（整步）：是指四肢按运步顺序，完全经过一次运动。

一、天然步法

天然步法包括慢步（常步）、快步（速步）、对侧步、跑步、袭步和跳跃。

（一）慢步（常步）

慢步（常步）是马行走的基本步法。这种步法重心变动范围小，体力消耗少，四肢不易疲劳，适于肌肉锻炼和消除疲劳。其特点是四肢逐次离地，逐次着地，在一个完步中，可听到四个蹄音。慢步运步如图 2-9 所示。

1. 左前肢抬起　2. 右后肢抬起　3. 右前肢抬起　4. 三肢着地　5. 左后肢抬起　6. 左前肢抬起

图 2-9　慢步运步

根据步幅的长短和四肢的动态，又可分为普通慢步、缩短慢步和伸长慢步。

慢步的步幅，因类型、品种和个体不同而有差别，一般 1.4～1.8 m，每分钟约 100 步，每小时速度一般为 4～7 km,但挽用马只能走 4～5 km,乘用马可达 6～7 km。

(二)快步(速步)

这种步法马体有悬空期,体躯侧动小,颠动大,适于肌肉、韧带和心肺的锻炼,其特点是以对角前后肢同时离地,同时着地,每个完步可听到两个蹄音。快步运步如图 2-10 所示。

1 2 3

1. 右对侧肢着地 2. 悬空期 3. 左对侧肢着地

图 2-10 快步运步

根据蹄迹和步幅的不同,快步又分为缩短快步、普通快步、伸长快步和飞快步。

(1)缩短快步 经常以对角前后肢支持体重,同侧后蹄迹落于前蹄迹之后,体躯无浮动期。步幅较小,一般为 2～3 m,速度为 9～12 km/h。

(2)普通快步 同侧后蹄足迹落于前蹄迹上,四肢在瞬间同时离地,体躯在空中呈现短期悬空。步幅一般为 3～4 m,速度为 19～20 km/h。

(3)伸长快步 运步时后蹄迹超过前蹄迹 8～10 cm,有悬空期,波动较大。步幅一般为 4～5 m,速度在 20 km/h 以上。

(4)飞快步 也称为竞赛快步,为快步中最快的步法。特点是后蹄迹超过前蹄迹较远,对角后肢的动作稍迟于前肢,悬空期较长,波动更大。步幅大,一般为 6～7 m,速度为 30～50 km/h。

(三)对侧步

对侧步是走马特有的步法,以同侧前后肢同时或先后离地和着地,可听到两个蹄音。对侧步马体左右侧动大,上下颠动小,使骑者感觉舒适,不易疲劳,适于长途骑乘和驾轻车。对侧步运步如图 2-11 所示。

1 2

1. 右侧肢同时着地 2. 左侧肢同时着地

图 2-11 对侧步运步

根据蹄迹和运动的顺序,对侧步可分为以下几种:

(1)普通对侧步 俗称走马,同侧前后肢同时着地离地,后蹄迹覆盖在前蹄迹上,在四肢离地瞬间,呈现短期的悬空,步幅与速度与普通快步相同。

(2)破对侧步　也称为“小走”。其特点是同侧的两肢不是同时动作，而是每个蹄分别着地，同侧后蹄较前蹄稍先着地，一个完步可听到 4 个蹄音。同侧两蹄音几乎相连，在运动中无悬空期，左右摇摆幅度非常小，故骑者感到十分稳定而舒适，为长途乘马的理想步法。

(3)伸长对侧步　也称为“大走”。特点是同侧前后肢同时离地着地，但后蹄迹超过前蹄迹，可听到 2 个蹄音。马体在运动中悬空期较长，波动较大。该步法的速度较快，甚至可超过伸长快步的速度。

(四)跑步

跑步是速度更快的步法。特点是先以一后肢着地，而后为另一后肢和对角前肢同时着地，最后为另一前肢着地，又以着地顺序而离地，接着有一个悬空期，每个完步可听到 3 个蹄音。由于跑步最后着地的为一前肢，承受较大的冲击力，容易疲劳，故跑步是容易疲劳的步法。最后着地为左前肢时，则称为左跑步；最后着地为右前肢时，则称为右跑步。左右跑步交替使用，可以减轻疲劳。跑步能锻炼心肺，并能增加躯体的伸缩力。跑步运步如图 2-12 所示。

1.右后肢着地　2.右前肢、左后肢着地　3.左前肢着地　4.悬空期

图 2-12　跑步运步

根据运动速度，又分为以下几种：

(1)慢跑步　是一种在控制下速度很慢的跑步。赛马跑过终点以后，因受骑手控制，即出现这种步法。其特点是左后、左前、右后、右前肢相继着地，无悬空期。步幅为 2.5～3.5 m，速度为 12～15 km/h。

(2)普通跑步　每个完步有 3 个蹄音，有悬空期，步幅为 3.5～4.5 m，速度为 18～26 km/h。

(3)伸长跑步　也称为快跑步，速度较快。运步中对角肢着地时，后肢先落地，将原来对角肢同时着地的 1 个蹄音分为 2 个蹄音，故每个完步可听到 4 个蹄音。步幅为 4.5～5.5 m，速度为 24～35 km/h。

(五)袭步

袭步是在伸长跑步的基础上，跑速更快的一种步法。由于速度大，对角肢的步幅增大，两前蹄和两后蹄着地时间几乎相连，在每个完步中，听起来好像只有 2 个蹄音。这种步法，步幅为 7～8 m，速度可达 1 km/min。

(六)跳跃

跳跃分跳高和跳远2种,都是在跑步和袭步的基础上进行的(图2-13)。主要靠后肢的强力伸张,使马体向前上方跃进,马体沿抛物线越过障碍。抛物线的角度决定于跳跃的高度和长度,同时也决定于马的助跑速度。跳远时,其角度为10°~15°;跳高时,角度约为30°。骑乘跳高的世界纪录为2.84 m,跳远的世界纪录为8.70 m。

1.准备期　2.提升期　3.悬空期　4.降落期

图2-13　跳跃

二、人工步法

(1)特慢快步　实际上是一种很慢的慢跑步。步态安静,轻松而缓慢,使骑者感到很舒适。

(2)快慢步　这种步伐很似小走,是一种缓慢的四蹄音步法。四肢运动有节奏,运步平稳,马在行进中点头摇身,轻咬牙齿,人马都很轻松。

(3)单蹄快步　一种很优美的快速步法。每蹄以相等的间隔时间分别着地。速度很快,人较舒服,马极为辛劳。

(4)狐式快步　一种慢而缩短的分裂快步。行进中,每个后蹄都在瞬间内先于对角前蹄着地,马伴有点头运动。

(5)斜横步　马只向侧前方运动,以保持操练队形。

目前,国外娱乐用马最多可走35种步法。

复习思考题

1.什么是马的体质和气质?如何划分马的体质类型和气质类型?

2.马的经济类型有哪几类?各有何特点?

3. 马匹外貌鉴定的基本原则和方法是什么?
4. 阐述各类型马的理想结构。
5. 马的牙齿发生、脱换及磨损规律是什么?如何根据其判断马的年龄?
6. 马的毛色主要分哪几类?主要别征有哪些?如何区分马的毛色和别征?
7. 马的自然步法有哪几种?它们的主要特点是什么?

第三章
马(驴)的品种资源

第一节　马属动物分类及种间杂交

一、马属动物在动物分类学上的位置

在动物分类学上，马属动物属于脊椎动物亚门(Vertebrata)哺乳纲(Mammalia)奇蹄目(Perissodactyla)马科(Equidae)马属(*Equus*)。

二、马属动物分类

一般我们所说的马属动物包括马(*Equus caballus*)、驴(*Equus asinus*)、斑马(*Equus zebra*)3个种的动物。其中马种包括家马和野马2个亚种，驴种包括家驴、骈驴和骞驴3个亚种，斑马种包括泥骘、白氏骘、斑骘3个亚种。这8个亚种中只有家马和家驴被人类驯化成为家养动物，为人类社会直接使用，其他6个亚种目前仍未被人类驯化，处于野生状态，属于野生动物。

三、马属动物种间杂交

由于马属动物之间是同属不同种，有共同的起源及亲缘关系，因此相互之间可以交配产生异种间的杂种，最典型的、也是人类利用最多的是家马和家驴之间的种间杂交。但因家马和家驴染色体数量不同，与其他许多种间杂交动物一样，可以产生种间杂交后代，但种间杂交后代一般没有生育繁殖能力。

家马和家驴之间的种间杂交后代有骡和駃騠2种。骡是公驴与母马的杂交后代，俗称马骡。其体形、性情似马，具有明显的杂种优势，生活力特别强，力大速快，耐力好，抗病力强，是人们期望的杂交组合后代。駃騠是公马与母驴的杂交后代，俗称驴骡。其体形、性情似驴，寿命长，生活力强，耐力好，抗病力强，但力量和速度不如马骡，实用价值相对较低，但比驴高。

第二节 马品种的形成和分类

一、马品种的形成

马品种的形成是人工选育的结果，它是受自然生态环境条件的影响并与人类社会发展需要相适应的产物。远在原始公社时期，马是人的狩猎对象，而后捕捉驯养，经过驯化而成为家畜。当它受到人工选择之后，马在类型上就有了区别，于是各类的品种便油然而生，随着人类的爱好和社会需要，马的品种越来越多，最终达到了当今世界存在的状况，有了众多不同选育方向与类型的品种。人类培育马品种，受到 2 个客观因素的制约。

（一）社会经济条件

它是制约马品种形成的首要因素，决定着品种的生产方向与类型。一个马匹品种必须与社会生产需要相适应，才能长期存在与发展。在原始社会阶段，人类的需要简单，社会生产力很低，人们不能显著改变马的品质，培育出优良品种。当进步到奴隶社会，战争、生产、生活都需要马，人在长期饲养马匹中积累了经验，首先选育乘马，这可能是最早育成的马品种类型。到了封建社会，马在军事上的作用更加突出，促进了养马业的更大发展，我国历代统治者无不重视饲养和选育马匹。从周秦至汉唐以来，相继选择培育出“重型乘挽兼用马”品种。如 1979 年在武威雷台东汉墓出土的“踏飞鹰铜奔马”和唐太宗的昭陵六骏皆为明证。到了资本主义时代，社会生产力急剧进步，对马提出了新的要求，在西欧培育出了重型挽马及其他类型马品种。

21 世纪以来，随着工业发展，机械动力代替了大部分畜力，一些重挽马品种逐渐转向肉用和乳用。我国传统的以役用为主的养马业，也开始向娱乐、竞赛、役、肉、乳和药等多方向用途的养马发展。可见，社会经济条件对马品种的形成有深刻影响。

（二）自然条件

对马种形成至关重要，这是由于它的作用比较持久、稳定，不易改变。长期生存在不同的自然生态环境条件中的马，各具有其独特的外貌、体质特征，彼此间有明显的区别。如中亚细亚一带，气候干燥，植被稀疏，牧草干物质含量高，马较轻小灵敏；在西欧一带，气候湿润，牧草水分多，马较重大迟钝；我国青藏高原东北部，雨多草茂，河曲马比较高大；云贵高原山区所产的西南马体格普遍较小等。这样的例证很多，说明了生物与环境的关系。对马来讲，每个品种都是与原产地的环境条件密切适应的结果。

二、马品种分类

马品种分类，对于马匹利用和改良都有指导意义。在现代养马科学中，对马品种的分类有以下几种方法：

(一)生物学分类

按马原产地的自然条件和品种的生物学特征,把原始地方品种马及其类群分为草原种、沙漠种、山地种和森林种。

(1)草原种　指生存于我国北方高原地带广大草原上的马匹品种。夏秋凉爽,水草肥美,冬春寒冷,草黄雪厚,马群在"夏活、秋壮、冬瘦、春乏"周而复始的自然条件下生息繁衍。草原种马体质粗壮结实,体躯长而深广,四肢中等高,适应性极强。如蒙古马、哈萨克马、巴里坤马、岔口驿马等。

(2)沙漠种　此类马品种受沙漠地带气候干燥、植被稀疏,昼夜温差大等自然环境的影响,体格较小,体质细致紧凑,如我国的乌审马、柴达木马、和田马等。

(3)山地种　山地种主要是指分布于我国西南山区和西藏的地方马品种。受高海拔、垂直气候带等因素的影响,其体质结实,体格不大,肢蹄强健,善走山路。如我国有建昌马、乌蒙马、西藏马、玉树马和安宁果下马等品种。

(4)森林种　指分布于海拔在 3 000 m 以上、气候寒冷潮湿、出现森林的草原地带的马种,一般体躯粗重,被毛厚密,体质粗糙结实,如河曲马、浩门马、阿尔泰马、鄂伦春马都属此类。

(二)按选育程度分类

根据马品种的形成历史及人工选育改良程度,分为地方品种、培育品种和育成品种三大类。

(1)地方品种　是指某地区有悠久的养马历史、在自然条件下繁殖并具有大量群体、未经人工正规选育、处于粗放饲养管理、原始状态的马品种。我国现有不少地方品种马,如上所述。它们的特点是适应性好,体质结实,体格较小,生产性能不高。

(2)培育品种　指按照科学育种方案,贯彻一系列有效的选种选配措施,经过了必要的培育过程而育成的马匹新品种。该类马品种在体尺、外貌、生产性能、品种结构和数量等方面,已达到了新品种的标准和要求。但仍有不足之处,如性状还不够一致,遗传性不够稳定,还需加强培育,巩固提高品种性能。新中国成立以来我国新培育出 15 个马品种,如三河马、铁岭挽马、伊犁马、伊犁挽马、关中马、山丹马、青海挽乘兼用马等,都属于这类品种。

(3)育成品种　指经历了悠久的人工选育过程,在优良的培育条件下,通过了严格选择与淘汰,达到了既定的选育目标,具有性状整齐、遗传性稳定、生产能力及种用价值高等一系列特点。对该类品种要求有好的饲养管理条件,不断加强选育,以提高和保持其品种性能。如世界著名的纯血马、阿拉伯马、奥尔洛夫马等,都属此类品种。

(三)畜牧学分类

畜牧学分类即按马品种的生产力类型分类。人们按育种目标长期选择和培育,使马的体形发生突出的变化,某些部位显著发展,形成了生产力的专门化。将马品种分为乘用型、挽用型和兼用型 3 类。乘用型按其性能又分为竞赛型(如纯血马)和重乘型(如顿河马)。挽用型又分为重挽型(如苏维埃重挽马)和轻挽型(如奥尔洛夫马)。兼用型是介于乘用型与挽用型之间的类型,又分为 2 类:体形较轻、偏于乘用的称乘挽兼用型,体形较重、偏于挽用的称挽乘兼用型。以上所讲的这些类型都是对用途专门化、体形标准化、达到品种要求的马品种而言的,未经选育改良的原始状态地方品种马，生产性能和体形结构不具专门化规格要求，可供任何用途的兼用马，一般不能视为专门化兼用型马。

近年来，由于产品养马业的兴起，一些国家培育出了专门的产品马品种。如独联体培育出了乳肉兼用马品种库素木马、哈萨克马扎贝型、新吉尔吉斯马乳肉兼用型等。今后产品马品种将形成一个新的品种类型。

第三节 地方品种

一、蒙古马(Mongolian)

(一)产地与分布

蒙古马是我国北方主要的地方品种，数量多，分布广，约占全国马总数的 1/5 以上。内蒙古自治区是蒙古马的主要产区，据 1982 年统计，约有 170 万匹，到 2006 年约有 60 万匹，主要集中在锡林郭勒盟、赤峰市、乌兰察布盟、哲里木盟、呼伦贝尔盟。另外，东北、华北和西北的部分农牧区也有数量不等的分布。近年来随着旅游及市民骑乘马的需要，在旅游景点、城郊地区也有一定的分布。

内蒙古自治区位于蒙古高原东南部及其周边地带，海拔 1 800～2 000 m，为季风气候向大陆性气候过渡的地带。夏季的东南季风受境内大兴安岭和阴山山脉的阻挡不能深入，造成东、西部气候的极大差异，温差极大；北部地区最低气温达－50 ℃左右，由东往西降水量也逐渐下降，年降水量 150～450 mm，无霜期 80～150 d。高原牧区是蒙古马的原产地，海拔 1 000 m 以上，从东到西有草甸草原、典型草原、荒漠草原及荒漠等不同的草场类型，造成了东部地区蒙古马数量多、体格大，西部数量少、体格小的差异。牧区马匹终年大群放牧，无棚圈，不补饲，管理极为粗放。马匹营养状况随季节而变化，呈现“春危、夏复、秋肥、冬瘦”的现象，形成了蒙古马抗严寒、耐粗饲、适应性强的特性。农区的蒙古马主要用于使役。除了向牧区购买马匹外，多为自繁、自养、自用。

(二)品种形成

蒙古马是一个古老而优秀的马种。早在 4 000～5 000 年前，我国北方民族就已驯化马匹。如《汉书・匈奴传》记载：尧舜以前“居乎北边，随水草而转移，其畜之所多，则牛马羊”，匈奴马曾显赫一时。公元前 200 年，汉高祖刘邦出击匈奴在白登被冒顿单于 30 余万骑兵围困数日。汉武帝在与匈奴的战争中曾多次带回大量马匹，并任用匈奴王子金日蝉为汉朝的马监，民间养马事业空前发达。西晋以后，塞外各部族相继南下，带来马匹数以万计。盛唐时期，北方各族都曾以良马进贡，如《唐会要》记载：“突厥马技艺绝伦，筋骨适度，其能致远，田猎之用无比”，并指出延陀马、同罗马、仆固马为同种，多为骆毛(兔褐毛)和骢毛(青毛)。这些马种都与蒙古马相似，都是蒙古马的祖先。北宋时东北的契丹马也是蒙古马，说明东北三省早已分布有蒙古马。蒙古帝国被誉为“马之帝国”，成吉思汗的卫队就是由精良的骑兵队组成，历史上称他是以

"弓马之利取天下"的。根据《元史》记载，当时牧马地甚广，北至火里秃麻(今蒙古人民共和国以北)遍及塞外草原及南方。明朝在北方东自大宁(今承德地区)，西至宁夏皆是牧马地，并在宣化、大同等地设马市。明万历三年(1575 年)规定每年互市定额 3.4 万匹。清朝在察哈尔设左右两翼牧厂和两处御马厂，全盛时期养马达 10 余万匹。数百年来，蒙古马多取道张家口输入内地，而有"口马"之称。由于各朝代对养马业的重视，使蒙古马早已分布到我国广大北方农村。1949 年后，内蒙古自治区的蒙古马继续发展，并不断被推广到内地，同时进行大量杂交改良，并作为培育品种母本培育了一些马种。1980 年前后，随着农牧区改革开放，集体经济转制，马匹逐渐转入牧民个体饲养为主，杂交改良基本停止。由于草场压力和草场分割到户，以及马匹的经济性、动力性能下降，马匹数量锐减。

(三)品种特征

按生物学分类，蒙古马属草原种，体质粗糙结实。体格中等大小，体躯粗壮，四肢坚实有力。头较粗重，直头或微半兔头，额宽平，鼻孔大，嘴头粗。颈短，颈础低，多呈水平颈。鬐甲低而宽厚。前胸丰满，肋拱圆，背腰平直而略长，腹大，尻短而斜。四肢短粗，肌腱发育良好，关节不明显，蹄质坚硬。鬃、鬣、尾和距毛均发达。毛色复杂，青毛、骝毛、黑毛较多，白章极少。

蒙古马体高一般为 120～132 cm，东部草甸草原和农区的蒙古马体格较大，西部荒漠、半荒漠草原和农区的蒙古马则较小。蒙古马的体重随体格大小、季节不同、营养状况、用途不同而有差异，一般约为 300 kg。据 1960 年内蒙古自治区进行家畜普查时统计，成年蒙古马的平均体尺如表 3-1 所示。

表 3-1 成年蒙古马的平均体尺　cm

性别	数量/匹	体高	体长	胸围	管围
公	63	130.3	132.3	155.3	17.5
母	648	126.7	132.5	152.9	16.8

(四)品种性能

蒙古马持久力强。据 1903 年在北京至天津间举行的 120 km 长途骑乘赛 38 匹蒙古马参加，冠军用时 7 h 32 min，前 100 km 仅用时 5 h 50 min。据 1952 年在锡林郭勒盟举行赛马记录：20 km 用时为 30 min。据 1957 年内蒙古自治区成立 10 周年运动会赛马记录为：1 000 m 用时 1 min 21.3 s，2 000 m 用时 2 min 52.9 s，3 000 m 用时 4 min 6.6 s，5 000 m 用时 7 min 10 s，10 km 用时 14 min 37.2 s，15 km 用时 23 min 57.4 s。据黑龙江省 1973 年测验记录为：1 000 m 用时 1 min 20.9 s。据 2006 年 6 月在西乌珠穆沁旗举行的 30.5 km 蒙古马草原耐力赛，冠军马用时为 42 min。

蒙古马役用能力强。特别是骑乘能力强，能在艰苦恶劣的环境中出色完成放牧、交通和运输等劳役，即便是在体况欠佳的情况下仍有惊人的毅力坚持工作。在呼伦贝尔盟农区补饲的条件下，4 匹马拉胶轮大车，载重 2 000～2 500 kg，可日行沙土草地 30 km。在哲里木盟农村，8 匹马拉木犁，耕深 10 cm，耕幅 20 cm，一般每天可耕 12～14 亩，平均每匹马日耕 6～7 亩。

蒙古马适应性较强，能适应恶劣的气候和粗放饲养条件(如牧区冬季常有暴风雪的侵袭，饲料和饮水不足)，抓膘迅速，掉膘缓慢。冬季靠刨雪采食，一般能采食雪深 40 cm 以下的干草。春季对牧场上的毒草有识别能力,很少中毒。抗病力强,除寄生虫病和外伤,很少有内科病。群牧马合群性强,听觉和嗅觉都很敏锐。公马护群性强,性情暴烈、好斗,能控制母马小群,防止兽害。

蒙古马的受配率和受胎率与自然环境条件有关。繁殖成活率一般为50%。由于种公马体质和配种能力强弱不同,每匹公马所配的母马数相差很大,一般公、母比例为1∶(10～20),每匹公马组成一个小群,数个小群形成一个大群,自然小群多年不变。性成熟期为1～1.5岁,生长持续期为5年,母马3岁时开始配种,繁殖年龄可至15～18岁。

(五)主要类群

蒙古马分布很广,因自然生态条件不同,形成了一些适应草原、山地和沙漠条件的优良类群,比较著名的有乌珠穆沁马、百岔马和乌审马。

(1)乌珠穆沁马　产于内蒙古锡林郭勒盟东、西乌珠穆沁旗,现有5万余匹,是蒙古马的草原类群,也是蒙古马的典型代表。乌珠穆沁草原是我国最富饶的天然牧场之一,土壤肥沃,河流纵横,牧草种类繁多,主要牧草有碱草、冷蒿、大针茅、克氏针茅和葱草等,草层高度30～40 cm,干草亩产70～100 kg。该地历来盛产良马,乌珠穆沁马早以其骑乘速度快、持久力强和体质结实驰名全国。

乌珠穆沁马体形中等,外形特点是鼻孔大,眼睛明亮。胸部发达,四肢短,鬃、鬣、尾毛特别发达,青毛最多。据称清朝时每年要在其产区选千匹青马进贡。当地盛产走马,其外形特点是弓腰,尻较宽而斜,后肢微呈刀状和外弧肢势。成年乌珠穆沁马的平均体尺如表3-2所示。

表3-2　成年乌珠穆沁马的平均体尺　cm

性别	数量/匹	体高	体长	胸围	管围
公	48	129.8	137.1	158.2	17.4
母	250	126.6	133.6	154.5	16.7

当地牧民在青草季节有挤马奶的习惯,每天挤4～5次,每次0.5～1 kg,每匹马年产乳量为300～400 kg。据屠宰测定记录:膘情7～8成,宰前重305 kg,屠宰率55.4%,净肉率46.72%。

(2)百岔马　产于内蒙古昭乌达盟克什克腾旗百岔沟一带。该旗位于大兴安岭南麓支脉狼阴山区,海拔1 600～1 800 m。中心产区的百岔沟由无数深浅不等、纵横交错的山沟组成,是西拉木伦河的上游,水草丰美。当地岩石坚硬,道路崎岖,百岔马经过多年锻炼,蹄质坚硬,不用装蹄可走山地石头路,故有"铁蹄马"之称。产区现有马1 000多匹。

百岔马外形特点是结构紧凑、匀称,尻短而斜,系短而立,蹄小呈圆墩形,蹄质坚硬,距毛不发达。据1981年调查测定,成年百岔马的平均体尺见表3-3。

表3-3　成年百岔马的平均体尺　cm

性别	数量/匹	体高	体长	胸围	管围
公	19	132.4	139.3	163.1	17.6
母	120	125.1	134.8	159.5	16.4

(3)乌审马　产于内蒙古伊克昭盟南部毛乌素沙漠的乌审旗及其邻近地区。1982年有乌审马1.8万余匹,现存栏数量不详。该地为典型大陆性气候,年降水量250～400 mm,蒸发量大,平均为降水量的5.5倍。草原属典型干旱草原类型,主要牧草有沙蒿、柠条、芨芨草等。牧

民有打草贮草的习惯,加上备有农作物的秸秆,冬春给予补饲,对乌审马的形成起了一定作用。

伊克昭盟鄂尔多斯草原曾是水草丰美、畜牧业发达的地方,当地蒙古族牧民素有养马习惯,每年都要赛公马、赛走马,凡是在战争中立功和赛马中得奖的公马都被选为种用,这对于乌审马的形成无疑起了很大的作用。但由于连年干旱,沙丘遍布,草场退化,对马匹品质造成一定影响,使其成为适应沙漠条件的类群。

乌审马体质干燥,体格较小,肩稍长,尻较宽,蹄广而薄。成年乌审马的平均体尺见表 3-4。其特点是体小灵活,性情温驯,适合沙漠地区骑乘和驮运。骑乘速度 13～15 km/h,日行 50～70 km,最快能日行 100 km 以上。当地多产走马。乌审马曾远销山东、河北、山西、陕西和宁夏等地。

表 3-4　成年乌审马的平均体尺　cm

性别	数量/匹	体高	体长	胸围	管围
公	19	123.9	125.7	145.7	16.3
母	268	120.5	134.8	195.9	15.6

(六)现状与评价

蒙古马是世界上最古老的品种之一。它长期繁育在我国北方的高寒地带,具有抗严寒、耐粗饲、持久力和适应性强等优点,是我国分布最广、数量最多的地方品种,在农业生产和交通运输上占有重要的地位。蒙古马由于其独特的地理气候条件,是目前马种遗传资源最纯正、最原始的马种之一,在马种遗传资源方面有非常重要的价值。蒙古马体形中等偏小,气质中上悍,经过培育驯教,适宜体育休闲娱乐发展的马种需要。同时,蒙古马也是今后耐力赛方面具有巨大潜力的品种之一。另外,蒙古马还在产奶、生物制品方面有着很大的潜力。

目前,由于用途减少、草原退化、改良停顿以及有时盲目限制马政策的影响,蒙古马数量和质量明显下降,这一品种受到最严重的威胁。今后必须在马种培育、血统登记、开发利用上做出极大努力,才会使这一珍贵资源发挥应有的作用。

二、哈萨克马(Kazakh Horse)

(一)产地与分布

哈萨克马原产于新疆,是经新疆各族人民长期培育形成的一个原始地方品种。其主要分布在新疆天山北麓、准噶尔盆地以西和阿尔泰山脉西段一带,尤其是伊犁、塔城和阿尔泰地区。产区草原辽阔,牧草饲料资源丰富,历来以牧业为主,为我国重要的产马区之一。海拔 600～6 900 m,河流纵横,属温和半湿润和温凉干旱气候,年降水量 94～513 mm,无霜期 121～187 d,1 月份气温一般在－22～－9.3 ℃。本地区自古产良马。

(二)品种形成

据考证,乌孙马即今哈萨克马的前身。西汉时期,乌孙国(今伊犁一带)产乌孙马。《史记》记载:“乌孙以千匹马聘汉女,汉遣宗室女江都翁主往事乌孙,乌孙王昆莫以为右夫人”,《前汉书》称乌孙马为“西极马”或“天马”，而与“大宛马”相媲美。清朝，在伊犁一带设立大规模的马场。马匹在历史上曾渗入蒙古马和中亚一带马匹的血液。

哈萨克马是草原种马，对大陆干旱寒冷气候和草原生活环境很能适应。终年放牧，冬季不补饲，在积雪 30～40 cm 情况下，能刨雪觅食，正常生活。进入夏季之后，体力恢复与增膘都很快。它的形成与当地良好的草原有密切关系，同时也是哈萨克族人为了生产和生活上的需要，长期选育的结果。

(三)品种特征

哈萨克马在漫长的培育过程中随哈萨克牧民一年四季逐水草而迁移，完全在自然条件下放牧，因此属于草原型马品种。根据其生活条件不同，可分为山地生态型和平原生态型 2 个生态型。根据经济类型可划分为骑乘型、乘挽兼用型和乘乳兼用型。目前多以骑乘型和乘乳兼用型为主，且其常与山地生态型相吻合，而乘挽兼用型常与平原生态型相吻合。这与在不同生态条件下马匹的用途不同有密切关系。由于在山区农牧民主要将马作为交通工具，并进行马奶生产，因此山地生态型多与骑乘型和乘乳兼用型相吻合。而在平原区农牧民主要将马作为农业耕作和交通运输，因此平原生态型多与乘挽兼用型相吻合。

骑乘型与乘乳兼用类型外貌特征：头中等大小、清秀，耳短稍厚、绒毛厚，颈细长、多水平颈，颈肩结合不良，鬐甲高于尻部，胸稍狭窄、肋骨开张。有些马背下凹，尻宽而倾斜。腹部一般较膨大，呈草腹状。四肢关节坚实，前肢端正，后肢常显刀状且肢势多呈外向。蹄质坚实，距毛多不发达。个体中等大小，体形较轻，结构紧凑。体质多粗糙结实。乘乳兼用型个体乳房发育较好，乳头较长。成年哈萨克马的平均体尺见表 3-5。

表 3-5 成年哈萨克马的平均体尺 cm

性别	体高	体长	胸围	管围
公	136.0	144.8	172.2	18.8
母	132.7	141.5	167.2	18.9

与之相比，乘挽兼用型马头较重，颈较粗厚而稍短，胸宽深，肋骨开张，尻宽平、发育充分，腹部圆滑，草腹不明显，肌肉发育良好，蹄大、蹄质坚实，距毛较发达，全身骨骼较粗壮，体质粗糙结实，体形较大较重。

哈萨克马毛色主要以骝毛最多，栗、黑毛次之，青毛较少。

(四)品种性能

哈萨克马骑乘速力记录为：1 000 m 用时 1 min 17.2 s；1 600 m 用时 2 min 8.2 s；3 200 m 用时 4 min 32.7 s；50 km 用时 1 h 42 min 47 s；100 km 用时 7 h 14 min 23 s。其长途耐力很强。一般每日可行 60 km，平均时速为 10 km 左右。

哈萨克马具有很好的产乳性能。在保证马驹正常哺乳情况下，日挤乳 5～6 次，一般日产乳 2.5 kg 左右，高的可达 5～6 kg，日平均总产奶量约 8 kg。泌乳季节多在每年 6～10 月份，多数可挤 2～3 个月。也有在舍饲条件下从产驹 1 个月后开始挤乳至来年 3 月份，即下个产驹季节前 1～2 个月，挤乳期长达 8 个月。

哈萨克马的产肉性能，1980 年对哈萨克马屠宰率测定，成年母马平均活重为 351.33 kg，平均胴体重为 188.32 kg,平均净肉重为 147.8 kg,平均屠宰率为 53.6%,平均净肉率为 42.1%。

哈萨克马的繁殖多以小群体交配方式为主。既 1 匹公马与 10～25 匹母马组成 1 个小群体,该公马既是这个小群体的首领,同时又负责这个小群母马的全部配种任务。配种年龄:公、母马均为 3 岁,一般 4 月份开始配种,5～7 月份是配种旺季。公母马完全自然交配,平均发情周期为 19.88 d,发情持续期为 8 d,产后 5.66 d 第 1 次发情,妊娠期为 346 d。受胎率可达 90%以上。母马年产 1 胎,少数隔年 1 胎,终生可产驹 10～15 匹。

(五)现状与评价

在新疆本地的 6 个品种(伊犁马、伊吾马、伊犁挽马、巴里坤马、哈萨克马、焉耆马)中,除了焉耆马外,其他 5 个品种均与哈萨克马有血缘关系。尤其是 3 个培育品种均是以哈萨克马为基础培育而成的。可以说,哈萨克马是新疆马的基础品种,与其有关的马数量占新疆马匹总数的 95%以上。这也意味在新疆 95%以上的马与哈萨克马有或近或远的关系。

目前由于农业机械发达,已很少使用马匹耕作,绝大多数哈萨克马已被伊犁马杂交用于速度比赛和骑乘及产乳。纯种哈萨克马数量非常少,主要分布在比较偏远的山区和牧区,绝大多数是骑乘型和乘乳兼用型。作为珍贵的品种资源,今后应加强研究,予以保护。

三、河曲马(Hequ Horse)

(一)产地与分布

河曲马主要分布在甘肃、四川、青海三省交界的黄河首曲草原地带,以甘肃省甘南藏族自治州玛曲县、四川省阿坝藏族自治州若尔盖县和青海省河南蒙古族自治县等地所产数量最多,品质较优,为主要产区。1954 年由原西北畜牧部正式定名为河曲马。当地有称“南番马”、“洮州马”、“吐谷浑马”、“唐克马”、“乔科马”者。该产区属于高原草原牧区,其中心产区——玛曲县,海拔 3 300～4 000 m,年平均气温 1.4 ℃,年平均降雨量 664.2 mm,集中于 6～8 月份,无绝对无霜期,雪期约 7 个月。当地气候湿润,土地肥沃,牧草茂盛,盛产多种牧草。特有的一种属于莎草科的水麦冬牧草,马喜食且易长膘。这种自然条件,保证了马的丰富饲料来源,又锻炼了马的体质,使其具有抗寒、耐粗饲、适应性强等特点。

(二)品种形成

河曲马主产地系藏族人民聚居地,有悠久的养马历史,自古以来,即以产良马著称。据国内养马专家考察,河曲马原产于青藏高原东部地区,先祖为青藏高原高寒山地草原马。古时随着社会的变迁,常有外地马进入,与当地土种马杂交,使当地马体形外貌发生变化,马种性能不断提高。公元 4 世纪初,河曲地区的吐谷浑人引进了波斯种马与土种马进行杂交,唐宋以来又混入了西域和中原马的血液,元代曾有蒙古族人随军携马大量留居该地。但在近数百年间,却不曾受到外来马的影响。今日的河曲马是长期生活在当地水草丰美的自然环境中的当地马经闭锁繁育而形成的。

(三)品种特征

(1)体形外貌 河曲马的体质类型以粗糙结实为主,约占 50%以上,细致而稍显湿润的也有。有挽乘兼用和乘挽兼用2种类型，但倾向于挽马体形，偏挽型马占65%～85%。体躯粗长宽厚。头稍重，眼大，耳较一般地方马略长，耳尖呈桃形，鼻梁微隆。颈中等长厚，颈肩结合良好。鬐甲较低，背腰平直、稍长，尻宽、稍显短斜。前躯发育良好，胸廓发育良好，胸围率高于其他地方马种。四肢较干燥，关节明显，管粗短，多广蹄。后肢稍显刀状，部分马尻短，是其缺点。毛色以黑、青、骝、栗为主，有白章的马颇多(据报道，其中24.17%的河曲马有白章别征)，为我国地方品种所少见。

(2)体尺、体重 主产区成年河曲马的平均体尺、体重见表3-6。但经甘肃省甘南藏族自治州河曲马场多年的培育，河曲马体尺显著提高，体形结构有所改进。据该场1973年对251匹公马和330匹母马测定结果，4项主要体尺：公马141.5—145.3—177.1—20.5 cm，母马139.7—145.1—174.6—18.7 cm。其体尺指数更接近于挽用型马。

表3-6 成年河曲马的平均体尺、体重

性别	体高/cm	体长/cm	胸围/cm	管围/cm	体重/kg
公	136.9	143.0	166.6	19.2	330.0
母	133.7	141.2	165.8	18.3	315.0

(四)品种性能

(1)生长发育 河曲马幼驹生长发育较快，初生公驹体尺与成年公马体尺比较，体高为58.96%，体长为42.22%，胸围为41.16%，管围为34.30%；初生母驹与成年母马体尺比较，体高为61.90%，体长为43.30%，胸围为 42.27%，管围为47.74%。公马5岁、母马4岁达到体成熟。

(2)役用能力 以善走水草滩和适应于海拔4 000 m的高原环境而著称。挽力较强，速度中等，爬山和夜行能力强。正常挽力45～50 kg，最大挽力370 kg；骑乘1 200 m用时为1 min 43.3 s，2 000 m用时为2 min 35.8 s；驮载100～125 kg，日行50 km；双套马耕地，每天工作5 h，可耕地4亩左右，役用持久性强，特别具有善走烂泥滩的能力。在一般劳役或能力测定后，各项生理指标经25～35 min恢复正常。

(3)繁殖性能 营养良好的母马1周岁开始发情，一般2周岁配种，繁殖年限公马12～13年，母马15～16年，最长寿命公马为30～33周岁，母马26～28岁，一生可产驹12～13匹，6～12岁为产驹盛期。受胎率一般为67%左右。

(4)适应性 河曲马能吃苦耐劳，耐粗饲，好喂养，易上膘，发病率低，合群性好，性温驯，易调教，对高寒、气候多变的恶劣环境有极强的适应能力。据推广到全国20多个省、区和部队的反映，河曲马能适应多种环境。

(五)现状与评价

新中国成立以来，河曲马有很大发展，甘、青、川3省分别建有国营马场和军马场，积极开展群众性的选育工作，饲养数量及品种质量均有所提高。但随着社会的不断进步，马作为传统交通工具和农业生产主要动力的功能逐步淡化，导致河曲马养殖数量大幅度下降，品种质量也已经出现不同程度的退化。据报道，青海省河南蒙古族自治县摩托车的拥有率已达到95%，加之当地政府“控制马，发展羊，稳定牛”的政策导向，全县河曲马存栏数从1992年的1.6万匹减少到 4 000 多匹。为适应国外对马肉的需求和国内对马匹的综合利用,今后有必要培育肉用型的河曲马类群。

四、浩门马(Haomen Horse)

(一)产地与分布

浩门马的产地,古代时范围很广,但现在只剩下祁连山东段,包括青海省东北部和甘肃省河西各县南部山区的高山寒湿草原地区。这里是我国历史上养马最古老最重要的基地。《史记·货殖列传》记载这一带水草丰盛,“畜牧为天下饶”。《汉书·地理志》记载本区的“凉州之畜为天下饶”。《汉书·食货志下》载“天子为伐胡故,盛养马”。目前在本区内最主要的中心产地是青海的门源县和甘肃的天祝县,这 2 个县是紧密连在一起的。门源县古称浩亹(门)府,为古时马匹集散重地,今名浩门镇,为海北州署所在地。流经门源的主河称浩门河,流域水草丰美,马匹多,质量好,有优越的养马条件。在 1957 年和 1958 年,青海省畜牧厅和中国科学院先后两次组织考察队调查了本区之后,确定命名为浩门马。

该区是青藏高原东北边沿地带,其海拔、气候、草原生态条件全区基本相同;自古至今共同生活在这一产区的本地马有着共同的来源,体尺类型、外形体质和生产性能基本一致。但由于历史的、社会的、自然的种种原因,在区内各地叫出了多种的“品种”名称:如产在天祝的叫岔口驿马,产在门源的叫大通马,还另有西宁马,皇城马,仙米马等名称。实际上这全为同种而异名。有的早已自灭而无闻,有的实为本品种的类群或品系。

(二)品种形成

本产区的马受到严格的选育改良始自汉代。西汉骠骑将军霍去病出兵河西,并在西宁等地设西海郡,实行军屯牧马之后,即以本区的产马为基础,历经多次引进西域和波斯等外国良种交配本地母马,进行杂交改良,向着理想型目标选育,经过一段较长的历史时期,终于育成了所谓的“踏飞鹰铜奔马”模型那样的专门化挽乘或乘挽兼用型马。直到唐代,这种马的体形性能基本未变。从唐代末年起,北方战乱日多,直到明代以前,不断发生蒙古马大举南下,它们长期地对本区已有的专用型马持续不停地杂交混血,终于形成了像今天这样的地方品种。经过考察鉴别看出,现在的浩门马仍然保持了挽乘或乘挽的体形,并具有生来会走对侧快步的性能。这些特点是和古代马的血统影响及遗传分不开的。

(三)品种特征

浩门马体格中等大,体形以短宽粗实、四肢不高为特点,产区群众称之为“板凳型”。品种内有挽乘型和乘挽型 2 种类型,以挽乘型马较多。体质结实,略微粗糙。外貌表现为:头长直,耳小,眼大,额广,鼻直,鼻孔大,口叉深,腭部粗深,轮廓清楚。颈稍短,呈斜颈,颈肩结合良好,鬃、鬣、尾毛,母马较少,公马较多而长。鬐甲不高,长宽中等,肩较斜。胸宽,胸廓长深,肋骨弯隆,背短广,腰稍长,多微弓。尻宽,多有斜尻,秋季膘好,多有复尻。腹大充实,母马多有垂腹或草腹。四肢中等高,筋腱明显,距毛不多。蹄中等大而坚硬。毛色以骝毛、黑毛为多,其次为栗毛和青毛。成年浩门马的平均体尺、体重见表 3-7。

表 3-7 成年浩门马的平均体尺、体重

性别	数量/匹	体高/cm	体长/cm	胸围/cm	管围/cm	体重/kg
公	110	133.0	137.0	160.0	18.4	316.2
母	825	128.6	135.1	155.9	16.9	288.8

(四)品种性能

浩门马可承担乘、驮、挽各种使役,能爬山过水,工作能力甚佳。骑乘时善走对侧步,迅速平稳,使人感到舒适。这种步伐能遗传,马驹生下自然会走,人称“胎里走”。据测验记录为:对侧快步 500 m 用时 37.5 s,1 200 m 用时 2 min 19.9 s;跑速 1 000 m 用时 1 min 22.8 s,10 000 m 用时 19 min 49 s;驮用负重 100 kg,翻山越岭,能连续几日,行走自如;挽曳能力:轻挽测验用胶轮大车,车和载重共 600 kg,用挽力 50 kg,快步走 2 000 m 用时 8 min 4 s,慢步走用时 19 min 0.4 s;最大挽力,一般马都达到体重的 80%以上,优秀个体超过其体重者,不止一匹。

(五)主要类群

1.岔口驿马

(1)产地　产于甘肃省天祝藏族自治县及其邻近地区。天祝和青海省海北州门源县连接在一起,都是藏族人民集居的地区。岔口驿是汉代由长安通往波斯的古“丝绸之路”上的驿站遗迹之一,是河西走廊通道上的必经之处。旧时每年夏秋期间,举行盛大的走马比赛和交易会,至今未间断。这里是浩门马产区重要的马匹集散地之一,素有盛名,久而久之,便把这一带产的马命名为“岔口驿马”。古代为应“丝路”上需要有适于长途骑乘而轻快舒适的乘马,经当地人民长期选育和良好的饲养及调教,形成了这一善走对侧步的类群。

(2)外形　体格不大,体质结实,较干燥,多乘挽兼用型。头颈稍举起。鬐甲比一般马稍高,背腰平直,尻稍倾斜,四肢关节明显,蹄质坚实,公马鬣、尾毛长。毛色以骝毛居多,青、黑、栗毛次之。成年岔口驿马的平均体尺、体重见表 3-8。

表 3-8 成年岔口驿马的平均体尺、体重

性别	体高/cm	体长/cm	胸围/cm	管围/cm	体重/kg
公	132.9	135.3	159.8	18.5	310.5
母	130.0	136.2	158.7	17.2	303.9

(3)性能　其役用性能颇好,以“走马”闻名。骑乘 1 200 m 用时为 1 min 53.7 s;3 匹马拉双铧犁每小时可耕地 1.5 亩。

新中国成立后,当地设立岔口家畜良种培育辅导站,引入轻、重型良种公马进行杂交,取得了一定效果。

2.大通马

(1)产地　产于青海省海北藏族自治州及其邻近地区,以浩门河流域的门源县产马较多,亦较出名。该区系高寒的山地草原环境,海拔 3 000 m 左右,年平均气温 0 ℃,雨量较多。草原宽广,牧草繁茂,适宜养马。

(2)外形　本种马体格不大,具有明显的高原森林草原品种的特征。体形多属兼用偏挽型。头长,颈短,颈础低,鬐甲不高,躯干略长,胸广肋圆,腿长中等,尻短而斜,秋肥多复尻,后肢多外向或刀状肢势,长毛和短毛浓密。毛色较复杂,据对 1 179 匹马的统计,以骝毛为主,黑、栗、青毛次之,有少数马为乳白毛、兔褐毛。成年大通马的平均体尺、体重见表 3-9。

表 3-9　成年大通马的平均体尺、体重

性别	数量/匹	体高/cm	体长/cm	胸围/cm	管围/cm	体重/kg
公	81	133.1	139.9	160.1	18.3	321.9
母	525	127.3	134.0	153.1	16.6	273.7

(3)性能　走对侧快步,亦成为本类群马的遗传特性之一。1 200 m 用时为 1 min 56 s;挽车 2 000 m(挽力为 85 kg)用时为 11 min 36.8 s;最大挽力测验:3 匹公马平均为 275 kg,11 匹母马平均为 250.9 kg。单马挽木轮大车,载重共 700～750 kg,日行 30～35 km。

3.青海浩门挽乘兼用马

(1)产地　产于青海海北藏族自治州门源县浩门河流域中心地区门源种马场。

(2)形成　青海省畜牧厅门源种马场于 1956 年起先后引进顿河、卡巴金、奥尔洛夫、俄罗斯重挽马等品种的公马和浩门母马杂交,产生大量的各类杂种。1963 年起,由甘肃农业大学养马专业人员参加育种工作,进行鉴定整群,确定先用卡巴金公马配浩门母马,产生的杂种一代母马,再用小型阿尔登公马配种,产生杂种二代马,选出理想型个体横交和自群繁育。4 项主要体尺的育种标准是:145—148—168—19 cm,体重标准是 450 kg。该场于 20 世纪 70 年代已培育出这一新品种的标准型马。

(3)外形　体形符合要求,结构协调匀称,体质干燥结实。头颈的大小、长短及结合好,颈肌厚,形美,肩斜,背直,腰短,尻大,四肢粗壮,关节明显。毛色以骝、栗为主,其他毛色少。

(4)性能　悍威强,性温驯,动作灵活,运步轻快。挽力和速力比浩门马有较大提高。它是在海拔 3 000 m 高的粗放群牧条件下培育成的,故吃苦耐劳,有极好的适应性。

五、焉耆马(Yanqi Horse)

(一)产地与分布

产于新疆维吾尔自治区巴音郭楞蒙古自治州的和静县、和硕县、焉耆回族自治县和博湖县,其中以和静、和硕两县为中心产区,分布于产区附近地区。

(二)品种形成

在汉代时产区就已成立了草原部落焉耆国。蒙古族牧民在成吉思汗及更早时期移居此地,养有蒙古马。约在 200 年前,有部分蒙族从俄国迁回,带来伏尔加河以东地区产的马匹。焉耆马就是在蒙古马的基础上,渗入中亚马种的血液,经长期在现产地培育而成的。产区西北部为高山草原区,东南部为盆地区,皆有水草良好的牧地,但自然环境差别很大,遂使该品种形成 2 个不同的生态类型:焉耆、和硕的马属于盆地类型;和静、尤鲁都斯草原的马属山地类型。20 世纪初到 1938 年,曾引入俄国轻种马改良当地马,对焉耆马影响不大。目前品质好的马有 1 万～2 万匹。除采用奥尔洛夫马、顿河马对它进行改良外,也注重本品种选育,以提高其品质。

(三)品种特征

焉耆马有盆地型和山地型 2 个不同的生态类型,彼此在体躯结构和外貌特征及适应性上有所差别。盆地型的马多偏于乘挽兼用型。头中等大,多直头或半兔头。耳稍大。颈中等长,多直颈。鬐甲高长中等,胸部发育好,背平,腰稍长,尻较短斜。四肢中等高,后肢多有刀状肢势,距毛少,蹄质坚实。体质较干燥、紧凑。山地型的马以近似蒙古马者为主。头直额宽,颈略短,体躯较粗重,尻稍斜,毛厚,长毛多。蹄较小,蹄质较盆地型马好。体质较粗糙,在山上育成的马,下到盆地区有不适应的现象。2 类群的毛色都以骝毛为主,栗、黑毛次之。成年焉耆马的平均体尺见表 3-10。

表 3-10 成年焉耆马的平均体尺 cm

类型	性别	数量/匹	体高	体长	胸围	管围
山地型	公	8	142.3	144.5	171.5	19.4
	母	48	133.4	141.3	162.5	17.4
盆地型	公	31	142.5	145.2	165.8	19.7
	母	192	139.0	141.7	160.5	18.0

(四)品种性能

焉耆马适于农耕和运输,骑乘速力亦佳,尤以走马著称。有的马出生后自然会走对侧快步,故有“胎里走”的说法。骑乘速力测验记录为:1 000 m 用时 1 min 23.4 s,1 600 m 用时 2 min 32.9 s,3 200 m 用时 5 min 35.2 s,4 800 m 用时 8 min 23 s,50 km 用时 2 h 48 min。最大挽力平均为 400 kg。单马拉胶轮大车,载重 1 600 kg,可日行 30 km。成年马驮重 80 kg,日行 70～75 km,能持续 3～5 d;负重 100 kg,日行 60 km 左右。

泌乳性能较强,母马平均日产乳 4.36 kg,90 d 泌乳量达 392.4 kg。屠宰 5 匹膘情中下等的马,平均体重 318 kg,胴体重 145.4 kg,屠宰率 45.72%,净肉重 99.24 kg,净肉率 31.2%。

(五)现状与评价

新疆少数民族喜欢赛马,尤其是酷爱赛走马,在长期的实践中总结了一套挑选、训练走马的经验。今后焉耆马应进行专项选择,重点发展走马特长,满足社会和市场的需求。

六、巴里坤马(Balikun Horse)

(一)产地与分布

巴里坤马产于新疆巴里坤哈萨克自治县,分布于伊吾和哈密市。产区位于天山主脉与其一支脉相间的狭长天然地带,海拔 1 650～4 296 m,气候寒冷,植被较矮而稀疏,但草质良好,适于养马,是新疆古老产马区之一。

(二)品种形成

巴里坤地区养马历史悠久,据《中国经营西域史》记载,在清朝乾隆年间,于巴里坤创办牧场3处,各养马9 000余匹,是蒙古族人居住地,马匹大多为蒙古马。历史上的养马兴盛时期,为巴里坤马的形成奠定了基础。巴里坤县曾是蒙古人居住的地方。据《巴里坤概况大事表》记载,1883年、1914年、1934年阿尔泰的哈萨克族人曾3次迁入巴里坤,带来哈萨克马。从以上史料分析,现在的巴里坤马是历史上的当地马与蒙古马、哈萨克马经过长期的杂交繁育和风土驯化而形成的一个地方品种。

(三)品种特征

巴里坤马的体质粗壮结实,头较粗重,耳小,鼻孔大,眼大有神。颈粗短,鬐甲低宽,胸较宽深,前躯发育好,背腰短直,尻短斜,后躯腰尻结合较差,肩短稍立,四肢关节大,筋腱发育良好,蹄质坚实,被毛浓密,尾毛多。毛色多为骝毛、栗毛、青毛。成年巴里坤马的平均体尺如表3-11所示。

表3-11　成年巴里坤马的平均体尺　cm

性别	数量/匹	体高	体长	胸围	管围
公	21	135.4	137.5	166.1	18.2
母	102	128.9	135.6	159.4	16.5

(四)品种性能

巴里坤马骑乘速力为:1 600 m用时2 min 34 s,3 200 m用时5 min 12 s,5 000 m用时7 min 41 s,15 000 m用时22 min 54 s。在山区连续骑乘可日行80～100 km;驮载100 kg日行60～80 km。最大挽力为300 kg。

巴里坤马的产乳性能:据对11匹哺乳母马的测定结果,每匹日产乳7.7 kg。对2匹骟马屠宰测定,宰前活重367 kg,胴体重209 kg,净肉重147.8 kg,屠宰率和净肉率分别为56.9%和42.6%。巴里坤马不论在群牧还是半舍饲条件下都有较强的适应能力。

七、西南马(Sourthwest Horse)

(一)产地与分布

我国西南地区的云、贵、川等省所产的马统称"西南马"。作为品种名称,主要指产在云贵高原,包括云南、贵州、四川三省,并扩散到邻近省区的马而言,不包括青藏高原上产的马。据1986年统计,该区产马有200多万匹,这些马无论在来源或形成条件以及体尺外形等方面都基本一致,而与我国北方的马品种很不相同,自古即为我国马的另一个独立系列,"西南马"是这一系列马的总称。

我国西南大部为高原山区,地形复杂,有高山、平坝、浅山、丘陵和台地。海拔为580～3 585 m,气候垂直变化明显,水草丰美,适于畜牧业的发展。境内交通因受地形地势限制,利用马、骡驮载是一种重要方式。因此,马、骡的生产在当地很受重视。

(二)品种形成

西南马的来源可能与已发掘出的云南野马化石有关。近40年来,在云南元谋、昭通、剑川等地，先后出土云南野马化石。对云南野马被驯化的事实虽然难以考证，但证明了我国西南高原上古代也有野马的存在。

生产在西南数省的西南马有悠久的历史。在东汉时代，西昌即以产良马闻名，并已设场养马。到唐、宋以后，四川的建昌马、云南的丽江马、贵州的黔西马，均作为贡马。封建王朝并开设马市，利用茶盐换购马匹，以供内地需要。元代以云南、贵州西部为固定养马区。至明代，更在永宁、雅安、宜山、东川、乌蒙等地(今川、黔、桂等省区)设茶马司，每年买马达 4 万匹。现在云南省大理、剑川、鹤庆、丽江等地每年定期组织以骡马为主的物资交流会(当地称骡马会)，每次上市骡马数千匹。西南马对当地及外地的马业发展都起了重要的作用。

(三)品种特征

西南马体格不大，表现短小精悍，灵敏温驯，富有悍威，体质结实紧凑。其外形特点是：头平直而稍重，额宽，眼大，耳小。鼻翼开张，鼻梁平直。颈不长，颈础低，略呈水平。鬐甲低，肩较短立，背腰短，尻稍短斜。四肢较细，肌腱明显，关节坚实，蹄小，蹄质结实。前肢略外向，后肢多刀状肢势。皮肤柔软富有弹性。全身被毛短密，鬃、鬣、尾毛较多而长。毛色以骝、栗居多，青、黑次之。体高一般为 105～125 cm，体重 155～225 kg，表现出小型驮马和乘马的姿态。

(四)品种性能

西南马在山区崎岖小道运步轻快确实。长途驮载 60～70 kg，时速 4～6 km，日行 35～40 km；短途驮运有的可负重 100 kg 以上。单马驾车可载重 350～400 kg。骑乘速度也较好。

(五)主要类群

西南马既受西南高原山区相似的生态条件长期自然选择的作用，又因当地人民有大致相同的利用方式，经长期选育而形成。因此，它们的体形、体尺、外貌、性能具有很强的一致性，很难按照品种的条件要求而区别为几个完全独立的品种。但就该产区内生产马匹较集中地区的调查结果，认为其中的建昌马具有典型的代表性，其次为云南马、贵州马，亦各有其特点，还有云南的丽江马，皆可作为不同的类群。

1. 建昌马

(1)主要产地　产于四川省西南部西昌地区及凉山彝族自治州所属各县。这个地区产马已有 1 000 多年的历史。据 1980 年统计，有 7 万余匹。

产区位于四川西南横断山脉区，属亚热带气候，年温差小，昼夜温差大，尤以山地的气候垂直变化最为显著，从谷底到山顶呈现热带到亚寒带的各种明显的垂直气候带。马的分布以海拔 1 500～2 500 m 的山区较多，河谷和 2 600 m 以上的高山寒带分布较少。

(2)品种形成　据《后汉书·安帝本记》记载，东汉时在今西昌、宜宾设置马场养马。唐宋时代所称“蜀马”，即包括建昌马，俗称“川马”。山区交通不便，民家可无一牛，但必有一马，以备乘骑或驮运物资，并作商品马出售。当地常举行赛马。清时代，常在西昌举行考武生的骑射比赛。成都有传统的花会赛马，凡获奖的马，常被人争购。这均能促进群众对马的选育，而形成这一优良类群。

(3)品种特征　体格较小，体形匀称，有悍威。头较重，嘴大而方，额宽，耳小，鼻孔大。颈短厚，鬐甲较尻稍低，胸较窄。四肢坚实，细而有力，肌腱明显，前肢略有外向，后肢有刀状肢势,蹄质坚实。皮肤柔软,富有弹性。被毛短密有光泽。据对 1 034 匹的统计,毛色以骝毛居多,占 53.4%,栗毛占 10.34%,黑毛占 9.57%,其他毛色占 16.7%。成年建昌马的平均体尺见表 3-12。

表 3-12　成年建昌马的平均体尺　cm

性别	数量/匹	体高	体长	胸围	管围
公	106	115.3	113.5	125.9	14.4
母	827	116.1	114.9	123.5	14.3

(4)品种性能　工作性能适于在山区骑乘和驮运,驮载能力强,一般驮重 70～95 kg,相当于体重的 2/5～1/2,日行 35～40 km。骑乘速力,1 600 m 用时为 2 min 42 s。1980 年测 1 000 m 用时为 1 min 47.6 s。

2.云南马

(1)主要产地　云南是我国西南区主要的产马省份,产马数量居全国省区的第 3 位,所产之马古称"滇马"。云南省内主要产地有 3 个:

①西北丽江地区和大理白族自治州,以丽江、鹤庆、剑川、永胜等县为中心,产马较多,总数约为 3 万匹。本产区与建昌马主要产区凉山州相距不远。境内山峦起伏,沟壑交错,气候凉爽,马匹多养在 1 800～2 400 m 的坝区及 2 500～3 000 m 的半山区,平均气温 12.8 ℃,雨量充沛,农业发达,人民素有养马习惯,放牧与舍饲结合。经多年杂交改良培育的"丽江马"即产在本区的丽江县。

②东部高原的昭通乌蒙山区,马匹分布在海拔 1 200～1 800 m 地区,有常绿阔叶林,宜种植水稻、玉米、甘蔗等作物。当地马有"乌蒙马"之称。其体格较丽江马小,以昭通本地母马为例,其平均体尺为:体高 113.0 cm,体长 114.7 cm,胸围 131.0 cm,管围 13.8 cm。

③西部高原,海拔由 1 600 m 向南缓降,近于亚热带低山产区,盛产甘蔗、棉花、香蕉等。当地马又称"腾冲马"。

(2)品种形成　云南省远在公元前 285 年的秦昭王时代,马匹已经广泛使用。现存东汉时期的车马画像砖、昭通晋墓壁画,说明云南早在 2 000 多年前就盛产马匹。汉代由滇西通往东南亚各国的古陆路,全部依靠马匹联系。宋政和七年,曾选贡马 380 匹。这都说明云南马已形成。产区的自然地理条件,形成云南马轻便灵活、善于攀登山路的优良特性。当地人常借传统节日,举行竞赛以选择良马,促进了马匹的不断选育提高。

(3)品种特征　云南当地马的外形如同一般西南马的外貌,体躯不大,体质结实,性情灵敏温驯,体高、体长大致相等,具有驮型之特点。其身体各部位的特征:头略重,额宽或微凸,鼻平直,颈短,鬐甲低平,胸宽深,肋骨弓圆,腹圆而微收,背腰平,尻短斜,四肢干燥,关节坚强明显,筋腱发育良好,后肢微呈刀状,蹄质坚硬,长毛发达。毛色复杂,以骝、栗、黑、青毛为多,白章较少。成年云南马的平均体尺如表 3-13 所示。

表 3-13　成年云南马的平均体尺　cm

性别	数量/匹	体高	体长	胸围	管围
公	393	114.3	114.7	133.4	15.3
母	798	113.5	116.6	132.6	14.5

(4)品种性能　有驮乘兼用的优良特性,公马驮重 60～100 kg,母马驮重 40～60 kg,可日

行 30 km。据 1981 年在昭通的测定，1 000 m 用时为 1 min 55 s。

(5)新丽江马类群　它是云南省在丽江地区以丽江县为中心，引入阿拉伯杂种公马、卡巴金马、河曲马、伊犁马等进行杂交和培育而形成的新品种丽江马类群。在杂种一代马中，以阿杂、卡杂最好，体高分别提高 7～11 cm，体长增长 5～10 cm，胸围、管围增长不显著。体质结构有所改善，役用性能有所提高，适应性、抗病力、繁殖力皆好。杂种二代马，体高虽然稍有增加，但胸围率、管围率都明显下降。从杂交效果分析，伊犁马、河曲马对它的改良效果不明显。

3. 贵州马

(1)主要产地　贵州地处云贵高原东部，隆起在四川和广西两盆地之间，西部高，中部稍低，海拔 1 000～2 200 m。马产区分属西部和中部 2 区。西部毕节地区是黔西马的主要产区，平均海拔 1 491 m。全区草山草坡颇多，草质优良，养马以放牧为主，仅役用时补饲少量玉米。中部产马区，包括安顺、贵阳及黔南部分地区，多为丘陵山地，平均海拔 1 200 m，适宜种植各种粮食和油料作物。马多用于挽车，实行舍饲管理，并有精料及农副产品补饲。

(2)品种形成　贵州在春秋时期当地人就用马驮载运输，来往于川、滇各省。唐宋时期，黔西马更负盛名。南宋时成为收征贡马和军马的资源地之一。当地苗、彝、水族人民喜好“耍马”，于每年端午节“耍花山”和九月重阳前后均要举行骑乘赛马，分别有平路、冲坡、赛走马、比走法、比速度和耐力等多种形式，从而加强了马的选育和功能锻炼。在自然条件和人工选育下，培育出西南马这一山地的古老类群。

(3)品种特征　贵州马体形近方型。体质结实，富有悍威。头较清秀，眼大明眸，耳小直立，颌凹宽，颈长有力。肩短立，胸部充实，尻部稍斜。四肢细而干燥，筋腱明显，关节发育良好，前肢姿势端正，后肢多曲飞，蹄质坚实。皮薄毛细，长毛稍密，毛色较杂，以骝毛、栗毛为主，青毛、黑毛、兔褐毛次之。成年贵州马的平均体尺见表 3-14。

表 3-14　成年贵州马的平均体尺　cm

性别	数量/匹	体高	体长	胸围	管围
公	93	114.5	109.5	128.3	13.0
母	193	114.2	114.2	125.3	12.2

(4)品种性能　动作灵敏，运步轻快，驮载能力强。体重 200 kg 的马，可驮 75～100 kg，日行 30～45 km；在山区公路双马拉车，可载重 600～800 kg。

(5)品种评价及开发利用　具有短小精悍，体质结实，行动敏捷，富于悍威，性情特别温驯，广泛适应性的特点。是山地小型品种，它的役用能力强而持久。今后以本品种选育为主。

第四节　培育品种

一、伊犁马(Yili Horse)

(一)产地与分布

伊犁马产于新疆维吾尔自治区伊犁哈萨克自治州，以昭苏、尼勒克、特克斯、新源及巩留等县为主要产区。伊犁种马场、昭苏马场为伊犁马的核心育种场。

这里自然条件优越,海拔 1 800～2 400 m,年平均气温 1.7 ℃。平均降水量 455 mm,无霜期 90 d。牧草丰盛,草质优良,夏季在接近雪线的高山放牧,气候凉爽,无蚊蝇,有利于抓膘;冬春在低地放牧,气候较暖,补饲方便。当地农作物主要有小麦、大麦、油菜等。产区水源充足,农牧业发达,非常适宜养马,且自古出良马,养马具有广泛的群众基础。

(二)品种形成

伊犁马是从 20 世纪以来,以哈萨克马为基础,与引入的轻型外种马,主要是奥尔洛夫、顿河、布琼尼、阿哈等品种进行杂交得到一、二代杂种马,通过横交固定,长期在放牧管理条件下而育成的一个乘挽兼用型新品种。它既保持了哈萨克马的耐寒、耐粗饲、抗病力强、适应群牧条件的优点,又吸收上述良种马的优良结构和性能。1985 年通过技术鉴定,确认为是一个新品种,并正式命名为伊犁马。

(三)品种特征

伊犁马外貌较一致,具有良好的乘挽兼用马体形。头中等大、较清秀,具有一定的干燥性。颈长中等而高举,肌肉较丰富,颈肩结合良好。鬐甲中等高,胸宽深,肋骨开张良好,背腰平直,尻中等长、稍斜。四肢干燥,筋腱明显,前肢端正,后肢轻度刀状和外向,关节发育良好,管部干燥,蹄质结实,运步轻快而确实。体质干燥结实。毛色以骝、栗、黑毛为主,青毛次之。其他毛色较少。成年伊犁马的平均体尺见表 3-15。

表 3-15　成年伊犁马的平均体尺　cm

性别	数量/匹	体高	体长	胸围	管围
公	92	150.17	154.71	180.12	19.58
母	832	144.49	149.99	179.20	18.65

伊犁马的体尺在我国马品种中是比较大的,特别是胸围较大,比体高大 25～35 cm 为其突出的优点。充分表现出力速兼备的优良特性。

(四)品种性能

伊犁马富有持久力和速力。骑乘速度记录为:1 000 m 用时 1 min 13.6 s;1 600 m 用时 2 min 8.7 s;3 200 m 用时 4 min 7.4 s;50 km 用时 2 h 18 min 54 s;100 km 用时 7 h 13 min 23 s。挽力表现:测验 20 km,载重 300 kg,挽力用 40 kg,成绩为 2 h 53 min 16 s。双马拉四轮槽子车可载重 1 200～1 500 kg,每天使役 8～10 h,日行 30～40 km,可持续 3～4 d 或更长时间。最大挽力为 400 kg,相当于体重的 92.2%。

伊犁马的泌乳能力:成年母马除给幼驹哺乳外,每日还可挤乳 5.4 kg,120 d 挤乳期可产乳 648 kg。产肉能力:对 3.5 岁母马屠宰测定,平均宰前重 337.5 kg,屠宰率和净肉率分别为 54.5%和 43.5%。

(五)品种评价及开发利用

随着我国社会经济的发展,市场对高性能专门化运动马的需求急剧增强,为了提高伊犁马体尺和运动性能,自 20 世纪 90 年代起又先后引进新吉尔吉斯马、纯血马、俄罗斯速步马、奥尔洛夫马、库斯塔那依马与伊犁马进行杂交改良，目前体尺和运动性能有了明显改善，正向乘用马方向选育。

二、三河马(Sanhe Horse)

(一)产地与分布

三河马产于内蒙古自治区呼伦贝尔盟额尔古纳右旗三河地区和滨州铁路沿线一带。主要产地为额尔古纳市的三河地区，即根河、得尔布尔河和哈乌尔河三条河流域内而得名。自20世纪50年代以来，三河马先后被运往黑龙江、吉林、辽宁等十几个省、自治区，共有种马和役马约万匹，并有少量马被输出至越南。20世纪80年代，产区有三河马2万余匹，其中繁殖母马7 000余匹。2006年主产区有三河马约3 500匹。

产区丘陵起伏，平均海拔660 m，相对高差100～200 m，水源较充足，三大河流由东向西，形成宽阔的冲积平原，草木繁茂，为国内著名的天然草原。

产区位于北纬50°以上的高寒地区，气候干燥寒冷，全年有6～7个月气温在0 ℃以下，最低可达－55 ℃，年平均气温－3 ℃，6～8月份多雨，年降水量约400 mm，无霜期90～105 d。土壤肥沃，多为黑钙土和栗钙土，表层土深35～50 cm。盛产小麦、燕麦、马铃薯、芜菁和胡萝卜等，产量较高。草原植被以禾本科为最多，约占50%，主要有羊草、冰草、无芒雀麦、贝加尔针茅、早熟禾；豆科草占15%～20%，主要有黄花苜蓿、达乌里黄芪、野豌豆等，杂草占20%～30%，覆盖率70%～80%，草场产量和利用价值均较高，平均草层高度30～35 cm。当地农牧民有打草、贮草习惯，青干草亩产70～150 kg。此外，三河地区宜牧宜农，当地可生产小麦、燕麦、大麦、马铃薯、甘蓝、芜青和胡萝卜等。产区自然条件优越，为三河马的形成和发展创造了有利的条件。

(二)品种形成

三河马的形成历史较长，血统复杂，几易名称。呼伦贝尔盟早在千余年以前即为良马产区。远在隋唐以前，该地原系游牧民族的室韦国境。《北史·室韦列传》载有："气候严寒，雪深没马，冬则入山，居土穴，牛畜多冻死"，《辽史》还指出，室韦良马献给辽代王朝。清朝《黑龙江外纪》卷八称：呼伦贝尔"产马骨骼不甚高大，多力善骋"。清康熙时和帝俄签订尼布楚条约前不久，我国有索伦马队和帝俄哥萨克骑兵对阵于兴安岭，索伦马队的马匹姿容良劲。由此可见，当地无疑早已是良马产区。

三河马的形成已有百年以上的历史。早在1904年和1905年，已有俄罗斯人移民三河地区，携带后贝加尔马来额尔古纳河放牧、打草。随着修建中东铁路，又有大批俄国侨民和铁路员工带马匹入境。此时两国边民以马匹作为交通工具和商品，交往频繁。当地蒙古马和后贝加尔马混牧现象实为常见，血统交互时常发生。十月革命后，俄罗斯人又带入后贝加尔马以及含有奥尔洛夫和比丘克血液的改良马，到三河地区定居。1934—1945年，伪满时期曾在海拉尔设种马场，有公马150匹，其品种有盎格鲁诺尔曼、盎格鲁阿拉伯、阿拉伯、奇特兰、英纯血、美国快步马等，在呼伦贝尔盟境内设站与民马(当地马)杂交，仅分布在额尔古纳右旗的种公马就有50多匹。这些品种对三河马的形成有一定的影响。20世经40年代以前，三河马曾以"海拉尔马"名扬上海、香港等地。1955年,农业部组织了调查队,对三河马进行了全面调查,确定三河马是我国的一个优良品种,并提出本品种选育的育种方针。1955年后进行了有计划的选育,改善饲养管理,加强育种措施,使其数量和质量均有很大的提高。现在产区已形成以三河马场和大雁马场为核心的三河马育种基地。

由上述可知,三河马是多品种的杂交后代,血统混杂。但形成今日的三河马,除了它们具有不同的血统成分外,最主要的是在呼伦贝尔大草原的自然生态条件下,经过长期的繁育,使其后代对于当地的生活条件已具有高度的适应性,也具有一定的外形特征。

(三)品种特征

三河马体质结实干燥,结构匀称,外貌俊美,肌肉结实丰满,气质属平衡稳定型,有悍威,性情温驯。头干燥,直头,部分呈微半兔头,眼大有神,鼻孔开张,腭凹宽。颈略长,直颈。鬐甲明显。胸宽而深,肋拱腹圆,背腰平直宽广,尻较宽略斜。四肢干燥结实有力,肢势端正,关节明显,肌腱、韧带发达,管骨较长,系长短适中,关节发育良好,部分马匹后肢呈外向,蹄质坚实,鬃、尾毛疏而细,距毛不发达。毛色整齐一致,主要为骝、栗2色,杂色极少。成年三河马的平均体尺见表3-16。

表3-16 成年三河马的平均体尺

cm

性别	数量/匹	体高	体长	胸围	管围
公马	82	153.4	159.8	185.6	20.9
母马	625	146.0	151.6	179.7	19.8

(四)品种性能

三河马属兼用型品种,乘挽兼用,性能优良,是我国最著名的马种之一。

三河马场、大雁马场曾分别多次对三河马进行短、中、长距离骑乘和挽力测验。其骑乘速力记录为:1 000 m用时1 min 7.4 s,1 600 m用时1 min 51.8 s,3 200 m用时4 min 15 s,10 km用时14 min 51 s,50 km用时2 h 3 min 29 s,100 km用时7 h 10 min。产区群众喜爱赛颠马(快步)和走马(对侧步),据1972年测验记录为:5 km快步用时10 min 18.5 s,10 km用时22 min 13 s;5 km对侧步用时10 min 19 s。挽力记录为:单马拉胶轮大车,载重500 kg,10 km用时30 min,20 km用时1 h 16 min。据1972年在三河马场利用"解放牌"汽车进行挽力测定,三河马最大载重量5 788 kg,最大挽重(包括汽车重)9 880 kg,所用挽力460 kg,行走170 m。

三河马繁殖性能较好,适于高寒气候条件下的繁衍。母马发情季节多在4～7月份,据大雁马场配种站历年资料的统计,发情周期为13～47 d,平均为18 d,发情持续期平均为9 d,产后第一次排卵天数为8～66 d,平均为23 d。据对345匹产驹母马的统计,妊娠期为(338.49±11.68) d。种公马精液品质良好,据对24匹人工授精种公马的统计,射精量为40～120 mL,平均为69 mL,精子浓度为0.97亿～8.01亿/mL,平均为1.79亿/mL,活力为0.5～0.85,平均为0.7,生存指数为7.6～11.2,平均为9.1。

三河马适应性抗逆性强。饲养采取夏、秋季150 d左右昼夜放牧,冬、春季210 d白天放牧、夜间进入棚圈补饲的方式,能够经受严寒、酷暑、风雪、蚊虻叮咬等恶劣的自然条件。冬、春季草场被积雪覆盖,马群白天放牧,扒雪觅食枯草或作物秸秆,也能忍受－50 ℃以下的低温。

在呼伦贝尔盟岭北高寒条件下，三河马具有恋膘性强的特点。冬、春季节掉膘缓慢，在青草期内迅速增膘，据 1964 年 3 月中旬至 6 月中旬在三河马场实际测定 20 匹母马，早春掉膘阶段，每日体重平均下降 0.63 kg，而在秋初增膘阶段，每日体重平均增加 1.73 kg。群牧的三河马，除患有寄生虫病和少数外伤者外，很少有内科疾病发生，几乎没有消化道疾病，病死率一般不超过 1%，可见抗病力很强。

(五)品种评价及开发利用

三河马是我国优良的乘挽兼用型培育品种。外貌清秀，体质结实，动作灵敏，性情温驯，速度快，挽力大，持久力强，遗传性稳定，耐寒耐粗饲，抗病力强等特点，是我国非常珍贵的马种资源。但是，马匹数量减少，品种选育工作较少，培育目标和选育方式不清，致使品种质量下降。

三河马是满足我国现代马业发展需要最佳的马种之一，其体形结构、运动性能及气质都非常适合体育休闲娱乐需要。在与其他引入马种杂交改良的基础上，其后裔性能质量提高显著。

现当务之急是要采取品种保护措施，并在此基础上建立品系，进行分型选育，继续提高质量，除了满足生产需要的马匹外，应注意培育轻型骑乘马，以适应开展马术运动的需要。

三、伊吾马(Yiwu Horse)

(一)产地与分布

伊吾马产于新疆维吾尔自治区哈密地区伊吾军马场。它位于巴里坤草原东部，海拔 1 900～2 600 m，年平均气温为－0.3 ℃，最高气温为 29.8 ℃，最低气温为－40.7 ℃，年平均降水量 233.7 mm，无霜期 60～80 d。由于地势、土质的不同，草原类型不一，牧草种类较多，有苔草、冰草、针茅、黄花苜蓿等。主要农作物有青稞、大麦、小麦、豌豆、油菜等。夏秋草场主要分布在海拔较高的天山山腰及沟谷，冬春草场分布在天山的开阔地带。产区历史上以养马著称。

(二)品种形成

伊吾马是以哈萨克马为基础，导入部分伊犁马血液培育而成。1955 年由阿勒泰地区引入哈萨克马 1 200 余匹，1957 年、1958 年引入伊犁马 600 匹，哈萨克马 1 500 匹，用这 2 个品种的公母马相互杂交，所得后代含哈萨克马血液 75.0%～87.5%，含伊犁马血液 12.5%～25.0%，选择优良个体进行横交固定，使伊吾马既保持了哈萨克马的适应性，又提高了体尺和工作性能，较多地保留了我国地方马种的优良特点。

(三)品种特征

伊吾马的体质结实，结构匀称，性情温驯，有悍威。头中等大，稍干燥，多直头，少数为半兔头，耳短厚。颈长中等，部分母马呈水平颈，颈肌发达，颈、肩结合良好。鬐甲长度和高度适中。胸深而较宽，背腰平直，长短适中，腹部充实，尻中等长，较宽、稍斜。四肢粗壮，关节强大，系长度适中，蹄中等大，多正蹄。毛色以骝毛、黑毛为主。成年伊吾马的平均体尺见表 3-17。

表 3-17　成年伊吾马的平均体尺　cm

性别	体高	体长	胸围	管围
公	138.9	141.6	171.3	19.6
母	137.5	140.7	166.9	18.2

(四)品种性能

伊吾马以驮为主并适用于挽乘,工作能力强,背劲大、能持久,善爬山。驮载 100 kg 行走山路,日行 50～60 km,可连续 4～6 d。骑乘速度为:1 000 m 用时 1 min 32 s;1 600 m 用时 2 min 32 s;3 200 m 用时 4 min 53.6 s。

1988 年对 20 匹马进行屠宰测定:成年马平均体重 335.45 kg,屠宰率 53.12%,净肉率 38.45%。

(五)品种评价及开发利用

由于伊吾马当时的培育目标是以驮为主并适用于挽乘,主要为部队提供军需用马,随着我国部队机械化程度的提高和完善,军马需要量逐年下降,目前伊吾马数量不足 400 匹,濒临灭绝。作为特殊的品种资源,在保护的同时,应挖掘品种特殊性能,积极开发利用。

四、伊犁挽马(Yili Light-harness Horse)

(一)产地与分布

伊犁挽马产于新疆伊犁哈萨克自治州昭苏县西部,由新疆生产建设兵团农四师七十七团种马场育成。产区土壤肥沃,水源充足,草场宽阔,植被繁茂,牧草种类多,很适宜养马,是自古有名的产马地。

(二)品种形成

伊犁挽马是以哈萨克马、伊犁马为母本,引入顿河马、奥尔洛夫马、阿尔登马为父本,进行先用轻型后用重型公马和后代母马进行复杂育成杂交培育成的。第一阶段在 1963 年之前,用奥尔洛夫马、顿河马、小型阿尔登马作父本与哈萨克母马进步杂交,主要是提高哈萨克马的体尺;第二阶段为 1963—1973 年,用大型阿尔登马、奥尔洛夫马、顿河马公马与哈萨克马、伊犁马母马杂交改良,以培育挽乘兼用型为目的。此段选择合乎要求的杂交后代公母马,进行横交,自群繁育,纯合基因型,增加理想的后代;第三阶段为 1973—1983 年,停止杂交,稳定遗传性,扩大马群,建立家系,进行了品种鉴定。前后数十名技术干部经过 30 多年的辛勤劳动,终于在 1985 年 8 月通过专家组的鉴定,确定验收和命名。

(三)品种特征

伊犁挽马体格较大,结构匀称,体质结实粗壮。禀性温驯、灵活、有悍威,外貌具有良好的挽乘兼用体形。头干燥,中等大,多正头。颈中等长,有一定斜度。鬐甲长度中等而厚实,背腰平直宽广,肋骨开张良好,胸部发育极佳,尻部宽广微斜,肌肉发育良好,多有复尻和圆尻。躯干粗壮，肌肉厚实。四肢比较干燥，关节明显，前肢端正，后肢稍有刀状，结构坚实，蹄大小适宜，多正蹄。毛色以栗、骝为主，部分马头部和四肢有白章别征。成年伊犁挽马的平均体尺和体重见表3-18。

表3-18 成年伊犁挽马的平均体尺和体重

性别	数量/匹	体高/cm	体长/cm	胸围/cm	管围/cm	体重/kg
公	14	149.5	154.1	180	21	514.3
母	65	144.6	152.4	191	20	509.6

(四)品种性能

伊犁挽马的性情温驯，易于调教，役用性能好，力速兼备，挽曳能力大，乘用速度快，持久力强，步伐轻快灵活。据测验骑乘速度为：1 000 m用时1 min 20.25 s；1 600 m用时2 min 3.8 s；最大挽力为445 kg。当地牧民有喝马奶的习惯，在不影响幼驹生长发育的情况下，6～9月份每天挤马奶6～8次，每次可挤500～700/mL，每天挤4～5 kg，按120 d计算，每匹母马一个哺乳期可挤奶500～600 kg。伊犁挽马产肉性能好，屠宰率58.10%，净肉率48.47%，产肉潜力较大。

(五)品种评价及开发利用

伊犁挽马的育成，不仅为地方提供了优良的农用和运输用马，亦丰富了我国马匹品种资源，并为当时在群牧地区培育挽乘兼用型马提供了技术和经验。

由于目前挽用马需要量很少，该品种结合新疆马肉、马奶市场需要量很大的契机，发挥其群牧条件下，适应性强，生长发育速度快，肉用性能、产乳性能好的特点，今后转向肉乳生产，逐渐培育形成我国自己的产品马品种类型。

五、关中马(Guanzhong Horse)

(一)产地与分布

关中马产于陕西省号称“八百里秦川”的关中渭河平原，主要由宝鸡市农牧良种场(原陕西省柳林滩种马场)育成，该场也是关中马的核心场。1982年通过品种鉴定，并正式命名。产区为我国重要粮棉基地之一，气候温和，土壤肥沃，水利和耕作条件好，素有种植苜蓿、豌豆、黑豆等优质饲料作物的习惯，有培育良种的优越条件。

(二)品种形成

关中马是宝鸡市农牧良种场采用先轻后重的方法多品种复杂杂交育成的一个重型轻挽马品种，是我国近代育成马品种之一。原陕西省柳林滩种马场成立于解放之前，曾由新疆引进一批那里的地方品种马，还从关中当地买来一些母马，其基础母马系新疆马、青海马和蒙古马。新中国成立后，从1950年起先后引进卡拉巴依马和苏高血轻型马与场内母马杂交；1958年又引入阿尔登公马和俄罗斯重挽马，与场内轻型杂种母马进行复杂杂交；从1965年开始，选择达到育种指标的公母马进行横交，重点选用理想型公马(66—6号)配种繁殖，扩大影响；1970年起，全部转入自群繁育,用不同血缘的公马,以中亲选配为主,适当进行近亲选配,使群体基本一致。在育种的各阶段,注意加强舍饲管理和幼驹培育,保证了育种工作的顺利进行,取得了良好结果。

(三)品种特征

关中马为挽乘兼用型,体形高大,躯干粗壮,四肢高长,有汉唐马之风格。一般体质干燥结实,结构良好,性情温驯,有悍威。头中等大,干燥清秀,耳竖立。颈长中等,斜度适中,颈础高。体躯舒展结实,背腰平直,多正尻,斜度适中。肩斜长,四肢端正,关节发育良好,筋腱明显,蹄质坚实,距毛无或很少。毛色以骝、栗毛为主,分别占 48.6%和 30.2%。主产区成年关中马的平均体尺见表 3-19。

表 3-19 成年关中马的平均体尺 cm

来源	性别	数量/匹	体高	体长	胸围	管围
全产区	公	19	153.8	160.6	196.4	21.5
	母	234	147.9	155.6	179.7	19.6
核心场	母	85	152.9	161.6	193.8	20.5

(四)品种性能

据能力测验,关中马以体重 14%的挽力,行走 2 000 m,公马(80 kg 挽力)用时为 19 min 29.7 s,母马(75 kg 挽力)用时为 22 min 52.7 s。3 岁母马以 70 kg 挽力耕沙壤地,每小时可耕 1.3 亩。本品种是在舍饲条件下精细管理育成的,故性情温驯、灵活,有悍威,行动快,听指挥,易驾驭,使役效率高。

(五)品种评价及开发利用

关中马类型明显,群体基本一致,适应性强,并具有易于饲养、运步轻快、力速兼备等特点。遗传性稳定。今后应保持一定数量的基础母马,逐步建成繁育体系,适度采用亲缘选配方法,防止近交中的衰退现象。

六、山丹马(Shandan Horse)

(一)产地与分布

山丹马是在甘肃省山丹县大马营草原上培育成的新品种,1984 年 7 月在山丹马场召开了品种鉴定会议通过验收和命名。大马营草原南屏祁连山,北界大黄山,为两山之间的缓坡草滩,海拔 2 590~3 200 m,属高寒半干旱气候,昼夜温差大,年平均气温 0.2 ℃。从汉代至今,一直是良好的牧马基地。牧草主要由禾本科和少量豆科牧草组成,亩产干草 50~150 kg。低平处适宜开发农业,种植春小麦、大麦、青稞、燕麦、豌豆、油菜等。牧草遍野,雪溶成河,水质良好,适宜养马和其他牲畜。

(二)品种形成

大马营草原位于甘肃河西古“丝绸之路”上,是我国历史上最古老而著名的产马区之一。

自汉武帝元狩二年(公元前121年)在这一带建场养马以来,历代都在此地设有皇家马营,持续不断作为养马基地,到隋代时曾养马多达10万余匹。山丹马场重建于1942年,基础母马为祁连山东段草原牧区自古存留下来的地方品种浩门马,场里繁育的浩门母马,由于得到较好的放牧补饲管理,其平均体高为131.27 cm,略大于场外牧区母马的平均体高(128.6 cm),其体尺外形和性能完全不同于蒙古马。

1953—1962年引入顿河马与本场的浩门母马进行杂交,产生了大量一代杂种马。为了培育适合军用的以驮为主、驮挽或驮乘兼用的新类型马,在1962年,山丹马场邀请甘肃农业大学养马学专家到场共同组成"山丹马育种委员会",制定出育种计划,在甘肃农业大学养马专业人员协作下,开展正规育种工作。经过对各类马匹的鉴定,发现杂种一代马的体高、能力都有提高,体形改善,但二代杂种马的各项指标不如一代杂种马。为了提高马的结实性、适应性和持久力,更好地适应山区驮用,从1963年开始,又用原有的地方品种公马与杂种一代母马回交,产生含顿河马血液25%的混血马。经实地测验证明,混血马可以达到育种的目的要求。从1972年起,主要采用非亲缘同质选配的方法,进行横交,建立育种核心群。经过10多年的横交和自群繁育,达到了预期的育种目标。1984年宣告育成。

(三)品种特征

山丹马为以驮载为主的兼用型马品种。体格中等大,体躯粗壮,体形方正,具驮马体形。结构匀称,体质干燥结实,富悍威,对高寒山地适应性强。头中等大,额广,多直头,耳小,眼大。颈长适中,颈肌厚实,呈斜颈。鬐甲中等高长,肩较长斜,胸部宽深,背腰平直短宽,腹部充实,尻宽稍斜,多正尻。四肢结实干燥,后肢轻度外向,关节强大,筋腱明显,系坚强有力,蹄质坚硬。毛色骝毛占70.4%、黑毛占20.4%、栗毛占9.2%,有白章别征的马占26.9%。成年山丹马的平均体尺见表3-20。

表3-20 成年山丹马的平均体尺 cm

性别	数量/匹	体高	体长	胸围	管围
公	10	143.8	148.3	173.5	19.8
母	210	138.5	142.3	169.3	17.6

(四)品种性能

据驮力测验,山丹马驮载100 kg,行程182.5 km历时5 d,包括急行、涉水和翻越高山等。据赛马记录,1 200 m用时为1 min 35 s,1 600 m用时为2 min 19 s,5 000 m用时为8 min 44.6 s,对侧步1 000 m用时为2 min 11 s。用木犁测验,最大挽力平均为455 kg,相当于体重的89%。单马驾两轮胶车载重500 kg,时速15 km。遗传性稳定。

第五节 引入的育成品种

一、阿拉伯马(Arabian Horse)

(一)产地与分布

阿拉伯马是一个历史悠久的品种。它以阿拉伯地区育成而得名。原产地带多沙漠,气候干旱炎热,牧草生长不良。阿拉伯马生活在这样的艰苦环境,因而培育出能吃苦耐劳、跑速快、持久力强的特性。它最初起源于非洲利比亚(Libyan)当地野马。约在公元前 1 500 年由埃及、利比亚的部落驯化后,到公元前 1 000 年时,由埃及输入叙利亚和伊拉克一带。

2007 年阿拉伯马世界存栏 99.6 万匹,其中美国存栏占 60%以上,其次是澳大利亚、加拿大、德国、巴西等国。我国于 1934 年和 1938 年两次自伊拉克引进公马 17 匹,母马 19 匹,幼驹 3 匹,饲养在江苏句容马场。后迁往湖南常德又转去贵州。我国贵州、云南等省曾利用阿拉伯的杂种公马改良本地马,取得了一定的效果。20 世纪 80 年代也曾引入到北京等地繁育至今,并在红山军马场、山丹军马场与当地马进行杂交改良,有一定的改良效果。

由于阿拉伯马性能优良,遗传稳定,改良其他马种效果突出,因此,阿拉伯马遍布世界各地,并参与了众多马种的育成过程,包括纯血马等。

(二)品种形成

阿拉伯马是在公元 1～6 世纪时,经阿拉伯人长期辛勤培育而成。其较为可信的历史当始于穆罕默德时代,他在公元 7 世纪初叶,因受到敌方骑兵的重创而惨败,于是深感骑兵的重要,遂借宗教力量提倡养马。他们很重视马匹血统的保存,这对该品种的形成起了积极的作用。阿拉伯马最早有 5 个主族即凯海兰(Kachlan)、撒格拉威(Seglawi)、阿拜央(Abeyan)、哈姆丹尼(Hamdani)和哈德拜族(Hadban)。其中以凯海兰族为阿拉伯马的代表,此外尚有 14～16 个亚族。阿拉伯马血统的传袭,大多依从母系,这与其他品种不同。但由古至今,长期混合,这些品族的特点已不很明显。

(三)品种特征

(1)外形　阿拉伯马在良种马中,体格不算大,一般马体高 140～153 cm,体重 385～500 kg。但它具有典型的骑乘马外形结构。头形轻俊干燥,前额宽广,向鼻端逐渐变细,面部正直或稍凹。耳短小、竖立,眼大有神,两眼距离宽,鼻孔大,下腭深而广。颈长而形美。肩、系较斜。背腰短,较其他品种马常少 1 节腰椎和 1～2 个尾椎,肋拱圆,尾础高,臀部深。四肢细长,肢势端正,肌肉发达,蹄质坚韧。体质干燥结实。成年阿拉伯马的平均体尺见表 3-21。

表 3-21　成年阿拉伯马的平均体尺　cm

性别	体高	体长	胸围	管围
公	146.2	151.1	157.9	19.5
母	141.1	147.6	165.5	18.4

(2)毛色　阿拉伯马毛色主要为青毛,骝、栗毛次之,白毛或黑毛少见。在头和四肢下部常有白章。纯种阿拉伯马无花毛、斑毛或驳毛,不论体表毛色如何,其皮肤总是黑色。

(四)品种性能

阿拉伯马性能以吃苦耐劳和富有持久力闻名于世,在饲养条件很差时亦能适应忍受,故在世上分布极广。其对世界很多马品种的培育改良做出了卓越的贡献。同时,阿拉伯马也是世界是最著名的耐力赛马种,是世界耐力赛夺冠主力马种。在一些国家有专门的阿拉伯马品种速度赛,其速力记录为 1 600 m 用时 1 min 46 s。

二、纯血马(Thoroughbred)

(一)产地与分布

纯血马原产于英国,现分布于世界各国。现世界上约有 60 万匹纯血马,美国是第一生产国,其次是澳大利亚,英国、日本也是主要产区。

我国从 20 世纪初曾多次少量引入纯血马饲养于我国东北,对东北马匹改良和品种育成曾起到了一定的作用。1950 年从前苏联引入纯血马(当时称苏纯血)375 匹,分配给内蒙古、河北、黑龙江等地,对后来的马匹改良起到了重要作用。1997 年,北京华骏育马公司大量从澳大利亚等地引进纯血马,存栏曾达到 2 000 多匹。从 20 世纪 80 年代开始,我国马术队开始引入香港及澳门退役的纯血马,训练后作为运动用马使用,少量作为种用。

(二)品种形成

欧洲骑士制度与重视骑兵发展为纯血马育成提供了有利基础。从查尔士二世时期开始,为发展骑乘赛马,不断从东方输入优秀的种用公马和母马用于繁殖和改良,始终以速度为品种选育的最主要目标,先后引进 3 匹著名的公马,即贝阿里 · 土耳其(Byerley Turk,1689)、达雷 · 阿拉伯(Darley Arabian,1704)、哥德芬 · 阿拉伯(Godolphin Arabian,1728)。这 3 匹公马的后裔基本囊括赛场上的冠军,其他公马的后裔逐渐淘汰。因此这 3 匹公马成为纯血马的三大祖先,其后代形成了三大主要品系和若干支系。从 1770 年以来,不引入外血,一直保持本品种选育,因此纯血马系高度亲缘繁育。纯血马是世界上短距离速度最快、分布最广、登记管理最严格的马种。“纯血马”一词最早出现在 1821 年的《纯血马登记册》第二卷,该卷包含了英国和爱尔兰所有纯血马的系谱。

19 世纪中叶,随着英国殖民扩张,赛马文化也在世界迅速普及,纯血马也随之引入世界各地,并按照统一规则进行繁衍。纯血马扩张和赛马业的兴起有直接的关系。1869 年,由法国人乔瑟夫 · 奥雷提出了赛马奖金分配方法,称“巴黎共利法”(pari-mutuel),此法得到普遍承认,被用于全世界的赛马场上,促进了赛马业的发展,直至今天,赛马场仍在沿用这一分配原则。

(三)品种特征

纯血马是典型的乘用型马(也称热血马)。体质干燥细致,悍威强,皮薄毛短,关节和腱的轮廓明显,神经类型锐敏,典型的短距离快马体形结构。纯血马对刺激的反应极快,但不狂躁,性情温驯,对人深度依恋。

头中等大小,干燥,正头型,面目清秀,面颊整洁,眼大有神,耳尖而运动灵敏,鼻孔大,鼻翼薄,开张良好。颈多为正颈,少数为鹤颈,颈长直,斜向前方并与鬐甲结合良好。鬐甲高长,肩长而斜,运动步幅大而能耗低。胸深而长,背腰中等宽广,中躯稍长。后躯强壮,尻长,多为正尻型。四肢高长,前肢干燥细长,前膊肌肉强健,腕关节大而平缓。后肢修长,股胫部肌肉发达,飞节明显强健,筋腱强壮显露。蹄中等偏小,无距毛。鬃、鬣、尾毛不发达,面部多有白色别征,四肢下部多有白章。其主要有 5 种毛色,骝毛、黑毛、栗毛、黑骝(或褐骝)和青毛。骝毛和栗毛最多,黑毛和青毛次之。成年英纯血马的平均体尺见表 3-22。

表 3-22　成年英纯血马的平均体尺　cm

性　别	匹 数	体 高	体 长	胸 围	管 围
公	74	159.1	157.7	178.3	19.6
母	242	157.3	156.3	178.4	18.9

(四)品种性能

纯血马是以骑乘为主要目的的马种,速度是纯血马的主要性能指标。纯血马速度世界纪录见表 3-23。

表 3-23　历史上的纯血马速度世界纪录

沙道距离/m	马 名	年 龄	骑手重/kg	赛马场/日期	用 时
1 000	Preflorada	4	56	Arg/1995 年 11 月 2 日	54.1 s
1 600	Dr Fager	4	60.5	AP/1968 年 8 月 24 日	1 min 32.1 s
2 400	Will Lit	5	54.5	SPT/1962 年 1 月 25 日	2 min 35.3 s
3 600	Fenelom	5	54	BEL/1941 年 10 月 4 日	3 min 47 s

纯血马对改良地方马种有着显著的作用。因此,纯血马又是很多育成马种的主要亲本来源,如欧洲很多温血马种都是纯血马杂交育成,有些马种还承认纯血马作为本品种母本。

纯血马对改良我国地方品种有着显著的效果。如与蒙古马杂交,一代体高提高约 15 cm 以上,体形结构较好,肩长而倾斜良好,四肢关节轮廓明显,肢势正,运动性能明显提高,气质改善较多,人马亲和程度好。但是由于纯血马长期以来在高度人为的环境中生活,对环境有较严格的要求,特别是级进杂交后的后代对恶劣环境的适应性会明显降低。

纯血马还是很多马术运动用马比较理想的品种,如三项赛、马术、马球等。

(五)登记与管理

纯血马具有严格而连续的登记管理制度。现在世界上任何一匹纯血马都有血统登记,而且父系血统都可以连续追溯到三大奠基公马。

纯血马登记一般指血统登记,是指证明纯血马身份的唯一法律依据。纯血马登记必须符合登记资格:第一,该马必须是在国际纯血马登记委员会(International Stud Book Committee,ISBC)批准的纯血马登记册上已登记过的父母所繁殖的后代;第二,非纯血马,如同时符合下述 3 个条件也可晋升为纯血马:提供连续级进杂交 8 代以上的证明;参加过纯血马公开赛事,成绩达到纯血马的水平;经过 ISBC 无异议通过。

为了确证纯血马的血统,纯血马登记时,必须对幼驹与其父母的血型和 DNA 检测对比,即亲子鉴定来判定幼驹是否具有纯血马的合法身份。法定的 DNA 检测部门要出具鉴定证明。

凡符合条件并登记的纯血马,由法定纯血马登记委员会签发纯血马护照。护照必须伴随马匹一生,作为马匹参加纯血马赛事、配种和拍卖的依据。护照内容包括马匹毛色及特征的文字描述、特征标记图像、血液或 DNA 亲子鉴定的证明等。护照丢失后补发、错误更正等,只有中国纯血马登记管理委员会(CSB)许可的情况下才能补发变更。护照必须使用汉语印制,并将主要信息翻译成英语。

为控制纯血马的数量，维持其血统的纯正性，纯血马的繁殖只采用本交配种，而不允许采用人工授精、胚胎移植、克隆或其他生物技术。

纯血马登记还包括命名登记、种用登记、繁殖记录、其他登记等（详见第十章马场管理）。

国际上有两大组织管理纯血马赛事活动和登记管理。国际纯血马登记委员会负责世界纯血马的繁育、标准、登记等管理。国际赛马联盟（International Federation of Horseracing Authorities，IFHA）负责赛马及博彩业的管理。两大组织在各洲都有分支组织，如亚洲赛马联盟、亚洲纯血马登记委员会。中国是国际纯血马登记委员会的正式成员国。

（六）评价

纯血马的主要贡献有3点：一是繁荣了世界赛马产业，为世界人民提供了丰富的文化生活，也为社会的公益事业和福利事业做出了贡献；二是为其他马种改良提供了优良的基因（如温血马大部分都有纯血马的血液），纯血马对我国的地方品种的改良也效果很好；三是为马的品种改良提高、马种登记管理提供了成熟的经验。

中国的纯血马产业需要与世界接轨。中国已开始大规模饲养纯血马，这些纯血马分别来自澳大利亚、美国、新西兰、英国等国家。虽然中国没有开放博彩赛马，但娱乐赛马以及中国马种的改良需要大量的纯血马，在中国有巨大的纯血马市场。

中国将来有可能是纯血马的出口大国。中国地大物博，有着悠久的养马历史，而且在部分地区是养马良地，如果马种好，出口是必然的事情。2006年已开始向韩国出口马匹。

改良中国本地马种需要纯血马。初步研究表明，纯血马对改良地方品种的体形结构、运动性能有着非常良好的效果。中国马种的保护和改良，需要借鉴纯血马管理的经验。中国马种较多但比较原始和落后，其主要原因就是没有严格的登记体系，而纯血马的登记体系在中国成功的运用，对培育中国自己的品种以及地方品种的保护是十分有益的。

三、奥尔洛夫马（Orlov Trotter）

（一）产地与分布

奥尔洛夫马原产于俄罗斯，是世界著名的快步马品种。

（二）品种形成

奥尔洛夫马用阿拉伯马、荷兰马、丹麦马和英国纯血马等多品种杂交而育成的，由沙皇时期著名的A·T·奥尔洛夫将军于1775年开始培育，他去世后，由其助手薛西金继续进行育种工作。奥尔洛夫于1775年从阿拉伯引入优良的阿拉伯公马“斯美汤克”号，与丹麦母马杂交产下“普尔康一号”公马；再用“普尔康一号”配荷兰快步母马产下“巴斯一号”。此马善于轻挽、速度快、体格强壮，适应竞赛需要，而初步获得了理想型。在培育该品种的初期，曾广泛地用“巴斯一号”和其子“刘别兹内一号”以及其他马匹进行亲缘繁殖，实行严格选择，以固定理想型。在培育中保证丰富饲养，锻炼进行轻驾调教，以发展其短距离和长距离的快步能力。奥尔洛夫马分布于全俄罗斯，而且获得了世界声誉。该品种体格大，有突出的快步速度，对严寒气候适应性强,改良小型马效果良好。

(三)品种特征

奥尔洛夫马体质结实,头中等大,干燥。颈较长,公马稍呈鹤颈,颈础高。鬐甲明显。前胸较宽,胸廓较深,背较长,腰短,尻较长,呈圆尻。四肢结实,肌腱发育良好,前膊和胫较长,系较短,距毛少,蹄质坚实,毛色以青毛为主,黑毛和骝毛次之。成年奥尔洛夫马的平均体尺见表 3-24。

表 3-24　成年奥尔洛夫马的平均体尺

cm

性别	数量/匹	体高	体长	胸围	管围
公	38	163.7	165.7	183.8	21.3
母	213	156.0	159.8	182.5	20.2

(四)品种性能

成年奥尔洛夫马轻挽速力记录为:1 600 m 用时 2 min 2 s;2 400 m 用时 3 min 9 s;3 200 m 用时 4 min 20 s;4 800 m 用时 6 min 41.2 s;6 400 m 用时 8 min 56 s。其主要用于轻驾车赛。它在农业生产中担任轻便的运输工作也极受欢迎。

奥尔洛夫马兼用体形明显,快步速度快,遗传性稳定,在我国已繁殖 80 多年,原在黑龙江红旗马场进行了多年的纯种繁育,后该马场解散后散落民间。曾对伊犁马、三河马和黑河马的形成产生很大的影响;在培育黑龙江马、渤海马时使用较多,在培育铁岭马的杂交后期,为矫正体形和改进步法,也导入该种的血液,收到良好效果。为提高焉耆马的体尺,改进其外貌结构,用奥尔洛夫冲血也达到了预期的效果。20 世纪 90 年代,新疆昭苏马场引进该品种对伊犁马进行杂交改良,同时进行纯种繁育,目前有少量纯种个体。鉴于该品种马在改良地方品种和培育竞赛用马方面有重要作用,今后应保护、发展该品种,有计划地开展品系繁育。

四、顿河马(Don Horse)

(一)产地与分布

顿河马产于独联体顿河流域,主要分布于顿河及伏尔加河中下游流域,且扩及中亚地区。

(二)品种形成

顿河马原是顿河哥萨克马,最初起源于蒙古马和诺盖马。因此顿河马与蒙古马有一定的血缘关系。在 17 世纪时,当地的哥萨克人经常遭受外来民族的侵袭。为抵御外族的袭击,哥萨克人开始培育优秀的骑兵用马。在长期的征战过程中,他们从外地带回了波斯、土耳其和高加索等马种,与当地马长期混杂繁殖。通过选种、训练,培育出了较好的骑兵用马。19 世纪后,开始有计划地采用阿拉伯马、奥尔洛夫马进行杂交改良培育,使其品质得到进一步提高,成为卓越的骑兵用马品种。

20 世纪初,我国新疆引进该品种,进行伊犁马的培育。20 世纪 50 年代杂交浩门马培育出山丹马。1950年进口115匹，1953年又输入多匹，分配在东北、内蒙古及西北各省，用于国产马的杂交改良。1989年引进20余匹，在新疆进行伊犁马的改良。该品种对我国伊犁马、山丹马、锡尼河马、焉耆马等品种的培育都产生了良好的影响。

(三)品种特征

本品种有3种类型：

(1)东方型　体形轻，体质结实干燥，气质良好，速度快。

(2)重型　体格大，适应性强，适于役用。

(3)骑乘型　肌肉发育良好，持久力好，速度快，为顿河马的基本型，在品种内数量最大。

由于类型不同，外貌也有不同之处。一般表现为头部干燥稍长，颈长斜举适度。鬐甲高长，肩稍立，背腰直，尻长圆，胸深肋圆。四肢干燥，蹄质坚实。毛色主要是金栗和红栗，骝毛次之，其他毛色罕见。成年顿河马的平均体尺见表3-25。

表3-25　成年顿河马的平均体尺　cm

性别	体高	体长	胸围	管围
公	160.4	161.7	181.7	20.6
母	156.2	159.4	186.5	19.3

(四)品种性能

顿河马吃苦耐劳，适于长途骑乘。同时，也有很好的役用品质。速度记录为：1 600 m用时1 min 49 s；2 400 m用时2 min 47 s。1947年一匹4岁的公马负重73 kg，日行263.6 km。1948年同匹马进行同样的测定，日行283.5 km，创全苏联纪录。

五、阿哈马(Akhal-Teke)

(一)产地及分布

阿哈马，即阿哈·捷金马(Akhal-Teke)的简称，我国古时又称大宛马。生物学分类属于沙漠种，原产地为土库曼斯坦，古时称大宛国。据《史记·大宛传》记载，公元前138年，张骞出使西域，历时13载，回来后向天子报告："大宛在匈奴西南，在汉正西，去汉可万里，其俗土著，耕田，田稻麦。有葡萄酒。多善马，马汗血，其先天马子也"，这是最早关于大宛马、大宛国及汗血马的报道。

(二)品种形成

早在公元前1 000年前，阿什哈巴德(现土库曼斯坦共和国首都)就饲养阿哈马，并一直到现在，是最著名的乘用马种，又被认为是世界最纯正的历史品种，如同阿拉伯马一样。阿哈马被当地视为国宝，常作为国礼送给国家元首。

我国最早引入阿哈马的时间记载为公元前101年汉武帝时代。张骞出使西域后，汉与西域来往频繁。使者回来报告大宛二师城(今阿什哈巴德)有宝马不露，汉武帝听后心动，随后遣人带金马等财物去大宛国换马,未成,使者在归途中被杀,财物被劫。于是汉武帝于公元前104年、公元前101年两次派兵出征,最后与大宛国讲和,得到阿哈马3 000匹。后来阿哈马时常引入中国,直到唐代仍有大宛马进贡。

20世纪初期,部分阿哈马随前苏联的一些牧场主进入我国新疆伊犁,与当地的哈萨克马杂交,对伊犁马的培育产生了很大的影响。1950年,我国由苏联引入阿哈马112匹,分配给内蒙古自治区52匹,繁育在锡林郭勒盟白音锡勒牧场。其余公马用于改良乘用马。1990年新疆利用从独联体引进的阿哈马与伊犁马进行杂交,培育乘用马,改良效果明显。

(三)品种特征

阿哈马具有适应沙漠干热气候条件的良好形态。其体质细致、干燥,悍威强。体形轻而体幅窄,姿态优美。头轻稍长,眼大,耳长薄。颈长较直,均为高颈础。鬐甲高。胸窄而浅,肋扁平,假肋短,背长而软,腰肌不发达,尻长,多为正尻。肩长,四肢长而干燥,骨腱明显,前肢呈正肢势,后肢多直飞节,无距毛,系长,但峻立,蹄较小,蹄质坚实。毛色较复杂,以骝毛、青毛、栗毛较多。成年阿哈马的平均体尺见表3-26。

表3-26　成年阿哈马的平均体尺　cm

性别	数量/匹	体高	体长	胸围	管围
公	60	164.4	164.2	167.2	18.9
母	52	152.7	154.2	165.1	18.1

(四)品种性能

阿哈马悍威强,反应灵敏,持久力好,耐力强,耐饥渴,适应各种环境条件下的长途耐力骑乘。阿哈马慢步有弹性,快步自由,跑步轻快而步幅大。在1935年,从阿什哈巴德到莫斯科耐力赛上,距离4 128 km用时84 d,其中有缺少水源的960 km的沙漠地带。1982年在呼和浩特市举行的全国少数民族运动会上,只1匹马参加竞赛,1 600 m用时为2 min 1 s,2 000 m用时为2 min 26.03 s。阿哈马短途竞赛速度不及纯血马,但长途骑乘则表现出良好的速度和持久力。阿哈马跳越障碍的能力也较好,对马术运动表现出良好的性能。

阿哈马遗传性稳定,在内蒙古地区用于改良蒙古马,取得良好的效果。其杂种后代的体高并不小于其他乘用品种的杂种后代,体形亦不轻。阿哈杂种马骑乘速度较快,据内蒙古测验,一代杂种骑乘3 200 m用时为5 min 29.5 s。杂种马的适应性也较好。

(五)评价和展望

阿哈马产于干燥气候地区,是一个具有独特品质的古老品种。阿哈马是引入我国最早、影响也较大的国外马种之一,特别是西北地区马的高度和速力较好与阿哈马有一定的关系。

20世纪中期批量引入我国后,对内蒙古等地的马种改良工作起到了一定的作用。其体形虽轻,但用于改良蒙古马,其杂种后代的体形并不比其他乘用品种的同龄杂种轻,有的个体体重反而较大。但可惜由于马业转型和农牧区经济改革,利用阿哈马的改良工作没有继续下来。

阿哈马在我国有着深厚的文化色彩,我国习惯称其为“汗血马”。关于阿哈马出汗血之说法不一,原产地也无“出汗血”的说法和证据。但由于其在历史中的作用和典故,今后仍将是我国最受关注的马种之一。

阿哈马是地方固有品种，其性能是在当地环境条件下多年选育而成的，但与现代专用品种有一定的差距，如赛马短途速度上不如纯血马，马术竞技与著名的温血马种也有一定的差距，轻驾车也不如奥尔洛夫等马种，因此阿哈马的保护与利用仍有一些问题需要解决。但由于阿哈马的特点及遗传资源的珍贵，其仍有非常重要的研究价值，特别是在新马种培育上潜力较大。

六、阿尔登马(Ardennes)

(一)产地与分布

阿尔登马原产于比利时东南部和与法国毗连的阿尔登山区。

(二)品种形成

比利时重挽马过去分大型、小型 2 个品种：大型为布拉邦逊马，分布在平原地区，体格较大；小型的叫阿尔登马，分布在山区。后因国际市场要求大型重挽马，阿尔登马品种被布拉邦逊马品种吸收杂交，统称比利时重挽马。在 19 世纪中期，阿尔登马被引入俄国。1950—1960 年小型阿尔登由俄罗斯输入我国。1958 年和 1960 年我国又输入大型阿尔登马。它们主要被分配在黑龙江省，有少量在陕西省、河南省、山西省、青海省和新疆，用于改良当地役马，颇受农村群众欢迎。

(三)品种特征

阿尔登马体质结实，比较干燥。头大小适中。颈长中等，公马颈峰隆起，鬐甲低而宽。背长而宽广，腰宽，尻广稍斜，复尻。胸部深广。四肢短而干燥，关节发育良好，距毛少，蹄质不够坚实。毛色多为栗色和骝毛，有少数沙栗或沙骝毛，其他毛色较少。成年阿尔登马的平均体尺见表 3-27。

表 3-27 成年阿尔登马的平均体尺 cm

类型	性别	数量/匹	体高	体长	胸围	管围
大型	公	61	157.5	168.6	198.0	23.9
	母	360	155.1	166.1	199.3	22.5
小型	公	19	146.1	154.0	183.6	21.5
	母	139	145.3	155.0	183.6	19.6

(四)品种性能

阿尔登马有悍威，性情温驯，运步较轻快，挽曳能力好。根据记录，载重 700 kg，7 min 行走 2 km，最大挽力 476.8 kg。阿尔登马对我国马种改良影响很大。它体形结构好，遗传性稳定，适应性强，数量多，广泛分布在我国许多省、自治区，用于改良当地马都取得良好的效果。它和轻型马配合，对培育挽乘兼用型马起了重要作用。

阿尔登马过去主要繁育在黑龙江省，全省共有大型阿尔登马 2 076 匹，其中繁殖母马 880 匹，小型阿尔登马 78 匹(繁殖母马 31 匹)。后主要繁育在黑龙江省红旗马场、吉林省德惠种马场和山西省朔县种马场。这些马场先后解散后，主要散养于东北民间。2001年部分马引入到新疆进行纯种繁育，并对当地马进行杂交改良，主要用于进行放牧马肉生产。其杂交后代放牧适应性强，生长发育速度快，早熟，体重大，肉用性能好。今后在用其作杂交改良进行马肉生产的同时，仍应继续进行纯种繁育，作为珍贵的品种资源进行保护和利用。

第六节　我国驴的主要类型和品种

一、驴的起源与品种形成

（一）驴的起源

现分布在世界各地的家驴，都是人类从其野生祖先——野驴驯化而来的。驴起源于非洲，非洲野驴为现代家驴的祖先。早在新石器时代，在非洲已形成驴的亚属，其中就有现代驴。至青铜器时代驴已驯化成家畜。考察我国的家驴，乃是于公元前数千年以前，由亚洲野驴驯化而来。亚洲野驴存在几种类型，迄今仍有少量野驴生息在亚洲内陆，如阿拉伯、叙利亚、印度、中亚细亚和我国新疆、西藏、青海、内蒙古的偏僻沙漠和干旱草原。我国家驴中现有部分驴，仍保留着野生驴的某些毛色、外形特征和特性。野驴和家驴交配可以繁殖后代。据研究，我国在公元前4000年左右殷商铜器时代，新疆莎车一带已开始驯养驴，并繁殖其杂种。自秦代开始逐渐由我国西北及印度进入内地，当作珍贵家畜。约在公元前200年汉代以后，就有大批驴、骡由西北进入陕西、甘肃及中原内地，逐渐作为役畜使用。

（二）驴品种的形成

据《吕氏春秋》、《史记》和《盐铁论》等古书记载，秦朝以前，内地人民把驴、骡视为难得的珍贵动物，养于皇宫，供观赏娱乐。而在玉门关以西的地方，即今新疆天山以南地区，早已饲养驴及其杂种。西汉时，张骞通西域后，随着良马、苜蓿等引入内地，大批驴、骡也随之引进。开始引入的驴、骡，多分散在甘肃和陕西关中地区，以后逐渐向北、向东扩散到今华北各地。在陕北出土的东汉墓石刻上，就有驴的图像。北魏时山东人贾思勰著的《齐民要术》上，就有养驴和相驴方法的记载。这说明在唐宋之前，驴已普及至当时中原各地，而成为主要役畜之一。唐宋之后更普及到今华北一带，随移民被带到四川和云南的部分地区。历经长时间的繁育，目前，驴的分布几乎遍及北纬32°～42°之间的我国农区、半农半牧区和西南山区的部分地区。近代以来，驴又随农民被带到吉林、黑龙江的松花江、嫩江流域。

由于驴分布的地域辽阔，从新疆塔里木盆地到东海之滨，从松嫩平原到西南山区，纵横万里之间，不仅各大区间在自然地理、生态条件以及社会经济各方面有很大差异，即使在一个省区内，因平原、丘陵和山区的不同，农民对驴的饲养水平、利用方式、选育方向和选育程度，也有所不同。分布于各地的驴，在不同生态环境条件下，经长期风土驯化和人民选育的结果，必然在其体形外形结构、生产性能和适应性等方面发生变异，形成新的特征特性。变异长期积累的结果，形成了新的遗传特性，这是我国各地的驴体形大、中、小不一，外形、毛色显著不同的主要原因。

综上所述，虽然驴的品种类型形成的因素和马一样，一方面是各地自然环境条件的影响，另一方面是各个历史时期社会上对于驴用途的要求，后者起着更直接的作用，但是，由于世界上驴的品种远不及马的品种多，加上选种和饲养条件的关系，驴在家养条件下变异程度轻微，但从体形上看，仍有大、中、小型之分。在我国黄河流域农业地区多大型驴，中、小型驴的分布遍及各处。

二、我国驴的主要类型

我国驴种根据其体形外形结构、生产性能和适应性等，可大致分为大型驴、中型驴和小型驴 3 个类型，现分述如下。

(一)小型驴

小型驴即平时所说的小毛驴。数量最多，分布最广，体形最小，平均体高均在 110 cm 以下，体重 130 kg 左右。所有产驴地区几乎都有小毛驴的分布，但它主要产于新疆、甘肃、青海等高原荒漠地区和长城内外的农区和半农半牧区。内地山区和江淮平原也有少量毛驴。因此，各省区对当地毛驴都有其地方名称，如新疆驴、凉州驴、川驴、滇驴、陕北滚沙驴、太行驴、库仑驴、徐海毛驴及淮北灰驴。其中以川、滇毛驴最小，平均体高不到 1 m，体重约 100 kg。小型驴产区除内地农区外，一般产区的社会经济条件较差，驴的饲养管理粗放，饲养水平低，实行放牧或半舍饲，基本不喂料，多为自然交配，人工选育很差。因而个体小，毛色比较复杂，但以灰色、黄褐色为主，兼有背线、鹰膀等特征。该类型驴体形虽小，富持久力，适应性好，遗传性很强。

(二)中型驴

该类型品种的驴，体高为 111～129 cm，平均体重 180 kg。数量较大型驴多。其体形结构较好，介于大、小型之间。毛色比较单纯，多为粉黑色，主要分布在华北北部的黄土高原和河南省的农业区。这些产区过去多为杂粮产地，社会经济条件和饲养水平较小型驴产区有显著改善。驴的数量多，密度大，民间比较重视公驴的选育，且多从大型驴产区购入种公驴与当地小型驴相配，经长期选育而成。

(三)大型驴

大型驴是我国驴中体形最大的一个类型，主要分布在黄河中下游的发达农业区如关中平原、晋南盆地、冀鲁平原等。这些产区四季分明，气候温和，农业生产条件好，粮棉单产高，社会经济发达。不仅有丰富的农副产品作为饲料，还有种植苜蓿喂畜的习惯。农民以驴作为主要役畜，富有饲养经验。全年实行舍饲喂养。喂养精心，搭配花草喂驴，全年补饲精料，又重视选种选配，因而形成体形高大的大型驴。平均体高 130 cm 以上，体重约 260 kg，结构良好，毛色纯正，以黑三粉驴为主，杂色毛较少。除役用外，常提供各地作为繁殖大型骡的种畜。关中、晋南和晋北、冀鲁滨海地区，历史上早已因产大驴而著称。

我国各驴种特别是大中型驴种的形成和类型一样，是生态环境和人工选择综合影响的结果，就选育程度来讲，大型驴品种的人工选育程度要高得多，根据各大中型驴种的形成过程，有以下几个共同因素：

(1)生产需要决定驴的选育方向　驴具有乘挽驮兼用的生产性能。在过去以畜力为动力的历史时期,驴能适应各地农业生产和农民生活的多方面需要。但平原、山区对驴的选育方向要求有所不同。陕西关中、鲁北平原和晋南盆地等发达农区,土地黏重,要求深耕细作,体大力强、挽速兼备的驴、骡方能胜任,加以滨海地区运盐,晋南地区运盐运煤的需要,都需要大型驴。而山区丘陵地薄,道路崎岖,需要体小、灵活、善爬山越岭的小驴。这就决定了驴的选育方向。所以平原多产大驴,而山区多养小驴。

(2)饲养条件是形成驴种的物质基础　凡关中、晋南和滨海等大型驴种产区,由于都是著名稳定的棉粮产区,有良好的饲养管理条件。实行舍饲喂养,调制花草花料,冬喂谷草,夏喂苜蓿,喂饮定时,能满足大型驴发育的营养需要,所以既是优良驴的产区,也是优良种牛、种猪的产区。

(3)当地群众有丰富的选育经验,重视选种选配工作　大型驴产区都有悠久的养畜历史,在长期实践中,积累了一套丰富的选育经验。如各产地普遍流行的选驴要"两石(两个睾丸要大而匀称)四斗(四蹄如斗)和八声(公驴连叫八声)"的农谚。山东、河南产驴区群众强调"驴要骨骼结实(骨头要圆细而坚实,头形方正),虎颈、出胸露膀、直腿驴,四蹄两行,两截子腿(前膊要长),波罗盖(前膝)要大,盒子骨(飞节)要强,'葫芦头'(球节)要圆,蹄寸子(系部)要短,蹄如木碗"等经验,都抓住了驴的选种要点,符合良种鉴定要求。过去驴的选种多由祖传的专业户负责,惯用集市、庙会展示种驴,俗称"亮椿"。各养母驴户,为发情母驴挑选好公驴配种。这种群选群育的方式,对地方良种的形成,起到了关键作用。

(4)有一个良种繁育的基地　在过去交通不便的情况下,一个地区或几个县,受自然屏障(如山脉河流)的限制,往往成为一个相对闭锁的社会环境,人畜的流动范围较小,一个或几个县因驴群密度大,母畜和公畜质量特别好,从而自然形成了一个良种的选育中心,即中心产区,如关中的武功、扶风、兴平、礼泉,山西的广灵,晋南的夏县、闻喜,山东的无棣、庆云,河南的淮阳、泌阳,都成为公认的有关地方良种驴的中心产区。这些中心产区对于保种和发展驴群的整齐度,起了很大作用。

20 世纪 50 年代以来,陕西扶风,山西夏县、广灵,山东无棣、庆云,泌阳先后建立了种驴场,就地选择优良个体,组成育种核心群,开展有计划的本品种选育工作,并在产区各县、区建立配种站,利用优良公驴为民驴配种改良,从而形成了一套良种繁育体系,原有各地良种都有了不同程度的提高。同时推广优良公驴到其他省区,发挥改良和繁殖优质骡的作用。

三、我国驴的主要品种

(一)大型驴品种

1.关中驴

(1)主要产区　关中驴主产区在陕西省渭河流域的关中平原,以兴平、礼泉、乾县、武功、咸阳、蒲城和临潼等为中心产区,且质量最佳,关中平原各县均有分布。

(2)环境条件　关中平原号称"八百里秦川"。土壤肥沃,气候温和,水利灌溉条件好,农业发达,盛产粮棉,有丰富的农副产品,同时还有种植苜蓿、大豆、豌豆养畜的习惯,素以有大牛(秦川牛)、大驴而享誉全国。当地养驴已有 2 000 多年历史,群众既有丰富的养驴经验,又很重视科学的选种选配，尤其注重对种公驴的选择。要求公驴毛色纯正、黑白界限分明，体格高大，结构匀称，两睾丸大而对称，富有悍威，四蹄端正，蹄大而圆，鸣声洪亮。养母驴者惯选最好种驴配种，因而促进了该品种质量不断提高。

(3)品种特征　关中驴体格高大，结构匀称，体形略呈长方形。头颈高扬，眼大而有神，前胸宽广，肋弓开张良好，尻短斜，体态优美。被毛短细，富有光泽。90%以上为黑毛，少数为栗毛和青毛，偶尔亦出现乌头黑者。以栗毛和粉黑毛，且黑(栗)白界限清晰明显为上选，特别是鬣毛及尾毛为淡白色的栗毛公驴，更受欢迎。主产区成年关中驴的平均体尺、体重见表3-28。

表3-28　成年关中驴的平均体尺、体重

性别	数量/匹	体尺/cm				体尺指数/%			体重/kg
		体高	体长	胸围	管围	体长率	胸围率	管围率	
公	130	133.21±6.64	135.40±7.16	145.01±8.67	17.04±1.54	101.6	108.8	12.7	263.6
母	413	130.04±5.93	130.31±6.54	143.21±8.11	16.51±1.34	100.01	110.1	12.6	247.5

(4)品种性能　在正常饲养情况下，幼驴生长发育很快，1.5岁能达到成年驴体高的93.4%，并表现性成熟。3岁时，各项体尺均达到其成年体尺的98%以上，此时公母驴均可配种。公驴以4～12岁配种能力最强，母驴一般终生产驹5～8胎。多年来关中驴一直是小型驴改良的重要父本驴种，特别对庆阳驴种的形成起到了重要的作用。

2.德州驴

(1)主要产区　产于鲁北和冀东平原沿渤海各县，以山东省的无棣、沾化、阳信、庆云和河北省的盐山、南皮为中心产区，以德州为集散地，故称为德州驴。与德州驴产区相连的冀东平原沿渤海南皮、盐山和黄骅等县，均属黄河冲积平原，与德州驴产地的自然和社会经济条件基本相似，也以产大型驴著称，当地称这些地方产的驴为渤海驴。

(2)环境条件　由于产地属平原，农产品丰富，农副产品多，水草茂盛，饲养条件较好，重视饲养管理和选种选配，故驴的体形高大。

(3)品种特征　体格高大，结构匀称，体形方正，头颈躯干结构良好。公驴前躯宽大，头颈高扬，眼大嘴齐，有悍威，鬐甲偏低，背腰平直，尻稍斜，肋拱圆，四肢有力，关节明显，蹄圆而质坚。毛色分三粉(鼻周围粉白，眼周围粉白，腹下粉白)的黑色和乌头(全身毛为黑色)2种。其体高一般为128～130 cm，最高的可达155 cm。成年德州驴的平均体尺见表3-29。

表3-29　成年德州驴的平均体尺

性别	数量/匹	体尺/cm				体尺指数/%		
		体高	体长	胸围	管围	体长率	胸围率	管围率
公	123	136.4	136.4	149.2	16.5	100.0	109.3	12.1
母	677	130.1	130.8	143.4	16.2	100.5	110.2	12.4

(4)品种性能　生长发育快，12～15月龄时表现性成熟，2.5岁可开始配种。母驴一般发情很有规律，终生可产驹10头左右，25岁的母驴仍有产驹的；公驴性欲旺盛，在一般情况下，平均每次射精量为70 mL，有时可达180 mL。精子的平均密度为1.5亿个/mL，精子活力强，常温下存活72 h，在母驴体内存活的持续时间为135 h。作为肉用驴饲养屠宰率可达53%，出

肉率较高。为小型毛驴改良的优良父本品种。

3.晋南驴

(1)主要产区　产于山西南部运城地区和临汾地区南部，以夏县、闻喜为中心产区，包括平陆、芮城、永济、临漪等县及临汾地区南部各县。

(2)环境条件　产区地处黄土高原，濒临黄河，有平原，丘陵和山地，地形复杂。海拔400～1 500 m，地势东北高而西南低。夏县是禹的故乡，该县人文、农耕历史悠久，有发达的农业，是山西著名的粮棉产地，盛产煤。当地农民喜爱养驴，作为农耕和运输工具，有“槽头能拴几头驴，耕拉驮骑一篮提”的说法。喂驴精心而得法，全年舍饲，充分利用农副产品，种植苜蓿，做到夏加苜蓿冬加麦麸，并将苜蓿与麦秸混合调制，喂青苜蓿草。重视选种选配和幼驹培育，促进了该品种的形成。

(3)品种特征　体形近方形，外貌清秀细致，是有别于其他驴种的主要特点。头清秀，大小适中，颈部宽厚，鬐甲稍低，背腰平直，尻略高而斜，四肢细长，关节明显，肌腱分明，前肢有口袋状附蝉，尾细长，似牛尾。皮薄毛细，以黑色带三白为主要毛色。另外还有一种灰色大驴，约占总数的10%。成年晋南驴的平均体尺、体重见表3-30。

表3-30　成年晋南驴的平均体尺、体重

性别	数量/匹	体尺/cm				体尺指数/%			体重/kg
		体高	体长	胸围	管围	体长率	胸围率	管围率	
公	100	133.4 ±3.4	128.7 ±5.3	140.2 ±5.9	15.7 ±0.9	96.5	105.1	11.8	236.2 ±26.4
母	167	133.4 ±2.8	130.4 ±5.5	142.4 ±5.7	15.4 ±1	97.8	106.7	11.5	246.3 ±27.9

(4)品种性能　据测定，老龄淘汰驴平均屠宰率为52.7%，净肉率39%，其肉的营养成分含量见表3-31。

表3-31　每100 g晋南驴驴肉的营养成分含量

成分	水分/g	蛋白质/g	脂肪/g	糖/g	灰分/g	钙/mg	磷/mg	铁/mg	热能/MJ
含量	62.7	14.1	19.1	3.2	0.9	6.0	18.2	6.3	1.0

晋南驴母驹8～12月龄有发情表现，初配年龄为2.5～3岁。种公驴3岁时开始配种，平均一次采精量为70.5 mL，活力0.80以上，密度为1.5亿～2亿个/mL。

生长发育快，12～15月龄时表现性成熟，2.5岁可开始配种。母驴一般发情很有规律，终生可产驹10头左右，25岁的母驴仍能产驹；公驴性欲旺盛，在一般情况下，平均每次射精量为70 mL，有时可达180 mL。精子的平均密度为1.5亿个/mL，精子活力强，常温下可存活72 h，在母驴体内存活的持续时间为135 h。作为肉用驴饲养屠宰率可达53%，出肉率较高。为小型毛驴改良的优良父本品种。

4.广灵驴

(1)主要产区　山西省东北部的广灵、灵邱两县。

(2)环境条件　境内山峦起伏，小部分为河谷盆地，海拔700～2 300 m。地处塞外山区，风大沙多，气候变化差异大，年平均气温为6.2～7.9 ℃，无霜期130～150 d，全年降雨量420～500 mm。这些地理自然条件虽不如其他大型驴产区，但在塞外尚属主要的杂粮产区，有“雁北谷仓”之称。粮食作物以谷子、玉米、高粱、马铃薯、莜麦、豆类为主,次之为小麦、糜黍、稻子、胡麻。农作物种植每年一季或二年三季。

广灵县及其附近各县历来重视畜牧业发展,农民多养驴使役,并繁殖骡子,是我国塞外重要的商品驴繁殖基地。由于当地盛产谷子、豆类,还种植紫花苜蓿,农民以谷草、黑豆和苜蓿草精心喂养,注意选种选配,结合役使和放牧,使驴得到充分锻炼。这些是形成平川中驴体格高大、体躯粗壮而结实的主要因素。20 世纪 60 年代以来,广灵县建立了种驴场,并选定川区 51 处农村为繁育基地,进行选种选配,不断提高大型驴所占比例,而成为当前我国的大型驴品种之一。

(3)品种特征 体格高大、骨骼粗壮、体质结实、结构匀称、耐寒性强。驴头较大、鼻梁直、眼大、耳立、颈粗壮,鬐甲宽厚微隆,背部宽广平直,前胸宽广,尻宽而短,尾巴粗长,四肢粗壮,肌腱明显,关节发育良好,管骨较长,蹄较小而圆,质地坚硬,被毛粗密。被毛黑色,但眼圈、嘴头、前胸口和两耳内侧为粉白色,当地群众称其为“五白一黑”,又称“黑化眉”。还有全身黑白毛混生,并有五白特征的,群众称其为“青化眉”,这两种毛色均属上等。成年广灵驴的平均体尺见表 3-32。

表 3-32 成年广灵驴的平均体尺

性别	数量/匹	体尺/cm				体尺指数/%		
		体高	体长	胸围	管围	体长率	胸围率	管围率
公	55	138.4	138.5	147.2	17.8	100.1	106.4	12.9
母	118	134.1	131.6	146.9	15.7	98.1	109.5	11.7

(4)品种性能 广灵驴的繁殖性能与其他品种近似,但多在 2～9 月份发情;3～5 月份为发情旺季。一般母驴终生可产驹 10 胎。经屠宰测定,平均屠宰率为 45.15%,净肉率 30.6%。广灵驴有良好的种用价值,曾推广到全国 13 个省区,以耐寒闻名,对黑龙江省的气候适应也较好。与马杂交所生骡子品质很好。母驴繁殖驴骡,受胎率较低,但驴骡的质量较好,而且适应性较马骡驹强。

(二)中型驴品种

1.佳米驴

(1)主要产区 佳米驴又称绥米驴,产于陕西的佳县、米脂县和绥德三县,以三县首字取名。附近各县和山西临县等地也有分布,延安、榆林地区及周围各省,常引进佳米驴改良当地小型驴。

(2)环境条件 产区处于陕西黄土高原的沟壑地区,形成梁岗起伏、沟壑纵横、土地零散、道路崎岖狭窄的特点。海拔高,温差大,春季多风,夏热冬寒,属于典型大陆性气候。干旱少雨,无霜期 150～180 d,适宜种植杂粮,兼种大量苜蓿,轮作倒茬以改良土壤和提供饲草。从东汉以来,农民就习惯养驴从事耕、拉、驮、乘等各种役使。因地形、道路和草料不足等原因,群众更喜欢选择体形中等、结构匀称、耳门紧、槽口宽、四肢端正的黑燕皮驴个体。当地养驴,全年舍饲,畜舍宽敞明亮。冬春如豆类、高粱、玉米拌以谷草、麦草为主,夏季喂青苜蓿。各县有一些传统的专门的种驴饲养户,精选良种,承担配种工作,经长期培育形成当地产良种。

(3)品种特征 佳米驴体格中等,略呈正方形,体质结实,结构匀称,眼大而有神,耳薄而立,颈肩结合良好,背腰平直,四肢端正,关节强大,肌腱明显,蹄质坚实。公驴颈粗壮,胸部宽,有悍威;母驴腹部稍大,后躯发育良好。毛为粉黑色,因白色部分大小不同,当地又分为 2 种:

一种是黑燕皮,全身被毛似燕子,仅嘴头、鼻孔、眼周以及腹部为白色;另一种是黑四眉,除具有黑燕皮特征外,腹下的白色面积较大,甚至扩展到四肢内侧、胸前、额下及耳根处,这种驴骨骼更粗壮结实。成年佳米驴的平均体尺、体重见表 3-33。

表 3-33　成年佳米驴的平均体尺、体重

性别	数量/匹	体尺/cm				体尺指数/%			体重/kg
		体高	体长	胸围	管围	体长率	胸围率	管围率	
公	31	125.84±4.68	127.23±6.63	136.0±19.72	16.65±0.89	101.1	108.1	13.2	217.89
母	283	120.95±4.50	122.73±8.16	134.54±10.65	14.84±1.07	101.5	111.2	12.3	205.79

(4)品种性能　佳米驴 2 岁左右性成熟,3 岁开始配种,每年 5～7 月份为配种旺季。母驴多为 3 年 2 胎,终生产驹 10 头左右。公驴每次平均射精量为 78.7 mL,密度为 2 亿～3 亿个/mL,活力为 0.8～0.9。据对 8 匹未经育肥的驴屠宰测定,屠宰率为 49.2%,净肉率达 35%。佳米驴对干旱和寒冷气候的适应性强,耐粗饲,抗病力强,消化器官疾病极少,也能适应黑龙江、青海等地寒冷气候。

2.泌阳驴

(1)主要产区　泌阳驴产于河南省西南部的泌阳、唐河、社旗、方城、南阳等县,以泌阳、唐河两县为中心产区,其驴存栏数约占泌阳驴总数的 1/2。

(2)环境条件　泌阳县地处伏牛山脉和桐柏山脉之间。海拔在 810～983 m。当地四季分明,无霜期 212 d,年均降雨量 920.5 mm。农牧业生产发达,并盛产麦类和各种杂粮。群众还有种豌豆的习惯,以谷草、豌豆作为喂驴的主要饲料,可利用河滩、丘陵放牧,有丰富的饲草饲料资源,当地群众有养驴习惯,喂养精心并重视选种选配,有不少驴的配种专业户,以精选的良种进行配种工作,故形成了良种产区。早在 1957 年就建立了泌阳县种驴场,就地精选了优秀个体和优秀的核心群开展系统的选育工作,使驴群质量迅速提高。

(3)品种特征　体形中等,呈方形或高方形。结构紧凑、匀称,灵俊清秀,肌肉丰满,多双脊双背。背腰平直,头干燥,清秀,口方正,耳大适中,耳内基部有一簇白毛;头颈结合良好,腰短而坚,尻高宽而斜;四肢直,系短而立,蹄质致密;毛色以三粉为主,俗称"缎子黑"。成年泌阳驴的平均体尺见表 3-34。

表 3-34　成年泌阳驴的平均体尺

性别	体尺/cm				体尺指数/%		
	体高	体长	胸围	管围	体长率	胸围率	管围率
公	125.4	124.6	135.9	16.6	99.4	108.4	13.2
母	120.7	119.7	133.0	15.1	99.2	110.2	12.5

(4)品种性能　1～1.5 岁时表现性行为,2.5～3 岁开始配种,发情季节不明显,但多集中于 3～6 月份。繁殖年龄可达 15～18 岁。成年公驴每天采精或配种一次,平均射精量 64 mL。屠宰率可达 50%左右。

3.淮阳驴

(1)主要产区　淮阳驴产于河南沙河及其支流两岸的豫东平原东南部,即淮阳、郸城西部,

沈丘西北部，项城和商水北部，西华东部，太康南部和周口市，以淮阳为中心产区。

(2)环境条件　产区海拔 50 m 左右，属温热带季风气候，无霜期 216 d，年平均气温 14.6 ℃。土壤以淤土、两合土最多，土质肥沃，盛产麦类和杂粮，是历代的“粮仓”，当地以驴为主要役畜。

当地很早以前就重视驴的选育。由于农副产品丰富，又习惯种苜蓿，常以各种豆类喂驴，日喂量达 1～1.5 kg，故能保证驴的营养需要，巩固选育成果。产区临近周口、界首等牲畜集散地，常向外输出种驴，从而刺激了养驴生产和选育工作。近 30 年来，淮阳县进一步加强选育工作，在重点产驴区开展良种登记，加强选种配种，驴的品质也明显提高。1984 年 5 月通过鉴定，确认为是地方优良驴种。

(3)品种特征　属中型驴，体高略大于体长，体幅较宽，头略显重，肩较宽，鬐甲高，前胸发达，中躯显短呈圆桶形，四肢粗大结实，尾帚大。红褐毛色驴还有体格较大、鬐甲高、单脊单背和四肢高长的特点。毛以粉黑色为主(62.3%)，灰色少(21.6%)，纯黑更少(8%)，红褐色最少(6.1%)。成年淮阳驴的平均体尺、体重见表 3-35。

表 3-35　成年淮阳驴的平均体尺、体重

性别	数量/匹	体尺/cm				体尺指数/%			体重/kg
		体高	体长	胸围	管围	体长率	胸围率	管围率	
公	140	123.4	125.1	131.4	15.5	101.4	106.5	12.6	223.0
母	394	123.1	125.0	133.6	14.7	101.5	108.5	11.9	229.9

(4)品种性能　繁殖性能较好，母驴可繁殖到 15～18 岁，公驴 18～20 岁性欲仍很旺盛。屠宰率可达 50%左右，净肉率为 32.3%。

4. 庆阳驴

(1)主要产区　庆阳驴产于甘肃省东部的庆阳、宁县、正宁、镇原、合水等县，以庆阳县为中心产区。

(2)环境条件　产区位于黄土高原，在泾河上游，紧临陕西关中平原。土质肥沃，气候温和，农业发达，素有“陇东粮仓”之美称。由于这一地区交通不便，过去农民经济收入低，多养牛、驴役用。多年来以养小毛驴为主，经不断引进关中大型驴杂交改良，使当地小毛驴的体尺明显增大，外形也发生了变化。加之当地环境适宜、饲料条件较好和管理比较精心，杂种驴长期自群繁殖培育，从而形成了今天的地方良种庆阳驴。

(3)品种特征　体格粗壮结实，体长稍大于体高，结构匀称。头中等长，耳不过长，颈肌肥大，鬣毛短稀，胸部发育良好，腹部较大，四肢端正，关节明显，蹄大小适中而坚实，性情温驯，行动灵活，毛色以三粉驴为主，占 80%以上，还有少量青色和灰色。成年庆阳驴的平均体尺如表 3-36 所示。

表 3-36　成年庆阳驴的平均体尺

性别	数量/匹	体尺/cm				体尺指数/%		
		体高	体长	胸围	管围	体长率	胸围率	管围率
公	154	113.6	115.2	123.5	14.1	101.4	108.7	12.4
母	431	113.2	116.1	125.3	13.6	102.6	110.7	12.0

(4)品种性能　1 岁时就表现性成熟，公驴 1.5 岁配种，就可使母驴受孕；母驴不到 2 岁就

可产驹。幼驹初生时,公驹重 27.5 kg,母驹重 26.7 kg。公驴以 2.5～3 岁,母驴以 2 岁开始配种为宜,公驴饲养得当,可利用到 20 岁;母驴一般终生可产 10 胎左右。屠宰率可达 50%以上,净肉率 35.7%。

(三)小型驴品种

小型驴俗称小毛驴,其分布几乎遍及全国各养驴省(区)。因其价格低,产量多,故流动性很大,在各大、中型驴产区也不少。小型驴的数量占全国驴总头数的 70%左右。凡小型驴产区,从历史上讲其自然条件和社会经济条件,特别是农业生产条件都比大、中型驴产区差,因而饲养水平低,管理粗放,不重视育种和培育工作。公驴习惯上都不去势,在山区、半农半牧区放牧时,又往往乱交乱配,或早配早生,近亲繁殖,从而退化严重,体格变小,远不如其祖先野驴。据新疆乌鲁木齐饲养和繁殖的几十头野驴与现在的新疆驴对比观察,新疆驴的体高、体长远不如野驴,体高至少要矮 10～15 cm,与新疆曾从陕西关中引进的关中驴相比就更为逊色。但它们对环境的适应性极强,耐寒耐干旱,在－35～38.5 ℃的气温下仍能生活、繁殖,抗病能力很强,役使能力也不低。在新疆南疆民族地区常看到低于 100 cm 的驴背上骑着维吾尔族老人,老人的脚几乎和地面接触,都行走自如,速度不慢。

依生态条件将我国小型驴划分为 3 个品种类型。

1.新疆驴

(1)主要产区　产于新疆南疆喀什、和田地区,分布到甘肃河西走廊,青海的农区、半农半牧区以及宁夏一带地区,总数约 120 万头,仅新疆就有近百万头。甘肃河西走廊的武威(古称凉州)、张掖和酒泉等地所产的驴,也称凉州驴。

(2)环境条件　新疆是我国驴的发源地,至少有 4 000 多年的养驴历史。新疆南部喀什地区地处高原荒漠区,属大陆性气候,由于受高山和沙漠的影响,夏天气温高而干旱,沙漠中阳光直射,温度可达 55 ℃。多风沙,昼夜温差大,即所谓"早穿皮袄午穿纱,手抱火炉吃西瓜"。无霜期短,降水量少。既有大面积的草原牧区,又有片片绿洲的发达农区。因气候和水源的关系,农作物产量低。由于历史上长期的社会经济条件较差,农民全靠养驴农耕、驮运、乘骑作代步工具,可以说凡有人生活的地方都有驴的分布。

新疆驴由于长期在简陋棚圈以粗劣饲料和少量精料养育的条件下,并经当地寒暑风霜等艰苦自然条件的锻炼,其适应性特别强,既能适应夏季的酷暑,又能耐冬季－40 ℃的严寒,并有很强的抗病能力。

(3)品种特征　新疆驴体格矮小,体质干燥结实,头略大,耳直立,额宽,鼻短,耳壳内生有短毛;颈薄、鬐甲低平,背平腰短,尻短斜,胸宽深不足,肋扁平;四肢较短,关节干燥结实,蹄小质坚;毛多为灰色、黑色,多有背线、鹰膀等特征。成年新疆驴的平均体尺见表 3-37。

表 3-37　成年新疆驴的平均体尺

产地	性别	数量/匹	体尺/cm				体尺指数/%		
			体高	体长	胸围	管围	体长率	胸围率	管围率
新疆喀什地区	公	72	102.2	105.4	109.7	13.3	103.1	107.3	13.0
	母	317	99.8	102.5	108.3	12.8	102.7	108.5	12.8
新疆库车县	公	67	107.2	108.7	115.2	14.7	101.4	107.5	13.7
	母	64	107.9	109.6	117.9	14.5	101.6	109.3	13.4

续表 3-37

产地	性别	数量/匹	体尺/cm				体尺指数/%		
			体高	体长	胸围	管围	体长率	胸围率	管围率
甘肃	公	15	101.8	109.5	112.8	13.9	107.6	110.8	13.7
	母	100	101.4	106.9	114.4	13.1	105.4	112.8	12.9
青海	公	17	104.9	105.8	113.7	13.7	100.9	108.4	13.1
	母	225	101.6	102.5	112	12.2	100.9	110.2	12.0

(4)品种性能　新疆驴1周岁就有性欲,公驴2～3岁、母驴2岁就开始配种,在粗放的饲养和重役情况下很少发生营养不良和流产。幼驹成活率在90%以上。新疆兵团农八师150团曾引种关中驴与当地小毛驴杂交,其后代的体高达到120～125 cm。吐鲁番改良驴体高可达到125～130 cm。由此可见,引入大型驴种对新疆驴进行杂交改良,提高当地驴的体尺、体重,是肉驴饲养提高肉产量的重要途径。

2.西南驴

(1)主要产区　西南驴的主要产区为云南省各地,四川甘孜、阿坝、凉山等地,西藏日喀则、山南等地。

(2)环境条件　云、川、藏多属高原山区和丘陵区,海拔较高,河流多,气候差别虽较大,但干湿季节明显。产区农业较发达,主要作物为水稻、麦类、蚕豆、豌豆、红薯、油菜,西藏更盛产青稞。作物秸秆、野草和豆类、麦类是当地养驴的主要饲草和补饲精料。据有关地方志记载,早在1 000多年前,驴刚引入的相当长一个时期内,主要作为役畜,有的还利用驴乳育婴儿。产驴区多是山地,土壤瘠薄、植被稀疏,驴的饲养管理粗放,白天野外牧放,夜间以秸秆补饲,仅使重役和孕期才给以少量精料,因此形成了矮小的驴品种。

(3)品种特征　头显粗重,额宽且隆,耳大而长;鬐甲稍低,胸浅而窄,背腰短直,尻斜短,腹部稍大;前肢端正,后肢稍外向,蹄小而坚,善于攀山;被毛厚密,毛以灰色为主,并有鹰膀、背线,虎斑特征,约占50%。其他为红褐色或黑粉驴。据川、滇两省调查,成年西南驴的平均体尺如表3-38所示。

表3-38　成年西南驴的平均体尺

产地	性别	数量/匹	体尺/cm				体尺指数/%		
			体高	体长	胸围	管围	体长率	胸围率	管围率
四川	公	268	89.5	92.5	98.2	11.8	103.4	109.7	13.2
云南		36	93.6	92.2	104.3	12.2	98.5	111.4	13.0
四川	母	273	97.3	94.4	104.9	11.9	97.0	107.8	12.2
云南		76	92.5	93.7	107.8	11.9	101.3	116.5	12.9

(4)品种性能　西南驴性成熟较早,2～3岁即可配种繁殖,一般3年2胎,如专门作肉驴饲养也可1年1胎。据屠宰测定,屠宰率45%～50%,净肉率30%～34%,每头净肉量为35 kg左右。西南毛驴因体小精悍,除农用和肉用外,在儿童游乐方面颇有开发利用价值。

3.华北驴

(1)主要产区　主要产于陕北黄土高原以东,长城内外至黄淮平原,并分布到东北三省。

(2)环境条件　境内有高原、山区、丘陵和平原。产区是我国北方农业区,历来以驴作为仅次于牛的第二大役畜。除黄河中下游富庶农业区和半农半牧区多产大中型驴外,大部分地区由于农业条件差,作物产量低,牲畜养殖水平低,多养小型驴。近几十年来,为适应社会生产的需要,一些农业生产条件较差而畜牧生产条件较好的地区,如沂蒙山区、太行燕山山区、陕北榆林地区、张家口地区、昭盟库仑旗和淮北等地发挥地方优势,素有养殖商品驴的习惯,除自用外,大都通过大同、张家口、沧县、济南、潍坊、界首、周口等著名的牲畜交易市场出售大批驴,分布到各地。这些驴都有其地方名称,如陕北的滚沙驴、内蒙古的库仑驴、河北的太行驴、山东的小毛驴、淮北的灰驴,总的都属华北驴。

(3)品种特征　各地的驴因产区不同,各有特点,但其共同点为体高在 110 cm 以上(较前两种驴大)。结构良好,体躯短小,腹部稍大,被毛粗硬。头大而长,额宽突,背腰平,胸窄浅,四肢结实,蹄小而圆。有青、灰、黑等多种毛色。其平均体尺也各不相同,滚沙驴体高 107 cm,体重 140～190 kg,太行驴体高 102.4 cm,内蒙古库仑驴体高 110 cm,沂蒙、苏北、淮北驴体高 108 cm。

(4)品种性能　繁殖性能好,适应性强,体重在 140～170 kg,屠宰率在 52%。

复习思考题

1. 我国马有哪些主要地方品种?按品种分类它们属于哪个类型?根据是什么?
2. 根据我国各地马品种的体质外貌和性能特点,试提出它们的发展方向和要求及其理由。
3. 由国外引入的马品种中,哪些马对我国马的改良起了较大的作用?具体说明之。
4. 近年来,我国培育出了几个马的新品种?在它们的育种方面有哪些主要经验?
5. 我国有哪些马品种较适合马术运动用马?

第四章
马的饲养管理技术

马匹的饲养与管理，是保证马的健康、发挥其生产能力、提高其繁殖力以及改进马的品质和培育优良后代的重要措施。

科学的饲养，必须根据马的消化特点和营养需要，按照马的生物学特性及生理机能活动等，实行标准化的饲养与管理，并按照畜舍卫生要求设计与管理厩舍，从而保证马匹能顺利完成各项生产任务。

第一节　马的消化特点和对饲料营养物质的消化利用

一、马对饲料的采食、消化与吸收特点

与其他家畜比较，马对饲料的采食、消化与吸收，既有共性，也具有明显的特点。

(一)采食与饮水

1.采食

马采食时，用唇将草纳入口中，用切齿切断，用臼齿咀嚼磨碎，同时混合大量唾液，形成食团咽下。

马的口裂较小，每次采食饲料仅 50～100 g，每天用于采食的时间较长。由于马采食较慢，白天作业时间较长，夜饲很必要。据统计，夜间饲喂可增加 1/3～1/2 食草量，特别在冬季夜长天冷更是如此。夏季夜短，北方农区，早饲提前，一般夜间亦可不喂。

马具有坚硬发达的牙齿和灵活的上、下唇，咀嚼肌肉比较发达，能采食、咀嚼粗硬的饲料，适于放牧饲养。据观察，一般壮年马吃混合饲料每分钟咀嚼 70 次左右。随马的食欲、饲料的适口性和调制的程度，咀嚼次数有所不同。

马的腮腺发达，每天可分泌唾液 30～40 L。马只有在进食时才分泌唾液，不进食时分泌就停止。饲料进入马的口腔后，需要经过 10～20 次的咀嚼，才开始分泌唾液。饲料越粗越干，反复咀嚼的时间越长，唾液分泌的量也就越多。进行咀嚼那一侧的唾液分泌量比对侧多好几倍。当轮换到另一侧咀嚼时，唾液腺的分泌活动也随着改变。不同性质的饲料，能引起马分泌

不同量和不同成分的唾液。据测定:用干草喂马时,分泌的唾液量比吃下的干草重3～4倍;吃燕麦和玉米时,唾液分泌量比饲料重一倍;而在吃鲜草时,唾液分泌量与鲜草同重或甚至比它轻1/2。喂粉碎饲料时(切藁、碎谷粒),唾液分泌量大大增加。饲料添加调味物质(如盐和酵母)时,唾液分泌也增加。马一昼夜分泌的唾液总量可达40 L。

2.饮水

马饮水时用吸吮动作,使口腔负压增加,将水吸入口腔。每口饮水量为150～200 mL,并依其体重大小、水温、水质和口渴的程度而有所不同。一次饮水量在10 L以上。马胃内容物分层排列的情况十分明显,即便在马饲喂后饮水也不会影响胃内容物的排列顺序。由于马胃的入口和出口位置很接近,咽下水大部分能够很快地沿小弯在胃壁与胃内容物之间进入肠内。所以,马虽然一次饮水量颇多,但并不冲淡胃的内容物。

(二)消化与吸收

1.胃的消化与吸收

(1)胃容积小　马为单胃,胃容积小,约为其消化道总容积的8.5%,相当于牛胃的1/8～1/7(图4-1)。

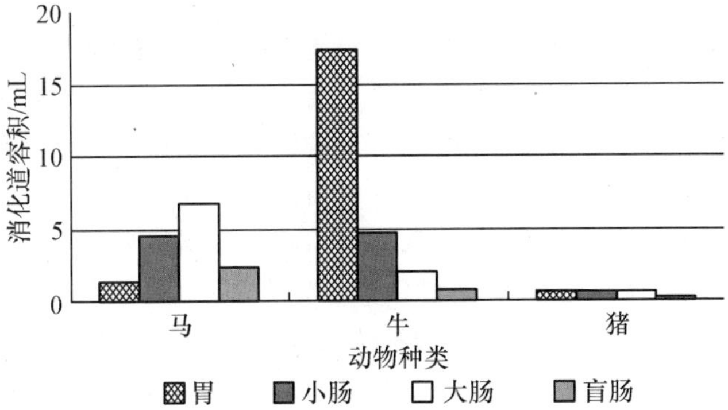

图4-1 马、牛与猪的消化道容积对比

引自Ensminger和Olentine(1978)

(2)胃贲门紧缩,呕吐中枢不发达　马胃贲门括约肌发达,而呕吐中枢不发达,所以马不能呕吐。一次采食过多的饲料,易造成胃扩张,严重者有胃破裂的危险。饲喂易酵解产气的饲料,也易引发胃食滞、胃扩张、胃破裂。马的胃腺分泌、胃蠕动和排空功能发生障碍,如因饲料品质恶劣和饲养管理不当引起胃肠器质性变化,造成胃弛缓和胃酸不足,或胃酸过多,影响胃的排空而使食物在胃内积滞;或因肠道阻塞、甚至马胃蝇幼虫过多寄生等,都能引起急性胃扩张。

(3)幽门通畅,排空快　马胃幽门通畅,从而使食团在胃运动和胃液作用下形成食糜后,在胃内停留时间很短。据研究,约2 h可将胃内60%的食物转至十二指肠,4 h后,胃内容物基本可转移到肠道部。

根据马胃的消化与吸收特点,饲喂马时一次喂量不应超过胃容积的2/3,且喂饲间隔不宜过长。因此,马适于定时定量,少喂勤添的饲养原则。同时,要注意选择疏松、易消化、便于转移、不致在胃内形成黏块的饲料,如燕麦、麸皮等精料与切短的饲草拌匀喂给,有利于马咀嚼消化和转移，减少消化道疾病。

2. 肠道的消化与吸收

(1)肠道长，容积大　马的肠道较长，相对容积大，比牛的大约1倍(表4-1)，是马消化吸收的主要场所。成年轻型马的肠道大约长33 m，小肠容积小，仅占消化道总容积的30%，但马消化吸收的60%～70%蛋白质、碳水化合物是在小肠中完成的。

马因培育方式不同，肠道的长度也不同。放牧的蒙古马和舍饲的东北本地马(原属蒙古马系统)相比，肠的长度，前者比后者约长3 m。

表4-1　马、牛(改良种)消化道容积比较

部　位	马		牛	
	容积/L	比例/%	容积/L	比例/%
胃	17.96	8.5	252.50	70.8
小肠	63.82	30.2	66.00	18.5
盲肠	33.54	15.9	9.90	2.8
大结肠	81.25	38.4	28.00	7.9
小结肠及直肠	14.77	7.0		
合计	211.34	100.0	356.40	100.0

(2)大肠容积大　马的大肠容积大，其中位于消化道的中下部的盲肠容量达30余升，是马的重要消化器官，其功能与反刍动物的瘤胃(位于消化道上段，下接小肠)相似，素有“发酵罐”之称。食糜中易消化的物质，被小肠消化吸收，未被消化的物质，特别是纤维素送入大肠。马盲肠中含有大量微生物，便于分解粗纤维。由盲肠消化吸收的粗纤维，可占食物总纤维量的1/2。经盲肠和大结肠的消化吸收后，剩余残渣，最后形成粪球，排出体外。马消化道尤其是盲肠中微生物区系的活力较反刍动物弱，被微生物合成的养分吸收率比牛低。

马肠道直径的大小极不均匀，如盲肠的胃状膨大部和大结肠相当粗大，可达30 cm；但小肠、小结肠内径却只有5～6 cm，尤其是在一些肠道入口部(如盲结口、回盲口、结肠起始部)更细，在喂养失宜和饲料骤变、劳役过重、缺水以及气候突变等情况下，容易形成秘结，造成便秘。因此喂马必须根据肠道的解剖和消化等特点，正确地饲养管理，以减少消化器官病的发生。

马在消化吸收过程中，分泌大量消化液。一天分泌量在70～80 L。为了增强马的消化能力，给予充足饮水、分泌足够的消化液和维持正常水代谢是很必要的。消化液分泌量除与饲料种类及其品质有关外，日粮中含有一定盐分也有利于消化液的分泌。因此，日粮中如含有适量的食盐，既能满足盐代谢的需要，又可增进食物的消化吸收。

饲料通过消化道的速度，马比反刍动物要快些。其排出速度，一般喂后24 h排出10%，36 h排出50%，65 h排出75%，72 h可全部排出。

二、马对各种饲料的消化利用

由于消化系统在结构和功能上存在差异，马对各种营养物质的利用也有其特性。

(一)马对粗纤维的消化利用

马是单胃动物中能够利用纤维素作为能量来源的草食动物之一，但其消化道微生物区系活力较反刍家畜弱，分解纤维素的能力相对较差，其对饲料中粗纤维的利用率介于反刍动物和杂食动物之间。一般情况下，马对饲料中纤维素的消化率不超过30%，而反刍家畜可达60%～70%。值得注意的是，马对纤维素的消化率与纤维的质地和含量有密切关系。饲料越粗，两者之间差别越大，但饲喂豆科牧草时两者差别就较小。

凡含纤维少（纤维含量在15%以下）、质地柔软的饲料，如青草、苜蓿干草、青干草的纤维消化率，马与牛、羊无明显差异。但纤维含量较高（纤维含量超过30%，含木质素较多）、质地粗硬的饲料如秸秆类的纤维消化率，马则明显低于牛。以麦秸为例，马只能消化18%，而牛能消化42%。故麦秸类饲料适宜喂牛，而不适宜喂马。

（二）马对蛋白质的消化利用

马对饲料中蛋白质的利用能力与反刍动物相近。如马能消化玉米蛋白质的76%，牛能消化75%。粗饲料中蛋白质的利用，马略低于反刍家畜，如对苜蓿蛋白质的消化率，马为68%，牛为74%。其主要原因是反刍动物对非蛋白氮的利用能力高于马。马体内细菌活动有限，盲肠和结肠所合成的菌体蛋白数量与反刍动物相比相差很多。资料表明，非蛋白含氮物如尿素虽然可以代替成年马低蛋白饲粮，以维持氮的平衡，耐受量最高达饲粮的5%，但蛋白质转化效率不高。所以，在欧美等国大多不主张或禁止在马日粮中添加非蛋白氮饲料。

（三）马对脂肪的消化利用

马对饲料中脂肪的消化能力不如其他家畜。对于青草中的脂肪，马只能消化35%，反刍动物可消化57%；对于油饼类饲料中的脂肪，马的消化率是53%，而反刍动物高达92%。因此，应尽量选择含脂肪较低的饲料喂马，以降低饲料成本。用黑豆、黄豆等含油多的饲料喂马时，宜用榨油后的饼粕类，既便于消化，也较经济。

（四）影响马对饲料消化利用的因素

马对饲料的消化利用也受其他多种因素的影响。如日粮组成不合理，粗纤维含量超过30%，能降低其消化率；含蛋白质适量的日粮，能提高其消化率；日粮中含有嫩青草等多汁饲料，则增加其消化性。

饲养试验证明，马的日粮中含有过量的碳水化合物而蛋白质不足时，则饲料养分的消化率降低，造成日粮浪费。饲料给量过多、缺乏运动、喂法不当以及马本身食欲不振等，都能降低饲料的消化率。适当的运动和轻使役，可提高日粮的消化率，但劳役过重，反而妨碍饲料的消化吸收。

马的品种与个体对饲料的消化力也有差异。驴和骡的消化力都高于马。地方品种马则略高于培育品种。据研究，马属运动之间相比，采食量驴比马少30%，骡比马少20%～25%；而消化利用率驴又比马高30%，骡比马高15%～20%。马在舍饲条件下对粗饲料的利用率不如驴和骡；而在放牧条件下则反之。骡和驴的神经比较均衡，不易得消化道疾病，所以群众有“铁驴、铜骡、纸糊的马”之说。

正常情况下，马可以有效地吸收维生素C、维生素D和烟酸，在马的盲肠和大肠内也可以合成维生素K、B族维生素，但维生素A、维生素E不能自身合成，所以，在马的日粮中应注意补充。

应该充分了解影响马饲料消化吸收的各种因素，配合日粮，改进饲养管理，提高饲养效率。

第二节 马的营养需要和饲养标准

营养需要(nutrient requirements)是指马在最适宜环境条件下，正常健康生长或达到理想生产状态对营养物质种类和数量的最低要求。营养需要一般包括维持需要和生产需要等。目前，我国对于马的营养需要研究甚少，在实践中主要参考国外标准。

一、能量需要

家畜机体的生命和生产活动，需要机体每个系统正常的、相互协调的执行各自的功能，在这些机能活动中，都需要消耗能量。

马能利用碳水化合物、脂肪甚至蛋白质来源作为能量。碳水化合物包括谷物中含量丰富的淀粉、葡萄糖等消化率高的物质以及干草等植物组织细胞的细胞壁所含的纤维素、半纤维素、木质素等消化率低的纤维成分。前者作为葡萄糖等的单糖被小肠直接吸收进入血液。后者对于单胃动物来说很难被消化吸收，但对于马属动物，可在盲肠和结肠的细菌作用下将其消化成醋酸、戊糖、乳酸等挥发性脂肪酸(volatile fatty acid，VFA)，将其吸收后作为能量来利用。

马的能量需要随着体重、年龄、生产时期及所处环境的不同而变化。能量不足，会造成马体重下降，体况不佳，母马发情延迟，幼年马生长不良，外貌表现不健康等；摄入能量过多，往往出现肥胖，易发生应激，患跛行，降低繁殖率和缩短寿命等。

马的能量需要主要由维持能量需要和生产能量需要 2 部分构成，生产能量需要根据其主要生产目的又可以分为生长能量需要、妊娠能量需要、泌乳能量需要和作工能量需要等 4 种类型。

(一)维持能量需要

一般表示能量需求量时采用消化能量(digestible energy，DE)。所谓 DE 是指动物摄取饲料中的总能量(gross energy，GE)与排泄粪便中所含能量之差。各种动物维持能量需要一般以单位代谢体重(体重的 0.75 次方，$W^{0.75}$)为基础表示，即 $DE_{维持=K\times W^{0.75}}$，K 值大小与马的品种、体质和气质类型有关。一般情况下，马每天的维持能量需要可以用公式表示如下：

$$DE_{维持}=649\times W^{0.75} \text{或者} DE_{维持}=155\times W^{0.75}$$

前式中 DE 的单位是 kJ/d(千焦/天)，后式中的是 kcal /d(千卡/天)，1 cal=4.186 8 J；W 表示马的活体重(kg)。

我国尚未制订马的饲养标准，而且对于马的营养需要研究也很少，所以，在实践中主要参考国外标准。据 NRC(1989)建议，200 kg 成年小型马和 500 kg 的中型马日维持能量需要分别为 30.98 MJ、68.66 MJ。

(二)生产能量需要

1. 做工能量需要

很多因素都能影响做工对能量的需要。如工作强度和维持时间，马匹的体况和调教，骑手或驭手的技术、体重，马匹的劳动强度和环境气温等。不同活动状态下马的能量需要变化很大，慢步和奔跑相差近百倍(表 4-2)。对于骑乘用马的能量需要可以用公式计算获得：

$$DE_{做工}(kcal/(kg \cdot h))=\frac{(e^{(3.02+0.006y)}-13.92)\times 0.06}{0.57}$$

式中：y 表示速度(m/min)，一般为 350 m/min 以下；e 表示自然对数的底数(约为 2.72)。利用此计算式计算数值时，除马匹体重外，骑乘者和马鞍等马具的重量也应该计算在内，时间为 1 h。

表 4-2　不同活动状态马匹能量需要

活动状态	kJ/(kg · h)
慢步	1.78
快慢步	21.33
快步	52.89
跑	97.56
奔跑	164.67

注：引自现代养马简明教程，西北农林科技大学，2004.

2. 妊娠能量需要

母马妊娠期间的妊娠能量需要，可以根据母马在妊娠期间所产生的全部妊娠产物(胚胎和有关组织)的数量、妊娠产物所含的能量浓度、妊娠期间 DE 转化为妊娠产物的转化效率以及母马妊娠产物的主要生长时期等因素进行粗略估算。马妊娠能量需要的估算可用下式表示：

$$DE_{妊娠}(kJ/d)=\frac{A_1\times B_1}{K_1\times T}$$

式中：A_1 表示母马在妊娠期间所产生的全部妊娠产物的数量，与母马体重有关，体重 450 kg 以下的母马约为体重的 12%，体重 450 kg 以上的母马约为体重的 10%；B_1 表示母马每千克妊娠产物中所含的总能，经测定平均为 4 531.36 kJ/kg；K_1 表示妊娠期间 DE 转化为妊娠产物的转化效率，一般为 60%；T 表示母马妊娠产物的主要生长时期，据研究母马妊娠期间胚胎和有关组织的生长大都集中在妊娠期的最后 90 d 内，因而增加营养也只限于这一时期。

在理论上，通过上述方法计算的妊娠期间母马的能量需要比维持 DE 需要量要高 6%。在实践生产中，为使母马产后失重少些，妊娠期能量摄入量还要比维持需要量高 6%。这是因为对反刍动物的验证也表明，供胚胎生长 DE 的利用率假定为 60%是偏高的。因而，所测定的妊娠期最后 90 d 的能量需要比维持需要量应该高 12%以上。

法国 AEC(1993)建议，600～800 kg 的役用马妊娠后 3 个月的能量需要比维持要高 17.45%。NRC(1989)标准中，200 和 800 kg 的马妊娠后 3 个月的平均能量需要比维持分别高 13.97%和 18.92%。

3. 泌乳能量需要

母马泌乳期间每天的泌乳能量需要，可以根据母马在泌乳期间每天的泌乳量、马奶中所含的能量浓度、泌乳期间 DE 转化为乳成分的转化效率等因素进行粗略估算。马泌乳能量需要的估算可用下式表示：

$$DE_{泌乳}(kJ/d)=\frac{A_2\times B_2}{K_2}$$

式中：A_2 表示母马在泌乳期间每天的泌乳量，据报道，马每天的平均泌乳力初期（1～12 周）约相当于体重的 3%，后期（13～24 周）约相当于体重的 2%；B_2 表示每千克马奶中所含的总能，据测定每千克马奶含有 1 987.4 kJ 的总能（GE）；K_2 表示泌乳期间 DE 转化为乳成分的转化效率，马将 DE 转化为乳中能量的转化效率一般为 60%。

根据上式估算，母马每产 1 kg 乳则需要 3 312.3 kJ 的 DE，这个结果与美国和日本的试验结果基本一致。

哺乳时马对能量的需求量非常大，一般来说，体重 500 kg 的泌乳马在泌乳初期的能量需要比维持能量需要高 70%，是各个生产（生长）阶段中能量消耗最多的时期（图 4-2）。

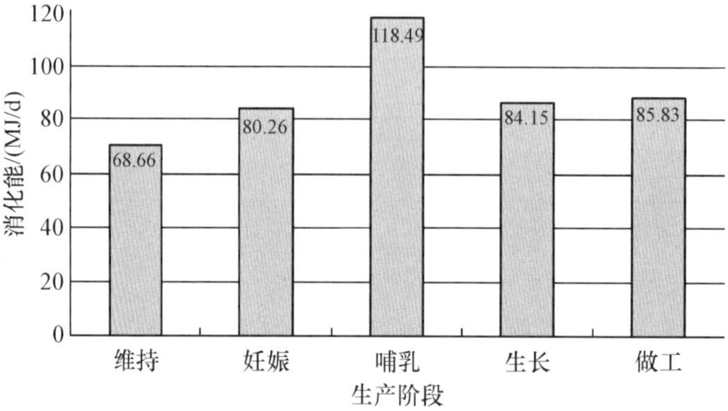

图 4-2 500 kg 成年马能量需要比较

根据 NRC(1989)整理

4. 生长能量需要

原则上马的生长能量需要，也可按照上述方法根据生长速度、不同生长期生长物的能量浓度以及生长期的能量转化效率进行估算，但该法相对复杂。养马业生产实践中常依据大量试验结果所获得的回归方程加以估算。除哺乳幼驹外（第四节专门叙述），NRC 饲养标准对体重 200～600 kg 马的维持能量需要、生长能量需要由如下公式计算：

$$DE_{维持}(MJ/d)=1.4+0.03\times W$$

$$DE_{育成期}(MJ/d)=DE_{维持}+(4.81+1.17\times T-0.023\times T^2)\times W'$$

式中：W 表示马的体重（kg）；T 表示马的月龄；W' 表示马的日增重（kg）。

增加运动负荷时，运动量可分为轻度、中度和重度（2007NRC 分为 4 种）3 种。其对应的维持需要量分别增加 1.25 倍、1.5 倍和 2.0 倍。能量需要量受环境条件和饲养条件等因素的影响，特别是在低温条件下能量的补充是必要的。

断奶后幼驹生长能量需要（维持所需要者除外），也可用下列方程加以估算：

$$Y=(3.8+12.3X-6.6X^2)\times 4.184$$

式中：Y 表示每克增重所需 DE(kJ)；X 表示占成年体重的百分数。根据不同需要，我们可以采用不同公式进行估算。

二、蛋白质需要

蛋白质也是马重要的营养素。马的生长、肌肉发育、繁殖、哺乳、组织修复及皮肤和被毛的更新都离不开蛋白质。蛋白质不足的基本征候是食欲减退，导致能量不足，因而蛋白质不足和能量不足往往是相伴而行的。蛋白质不足可使成年马体重下降，幼年马生长缓慢，发育不良，还可造成不育，产乳量降低等。如果能量不足，蛋白质也会转化成能量。当然，蛋白质过剩除造成不必要的浪费外，也有研究表明，会对马的生产性能有负面影响。

常用蛋白质指标体系主要有粗蛋白质(CP)和可消化粗蛋白质(DCP)。我国各种动物的饲养标准一般都用 CP 表示蛋白质定额。马的蛋白质需要量常以 DCP 表示。

饲料中可消化粗蛋白(DCP)数量可以通过消化代谢试验进行测定。实践中常用以下回归方程估算：

$$DCP = bCP + a$$

式中，回归系数(b)表示蛋白质的真实消化率，回归常数(a)表示粪蛋白。经实验验证：禾本科草饲粮 DCP＝0.74CP－2.5；燕麦干草和精料 DCP＝0.80CP－3.3；苜蓿干草加精料(1∶1)DCP＝0.95CP－4.2。

马的蛋白质需要主要由维持蛋白质需要和生产蛋白质需要 2 部分构成，生产蛋白质需要根据其主要生产目的又可以分为生长、妊娠、泌乳和作工的蛋白质需要等 4 种类型。

(一)维持蛋白质需要

马维持蛋白质需要很低，优质干草和谷实等组成的日粮都能满足维持需要。所以，马的维持需要一般不需补充蛋白质饲料，只要饲草中蛋白质水平不少于 8%就可以，但必需氨基酸特别是赖氨酸要给予足够考虑。基于对氮平衡理论的研究表明，马蛋白质维持需要为每千克代谢体重($W^{0.75}$)2.7 g DCP。可见，不同体重的成年马维持需要差别很大(图 4-3)。

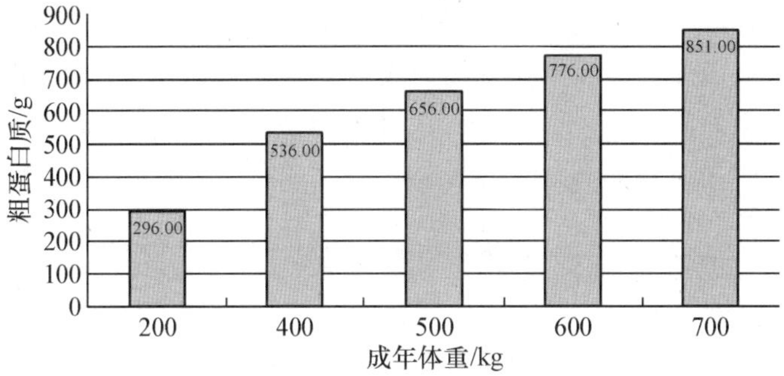

图 4-3　不同体重成年马维持蛋白需要量

根据 NRC(1989)整理

当然，也可以采用以下公式进行计算：

$$R = 6.25[(\mathrm{MFN} \times \mathrm{DM}) + (\mathrm{EUN} \times W^{0.75})]/(\mathrm{BV} \times \mathrm{TD})$$

式中：R 表示维持的粗蛋白质需要(g/d)，MFN 表示代谢粪氮(食入每千克干物质中所含的质量/g)，DM 表示食入干物质质量(g/d)，EUN 表示内源尿氮(每千克代谢体重所含的质量/g)，W 表示动物的体重(kg)，BV 表示蛋白质生物学价值，TD 表示真实消化率。

(二)生产蛋白质需要

1. 生长蛋白质需要

马生长蛋白质需要，可以根据马在一定生长期的平均日增重、该时期增重部分的体蛋白浓度、用于生长的 DCP 的转化效率等因素进行粗略的估算。马生长蛋白质需要的估算可用下式表示：

$$\mathrm{DCP}_{\text{生长}}(\mathrm{g/d}) = \frac{A_3 \times B_3}{K_3}$$

式中：A_3 表示在一定生长期的平均日增重(g/d)，B_3 表示一定生长期增重部分的体蛋白浓度(%)，K_3 表示用于生长的 DCP 的转化效率，现假设饲料中 CP 经消化吸收后的 DCP，在满足维持需要之后，所剩 DCP 的 45%被用于生长所需。

马的身体由水、蛋白质、脂肪和少量矿物质构成，其组分随年龄而异。有人认为不含脂肪的马体，可保持在水分含量为 72%，蛋白质含量为 22%和灰分含量为 6%。据此可知：

$$B_3 = 0.22 \times (100 - \text{体脂肪的百分数}) \times 100\%$$

众多研究表明，体况良好的马出生到成年，体内脂肪含量都在 2%～20%。由初生到成年体脂肪的百分含量，可用下列回归方程来估算：

$$\text{体脂肪的百分含量} = (0.1388 \times \text{某生长时期占成年体重百分数} + 1.111) \times 100\%$$

按照日本的标准，为求出适当的蛋白质供给量，也可以用能量摄入量乘以系数，直接求出粗蛋白需要量，如断奶前后的当岁马(不到 1 周岁的马驹)粗蛋白质需求量(g/d)＝50×可消化能量需求量(Mcal/d)；1 岁马(10～15 月龄)粗蛋白质需求量(g/d)＝45×可消化能量需求量(Mcal/d)；2 岁马(22 月龄)粗蛋白质需求量(g/d)＝42×可消化能量需求量(Mcal/d)。

2. 做工蛋白质需要

与维持相比，马做工的蛋白质需要量很少或用不着刻意增加。虽然由汗里可能损失少量的含氮物，其中包括蛋白质，但由于做工马已经相应增加了日粮的供给，可以正常弥补蛋白质的损失。除赖氨酸外，马对其他氨基酸的需要尚未被确认。饲喂者可以通过补饲豆科饲料或者浓缩料实现氨基酸的平衡需要。研究证明，喂给做工马过量的蛋白质，可以被分解成能量和副产品——脲，脲通过尿排出进而引起排尿频率和饮水量增加。

3. 妊娠蛋白质需要

假设在配种时母马已停止哺乳，按维持需要进行饲养，蛋白质也就够了。母马怀胎初期以维持饲粮是合适的，因为在这期间胚胎生长特别慢。到妊娠后期特别是后 3 个月，胎儿生长速度大大加快，大约占总生长量的 65%的孕体是在这个时期形成。妊娠母马孕体的生长速度，第 5 个月时为 0.14 kg/d，第 11 个月时达到 0.65 kg/d(图 4-4)。妊娠第 8 个月就应该增加蛋白质的饲喂量。在维持的基础上，DCP 从开始的 45 g/d 左右稳定增加到最后一个月的 190 g/d。妊娠期最后 90 d，蛋白质需要量大大增加。

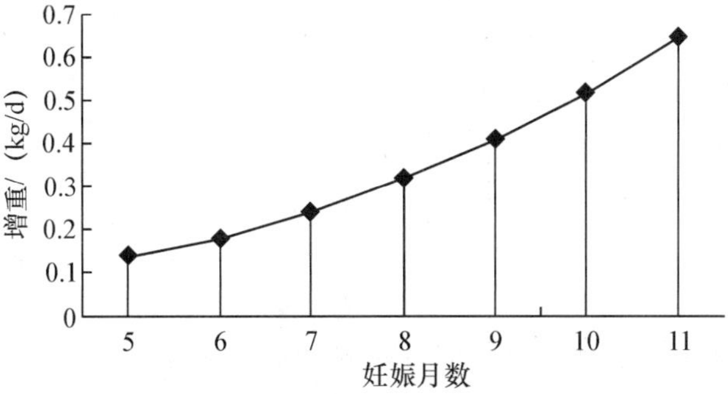

图 4-4　500 kg 母马孕期孕体生长规律

根据 NRC(2007)整理

母马妊娠期间的妊娠蛋白质需要，可以根据母马在妊娠期间所产生的全部妊娠产物（胚胎和有关组织）的数量、妊娠产物蛋白质含量、妊娠期间 DCP 转化为妊娠产物的转化效率以及母马妊娠产物的主要生长时期等因素进行粗略估算。马妊娠 DCP 需要的估算可用下式表示：

$$\mathrm{DCP}_{妊娠}(\mathrm{g/d})=\frac{A_4\times B_4}{K_4\times T}$$

式中：A_4 表示母马在妊娠期间所产生的全部妊娠产物的质量，与母马体重有关，体重 450 kg 以下的母马约为体重的 12%，体重 450 kg 以上的母马约为体重的 10%；B_4 表示母马妊娠产物的蛋白质含量，经测定平均为 11.3%；K_4 表示妊娠期间 DCP 转化为妊娠产物的转化效率，一般情况下供胚胎生长时 DCP 的利用率为 45%；T 表示母马妊娠产物的主要生长时期，据研究母马妊娠期间胚胎和有关组织的生长大都集中在妊娠期的最后 90 d 内，因而增加营养也只限于这一时期。

通过对维持蛋白质需要和妊娠蛋白质需要的分别估计，即可方便地计算出妊娠期间母马的总蛋白质需要。上述方法在生产中比较烦琐，因此我们也可以根据每天的能量需要，采用以下公式直接计算出妊娠期间每天的粗蛋白质的需要量：妊娠后期粗蛋白质的需求量(g/d)＝44×可消化能量需要量(Mcal/d)。

4.泌乳蛋白质需要

泌乳期对蛋白质的需要是马各个生产、生长时期最高的（图 4-5）。母马泌乳期间每天的泌乳蛋白质需要，可以根据母马在泌乳期间每天的泌乳量、马奶中蛋白质含量、泌乳期间 DCP 转化为乳蛋白的转化效率等因素进行粗略估算。马妊娠蛋白质需要的估算可用下式表示：

$$\mathrm{DCP}_{泌乳}(\mathrm{g/d})=\frac{A_5\times B_5}{K_5}$$

式中：A_5 表示母马在泌乳期间每天的泌乳量，据报道马每天的平均泌乳力初期（1～12 周）约相当于体重的 3%，后期（13～24 周）约相当于体重的 2%；B_5 表示马奶中蛋白质含量，据测定产后第 5 天马奶蛋白质含量高达 3.1%，以后逐渐下降，到 2 个月时降为 2.2%，因此，估算时，早期(1～12周)马奶中蛋白质含量按2.2%计,后期(13～24周)按2.0%计算;K_5表示泌乳期间DCP转化为乳蛋白的转化效率,据研究给予超过奶中CP含量45%的DCP即可满足泌乳的蛋白需要,因此K_5一般为1/1.45。

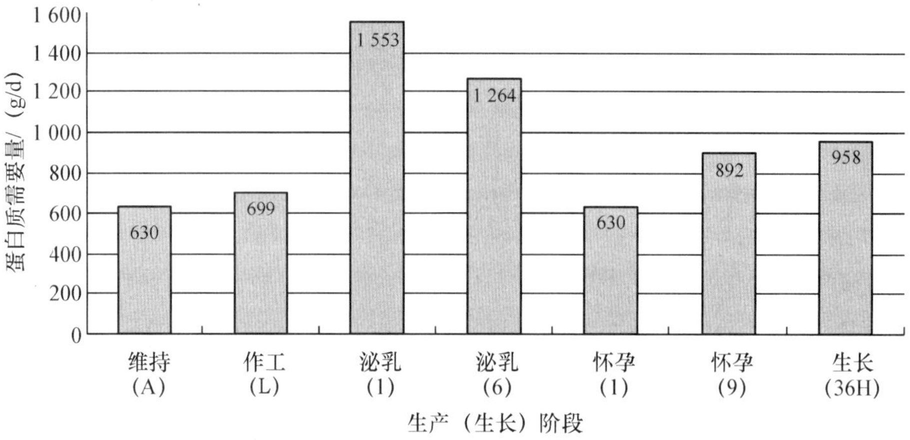

图4-5　500 kg成年马蛋白质需要量

根据NRC(2007)整理,A(平均)、L(低强度)、H(高强度)分别表示活动、工作、运动的强度,数字表示月数

我们也可以根据每天的能量需要,采用以下公式直接计算出泌乳期每天粗蛋白质的需要量:泌乳前期粗蛋白质需求量(g/d)=50×可消化能量需求量(Mcal/d);泌乳后期粗蛋白质需求量(g/d)=43×可消化能量需求量(Mcal/d)。

三、必需氨基酸需要

氨基酸是构成蛋白质的基本化合物,以DNA编码组成的氨基酸有21种,其中生物体内不能合成的氨基酸称为必需氨基酸。近年来,把能够有效地提高运动能力的氨基酸包括赖氨酸、亮氨酸、异亮氨酸总称为分支(分支锁)氨基酸(branched chain amino acid,BCAA)。BCAA是在肌肉内被氧化程度最高的氨基酸,因此成为能量代谢的好基质。据报道,供给BCAA的马和没供给BCAA的马相比,其运动后的乳酸值较少。对BCAA和运动能力的相互关系有可能是在于肌蛋白质量的增加。目前所知道的对肌蛋白质合成有直接影响的生理作用包括以下几点:①亮氨酸抑制肌蛋白的分解,②亮氨酸促进肌蛋白的合成,③刺激脾脏促进胰岛素的分泌,④胰岛素具有促进肌蛋白合成的作用。但对这些因素的效果在马匹上还没有得到准确的验证。饲料中大豆粕等蛋白质含量高的油粕类含有充足的BCAA。试验表明,在育成马运动之后供给大豆饼(500～1 000 g)或者燕麦的饲料,比较其血液中的游离氨基酸,供给大豆饼的马血液中BCAA的浓度明显高于供给燕麦的马。因此,利用大豆饼作为给马提供BCAA的主要来源是有效的方法。

马对氨基酸的需求量除赖氨酸外,其他尚不明确。一般来说,对于断奶的小驹,赖氨酸日粮含量要达到0.6%～0.7%,周岁起码也要达到0.4%～0.6%的浓度。当然,各国对此要求不一,北欧等国家对生长中马的蛋白质需要建议标准更低一些。

四、维生素营养需要

维生素在马体内发挥着许多作用，为新陈代谢起到催化剂的作用。虽然需要量很少，但如果缺乏就会引起严重的副作用或疾病。

脂溶性维生素包括有维生素 A、维生素 D、维生素 E 和维生素 K。这些脂溶性维生素的吸收与脂质(脂肪)吸收有密切的相关，脂质吸收的障碍会抑制这些维生素的吸收。一般情况下，与水溶性维生素相比较，其在体内蓄积性强，短期内缺乏时，会从蓄积部位中释放脂溶性维生素，从而不易出现维生素缺乏症。

水溶性维生素包括 B 族维生素和维生素 C 两大类，还有类似于水溶性维生素的物质包括胆碱和纤维醇等。对于马来说，多数的 B 族维生素在消化道内特别是在大肠内在微生物的作用下合成。优质的粗饲料除了维生素 B_{12} 以外，B 族维生素的含量都非常丰富。乳中也富含 B 族维生素，随着哺乳量的减少，马驹逐渐增加摄取饲料的数量以获取其丰富的 B 族维生素。另外，马驹有食粪的习性，这就使马驹可以摄取在母马大肠内被合成的 B 族维生素。因此，马驹 B 族维生素不足的情况较少。马在体内能大量合成维生素 C，通常情况下，马不需考虑维生素 C 的摄取量问题。一般饲养管理情况下，胆碱和纤维醇也不会缺乏。

与其他营养物质一样，维生素需要量也受年龄、生产时期和马本身处境的影响。是否应补加维生素应视维生素类型和品质(优质饲草是维生素的良好来源)，动物消化道合成、吸收的能力以及接触阳光的时间(指维生素 D)而定。NRC(1989)给出了 5 种维生素的日粮标准，日本标准(2004)中没有硫胺素、核黄素，但增加了维生素 B_1 和维生素 B_2，在实践中可以一并参考。马的盲肠不能合成维生素 A 和维生素 D，而维生素 K 和 B 族维生素合成也有限，这些维生素易缺乏，应注意补充。普通马和小型马维生素需要量见表 4-3。

表 4-3　普通马和小型马维生素需要量(干物质基础)

种类	维持状态	妊娠和泌乳马	生长马	使役马	最大忍受
维生素 A/(IU/kg)	2 000	3 000	2 000	2 000	16 000
维生素 D/(IU/kg)*	300	600	800	300	2 200
维生素 E/(IU/kg)	50	80	80	80	1 000
硫胺素/(mg/kg)	3	3	3	5	3 000
核黄素/(mg/kg)	2	2	2	2	2

注：引自 NRC(1989)；* 表示此建议给量是当马未在阳光下活动或用 280～315 nm 放射波谱提供人工光的时候适用。

五、矿物质营养需要

矿物质营养也很重要，它不仅影响骨骼及四肢的生长和结实程度，而且对肌肉活动，体液的平衡也起着积极的作用。影响马匹矿物质需求的主要有生长饲料的土地状况，放牧的条件，工作的负荷，不同的生理阶段等。按照矿物质在体内的含量来分类的话，把钙(Ca)、钾(K)、磷(P)、钠(Na)、镁(Mg)、氯(Cl)和硫(S)等列为主要元素，把铁(Fe)、锌(Zn)、铜(Cu)、锰(Mn)、铬(Cr)、钴(Co)、碘(I)、硒(Se)和氟(F)等列为普通元素。这些是马必需摄取的元素。

除了铁和碘以外，其他的微量元素的作用进入 20 世纪之后才被逐渐明确，更多微量元素的必要性也会逐步明确。目前研究表明，虽然是必要性元素，但个别特别是毒性强的矿物质元素可能会导致中毒症，这些元素主要包括氟(F)、铜(Cu)和硒(Se)。

(一)食盐

马匹食盐需要量随着不同的地区、饲料类型、年龄、生理状态(妊娠、哺乳)、生长速度、工作强度、空气温度和湿度、饮水量，日粮中钾的水平等发生变化。通常的饲料中不包含充足的钠，主要由食盐或者食盐为主原料的矿物质块来补充日常所需要的钠。另外，钾在粗饲料中含量丰富，一般不会存在钾含量不足的情况。

钠的吸收率很高，摄入的钠几乎完全被吸收。但是钠在体内很难积累，过量钠的摄取很快就会从尿中排出。而且，汗中钠含量也较多，在酷热的环境或者在运动时钠需求量会增加。钠和钾的代谢相互有作用。哪一方过量就会导致另一方缺乏。

训练中的马每天应该摄入 28.35～56.70 g 盐。在日粮中含 0.5%～1%的食盐或自由舔食的情况下，没有见到马匹有缺乏现象。

(二)钙和磷

由于饲料的种类不同，钙和磷的含量有明显的差异。一般来讲，在谷物、豆粕和稻糠类的粗饲料中磷含量比钙的含量丰富。牧草类，特别是豆科类牧草钙的含量相当丰富。饲料中的钙和磷的利用率由于同其他的有机物和无机物相结合会发生很大的变化。饲料中的无机磷、草酸(又称为乙二酸，其分子式为$(COOH)_2$)、脂肪酸以及有机磷酸化合物植酸(又称为六磷酸植酸盐，其分子式为 $C_6H_{18}O_{24}P_6$)可抑制钙的吸收。由于这些物质的抑制作用，在肠道内会形成不溶性钙化合物，磷对钙的吸收有重要影响。因此，钙和磷的比例(Ca：P)对马很重要。

钙和磷的比值(Ca：P)最好在(1.5～2)：1 的范围内。对于多数类型马的日粮，钙和磷定额比例为 1.5：1 或者 2：1，不能低于 1：1。随着马匹年龄的增加，对钙磷的比例耐受力可以到(1～5)：1。NRC(1989)提出，如果磷的含量合适，那么对于成年马 Ca：P 最高可以达到 5：1。最近的研究也表明，对生长中的马，Ca：P 不应该超过 2.5：1。苜蓿草中 Ca：P 可以达到 15：1。饲喂苜蓿或其他豆科干草时应该注意磷的补充以维持合适的 Ca：P；以禾本科草为主的日粮应平衡补充 Ca 和 P 或者使钙略高于磷；谷类饲料磷多钙少，需按比例补充。钙磷比例的变化受马匹年龄、体重和日粮中这些元素水平的影响。

钙的内源性排泄量是按每日 1 kg 体重 0.02 g 计算。以体内钙量稳定的体重 500 kg 的成年马为例，每日排泄内源性钙的量为 500×0.02 g/d＝10 g/d。如果钙的实际吸收率按 50%来计算，钙的维持需求量应该为 10/0.5 g/d＝20 g/d。如果干物质饲料的摄入量按体重的 2%来计算，每 1 kg 干物质饲料应含 2 g 钙的维持要求量。另外，随着生长发育，马驹体内钙的需要量也会增加。马驹每增加 1 kg 体重需要 16 g 左右的钙。

成年马对磷的内源性排泄量以体重每 1 kg 排泄量为 10 mg/d。因而维持状态时必须保证每 1 kg 体重每日吸收 10 mg 磷(10 mg/(d·kg))。通常情况下，饲料中不必添加无机磷。因此，磷的实际吸收率比较低，一般为 35%左右。磷的维持需求量是按每 1 kg 体重计算，每日可消耗磷的量是 10/0.35＝28.6(mg)。以体重 500 kg 的成年马为例，每日消耗磷为 28.6/1 000×500＝14.3(g)。另外，如果饲料干物质摄取量按体重的 2%(10 kg)计算，饲料干物质每 1 kg 应含有磷 1.43 g。

(三)其他矿物质

对于任何动物来说，各种矿物质或微量元素的需要量可能微乎其微，但对马的正常生命活动至关重要。是否补充矿物质，补充多少要看当地土壤、水质、饲料的质量等。对此，各国标准虽然不尽相同，但包含的矿物质种类却大同小异。AEC(1993)马日粮标准中给出了 13 种矿物质的需要量，修订后的 NRC(2007)标准，包括 Ca、P、Na、Cl 等也有 14 种矿物质，前苏联(1985)也给出了 10 种矿物质的需要标准。《日本轻型马饲养标准》对各种矿物质作用、功能等分析研究比较透彻(表 4-4)。

表 4-4　马矿物质需要量(饲料干物质中的含量)

元素名称	维持	生长发育	妊娠和泌乳	运动
钠/(g/kg)	1	1	1	3
钾/(g/kg)	3	3	3.8	3.9
硫/(g/kg)	1.5	1.5	1.5	1.5
铁/(mg/kg)	40	50	50	40
锌/(mg/kg)	40	100	50	40
锰/(mg/kg)	40	40	40	40
铜/(mg/kg)	15	30	15	15
碘/(mg/kg)	0.6	0.6	0.6	0.6
硒/(mg/kg)	0.1	0.2	0.2	0.2
钴/(mg/kg)	0.1	0.1	0.1	0.1
铬/(mg/kg)	0.2	0.4	0.2	0.5

注：引自芒来译，日本轻型马饲养标准(2004 年版)，中国农业大学出版社，2007.

六、水的需要

水分占成年马体重的 65%～75%，占马驹体重的 75%～80%。体内的水分在饲料的消化和体内物质的代谢以及水解反应等中都是不可缺少的物质，在酶反应中也是必不可少的，对氧、二氧化碳、营养元素、代谢废物以及激素等的运输、体温调节都发挥着重要作用。

马匹可以耗尽全部体脂和体内蛋白质的 1/2，然而丢失身体水分的 12%～15%马匹则要死亡，缺水可造成疲劳无力。成年马包括繁殖母马和种公马每天可以饮水 30～45 L，马驹和矮马可以饮水 22～30 L，马的饮水量与采食量呈正相关(表 4-5)。如果水摄取量受到限制，干物质的采食也会随之减少，而且也会增加马疝痛的发病率。

表 4-5　不同状态下马的饮水需求　L/d

马的状态	水的需求量
不运动	15～30
妊娠	26～34
泌乳旺盛期	34～42
中度运动	34～57
强烈运动	45～57

注：体重 500 kg，气温 16～21 ℃的情况下。

体内水分有3个供给来源，即饮用水、饲料中的水、代谢产生的水（碳水化合物、蛋白质和脂肪的体内酸化而产生的水）。水同其他营养元素相比廉价且易于供给，所以很少被认为是营养因素，且水的营养作用容易被忽视。

供应清洁的水在任何情况下都是需要的。饮水量下降，可能是水质腐败或受到污染的信号。水含盐分或者钠离子过高也会使马的饮水量降低。为保证水质，人工供水的，每天至少要更换2次水；自动饮水的，也要时常清洁、消毒饮水装置。对于病马，应尽量单独供水，直到恢复健康为止。

对水的质量也有要求，有些微量元素不能缺乏，当然，也不能超标。作为马的饮用水应该考虑以下几个条件：无色透明，无臭无味；微酸性到微碱性；适当的温度（冬暖夏凉，马喜欢喝凉水）；含有适量的矿物质；不含有害物质、有毒物质、病原体和寄生虫卵；水量充足。马饮用水质量标准对砷、汞、镉、镍、铬、氟、锌、铅及硝酸态氮等微量元素安全上限含量有明确的规定（表4-6）。

表4-6 马的饮水质量标准

mg/L

矿物质	安全上限含量	矿物质	安全上限含量
砷	0.2	汞	0.01
镉	0.05	镍	1.0
铬	1.0	硝酸态氮	100.0
钴	1.0	亚硝酸氮	10.0
铜	0.5	钒	0.1
氟	2.0	锌	25.0
铅	0.1		

七、饲养标准

（一）饲养标准概述

饲养标准（feeding standard）是根据大量饲养实验结果和动物生产实践的经验总结，对不同品种、不同生产阶段的马所需要的各种营养物质定额作出的规定，这种系统的营养定额及有关资料统称为饲养标准。制订、执行饲养标准，可以提高动物生产和饲料资源利用效率，推动动物生产发展，提高科学养殖水平。

我国研究制订的猪、鸡、牛和羊等的饲养标准，均由农业部颁布。世界各国的“标准”或营养需要均由该国的有关权威部门颁布，其中有较大影响的饲养标准有：美国国家科学研究理事会（NRC）制订的各种动物的营养需要、英国农业科学研究委员会（ARC）制订的畜禽营养需要、日本的畜禽饲养标准、法国AEC标准以及德国和澳大利亚等国家的饲养标准。它们都颇有代表性并各有特点，值得参考。

目前，我国还没有颁布马的饲养标准。关于马的营养研究，国内相对滞后，在具体教学、科研、生产中，我国主要参照国外饲养标准，其中，影响最大的当属美国NRC标准。1973年，美国公布了马的营养标准（the standard USA publication on equine nutrition），2007年NRC第6次修订了马的饲养标准并出版了《马的营养需要》。全书共分16章，分别阐述了马对各种营养物质的需要及饲料分析、饲养管理、马科动物营养特点、定额公式及其评价、驴及其他马科动物等。

(二)饲养标准

下面以 NRC(1989)为例，介绍不同体重、不同生产阶段马的日常营养标准。为了方便，仍然保留了原来标准中采用的兆卡(Mcal)、磅(lb)等单位(表 4-7 至表 4-12)。马的营养需要一般以每天营养需要和饲料养分浓度表示。

表 4-7　普通马和小型马日粮中营养物质浓度(以 100%干物质为基础)

动　物	消化能* /(Mcal/kg)	消化能* /(Mcal/lb)	日粮比例 精饲料/%	日粮比例 粗饲料/%	粗蛋白质/%	赖氨酸/%	钙/%	磷/%	镁/%	钾/%	维生素A /(IU/kg)	维生素A /(IU/lb)
壮年马												
维持	2.00	0.90	0	100	8.0	0.28	0.24	0.17	0.09	0.30	1 830	830
种马	2.40	1.10	30	70	9.6	0.34	0.29	0.21	0.11	0.36	2 640	1 200
(育种季节)												
妊娠马												
妊娠 9 个月	2.25	1.00	20	80	10.0	0.35	0.43	0.32	0.10	0.35	3 710	1 680
妊娠 10 个月	2.25	1.00	20	80	10.0	0.35	0.43	0.32	0.10	0.36	3 650	1 660
妊娠 11 个月	2.40	1.10	30	70	10.6	0.37	0.45	0.34	0.11	0.38	3 650	1 660
泌乳马												
产驹后 3 个月	2.60	1.20	50	50	13.2	0.46	0.52	0.34	0.10	0.42	2 750	1 250
3 个月断奶	2.45	1.15	35	65	11.0	0.37	0.36	0.22	0.09	0.33	3 020	1 370
使役马												
轻型	2.45	1.15	35	65	9.8	0.35	0.30	0.22	0.11	0.37	2 690	1 220
中型	2.65	1.20	50	50	10.4	0.37	0.31	0.23	0.12	0.39	2 420	1 100
重型	2.85	1.30	65	35	11.4	0.40	0.35	0.25	0.13	0.43	1 950	890
生长马												
刚断奶，4 月龄	2.90	1.40	70	30	14.5	0.60	0.68	0.38	0.08	0.30	1 580	720
刚断奶，6 月龄												
生长适中	2.90	1.40	70	30	14.5	0.61	0.56	0.31	0.08	0.30	1 870	850
生长迅速	2.90	1.40	70	30	14.5	0.61	0.61	0.34	0.08	0.30	1 630	740
赛马												
生长适度	2.80	1.30	60	40	12.6	0.53	0.43	0.24	0.08	0.30	2 160	980
生长迅速	2.80	1.30	60	40	12.6	0.53	0.45	0.25	0.08	0.30	1 920	870
1 岁以上，18 月龄												
非训练状态	2.50	1.15	45	55	11.3	0.48	0.34	0.19	0.08	0.30	2 270	1 030
训练状态	2.65	1.20	50	50	12.0	0.50	0.36	0.20	0.09	0.30	1 800	820
2 岁马												
非训练状态	2.45	1.15	35	65	10.4	0.42	0.31	0.17	0.09	0.30	2 640	1 200
训练状态	2.65	1.20	50	50	11.3	0.45	0.34	0.20	0.10	0.32	2 040	930

注：* 这些数据是根据浓缩料含消化能 3.3 Mcal/kg 干物质，干草 2.00 Mcal/kg 干物质计算而得(下同)。

表 4-8 小型马的营养需要(200 kg 成熟体重)

动物	体重/kg	日增重/kg	消化能/Mcal	粗蛋白质/g	赖氨酸/g	钙/g	磷/g	镁/g	钾/g	维生素 A /(10^3IU)
壮年马										
维持	200		7.4	296	10	8	6	3.0	10.0	6
种马	200		9.3	370	13	11	8	4.3	14.1	9
(育种季节)										
妊娠马										
妊娠 9 个月	200		8.2	361	13	16	12	3.9	13.1	12
妊娠 10 个月			8.4	368	13	16	12	4.0	13.4	12
妊娠 11 个月			8.9	391	14	17	13	4.3	14.2	12
泌乳马										
产驹后 3 个月	200		13.7	688	24	27	18	4.8	21.2	12
3 个月断奶	200		12.2	528	18	18	11	3.7	14.8	12
使役马										
轻型	200		9.3	370	13	11	8	4.3	14.1	9
中型	200		11.1	444	16	14	10	5.1	16.9	9
重型	200		14.8	592	21	18	13	6.8	22.5	9
生长马										
刚断奶,4 月龄	75	0.40	7.3	365	15	16	9	1.6	5.0	3
刚断奶,6 月龄										
生长适中	95	0.30	7.6	378	16	13	7	1.8	5.7	4
生长迅速	95	0.40	8.7	433	18	17	9	1.9	6.0	4
赛马										
生长适度	140	0.20	8.7	392	17	12	7	2.4	7.6	6
生长迅速	140	0.30	10.3	462	19	15	8	2.5	7.9	6
1 岁以上,18 月龄										
非训练状态	170	0.10	8.3	375	16	10	6	2.7	8.8	8
训练状态	170	0.10	11.6	522	22	14	8	3.7	12.2	8
2 岁马										
非训练状态	185	0.05	7.9	337	13	9	5	2.8	9.4	8
训练状态	185	0.05	11.4	485	19	13	7	4.1	13.5	8

表 4-9 成熟体重为 400 kg 马的营养需要量

动物	体重/kg	日增重/kg	消化能/Mcal	粗蛋白质/g	赖氨酸/g	钙/g	磷/g	镁/g	钾/g	维生素 A /(10^3IU)
壮年马										
维持	400		13.4	536	19	16	11	6.0	20.0	12
种马	400		16.8	670	23	20	15	7.7	25.5	18
(育种季节)										
妊娠马										
妊娠 9 个月	400		14.9	654	23	28	21	7.1	23.8	24
妊娠 10 个月			15.1	666	23	29	22	7.3	24.2	24
妊娠 11 个月			16.1	708	25	31	23	7.7	25.7	24
泌乳马										
产驹后 3 个月	400		22.9	1 141	40	45	29	8.7	36.8	24

续表 4-9

动　物	体重/kg	日增重/kg	消化能/Mcal	粗蛋白质/g	赖氨酸/g	钙/g	磷/g	镁/g	钾/g	维生素 A /(10^3 IU)
3个月断奶	400		19.7	839	29	29	18	6.9	26.4	24
使役马										
轻型	400		16.8	670	23	20	15	7.7	25.2	18
中型	400		20.1	804	28	25	17	9.2	30.6	18
重型	400		26.8	1 072	38	33	23	12.3	40.7	18
生长马										
刚断奶,4月龄	145	0.85	13.5	675	28	33	18	3.2	9.8	7
刚断奶,6月龄										
生长适中	180	0.55	12.9	643	27	25	14	3.4	10.7	8
生长迅速	180	0.70	14.5	725	30	30	16	3.6	11.1	8
赛马										
生长适度	265	0.40	15.6	700	30	23	13	4.5	14.5	12
生长迅速	265	0.50	17.1	770	33	27	15	4.6	14.8	12
1岁以上,18月龄										
非训练状态	330	0.25	15.9	716	30	21	12	5.3	17.3	15
训练状态	330	0.25	21.6	970	41	29	16	7.1	23.4	15
2岁马										
非训练状态	365	0.15	15.3	650	26	19	11	5.7	18.7	16
训练状态	365	0.15	21.5	913	37	27	15	7.9	26.2	16

表 4-10　成熟体重为 500 kg 马的日营养需要量

动　物	体重/kg	日增重/kg	消化能/Mcal	粗蛋白质/g	赖氨酸/g	钙/g	磷/g	镁/g	钾/g	维生素 A /(10^3 IU)
壮年马										
维持	500		16.4	656	23	20	14	7.5	25.0	15
种马	500		20.5	820	29	25	18	9.4	31.2	22
(育种季节)										
妊娠马										
妊娠9个月	500		18.2	801	28	35	26	8.7	29.1	30
妊娠10个月			18.5	815	29	35	27	8.9	29.7	30
妊娠11个月			19.7	866	30	37	28	9.4	31.5	30
泌乳马										
产驹后3个月	500		28.3	1 427	50	56	36	10.9	46.0	30
3个月断奶	500		24.3	1 048	37	36	22	8.6	33.0	30
使役马										
轻型	500		20.5	820	29	25	18	9.4	31.2	22
中型	500		24.6	984	34	30	21	11.3	37.4	22
重型	500		32.8	1 312	46	40	29	15.1	49.9	22
生长马										
刚断奶,4月龄	175	0.85	14.4	720	30	34	19	3.7	11.3	8
刚断奶,6月龄										

续表 4-10

动　物	体重/kg	日增重/kg	消化能/Mcal	粗蛋白质/g	赖氨酸/g	钙/g	磷/g	镁/g	钾/g	维生素 A /(10^3IU)
生长适中	215	0.65	15.0	750	32	29	16	4.0	12.7	10
生长迅速	215	0.85	17.2	860	36	36	20	4.3	13.3	10
赛马										
生长适度	325	0.50	18.9	851	36	29	16	5.5	17.8	15
生长迅速	325	0.65	21.3	956	40	34	19	5.7	18.2	15
1 岁以上,18 月龄										
非训练状态	400	0.35	19.8	893	38	27	15	6.4	21.1	18
训练状态	400	0.35	26.5	1 195	50	36	20	8.6	28.2	18
2 岁马										
非训练状态	450	0.20	18.8	800	32	24	13	7.0	23.1	20
训练状态	450	0.20	26.3	1 117	45	34	19	9.8	32.2	20

表 4-11　成熟体重为 600 kg 马的日营养需要量

动　物	体重/kg	日增重/kg	消化能/Mcal	粗蛋白质/g	赖氨酸/g	钙/g	磷/g	镁/g	钾/g	维生素 A /(10^3IU)
壮年马										
维持	600		19.4	776	27	24	17	9.0	30.0	18
种马	600		24.3	970	34	30	21	11.2	36.9	27
(育种季节)										
妊娠马										
妊娠 9 个月	600		21.5	947	33	41	31	10.3	34.5	36
妊娠 10 个月			21.9	965	34	42	32	10.5	35.1	36
妊娠 11 个月			23.3	1 024	36	44	34	11.2	37.2	36
泌乳马										
产驹后 3 个月	600		33.7	1 711	60	67	43	13.1	55.2	36
3 个月断奶	600		28.9	1 258	44	43	27	10.4	36.9	36
使役马										
轻型	600		24.3	970	34	30	21	11.2	36.9	27
中型	600		29.1	1 164	41	36	25	13.4	44.2	27
重型	600		38.8	1 552	54	47	34	17.8	59.0	27
生长马										
刚断奶,4 月龄	200	1.00	16.5	825	35	40	22	4.3	13.0	9
刚断奶,6 月龄										
生长适中	245	0.75	17.0	850	36	34	19	4.6	14.5	11
生长迅速	245	0.95	19.2	960	40	40	22	4.9	15.1	11
赛马										
生长适度	375	0.65	22.7	1 023	43	36	20	6.4	20.7	17
生长迅速	375	0.80	25.1	1 127	48	41	22	6.6	21.2	17
1 岁以上,18 月龄										
非训练状态	475	0.45	23.9	1 077	45	33	18	7.7	25.1	21
训练状态	475	0.45	32.0	1 429	60	44	24	10.2	33.3	21
2 岁马										
非训练状态	540	0.30	23.5	998	40	31	17	8.5	27.9	24
训练状态	540	0.30	32.3	1 372	55	43	24	11.6	38.4	24

表 4-12 成熟体重为 800 kg 马的日营养需要量

动物	体重/kg	日增重/kg	消化能/Mcal	粗蛋白质/g	赖氨酸/g	钙/g	磷/g	镁/g	钾/g	维生素 A /(10^3IU)
壮年马										
维持	800		22.9	914	32	32	22	12.0	40.0	24
种马	800		28.6	1 143	40	35	25	13.1	43.4	36
(育种季节)										
妊娠马										
妊娠 9 个月	800		25.4	1 116	39	48	37	12.2	40.6	48
妊娠 10 个月			25.8	1 137	40	49	37	12.4	41.3	48
妊娠 11 个月			27.4	1 207	42	52	40	13.2	43.9	48
泌乳马										
产驹后 3 个月	800		41.9	2 282	81	90	58	17.4	73.6	48
3 个月断奶	800		35.5	1 678	60	58	36	13.8	52.8	48
使役马										
轻型	800		28.6	1 143	40	35	25	13.1	43.4	36
中型	800		34.3	1 372	48	42	30	15.8	52.1	36
重型	800		45.7	1 829	64	56	40	21.0	69.5	36
生长马										
刚断奶,4 月龄	250	1.20	21.4	1 070	45	48	27	5.3	16.1	11
刚断奶,6 月龄										
生长适中	305	0.90	22.0	1 100	46	41	23	5.7	18.0	14
生长迅速	305	1.10	24.2	1 210	51	47	26	6.0	18.6	14
赛马										
生长适度	460	0.80	28.7	1 291	55	44	24	7.9	25.4	21
生长迅速	460	0.95	31.0	1 396	59	49	27	8.1	25.9	21
1 岁以上,18 月龄										
非训练状态	590	0.60	30.2	1 361	57	43	24	9.6	31.3	27
训练状态	590	0.60	39.8	1 793	76	56	31	12.6	41.2	27
2 岁马										
非训练状态	675	0.40	28.7	1 220	49	40	22	10.6	35.0	30
训练状态	675	0.40	39.1	1 662	66	54	30	14.5	47.6	30

第三节 马的饲养管理技术

一、一般原则

1. 定时定量,少给勤添

马具有胃容积小、贲门紧缩及胃中食糜转移快等消化生理特点。定时定量,有利于后效行为的建立,有利于食物消化吸收。可根据马匹体格大小、工作轻重、季节气候等情况,每昼夜喂3～4 次,每次可以饲喂八成饱,防止消化不良。少给勤添,可使饲料新鲜,食欲旺盛,促进消化液的分泌,提高饲料利用率。

对于精料,日给饲量超过体重的 0.5%时,投喂次数以 2 次或者更多为宜,时间间隔 10～

14 h。生长或者生产中的马可以日喂 3 次。

作为大型草食动物，马每天要花费 10～12 h 在厩舍或草场采食。饲料消耗量因品种、生长（或生产）阶段、活动强度等不同而有差异，一般饲料消耗总量占体重比例为 1.5%～3.5%（表 4-13）。

表 4-13 马的预计饲料消耗占体重的百分数（风干料大约含 90% 的干物质）

类别	饲草	精料	总计
壮年马			
维持状态	1.5～2.0	0～0.5	1.5～2.0
母马			
早妊娠	1.0～1.5	0.5～1.0	1.5～2.0
晚妊娠	1.0～2.0	1.0～2.0	2.0～3.0
晚泌乳	1.0～2.0	0.5～1.5	2.0～2.5
使役马			
轻型使役*	1.0～2.0	0.5～1.0	1.5～2.5
中等使役**	1.0～2.0	0.75～1.5	1.75～2.5
重型使役***	0.75～1.5	1.0～2.0	2.0～3.0
青年马			
被护理的马驹，3 月龄	0	1.0～2.0	2.5～3.5
刚刚断奶马驹，6 月龄	0.5～1.0	1.5～3.0	2.0～3.5
满 1 岁（赛马），12 月龄	1.0～1.5	1.0～2.0	2.0～3.0
1 岁以上的马，18 月龄	1.0～1.5	1.0～1.5	2.0～2.5
2 岁的马（24 个月）	1.0～1.5	1.0～1.5	1.75～2.5

注：引自 NRC（1989）。

* 如在西方和英国用于娱乐的马、乘用马、马术用马等。

** 如用于牧场工作、套马比赛、绕桶赛及障碍赛的马。

*** 如比赛（赛马）时训练的马及马球赛用马。

2. 适当加工，先草后料

马裂口小，采食慢，每次可咽下 15～20 g，对体大形长的粗饲料不易采食。因此，应对长茎粗杆饲料进行加工，提高采食速度和饲料利用效率。农谚说得好，"寸草铡三刀，无料也上膘"，就是这个道理。当然，由于饲料状况不同和饲养方式的差别，发达国家对此并不以为然。即使谷类饲料，大部分的国家也不主张进行研磨加工，推荐通过制粒、压轧等方式粗略加工处理，其直径一般为 0.51～1.92 cm 为宜。

在注意饲料适口性前提下，要充分利用廉价的粗料，适当搭配精料，既发挥了粗料的生产能力，又降低了成本。一般来说，每天粗饲料的供应量最少不能低于体重的 1%，这样可以预防或减少马咬尾、啃木等恶癖。

据测定，喂干草时，唾液分泌量约为食入饲料的 4 倍；而采食精料时，仅为采食粗料时的 1/2。"先粗后精"或者"先草后料"的饲养方式，可刺激消化液的分泌，提高饲料利用率，也可防止马因贪食引起消化道疾病。

3. 合理搭配，循序渐进

饲料要多样化，做到营养全面。群众讲"花草花料，牲口上膘"，就是讲营养的互补作用。根据马的生物学特性，应选粗纤维低，适量而品质优良的蛋白质，低脂肪，体积小，适口性好，质地松软，易消化，具有轻泻性的饲料。含有幼嫩青草，多汁料可增加适口性。当然，变换饲料切忌突然，应逐渐进行，特别是从完全的草料向大量精料转换时。如需要增加谷类料时，可每隔2～3 d定额增加200 g，直到达到期望水平。突然变更饲料，破坏了原来的条件反射，会引起消化道疾病，如疝痛、便秘等。

4.充分饮水，切忌热饮

水分占马体重的65%～70%，每天分泌消化液70～80 L，再加上呼吸和出汗损失大量水分，因此饮水对马十分重要。一般每天饮水3～4次，夏季可5～6次。马所饮用的水要干净，水温8～12 ℃为好，宜饮流水、井水。

切忌"热饮"、"暴饮"、"急饮"。马刚作业完，体温、脉搏尚未平复，加之作业后马燥热饥渴，极易暴饮，从而引起疝痛或孕马流产，影响心脏健康，破坏消化能力，故有"饮马三提缰"之说。马役或高强度运动后，不应急于饮水，先歇一会落汗，每隔3～5 min啜饮几口，直到体温恢复正常才可以放任自饮。或者落汗后上槽先吃点干草，再饮水；喝足后，吃完拌料的草，最后再饮一次。所以，群众有"头遍草，二遍料，最后再饮到"之说。

5.保持清洁，注意观察

饲养管理人员要做到"三勤、四净"。"三勤"即饲养员要眼勤、手勤、腿勤；"四净"即草净、料净、水净、槽净。地面不要有垃圾，槽内不要有余草，厩舍不要有怪味。草料灰尘太多，变质发霉，含有杂质或者经虫侵害都会明显降低饲料的适口性，并引发采食量减少甚至一些不可逆转的呼吸疾病或者中毒症发生。俗话说："草筛三遍，吃了没病。"马匹喂饮时要做到人不离槽，心不离马，精心饲养。注意观察马的采食状况，有无异常举动和体况变化等。

值得一提的是，马的体况评分是马分类饲养管理的基础，发达国家对此比较重视，专门研究制订了马体况评分系统用于对群体、个体生长发育情况进行评价分析。一般依据颈部、鬐甲、肋部、腰部、尾础和肩后部6个部位的骨骼、肌肉发育及脂肪沉淀情况(图4-6)，把体况分为太瘦、瘦、适中、丰满、胖等9个分值标准(或者5个标准)。按照马标准体形状态图，利用马的体形外貌以及触诊诊断的结果进行评价分析，并根据结果调整和实施不同类型、不同阶段马的饲养管理技术和方法。这种方法已被世界各国广泛应用，对此，专业饲养管理人员和兽医可以参照相关资料进一步学习和了解。

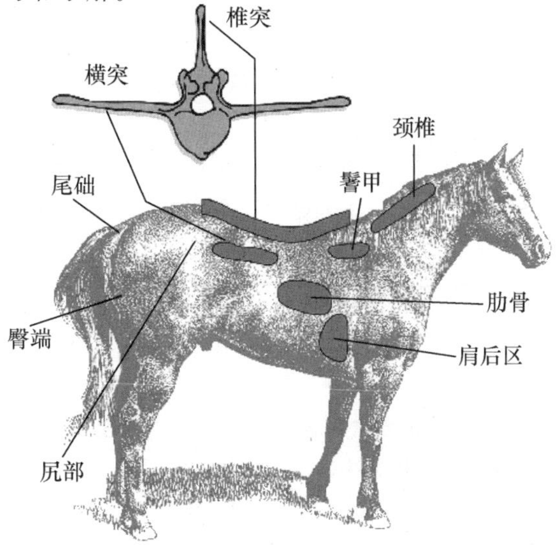

图4-6　马体况评分系统部位示意图

二、日常管理

1.厩舍环境

保持厩舍内干燥，适宜的湿度为50%～70%。厩内潮湿，利于细菌繁殖，马易染疾病。如遇湿热，会散热受阻，代谢降低，食欲废退，持续时间长易得热射病；若为潮湿寒冷，消耗体热过多，易患感冒等。厩舍内最适宜的温度为20 ℃，因此要注意冬季防寒，夏季防暑的问题。即使在冬季，厩内最低温度也应在3～6 ℃，但以8～10 ℃为好。

厩舍内通风换气要良好，尤其在夏季，马的粪尿、褥草腐败分解会产生氨和硫化氢，舍内积蓄过多会中毒；再则，换气不好，厩内氧气减少，二氧化碳增多，会影响马匹健康。厩舍内还应有良好的采光性，有利于厩舍的干燥，以及马的钙代谢和神经活动。

每天都要清除粪便，添加垫草，检查饮水容器；每周都要更换褥草，驱灭蚊蝇，保持清洁。

2.皮肤卫生

常规梳理是马保持健康所必需的，既可以通过梳理观察和发现马的变化，又可以增进人与马的和谐相处。刷拭可清除皮肤的皮垢和灰尘，保持马体清洁，既可防止生虱生癞，又可促进血液循环，增进皮肤呼吸代谢，保持发汗排泄机能通畅。人们常说"三刷两扫，好比一饱"。马匹每天使役和运动前后都应作简单刷拭，种公马每天1～2次，每次20～40 min。在无风气温高的夏季，有条件的也可以洗浴(尽量避开耳朵和脸部)。

梳理、刷拭、修剪用具主要有体刷、水刷、汗水刮、梳子、海绵和剪刀等。一般要按照先左后右，由前到后，从上到下的顺序进行。当然，在日常的皮肤、马蹄的护理过程中，要逐渐掌握接近马匹、徒手举肢和戴笼头等基本技能。

3.蹄的护理

俗话说，无蹄则无马。蹄是马匹运动器官的重要组成部分，是四肢负重基础，蹄的健康与否直接影响马的运动能力和各种任务的完成。缺少定期护理，马蹄会过度生长(如过度生长的手指甲)，被泥土、粪便、垃圾所包埋，后果严重时会使马饱受折磨，甚至无法行走，可见蹄对马的重要性。

首先，要求保持马蹄清洁，厩舍湿度适宜，厩床平坦、干燥。过于潮湿易使蹄质松软，日久形成广蹄；过于干燥易发生蹄裂和高蹄。

其次，要正确抠蹄、修蹄。马蹄角质部每月生长8～10 min，青、幼年驹生长更快。通常，役马1～1.5个月应修削马蹄1次，幼驹每月削蹄1次。削蹄要注意蹄形，蹄壁与地面有一定的角度(前蹄45°～50°，后蹄50°～55°)，保持蹄轴一致，肢势正确。

最后，对使役、骑乘等用马，应钉蹄铁。蹄铁是依据马蹄部结构、生理机能而制造的。根据用途不同，可以分为普通蹄铁、防滑蹄铁和变形蹄铁等。一般1.5～2个月钉掌1次。修蹄和钉蹄要求经过职业技术培训，具有一定的熟练技能和熟练程度。保护好马蹄，可以提高马匹工作性能，延长使用年限。如幼驹的蹄发育不良，会使蹄形和肢势出现缺陷。

当然，除马蹄外，马体、腿、飞节也要注意保护。主要用具有马衣(马被)、护腿、护膝、飞节套、绷带和弹性圈等。国内马适应性较强，耐寒抗热，一般不需要特殊的保护。对此，引进的良种马、比赛用马等价值较高的马要予以足够的关照。

4.适量运动

运动是马日常管理的重要内容，它对促进消化、新陈代谢和保持马的健康有着重要作用。可增强种公马体质，提高精液质量；可锻炼幼驹心、肺及肌肉的机能。因此，即使处于休闲状态的马也应该进行适当的运动。对幼驹不宜拴系过早，让其在场内自由活动，促进良好发育；不使役的繁殖母马，每天应运动 4 h；种公马每天应运动 1～2 h。具体运动方法和时间，要视马匹年龄、性别、品种、饲养用途而有所不同。可以采用自由活动、骑乘、轻驾车、挽曳等形式，一般至轻微出汗为止。

第四节　各类马的饲养管理

一、种公马的饲养管理

(一)种公马的繁殖生理特点

因饲料管理条件、品种、气候、地域等因素的影响，种公马性成熟早晚不一，平均为 1.5 岁。适配年龄 3～4 岁，繁殖力以 6～12 岁最强。公马精液 5%为干物质，其中 66%是以蛋白质为主的含氮物，其次是酯类、果糖等还原物。精液中含有 0.9%的盐类，其成分有 L、Ca、Na、K、P、Mg、S 等元素。此外，尚有某种酶。

(二)营养需要和饲养特点

1.营养需要

热能对促进公马性器官的发育、早熟有很大关系。热能不足，会导致未成年公马睾丸发育异常，降低成年公马的性欲和精液品质；热能过高，会降低公马性欲，神经迟钝，肥胖臃肿，不利于配种。据测定，交配时公马所耗热能比休息时增加 6 倍，脉搏加快 1 倍，呼吸次数多 5 倍。精子形成所需能量占饲料总能量的 1/8～1/3。

一般情况下，公马(500 kg)所需能量要比普通马维持需要高 8.26%，配种公马比非配种期的公马高 16.67%，配种期的公马比普通维持高 23.55%；而蛋白质的需要则分别高 8.74%、12.5%和 20.15%(NRC，2007)。在生产中，以马匹体重增减来检查公马热能的高低，配种季节体重增减一般不超过 10 kg，在非配种季节一般不超过 15 kg。蛋白质的质量和水平，以及矿物质(尤以 Ca、P 重要)、维生素(特别是维生素 A、维生素 D、维生素 K)是否能够满足需要，将会直接影响精液的品质。

2.饲养特点

种公马的饲养标准，主要根据配种期、非配种期和体重来决定。

(1)配种期　以精料为主，应占总营养的 50%～60%。蛋白质保持 13%～14%，纤维素在 25%以下。由于每形成 1 mL 马的精液需要蛋白质 30 g，因此配种任务大的公马应饲喂动物性蛋白质饲料(牛奶、鸡蛋)和补充矿物质、维生素。NRC(2007)对于 500 kg 的配种公马建议的日粮标准是饲草 49.36%，精料 44.99%，添加剂 5.63%。其中，粗蛋白质占日粮的 16.7%。

为了提高精液的品质，应当给种公马饲喂品质良好的禾本科、豆科干草，有条件的地方可喂青刈饲草(如苜蓿)以代替部分干草。

(2)非配种期　精料占总营养的40%～50%，蛋白质保持在10%。NRC(2007)对于500 kg的非配种公马建议的日粮标准是饲草55.56%，精料18.15%，添加剂26.3%。其中，粗蛋白质占日粮的15.08%。此期可适当减少豆科饲料的给量，增加易消化的含碳水化合物丰富的饲料，注意矿物质、维生素的补充。如能结合舍饲将种公马放在饲草丰富的牧地里，对公马的恢复和健康将有着积极的意义。

对于公马配种期和非配种期的日粮结构，NRC(2007)标准变化很大，特别是精料和添加剂的给量，在具体生产中我们可以结合品种和饲料的品质一并参考。

3.种公马管理

必须处理好饲养、运动和配种三者相互制约又平衡的关系。配种任务重，可减轻运动增加营养(蛋白质饲料)；配种任务轻，则可增加运动或适当减些精料。因此，要根据各自实际，科学合理安排种公马的管理工作日程(表4-14)。

表4-14　种公马管理工作日程

项　目	配种期	非配种期
饮水饲喂	3:00～4:00	5:00～6:00
清扫检温刷拭	4:00～5:00	6:00～7:00
运动	5:00～7:00	7:00～9:00
日光浴	7:00～7:30	9:00～10:00
采精	7:30～8:00	
饮水饲喂	9:00～11:00	10:00～11:00
午休	11:00～13:00	11:00～13:00
饮水	13:00～13:30	13:00～13:30
清扫检温刷拭	13:30～14:30	13:30～14:30
运动	14:30～16:00	14:30～16:00
休息	16:00～16:30	16:00～17:00
采精	16:30～17:00	
饮水饲喂	18:00～19:00	17:00～18:00
投草	21:00	21:00

注：引自马业科学，内蒙古农业大学，2003年。

(1)合理运动　俗话说“肥胖和休闲是种公马最大的敌人”，应以膘度、肌肉坚实程度、精液品质和性机能正常与否作为检验运动量是否适宜的标准。运动不足，公马过肥，消化代谢降低，体质虚弱甚至阳痿；运动过度，也会造成性欲降低，精液品质下降。我们应根据种公马的体况、性格、品种及生产阶段来制订运动计划。运动时间，轻型马每天骑乘1.5～2 h，步度配合1/3～2/5，或轻役2～3 h；挽用马挽车可以40～50 kg挽力，距离15～20 km，运动3～4 h。配种期运动步伐，只允许慢步，轻(慢)快步，一般以马轻微出汗为宜，或0.5 h能恢复正常的呼吸、脉搏为准。

步度配合表示运动的强度。步度配合＝快步时间/(快步时间＋慢步时间)。

运动后的公马应刷拭15～20 min，揉搓四肢腱部，利于消除疲劳。可采用冷水擦洗按摩睾丸，提高精液活力。夏季每天或隔日1次，春季每周1次，水温5～7 ℃即可。但注意动作要轻,不要刺激附睾。

种公马在运动场自由活动比拴在厩外桩上好。

(2)合理配种　配种期前1个月为公马配种准备期。要增加营养,检验精液品质,青年公马此时也应做好配种和采精的训练。配种结束后公马进入恢复期、增健期和配种准备期。

壮龄公马配种期每天可配种1次;1周允许有2 d,每天采精2次,时间间隔为8 h。年轻公马每天配种或采精1次,7～10 d休息1 d。每天均应按严格的工作程序进行,不宜轻易变动休息时间。配种过度会造成阳痿,精液品质下降,受胎率降低,公马使用年限缩短。

(3)保持安静　采精或交配时,应尽量避免噪音、走动对神经的不良刺激。否则,公马性反射衰弱,交配时阴茎不勃起或不射精。平时管理公马要耐心,不可粗暴,以免造成性抑制或养成恶癖。

二、繁殖母马的饲养管理

繁殖母马只有合理的饲养管理,才能正常地发情、配种、受胎和妊娠,才能生产健康的幼驹。由于母马分为空怀、妊娠、哺乳等不同的生理阶段,因而饲养管理必须符合母马的生理需要,并保持繁育母马有良好的体形状态,避免过胖或者过瘦。有的母马还担负着使役的任务,更应当解决好繁殖和使役的矛盾,不要因使役而影响了母马的繁殖。

(一)母马繁殖的生理特点

母马性成熟随气候、品种、个体的不同有早有晚。如建昌马8个月性成熟,而河曲马则24个月才性成熟。一般的母马都在1～1.5岁表现性周期活动,并有卵子排出。母马的繁殖力多以受胎率、产驹率、幼驹成活率以及一生产驹的密度和产驹的数量表示。母马的适配年龄2.5～3岁,繁殖年限一般为18～20年。母马的繁殖力与品种、年龄、体况、配种技术有关。

(二)空怀母马的饲养管理

空怀母马饲养管理的目的是促进母马的尽早发情,正常排卵,交配受孕。目前,影响母马正常繁殖因素有3点:一是营养不良,热能不足,不能正常发情;二是非合理的管理使役,抑制发情;三是生殖道疾病。

(1)改善营养水平,保证正常发情　母马因受脑垂体和卵巢产生激素的相互制约影响,产生周期性发情。一般性周期20～24 d,平均为21 d;持续期4～11 d,平均为7 d。但这些均受光线、温度、饲料等外界条件的影响而发生变化。比如母马发情最适宜温度白天为15～20 ℃,晚上为8～12 ℃。因此,5～6月份是母马发情旺季。若营养不良,季节不宜,多出现母马性周期延长,母马乏瘦。热能不足,发情会推迟,甚至会出现不发情现象,因此,对体瘦的母马应调整日粮,使之全价而富有营养。

此外,维生素A、维生素D、维生素E的不足会造成脑垂体、卵巢机能紊乱,不能正常分泌激素。因此,应增加青绿多汁饲料,采取放牧的方式,加强运动,多见阳光,以补充维生素不足。

(2)合理安排活动,提高繁殖力　母马长期不使役、不运动,营养过高,造成过肥,卵巢沉积脂肪,不利于繁殖。这多发于舍饲条件良好的母马中。应通过加强运动来解决,也可进行限时和使役,使之恢复繁殖能力。在农村更为多见的是使役过重,母马体弱乏瘦,卵巢萎缩。这应通过减轻使役，增加营养，使之保持中等膘度，以保证正常发情配种。冬季要暖圈过冬，保持中上等膘，也有利于第二年春季配种。

(三)妊娠母马的饲养管理

1.妊娠母马生长特点

母马随妊娠时间的延长，子宫和子宫内容物重量迅速增加。呈现胎儿前期增长慢、中期快、后期更快的特点。胎儿前3个月的体重为2.5 kg，占初生重的6%；中期(妊娠7～8个月)为13.7 kg，占初生重的34%；后期(初生)可以达到40 kg，占初生重的70%。妊娠母马食欲增强，饲料利用率和代谢水平显著提高。妊娠时新陈代谢比空怀时提高18%～30%，能量利用率提高18.1%，氮的利用率提高12.9%。

2.妊娠母马饲养管理要点

(1)日粮多样，增加营养　妊娠母马日粮的饲喂量要逐渐增加。初期量少，质优；后期量和质并重。日粮尤应注意蛋白质、矿物质和维生素的供给。妊娠最后90 d，母马日粮蛋白质含量不低于12%，精料应为日粮总量的25%～35%，这也要视马的膘情而定。NRC(2007)中怀孕母马的日粮标准较高，建议在维持饲草比例不变化(55.56%)的情况下，蛋白质浓度在母马妊娠5～6个月最高，1～4个月最低(图4-7)。

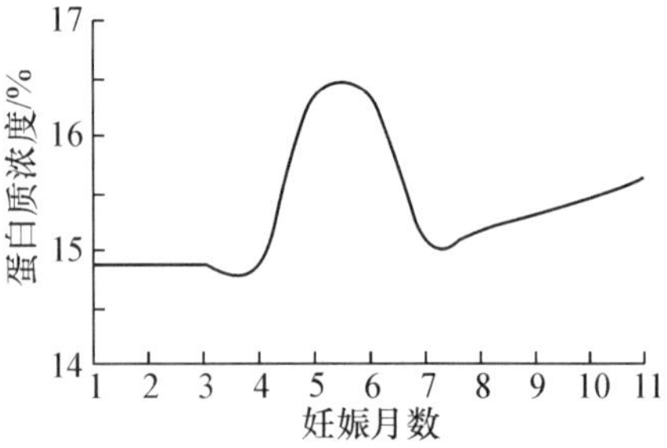

图4-7　体重500 kg马孕期日粮蛋白质浓度变化

母马在整个妊娠期储积很大的能量，约超过胎儿所含能量0.5～1倍，储积的营养物质有蛋白质、矿物质、维生素和糖。据试验，妊娠最后2个月加强饲养，对提高泌乳有很大的作用。良好的饲养，6个月泌乳可以达到1 710 kg；不良饲养，则仅泌乳1 232 kg，差异极其显著。

要注意饲喂的卫生和方法。妊娠母马不应喂发霉、变质、冰冻饲料。饲料类型应属生理碱性，酸过大，易中毒，子宫急剧收缩容易造成流产。水质要清洁，水温7～8 ℃。妊娠后期可增加饲喂次数，而减少每次喂量。

(2)合理使役，防止流产　母马每天要坚持运动，体脂过多，子宫扩张受限，胎儿营养吸收也受限制。不使役、不运动，产时困难，子宫不易复原，不利于以后受胎。妊娠前期可以正常使役，但最好专人使役，强度要适中，不出猛力，急拐弯(拉磨)。妊娠后期使役量减少，产前20 d停止使役。

妊娠母马饲养管理的任务主要是在保证胎儿的正常发育和产后泌乳所需营养的基础上防止流产。除传染性流产外，主要有营养性流产和季节性流产。营养性流产多因营养不良或不平衡，导致代谢失调而流产。在妊娠初期多见胚胎发育中断或胚胎吸收，称为隐性流产。马胎儿游离时间长，需3～3.5个月才能完成胎儿附植，而它又属弥散型胎盘，与子宫结合弱，同时伴随由子宫乳营养转变为胎盘吸收营养，这时孕酮水平也逐渐降低，就在这妊娠头几个月的转变中，会因环境障碍造成胎儿停止发育或死亡。此时的日粮可与空怀期的母马相同，但质量要求高，营养要全面。

妊娠最后3个月，天寒缺草，气候变化大，胎儿发育快，对营养的要求高，若营养不足也会造成流产。妊娠后期母马行动不便，若管理不善，易发生创伤性流产。

(3)单独饲养，安全分娩　产前15 d将预产母马停止使役，移入产房，专人守护，单独喂养。每天饲喂 4～5 次，以禾本科干草为主，适当加些精料（为平时的 2/3）。每天要有适当的运动，以防母马消化不良和妊娠浮肿。对初产母马要按摩乳房，以便产后幼驹吃奶。母马一般产前 30～40 d 乳房开始膨胀；产前 10～15 d，尻部尾根两侧肌肉松弛凹陷，腹部下垂，休息时经常换蹄；产前 1～2 d 阴门肿胀松弛，排粪尿多，乳头滴奶；初产马阴户充血。产前数小时，母马表现不安，找产地卧下。

母马产驹多在晚上，15～30 min 即可产下，正常情况不需助产。幼驹出生后，擦去口鼻黏液，处理好脐带，让母马舔干幼驹身上的黏液，再抠去软蹄。出生后 15～40 min，幼驹即可站定。要尽量让幼驹早吃上初乳，胎粪长时间不排要及时灌肠。

母马胎衣 3 h 就可排出，洗净外阴（0.1%高锰酸钾水），换好褥草，可给母马喝麸皮水（30～35 ℃），外加 0.5%～1%的盐，产房要注意饱暖防寒。母马产后 3 d，因幼驹吃的不多，可不喂或少喂精料，只喂麸皮和干草，3 d 以后逐渐加精料，10 d 后恢复正常。

（四）哺乳母马的饲养管理

对于这一生理阶段的母马，在饲养管理上，既要保证泌乳和哺乳，养育幼驹，又要保证及时发情、排卵、受胎，具有的良好体况。

一般情况，母马泌乳量前 3 个月较高，以后，随时间的推移而逐渐减少（表 4-15）。根据母马泌乳所需要营养，建议哺乳头 3 个月，精料应占日粮总量的 45%～55%。然而精料所需的数量取决于干草和牧地的质量，母马泌乳力、体况和其他因素。总日粮蛋白质应在 12.5%～14%。如果混合精料在日粮中占 50%，那么粗饲料应含蛋白质不低于 10%，以保证日粮蛋白质也含有 10% 蛋白质。妊娠母马应能自由获取食盐和矿物质添加剂。

表 4-15　母马平均产奶量　kg/d

泌乳月数	挽马	轻型马	矮马
0～1	15.4	13.9	10.3
1～2	16.8	14.7	11.8
2～3	18.2	16.9	12.5
3～4	17.0	15.1	9.5
4～5	14.7	10.9	9.1

注：引自 http://www.merckvetmanual.com。

哺乳期母马饲料中纤维素不超过 25%，母马担任轻役时，日粮标准应再加 20%。

为了增加泌乳量，饮水一定要充足，多喂青绿多汁饲料和青贮料。通常白天饮水不应少于 5 次，夜间可自由饮水。为加速子宫恢复，在产后 1 个月内要饮温水。个别母马奶量不足，可加喂炒熟的小糜子 0.25～0.5 kg，连喂数日，有明显的催乳作用。

哺乳母马宜轻役短途，使役中要注意休息，让幼驹吃奶。母马和幼驹要定期称重，以此作为调整日粮的依据，保证幼驹正常生长发育。在繁殖上，母马要抓住第 1 个发情期的配种，否则以后受哺乳影响，发情不好，受胎率低。

三、幼驹的饲养管理

良好的饲养管理是幼驹培育的基础和前提。根据幼驹生长发育规律，提供科学合理的饲养管理方式，促使幼驹朝着正确方向发展是幼驹饲养管理的主要任务。

(一)幼驹生长发育规律

(1)胎儿期　母马妊娠后期是胎儿生长最快的阶段，胎儿出生体重的60%是在妊娠的后3个月完成的。在正常的饲养管理条件下，马驹出生时已经到达成年体高的60%～62%，成年体重的9%～10%。

(2)哺乳期　从出生到6月龄是幼驹一生中生长发育最快的阶段，体尺、体重占生后总生长量1/2以上。据测定，关中马哺乳期体高生长31 cm，占出生后总生长量的53.5%；体长、胸围、管围也分别达到58%、50%和56%。因此，这一阶段生长发育好坏，对其将来生产性能影响很大。

(3)断奶后　从断奶到1岁，幼驹管状骨的发育较快，此时的体高一般可以达到成年的90%，体重达到65%，呈“高方形”体形；到2岁前后，体轴骨和扁平骨发育速度超过管状骨，体高可以达到成年的95%，体重到85%，因而多呈“正方形”或“低方形”；到3岁时，体重已经达到成年的95%左右(图4-8)。

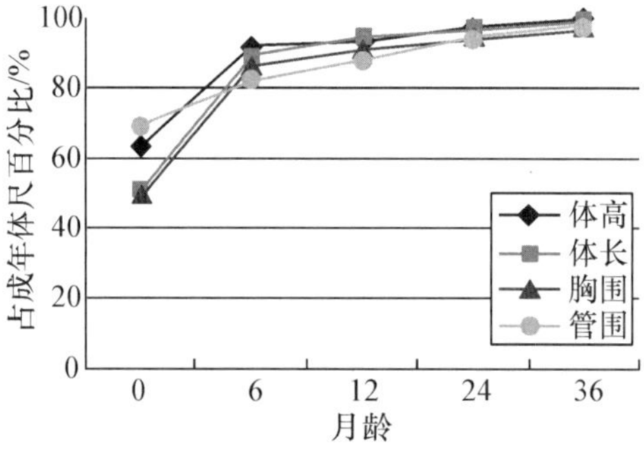

图4-8　中型百色公马体尺生长规律

引自《西南马驴分类汇编》

(二)幼驹饲养管理要点

1.哺乳驹

初乳营养丰富，含有大量的免疫球蛋白和易于消化的白蛋白，及时吃上初乳极为重要。初生幼驹如果遇母马死亡或母马无乳、少乳，必须设法找代哺母马寄养或用代乳品。

幼驹生后10～15 d即能随同母马吃一些饲料，可以尽早开始补饲。补饲可分为2个阶段，前期(1～3月龄)和后期(3～6月龄)。在前期，幼驹机能弱，适应性差，应以母乳为主，补饲为辅。按照NRC(2007)标准，日粮蛋白质在16%左右，钙、磷的含量分别为1.3%～1.5%、0.8%～1%；精料由70%逐月降低，草料则由不足30%逐月上升。到后期，母马泌乳量降低，在断奶前，草料和精料定额要达到各占50%的比例。当然，要注意维生素、矿物质的补饲。

幼驹补饲以单槽为好，以免母马争食，时间上应与母马同步。应多给予品质好，易消化的饲料。前期，可以将燕麦、麸皮、小米等调成糊状任其舔食；后期，可以相应增加玉米、高粱、豆饼等的给量。有放牧条件的可以随母马在牧地放牧。

管理上要重视幼驹饮水，多运动，多晒太阳，冬季要防寒保暖。缺硒地区可以多给母马喂苜蓿，或注射亚硒酸钠 20～25 mL/次。

2. 断乳驹

幼驹断乳一般在 6～7 月龄，具体时间要视母马的体质、体况、妊娠与否等情况来确定。幼驹由母乳营养和母马管护变为独立生活，是出生以后生活方式的重要转折。加之断奶不久又到严寒冬季，要使这个关键时期的生长发育得以正常维持，必须保证幼驹的饲养和管理。

断乳前应做好准备。确定断乳驹及其数量，修缮厩舍、围栏，准备饲料和用具。断乳时要果断，将发育相近的集中放到一起，尽量远离母马。为稳定幼驹情绪，可在饲槽内放些切碎的胡萝卜块，任其采食，也可以放入几匹性格温驯的老母马或骟马作伴。一般经过 2～3 d，幼驹即可逐渐安静下来，食欲恢复，可以赶入运动场自由活动。约 1 周后，可在放牧地活动。断乳后，应适时进行分栏、阉割、烙印、称重、量体尺等，应形成制度，按时进行。

6～12 月龄幼驹骨骼生长很快。由于消化能力有了较大提高，所以在保持蛋白质比例的同时，应适当提高饲草和添加剂的含量，分别由 50%、3%提高到 56%和 10%；总采食量（干物质基础）可仍按照每 100 kg 体重给予 2.5 kg 定额。断奶驹的管理要精细，注意适度运动，及时修蹄，耐心驯致。

1～2 岁驹是马驹重要的生长阶段。在这一阶段，胸围、体长增长较快，大约 20%的成年体重在这一年内形成。同时又面临性成熟期和马驹发展方向的确定双重任务。因此，在确保正常生长发育的前提下，运动和驯致是这个阶段管理工作的重点。日粮蛋白质的浓度不能降低，还是应该在 15%～16%范围内，逐渐减少精料的投喂。在非训练状况下，精料由 12 月龄的 30%左右降低到 24 月龄的 15%。年满 1.5 岁后，马驹开始调教，每天运动时间要有 2 h。此时要根据训练强度，调整饲草和精料比例，以满足不同训练强度的能量供给（表 4-16）。

表 4-16　马驹 24 月龄不同训练强度日粮需要　%

训练强度	饲 草	精 料	添加剂	蛋白质	赖氨酸	钙	磷
休闲	55.56	15.96	28.49	14.96	0.50	3.54	1.68
轻度	55.56	24.61	19.84	15.42	0.57	2.78	1.38
中等	55.56	33.26	11.19	15.89	0.63	2.03	1.07
繁重	51.17	38.60	10.24	15.89	0.64	1.97	1.07
强烈	52.60	42.08	15.31	15.41	0.61	2.45	1.32

注：引自 CFC，Horse Ration Formulation Software，2007。

驯致马驹是管理工作的重要内容，特别是种用、竞赛、骑乘用马驹。驯致工作是以马匹行为学、运动生理学为基础，顺应马驹的生长发育规律，能动地诱使马驹体察人意，服从指使，达到培育出优良马匹的目标。

复习思考题

1. 马匹的消化道结构有什么特点？
2. 马对饲料的采食、消化与吸收有何特点？
3. 马对水的需要有什么特点？
4. 根据马的消化特点分析我国农村马匹喂养方面的优缺点和存在的问题。

5. 简述马营养需要研究的基本思路与方法。
6. 简述马饲养管理技术的一般原则。
7. 种公马的日常饲养管理中应该注意什么问题?
8. 阐述马匹护蹄的重要性和护蹄方法。
9. 简述幼驹生长发育规律和饲养管理重点。

第五章
马的繁殖技术

第一节　马的生殖生理

一、马生殖器官的构造与机能

(一)公马生殖器官的构造与机能

公马的生殖器官主要包括睾丸、附睾、输精管、副性腺及外部生殖器(阴茎、阴囊与包皮)。

(1)睾丸　睾丸位于阴部的阴囊内,主要产生精子和分泌雄激素,雄激素主要用于维持雄性第二性征。正常成年公马的睾丸长 7～14 cm,宽 5～9 cm,可常年产生精子,但在自然发情季节(5～7 月份)睾丸体积最大,产生精子数量最多、活力最好。通常情况下,睾丸体积大的公马比睾丸体积小的公马生精能力强。阴囊的温度较体温低 2～3 ℃,用于维持正常的精子发生。

(2)附睾　附睾附着在睾丸的上外缘,连接睾丸输出管和输精管。它使精子进一步成熟并暂时贮藏精子,精子在睾丸内产生后尚未完全成熟,须到达附睾之后才能成熟。

(3)输精管　输精管是由附睾排出精液的管道,由平滑肌组成,每当射精时能起一种收缩蠕动作用,并分泌少量有利于精子生存的分泌物,运送精子至输精管壶腹,继而进入尿生殖道。

(4)副性腺　副性腺的分泌液,是精清的主要成分。副性腺有 3 种:精囊腺分泌的液体稀释来自输精管的浓稠精液,扩大精液量,使精子得到充分的运动;前列腺是一对小叶性腺体。它的分泌液有特殊气味,呈碱性反应,能中和尿道中的酸性物质及精子所产生的二氧化碳,冲淡精子群落,刺激精子活动;尿道球腺分泌物主要清洗尿生殖道,为精液通过做准备。

(5)阴茎及阴囊　尿生殖道是起于膀胱、止于龟头的长管状结构,是尿液和精液的共同通道,也是精子和副性腺分泌物混合的场所。阴茎是公马的交配器官,也是排尿的通路。阴茎分阴茎根、阴茎体及龟头,松弛时长 40～50 cm,勃起时海绵组织充血肿胀,长度和直径增加 50% 左右。性交时,公马的龟头进入母马阴道深部后,阴道压力和温度刺激公马兴奋,龟头进一步充血,同时启动射精反射,使精液直接射入子宫。如果龟头不能充血,则射精反射不能启动。

射精过程中，阴茎根部的肌肉收缩 6～8 次，大部分精液在前 4 次收缩时射出。

(二)母马生殖器官的构造与机能

母马的生殖器官包括卵巢、输卵管、子宫、阴道、尿生殖前庭等。各器官随着母马所处的生殖周期的不同，发生较大的变化。

(1)卵巢 成年马卵巢略呈肾形，大小和形状因品种、年龄和个体而异。卵巢平均长 3.5 cm(非繁殖季节)至 7.5 cm(繁殖季节)、宽 2～4 cm，重 25～40 g。驴的卵巢比马的小一些。幼龄马的卵巢表面光滑；老龄马由于多次有黄体及白体形成，卵巢表面显得凹凸不平。

卵巢由卵巢系膜悬于腰下区后部两侧。右卵巢的位置略偏前，在第 3、4 节腰椎右侧横突之下，靠近腹腔顶部。左卵巢的位置稍偏后 2～3 cm，在第 4、5 节腰椎左侧横突之下，稍低，即左髋结节的下方内侧。正常情况下，卵巢常因大肠等器官的挤压而与腹腔顶壁接触，位置可在卵巢系膜能达到的范围内变化。经产老龄马的卵巢因卵巢系膜松弛，常被大肠挤到骨盆入口处。

由于受母体雌激素的影响，马、驴胎儿的卵巢从胎龄 3 个月时开始发育，可达 8 cm×6 cm×3 cm，以后又缩小。出生以后，幼驹卵巢的形状随年龄的增长而发生一系列变化。新生母驹的卵巢和牛的相似，为椭圆形，没有排卵窝；出生后 3～4 个月时，卵泡开始出现，大的直径约 1 cm，排成一层，使卵巢成为扁长圆形。卵巢系膜附于其背面，但稍偏于一边。生殖上皮覆盖在腹面上(游离缘)，较白；之后由于卵巢系膜缘随卵泡的发育而生长较快，致使两端和两边弯向游离缘，形成一凹陷。卵泡均在凹陷处破裂排卵，称排卵窝，为马类所特有，仅在排卵窝处有生殖上皮，其他部分均覆盖浆膜。这时卵巢变为肾形。

卵巢被膜由上皮和白膜组成，白膜为一层致密的结缔组织。马卵巢实质中皮质与髓质的位置与其他家畜正好相反。小卵泡弥散分布于中部的广大区域，为皮质，仅在白膜下有一不甚厚的血管区，富含血管和淋巴管，为髓质。马成熟卵泡很大，直径可达 3～4 cm 或更大，压迫髓质突出于卵巢表面。

(2)输卵管 输卵管长 20～30 cm。幼龄马的输卵管漏斗和伞上常附有若干小柄状物，称囊状附件，为旁中肾管一部分的残余。输卵管壶腹占全长 3/4 以上，粗而弯曲。峡部细，弯曲减少，与子宫角之间界限明显。

(3)子宫 马子宫呈“Y”形。未孕子宫角长 20～25 cm、宽 3～4 cm；略呈弧形，背侧缘(小弯)在上，借子宫阔韧带附着于腰下部。腹侧缘(大弯)游离。子宫体呈管状，长 16～20 cm，宽 6～8 cm，前端两侧接子宫角。子宫角及子宫体的黏膜上有很多纵皱襞。子宫颈长 5～7 cm，直径 2.5～3.5 cm，襞较软，直肠检查时不易摸清。黏膜上有很多低的纵皱襞。子宫颈阴道部为钝圆锥状，长 2～4 cm，黏膜上有放射状皱襞。不发情时，子宫颈是收缩的，但管腔封闭不紧，可容 1 指通过；发情时则松弛开放，可容 4 指伸入。

(4)阴道 长 15～20 cm，经常是扁的，撑开时直径为 10～12 cm。阴道穹窿呈环状；幼驹阴瓣发达，使阴道口变窄。

二、马的生殖生理特点

公、母马开始产生成熟的精子或卵子并开始有完整的性反射序列表现的时期，称为性成熟。但因品种、气候、个体差异等原因，性成熟有早有晚。马的性成熟期为18月龄左右。性成熟后，因其身体尚未发育成熟，还不能配种。若过早配种不仅所产幼驹体弱多病，生活力差，而且影响母马本身的发育，降低生产能力。

一般母马2.5～3周岁，公马3～3.5周岁开始配种，这种年龄为配种适龄。在生产实践中，通常以配种期内交配母马匹数或采精总次数、精液品质以及受胎率来表示种公马的繁殖力高低。种公马繁殖力在6～12岁时最强，也是发挥其种用价值的重要时期，应采取科学措施充分发挥其利用效率。

处于全舍饲条件下的品种，一年四季均能发情，我国群牧马的发情配种具有一定季节性，多为3～7月份。

早春或晚秋，马虽有发情表现，但正常排卵率很低。5～6月份是母马最适宜的配种季节。这个时期情期受胎率最高，交配受胎母马占全期受胎母马的70%以上。

(一)种公马的生殖生理特点

(1)射精量　在正常饲养管理情况下，种公马的平均射精量为50～100 mL，最大射精量可达到300 mL以上。但因品种、年龄不同及个体差异，其射精量也有差异。一般来说，重种比轻种、壮年比老年或青年公马射精量大。射精量越大的公马，其性腺及性腺的机能活动越强。

(2)精子密度　在正常饲养管理条件下，每毫升精液含精子数0.8亿～2.0亿个，最大密度可达8亿个/mL。种公马一次射精含精子总数为40亿～200亿个。

(3)精子在母马生殖道内的存活时间　精子在健康母马的生殖道内，保持完全活力和受精能力的时间为24～48 h，平均为36 h。

(4)精子到达受精处的时间　种公马交配或人工输精以后，精子到达输卵管壶腹部所需时间为30～40 min。

(二)母马的生殖生理特点

(1)发情周期　母马一次发情排卵到下一次发情排卵所间隔的时间叫做发情周期。发情周期的长短，因品种、年龄、个体的不同而有差异。母马发情周期为14～37 d，平均为20～21 d。

三河马发情周期平均为18 d，伊犁马发情周期平均为21.7 d，蒙古马发情周期平均为21.3 d。

(2)发情期和休情期　母马发情期(亦称发情持续期)的长短受营养、气候、品种、年龄等条件的影响，存在较大差异。舍饲或半舍饲母马发情期为2～14 d，平均为5～7 d。群牧马发情期为6～18 d，平均为9.6 d，三河马发情期约为9 d。母马休情期的长短，与发情期有关。母马休情期平均为14～15 d。

(3)母马产后第1次发情时间　母马产驹后第1次发情叫做产后发情。母马产后第1次发情的时间间隔长短，与分娩后子宫恢复快慢和卵巢机能活动强弱以及生活条件有密切关系，农区舍饲或半舍饲条件下的繁殖母马，产后发情间隔时间略短，为7～12 d，群牧条件下的繁殖母马产后发情间隔时间为8～21 d，平均为13.4 d，母马产后发情排卵时间为7～17 d，平均为11～14 d。其受胎率可达78.3%。

不论是农区还是牧区的繁殖母马，在其产后第1次发情排卵时间配种或输精，都易受胎，群众称其为“配血驹”。我国广大农牧民在母马产后7～14 d配种已成习惯。

(4)母马排卵时间　掌握母马在发情期中的排卵时间，适时配种或输精，对提高受胎率非常重要。母马排卵时间，多在发情终止前 24～36 h。

(5)卵子在母马输卵管内保持受精能力的时间　卵子在母马输卵管内保持受精能力的时间为 4～20 h。

第二节　母马的性活动规律及发情鉴定

一、母马性活动规律

(一)外界条件对母马卵泡发育的影响

在配种季节里，母马营养状况、年龄、气候条件等，对其卵泡发育快慢和排卵率的高低，都有很大影响，群牧马尤为明显。

(1)营养状况　配种季节母马膘情好，则发情正常而明显，性周期正常，卵泡发育快，排卵率高，情期受胎率也高。

(2)年龄　初配母马配种受胎率较高，而在配第 2 胎时，情期受胎率或总受胎率均较低。群牧马尤其如此。可能是因为母马本身尚处于发育期内，又要为幼驹哺乳，所以母马初产后膘情较差，春季常有发情而不排卵的情况，如膘情恢复不好，就有可能造成空怀。第 3 胎、第 4 胎才能恢复正常。

(3)气候条件　气温变化对母马卵泡发育影响极大，群牧马更为明显。早春季节室外气温在 5 ℃左右时，母马卵泡发育迟缓，发情持续时间延长到 7～12 d 或者更长。春末夏初室外气温在 15～20 ℃时，母马卵泡发育成熟快，发情持续时间 5～7 d，甚至在发情开始后第 3～4 天就出现正常排卵。炎热季节，室外气温在 30～35 ℃时，母马休情期延长，发情持续时间显著缩短到 1～3 d，甚至有上午发情下午排卵的情况。

在同一季节，天气骤变等原因也能影响母马卵泡发育速度。如在夏初温暖季节，天气突然变冷，卵泡发育期就会延长，甚至出现卵泡发育停止的现象。炎热季节里突然下雨，气候凉爽，卵泡发育迅速加快，排卵期提前。进行马匹人工授精时，应灵活掌握上述影响卵泡发育、成熟、排卵的因素，对提高受胎率十分重要。

(二)生殖激素对母马性活动规律的调节

母马生殖生理机能的活动，直接受神经的调节控制。脑垂体前叶促性腺激素，直接调节母马性腺机能的活动。

(1)促卵泡素和促黄体素的调节作用　垂体前叶分泌 2 种促性腺激素，即促卵泡素和促黄体素。促卵泡素的主要作用是促进母马卵泡的生长发育，促使卵泡增大，卵子成熟，并刺激卵泡内膜细胞，产生雌激素。促黄体素的主要作用是促使已成熟的卵泡破裂，排出卵子，并促进黄体生成和维持黄体正常机能活动，而产生黄体素或孕酮。

(2)性腺激素的调节作用　母马卵巢活动产生 2 种激素，即雌激素和孕酮。雌激素的主要作用是促使子宫内膜增生、腺体发育，刺激母马生殖道引起充血、增生和分泌增多，刺激神经中枢引起性欲和性兴奋。孕酮的主要作用是促使子宫内膜持续增生，子宫壁增厚，子宫腺体迅速生长而变成复杂结构，为受精卵着床做准备。在母马妊娠期内，它维持胎盘的完整性，增强胎盘的机能活动。如果妊娠期孕酮分泌不足，则胎盘就会被吸收或流产。同时，孕酮可使子宫运动减弱，并使其对雌激素和催产素的反应降低或失去反应。

二、母马的发情及发情鉴定

(一)母马的发情

进入春季后，随着马匹的分娩及发情周期的恢复，马匹开始出现发情。发情后，母马食欲减退，兴奋，主动接近公马，频频举尾作排尿状，闪动阴蒂，接受公马爬跨。由于马的卵巢髓质发达，成熟卵泡排出过程较长，因此发情持续期较长，一般为 2～7 d。

(二)母马的发情鉴定

1. 直肠检查法

母马的发情期长，如只靠外部观察及阴道检查判断其排卵期，比较困难，但其卵泡发育较大，规律性明显，因此一般以直肠检查卵泡发育为主，其他方法为辅。其具体操作方法如下：

母马的保定：被检母马多用保定栏保定，如无保定栏可用脚绊或保定绳保定。将马尾拉向一侧，并注意将尾根毛用绷带缠起，防止损伤术者的手臂。

术者应剪短、磨光指甲，清洗手臂，戴一次性长臂手套，在手套外淋适量温水，站在母马后方，将右手握成锥形，轻触肛门，缓慢插入肛门。手伸入肛门后，如有宿粪，可用手清出。清粪时手掌放平，少量而多次地取出，切忌大块硬拉，以免损伤肠壁。如有马胃蝇幼虫吸附在肠壁上，不要拉掉，以免损伤肠黏膜。清粪后，手臂应再涂润滑剂，插入肛门，徐徐伸向前方。如肠壁弛缓，可尽量向前伸，通过直肠壶腹部，四指并拢进入直肠狭窄部之前的小结肠，即可探摸卵巢。如直肠壁紧张时，可将手臂稍向后拉，待其弛缓后可继续探摸，如直肠内充有气体成一空腔时，可用手指轻微搔扒直肠壁或将手拉回肛门处，前后抽动摩擦肛门即可排气弛缓。

当触摸卵巢时，手指与肠壁应保持平行状态，并用指肚轻微触摸卵巢，以防刮伤肠壁。探摸卵巢时，将手展平，掌心向肷窝，再向上下前后探索，在一般情况下即可探摸到卵巢。当握住卵巢后，即估量其体积，并用手指触感其形状及卵泡发育程度。如检查子宫，此时用拇指和食指固定卵巢，然后用手沿着韧带向后下方移动，即可摸到子宫角，再将手沿子宫角后移，可摸到子宫角基部。一侧检查完毕后，用同样方法检查另一侧的卵巢和子宫。

马的卵泡发育一般分为 6 个时期，即卵泡出现期、发育期、成熟期、排卵期和黄体生成期。母马卵泡阶段发育各时期的演变特征为：

(1)卵泡出现期　发情季节里，每当发情周期开始的时候卵巢表面就有一个或几个新生卵泡出现，这些卵泡虽不能完全成熟排卵，但其中有 1 个(很少有 2 个)获得发育的优势而最终成熟排卵。卵巢表面任何部位都有可能发生卵泡，但一般在两端或背部发生者较多，使该处组织增生，表面呈半圆状隆起并稍大于卵巢其他部分。泡体结实，无弹性与波动，无明显的界限，一般与卵巢表面不易区分。泡体表面整齐光滑，直径 1～2 cm ，并与坚硬的老黄体及肉样弹性的卵巢基质有所区别。

(2)发育期　优势新生卵泡体积迅速增大,充满卵泡液,表面光滑,卵泡内液体波动不明显,突出于卵巢部分呈正圆形,犹如半个球体扣在卵巢表面,其他发情征状日趋明显。卵泡进入发育期后,泡体日趋变大,泡界向卵巢的纵深部位延伸,卵巢实体逐渐相应缩变成钝角形状。泡体直径一般为2～3 cm,个别可达4～5 cm。卵泡体积占整个卵巢体的2/3～3/4。卵巢位置在腹腔内逐渐下降,卵巢韧带有时拉向腹腔下方,触及时似斜向软带状,卵泡表面光滑,排卵凹窄面深且远离泡界。整个卵泡的直检感觉为:泡皮厚,弹性强,波动传导迟钝,卵泡深部似有结实感。

卵泡的发育期持续时间一般为1～3 d,当母马膘情较好(七成以上),气候条件适宜(春末夏初),持续时间为1～2 d。当气候多变或母马膘情较差时,此期可持续2～3 d,个别4～5 d,甚至更长。卵泡发育期在发育的全过程中,母马发情的其他征状处于盛情期状态,性欲强烈,主动追求公马,精神高度兴奋,经常嘶叫,游走不安,食欲减退甚至废绝,阴户肿胀隆起,阴道充血潮红流黏液等。对待发育期的卵泡要做好跟踪监察工作,日查不少于1次,随时掌握卵泡的演变与进展情况,并详细及时地做好检查记录。

(3)成熟期　这是卵泡充分发育的最高阶段,此期卵泡体基本不再增大,外部形态相对稳定,性状发展到极限,卵泡进入成熟阶段。根据临床特征,成熟卵泡常见有3种类型。

①厚弱型。这种成熟卵泡的基本特征是泡体较"硬",泡体内膨胀力增大,泡皮弹性强,手指触及时感到抗力大。由于泡皮呈"绷紧"状态而有硬、实、韧性之感,波动不明显,排卵凹裸露明显,副泡不太明显,泡界模糊。此类卵泡发育快,成熟时间短,当泡界靠近排卵凹,泡皮有薄之感时即可排卵。因此,在例行检查时,必须谨慎小心,前后反复对比,当卵泡皮稍微变薄而略有波动且泡界靠近排卵凹时应考虑安排输精。

②薄弱型。此类成熟卵泡波动和弹性明显,泡皮较薄且活泼,一指触及另指即感,泡界和副泡明显,排卵凹膨满不明显。一般当排卵凹附近发软或凹满隆起,副泡略有波动时即可排卵。

③软活型。泡体松软,泡皮很薄而易变形,大波动,弹性很弱,整个卵泡呈软绵绵之感,副泡不明显。此类卵泡多数由薄弹型发展演变而形成。

成熟卵泡3种类型中,以薄弹型多见,厚弹型和软活型少见。成熟期卵泡的卵巢位置在腹腔内略有回升。进入此期,一般必配。

(4)排卵期　卵泡完全成熟后,即进入排卵期。这时的卵泡形状不规则,有显著的流动性,卵泡壁变薄而软,卵泡液逐渐流失,需2～3 h才能完全排空。其临床特征有软流、薄皮、厚皮等变化。

①软流。当卵泡正在进行排卵时,泡皮很薄,泡体柔软形态易变,触之泡液流出而仅剩泡皮,手指松开后泡液回流而又使卵泡有"溢满"之感。当卵泡正处于软流时输精可取得较好的受胎效果,故应抓紧时机,及时追配。

②薄皮。触之泡体已无,仅残留薄皮,或呈旋涡状凹陷,捏之有颗粒状和头发样摩擦,证明母马排卵已完成,此时配种,效果一般不佳。

③厚皮。薄皮变厚,原卵泡表面有纽扣状疤痕,粗糙,摸之有磨手之感,此期配种受胎率很低。

(5)空腔期　卵泡液完全流失后,卵泡内腔变空,在卵泡原来的位置上向下按时,可感到卵巢组织下陷,凹陷内有颗粒状突起。用手捏时,可感到两层薄皮。该期持续6～12 h。空腔期在触摸时，母马有疼痛反应，当用手指接压时，母马表现出回顾、不安、弓腰或两后肢交替离地等情况。

(6)黄体生成期　卵泡破裂排卵后，经 6 h 左右形成黄体，卵泡液排空后，卵泡壁微血管排出的血液重新充满卵泡腔形成血体，使卵巢从“两层皮状”逐渐发育成扁圆形的肉状突起。黄体初期其顶部柔软，形状和大小很像发育期和成熟期时的卵泡；后变为肉样，无波动，厚实，呈扁圆形“垫”状，触摸时一般没有明显的疼痛反应。

上述 6 个时期是人为划分的，而卵泡发育的过程是连续的，在进行发情鉴定时，前后两期并无明显的界限，只有熟练掌握，才能做出准确的判断。通过卵泡直检技术，识别成熟卵泡类型及其表面特性演变规律，结合外部发情症状，是提高情期受胎率的两个不可分割的有机组成部分。

利用直肠检查法鉴定卵泡的形状和形态时，应注意不要把卵泡和黄体相混淆，大卵泡或排卵延迟的一般卵泡有时必须细致区分，以作出准确判断。

在卵泡期，卵泡和黄体除了形状和质地不同外，发育进展也有差异。卵泡是进行性的变化，黄体是退行性的变化，经几次检查，前后对照，二者就容易区别。但在黄体期，黄体发育到一定时期，形状和质地极易和发育的卵泡相混淆。黄体和卵泡的主要区别是：黄体几乎都呈扁圆形或不规则的三角形，绝大多数卵泡为圆形，少数为扁圆形且有弹性或液体浮动；黄体有肉团感，在一定时期内黄体与卵巢实质部连接处四周感觉不到明显界限；黄体表面较为粗糙，卵泡表面光滑；黄体在形成过程中越变越硬，卵泡从发育成熟到排卵有越变越软的趋势。

有时在个别母马中可见到大卵泡或囊肿卵泡。大卵泡是指超出一般成熟卵泡的体积，且泡壁较厚，液体波动不明显。这种卵泡能正常排卵受胎，但成熟较慢，持续时间较长，在实践中易误为卵泡囊肿，对这种卵泡应连续检查，根据其变化情况来进行判断。大卵泡虽然发育较慢，但最后大多能排卵，个别退化消失。卵泡囊肿则会持续很久，无明显变化。

母马的卵泡大小不一，至排卵时，有的卵泡直径仅 2 cm，大的达 7 cm 以上。因此，在判断卵泡的不同发育阶段时，除了考虑卵泡的大小外，还应该根据卵泡的波动情况和卵泡液充满的程度、卵泡壁的厚薄及弹性的大小、以及卵泡在发育过程中与排卵窝的距离等进行综合分析。

2. 试情法

应用试情法来检查发情程度，不如直肠检查准确，但易于掌握。

试情法有 2 种：一种是分群试情，即把结扎输精管或施过阴茎转向术的公马放在马群中，以便发现发情的母马。此法适用于群牧马。另一种是牵引试情，一般是在固定的试情场进行。把母马牵到公马处，使它隔着试情栏亲近，同时注意观察母马对公马的态度来判断发情表现。一般是先使公马与母马头对头见面，观察其表情，然后调过来。使母马的尾部朝向公马。未发情的母马对公马常有防御性反应。发情的母马会主动接近公马，并有举尾，后肢开张，频频排尿等表现，在发情高潮时，往往很难将公马与母马拉开。

观察母马外阴变化有助于确定直肠检查或试情检查的结果。母马在发情前期，阴唇皱襞变松，阴门充血下垂，经产母马尤为显著；发情期间阴唇肿胀，阴门努张程度增大，用公马试情时，阴唇表现节奏性收缩，阴蒂外露。

3. 阴道检查法

健康母马在发情期间的阴道变化尤为明显，因此，对试情公马反应不好的母马，常根据其阴道黏膜的变化来判断其发情情况。在间情期，母马阴道壁的一部分往往被黏稠的灰色分泌物粘连，此时如欲插入开张器或手臂，就会感到很大的阻力，阴道黏膜苍白贫血，表面粗糙，在接近发情期时，阴道分泌物的黏性减小，在阴道前端有少许胶状黏液，黏膜微充血，表面较光滑。发情前期及发情盛期，阴道黏液的变化更加明显。这时期黏膜充血更加显著。发情后期阴道黏膜逐渐变干，充血程度逐渐降低。

母马子宫颈的变化在发情鉴定上有很大的意义。在间情期，子宫颈质地较硬，呈钝锥状，常常位于阴道下方，其开口处为少量黏稠胶状分泌物所封闭。在发情前期，分泌作用加强，周围积累相当多的分泌物。在发情间期，尤其在接近排卵时，子宫颈位置向后方移动，子宫颈肌肉的敏感性增加，检查时易引起收缩，颈口的皱襞由松弛的花瓣状变为较坚硬的锥状突起，随后又恢复松弛状态，此时子宫颈扩约肌收缩加强。这种收缩现象也可能发生在正常的交配过程中，并可能作用于公马阴茎龟头，以利于精液射入子宫内。母马在产后发情期间，宫颈异常松弛，在这种情况下进行交配时可能不会发生以上收缩现象。母马如配种过早，子宫颈口未充分开放，精液常常被排在阴道中。而在发情盛期进行配种，则在阴道中很少见有精液滞留现象，发情期以后健康母马的子宫颈逐渐恢复常态。

阴道黏液的变化一般和卵泡发育有关。因此，根据母马阴道黏液的变化情况进行发情鉴定曾长期被许多人采用。关于卵泡发育各阶段的阴道黏液性状简述如下：

（1）卵泡出现期　黏液一般较黏稠，呈灰白色，如稀薄糨糊状。

（2）卵泡发育期　黏液一般由稠变稀，初为乳白色，后变为稀薄如水样透明，当捏合于两指间然后张开时黏液拉不成丝。

（3）卵泡成熟与排卵期　卵泡接近成熟时，黏液量显著增加，黏稠度增强。开始时两手之间仅能拉出较短的黏丝，以后随黏度增加，可以拉成1～2根较长的黏丝，随风飘动，经久不断，以手指捻之，感到异常润滑，并易干燥，有时流出阴门，黏着在尾毛上，结成硬痂，及至卵泡完全成熟进入排卵期，黏液减少，黏性增加，但拉不成长丝。

（4）卵泡空腔期　黏液变得浓稠，在手指间可形成许多细丝，但很易断，断后黏丝缩回而形成小珠，似有很大的弹性。此时，黏液继续减少，并转为灰白色而无光泽。

（5）黄体形成期　黏液浓稠度更大，呈暗灰色，量更少，黏而无弹性，用手指拉不出丝来。

三、B超技术在马繁殖中的应用简介

1.B超仪的工作原理

B超仪中的传感器通过电脉冲激发产生高频声波，当声波穿过组织时，一部分声波被反射回传感器，传感器交替产生高频声波和接收反射声波，反射回传感器的声波转换成电脉冲信号后，显示在荧光屏上。相邻组织间或密度不同的界面之间反射波大小不同。当声波传入深层组织时发生弱化或衰减。通常，组织密度越大，如肌肉或骨骼，对声波的阻抗也就越大，就会产生越强的回声。液体具有很小的声波阻抗，是良好的声波传播介质，只有遇到与之相邻的不同密度的组织时才会出现反射，在屏幕上由液体充满的结构显示为黑色或无反射波。空气和气体是超声波的不良传播介质，往往导致严重的声波衰减。因此，进行超声波检查时，传感器紧贴组织是极其必要的。骨骼等密度较大的组织能反射大部分的超声波束，在屏幕上显示为白色。依据组织反射波的能力不同，各种组织被显示为不同程度的灰色阴影。由于超声波束以窄带的形式穿过组织，因此其扫描面也是一个较窄的断面。

用于母马生殖道检查的超声波设备大部分是B型实时超声波仪。B型超声波仪通过调节反射声波信号产生的电脉冲强度，使之转变成光亮度，从而使超声波图像在荧光屏上显示。亮点代表反射回声。当重复信号不断发射、接受、处理时，就会显示一个组织的连续可见图像，这使得实时观察组织的结构和运动变化成为可能。

传感器中超声波发生器的排列顺序决定了传感器的类型。用于母马的生殖道检查的超声波仪主要有2种类型的探头：线型探头和扇形探头。线型探头：超声波发生器沿探头的长轴排列，形成与探头长轴垂直的超声波束。线型探头可以沿躯体的长轴扫描母马生殖道，由此子宫角被扫描成一个横断面。最靠近探头的组织位于图像的最上层。扇形探头：超声波束由一个点波源发射，波束形状呈三角形。产生的波束穿过母马的身体，从而出现影像。子宫和宫颈被扫描成一个横断面，是纵向的或倾斜的。

总之，依靠高频声波，超声波仪可以检测出组织之间密度上的细微差别。高频声波提供较高的细节分辨率，而低频声波可以穿透更大的组织。超声波频率用兆赫（MHz）来衡量。3～3.5 MHz的探头适合检查距离探头较远、较大的组织结构。5～7.5 MHz的探头常用于检查靠近探头的组织细节。5 MHz的探头可用于检查第10天的黄体、3 mm的卵泡，展现贯穿于间情期的黄体。3 MHz的探头主要用于探查第13～15天的黄体、直径6～8 mm的卵泡、排卵后5～6 d的黄体。低频探头主要用于通过直肠或腹壁检查胎龄较大的胎儿、或用于诊断肝脏、心脏等其他器官病变。

2.B超仪的使用方法

在超声波检查之前，做一个简单的直肠检查，可以适当重置在超声波检查过程中有可能挡在直肠和子宫之间的组织，并对生殖道不同部分的大小和质地有一个初步的判断，因此，是非常有必要的。实践中，应用超声波检查母马生殖器官的状态是非常有效的，但是当待检母马处于过度紧张、外界灯光过于强烈、未进行充分镇静等非理想状态下时，是否检查要慎重。

直肠内超声波检查的步骤和注意事项与直肠触诊检查类似，无额外要求。检查时，探头需要仔细涂布润滑剂，由检查者的手掌保护探头，避免伤害直肠壁，同时应避免直肠内粪便等物质附着在探头上。直肠清粪后，操作者手握探头，将探头引入直肠，在生殖道上方逐步扫描。扫描顺序为子宫体、右侧子宫角、右侧卵巢、右侧子宫角、子宫体、左侧子宫角、左侧卵巢、左侧子宫角、子宫体、子宫颈。直肠内的空气会导致声波衰减、图像扭曲变形，因此，检查过程中探头必须紧贴直肠壁。为减少扫描错误，可以对同一部位进行重复扫描。

第三节　马的人工授精及胚胎移植技术

一、马的人工授精

马的人工授精包括种公马精液的采集、精液的稀释和对发情母马的输精。精液在采集后24 h以内使用，称之为鲜精。精液冷却并保存在4～8 ℃可以保持受精能力达数日，精液冷冻保存于液氮中，其受精能力可以保持数月至数年。

与自然交配相比，马的人工授精可以有效地利用种公马的繁殖性能；改善马的品质，消除因交配行为而带来的危险;降低繁殖疾病的患病率;避免了种公马的运输,减少了种公马的饲养量。马的人工授精在技术上大体可分为采精、精液检查、精液处理(稀释和保存)、精液运输和输精等步骤,每个环节都必须严格遵守操作规程,才能获得较为理想的情期受胎率。

(一)人工授精站的设置及人工授精工作的组织

在牧区,人工授精站一般都是和靠近夏季草场的马场设在一起,这样既节省费用,又便于生产管理。牧区有的马场由于气候关系,每年配种开始较迟,可将人工授精站单独设在夏季草场内。人工授精站的位置应根据生产管理、草场气候、地势、交通和马匹数量、饮水、防疫等具体情况综合考虑。此外,还应考虑设立中心配种站,在其周围组织授精点。这不仅对现行配种组织形式是一种改进,而且采用低温保存精液及冻精授精也较为便利。

人工授精站的规模大小,一般要以能同时进行 2～4 个群(即母马 200～600 匹)的配种工作为宜。过大直接影响配种效果,且又损害草场,过小则浪费人力、物力。

群牧马人工授精站的建筑设备和舍饲马的要求基本相同,只是群牧马脾气生野、暴躁,所以保定栏为群牧马授精站的必要设备。

在配种时期,一个马群中有空怀母马、待产马、新配妊娠马、排卵马等,这些马的情况又随时有变化,而每天需要检查配种的只是一些空怀马,占全群总数的比例并不大,因此进行必要的组群,对于减少对整个马群的惊扰和工作人员的工作量意义重大。

组群的方法是将一个原群分为待配和妊娠 2 个小群。待配群中有未配准和新补充的空怀马,以及产后 7 d 以上的母马。妊娠群中有待产的母马和新配妊娠的母马。这 2 个小群要根据配种进度及时变换调整。如排卵马在输精后,经妊娠检查已孕,即可调入妊娠群,空怀马则留在待配群,继续配种。这种组群方法有利于配种,同时更有利于保膘保胎。但到配种后期待配马逐渐减少,不便组成一个小群,此时可将两个马群的空怀马合并组成一个待配群。

(二)采精

采精是人工授精过程中的第一个环节。采精工作质量的高低,直接影响人工授精的效果。目前都采用假阴道采精。

1. 采精前的准备工作

(1)稀释液的配制　根据需要量现用现配,力求新鲜,按配方标准,衡量准确。

(2)器具的准备　假阴道、集精杯等采精器具及所有与采精相关的用品,都应提前清洗消毒。假阴道等应该先用洗洁精或洗衣粉水进行清洗,后用自来水或者干净的井水或河水漂洗 2 遍,用蒸馏水漂洗 1～2 遍,用干净的纱布遮盖晾干。安装假阴道时,应将内胎两头翻转套在外壳的两端,并用橡胶圈加以固定。于采精前 0.5 h,用 75%酒精棉球由内向外均匀、充分地涂抹内胎壁和集精杯内外壁,并套在一起,待酒精挥发后,用灭菌稀释液冲洗 2 遍,至无酒精气味为止。涂抹酒精后,如急于采精,可向假阴道内注沸水,加速酒精挥发。假阴道的大口端向下放置,用消毒纱布遮盖,避免灰尘落入。

(3)采精场地的准备　采精最好在室内进行。如无采精室,可在室外进行,但应注意采用平坦、避风、安静、宽敞的地方作为采精场地,如有围墙则更好。天气如果干旱,采精前应给采精场洒水,避免尘土飞扬。

(4)台马的准备　台马应选择健壮无病,性情温驯,营养较好,体格大小与公马不过分悬殊的发情母马或阉马。为了安全，台马应用平打绳或马绊保定，用绷带布包扎尾根部，并将尾毛拉系于马体左侧，用2%来苏儿水清洗后躯和外阴部，然后再用清水洗涤和洁净布擦拭干净。用假台马效果更好，可防止公马感染传染病。假台马可以购买也可自己制作。大小以种公马适宜爬跨为宜，外被皮革，内衬数层泡沫塑料。采精前，接取发情母马的尿液淋洒在假台马的一端，刺激种公马的性欲。

2. 采精操作

由助手将种公马牵至采精室（场）后，应围绕台马牵转1～2圈，使公母有性准备，然后站在台马后相当距离处，待阴茎勃起后，即用含有2%小苏打的温水（38～40 ℃）擦洗阴茎及包皮，再用温开水（38～40 ℃）洗净、灭菌纱布揩干。依外界气温的高低及种公马爬跨的快慢，预先向假阴道夹层中灌入40～42 ℃的热水，灌注量以假阴道夹层体积的2/3～3/4为宜。到采精时应保证假阴道内温度为38～40 ℃。假阴道内腔的压力主要靠充气来调节，可视公马阴茎的大小调整。假阴道的压力在灌水吹气后，内胎呈"Y"字形，入口为较浅的漏斗状为宜。

在采精之前，以消毒玻璃棒将消毒过的润滑剂均匀地涂抹于假阴道入口至内胎1/3深处。过深，润滑剂易流入精液中，影响精液品质，过浅起不到润滑作用，引起种公马交配不适。如用奶类作稀释液，可用稀释液作润滑剂，以避免精液被润滑剂污染。

采精时采精员右手持假阴道把柄处，将假阴道靠在右臂肘处，当公马爬跨时，立即站立于台马右后侧，将假阴道按30°～35°的角度固定于母马尻侧，并速将阴茎导入假阴道。在一般情况下，阴茎插入假阴道后，经几次抽动即可射精。判断公马射精与否，主要观察尾部肌肉的节律收缩，尾根尾毛的煽动。射精后顺势使阴茎从假阴道中退出，将假阴道集精杯端缓慢向下倾，并打开活塞放气，速将精液送入验精室。

（三）精液品质检查

精液品质检查的主要目的在于鉴定其品质的优劣，同时也为精液稀释、分装保存和运输提供依据。另外，也可通过精液品质检查，了解种公马的饲养水平、生殖机能状态、采精人员技术水平等。精液品质检查要求在采精后迅速置于37 ℃条件下进行，防止温度骤然下降对精子造成的冷打击，检查操作要迅速，不能人为损坏精子，评定结果要准确，取样要均匀。精液的品质鉴定必须多次进行，综合评定。不能根据一次检查的结果就断定其品质优劣。长期未配种或采精的公马，第1次射出的精液通常品质较差。在配种季节来临时应进行3次检查，每次间隔时间1 d。如果精液品质不合标准，必须改善饲养管理，经过15 d再进行3次检查，直到其品质达到标准，方可用于配种。在配种期间应每天进行精液品质检查。精液检查的常规指标如下：

（1）射精量　马的射精量因品种及个体不同而有很大差异，一般为50～100 mL。射精量可以从集精杯的刻度上直接读数。每匹公马的射精量一般都有各自的范围，如出现忽高忽低的现象，就应及时查明原因。

（2）色泽　马的精液在正常情况下为淡乳白色或灰白色，精子密度越高色泽越深，反之则越淡。精液颜色异常表明公马生殖系统可能有疾病。如精液呈淡绿色是混有脓液，呈淡红色是混有血液，呈黄色则可能是混有尿液，青色和灰色表示精液的密度低；红褐色是生殖道中有深而时间久的发炎或损伤的情况。精液囊发炎时，精液中有絮状物。色泽不正常的精液不能用于输精，公马应停止采精，及时查明病因并给予治疗。有时公马吃了某些含核黄素的饲料也可使精液颜色变成黄色，应该加以区别。

(3)气味　马的新鲜精液略有腥味；气味异常者常伴有色泽的改变，应禁止输精。

(4)pH 值检查　可用 pH 值为 5.0～8.4 的精密 pH 试纸进行测定，正常的马精液 pH 值一般在 7.0～7.4。

(5)活率　精子活率与受精能力密切相关，对配种受胎率的影响很大。常用目测法进行评定。一般在采精后、精液处理前后、输精前均要进行检查。检查时，取一滴精液滴在载玻片上，盖上盖玻片，置于 37 ℃显微镜恒温台或保温箱内，在 400～600 倍下观察精子运动状态并评定活率等级。通常根据直线前进运动的精子在所有精子中所占的百分率评定，100%的精子都作直线前进运动，评为 1.0 分；如 90%的精子作直线前进运动，评为 0.9 分；依此类推。如果没有直线前进运动的精了则为 0 分。马匹输精精子活率要求不低于 0.5。生产中不能提供恒温台活保温箱时，应迅速测定，尽量减少因温度下降带来的结果误差。

(6)密度　密度检查是评定精液品质的重要指标之一，通常在显微镜下与活力检查同时进行。但以这种方法评定的结果并不精确，因此，现多采用精子数计算的方法来评定密度。精子数的计算和计算细胞的方法相同，采用红细胞计数器测定。计算每毫升精液中含有多少精子数。每采精 10 次左右，检查 1 次密度。

测定时，用白细胞吸管将原精液稀释 10 倍左右。弃去前两三滴，将吸管中精液引入细胞计算器的计数室与盖玻片之间。要注意避免精液溢出玻片外，避免计数室内有空间或气泡。后将计数器置于 400 倍的显微镜下计数。

计算时，一般只数 5 个大方格(对角线上 4 个、中间 1 个。每个大方格内有 16 个小方格，共 80 个小方格)内的精子数，在计算每个小方格的精子数时，落在下线和右线的精子不计算在内，只计算格内的和落在左线和上线上的精子。为计数方便，先由左到右，再由右到左地按顺序依次进行。

按上述方法数完 5 个大方格内的精子数，可代入下列公式，求出每毫升的精子数。

所得精子数×50 000×稀释倍数＝1 mL 精液内的精子总数

计算时精子数要数 2 次，如果 2 次所得的总数相差在 10%以上，则应将同一吸管中的精液进行第 3 次计数，以 3 次的平均数作为计数结果，以减少误差。

(7)畸形精子　马的正常精子类似蝌蚪形，但有些精子头尾等部形态异常的，就是畸形精子，畸形精子无受精能力。精液中出现大量畸形精子的原因可能是精子生成过程受阻，或副性腺及尿生殖道分泌物发生病理变化，也可能是在精液处理过程中操作不当，精液受到外界不良因素的影响等原因所致。

精子畸形率的测定方法是将一滴精液样本滴于洁净的载玻片一端，用另一片载玻片与精液接触并以 30°角平稳地向前推，使精液均匀地涂抹在载玻片上。待自然干燥后，用 95%的酒精固定 3 min，后置入美蓝溶液(或用伊红、龙胆紫等)中染色 5 min，再用蒸馏水冲洗干净，自然风干后在 400～600 倍显微镜下检查 200～500 个精子，计算出其中畸形精子的百分率，即畸形精子百分率＝畸形精子数/计数精子总数×100%。马精液的精子畸形率超过 12%时，不能用于输精。

(四)精液的稀释

精液稀释的目的在于扩大精液量，增加输精匹数，提高优良种马的利用率；延长精子存活时间，增强其受精能力；有利于长途运输，扩大种马配种地域范围。

稀释精液时必须严格遵守无菌操作规程。精液采集后应立即进行过滤并稀释，避免温度的下降及污染。稀释液与精液要求等温，因此，在稀释前对精液及稀释液都要测温。也可以将稀释液浸泡在 30 ℃左右的恒温箱或水浴锅内，采集的精液装入贮精瓶后也置于水浴锅内，待温度平衡后，稀释。稀释时只能将稀释液倒入精液内，不能将精液倒入稀释液中，避免因局部稀释倍数过大造成的精子活力下降。加稀释液时要将精液瓶倾斜，沿瓶壁缓缓加入，边加边轻轻摇动，使稀释液和精液尽快混匀，在摇动时应避免幅度过大引起精子断尾。如需在稀释液中加抗生素，应在 35 ℃以下加入，卵黄应在 30 ℃以下加入，搅拌均匀。

稀释倍数应根据精液密度、稀释液种类以及当日输精马匹数量综合考虑。主要衡量指标是密度和活率，不能盲目扩大倍数，密度不合标准的不准稀释。一般稀释的倍数应不大于 1∶3。奶类稀释液常用倍数为 1∶(6～7)或更高一些。若需要高倍稀释时(10 倍以上)应作二次稀释。

马匹人工授精所用稀释液种类很多，最常用的配方如下。

1. 常温保存稀释液

(1)基础液　配方为：葡萄糖 7 g＋蒸馏水 100 mL。

(2)稀释液　基础液 100 mL＋卵黄 3 mL＋青霉素 1 000 IU＋双氢链霉素 1 mg。

(3)基础液的配制　用天平准确称量试剂(试剂必须为分析纯)，用蒸馏水溶解、过滤基础液，高压湿热灭菌(121 ℃)15 min，冷却至室温后，4 ℃保存备用。基础液现用现配，保存期一般不超过 2 d。于采精前 30 min，将基础液取出，在无菌操作条件下，按配方要求添加卵黄、抗生素，同时置于 37 ℃预热备用。

(4)卵黄的添加　取新鲜鸡蛋，用 75%酒精棉球消毒蛋壳，敲破蛋壳，去除蛋清，将包有完整卵黄膜的卵黄放在灭菌滤纸上，用滤纸吸干卵黄膜上的蛋清，持一次性注射器(去除针头)刺破卵黄膜，抽取卵黄，按添加量添加至基础液中，摇匀。

2. 马奶稀释液

产驹 9 d 后的健康母马挤取鲜奶，将鲜奶用 6 层纱布滤入三角瓶内，放在水浴锅中 90～100 ℃水浴 15～20 min，冷却除去奶皮(用 6 层消毒纱布过滤)。稀释倍数 1∶(1～10)倍，使用前添加青霉素 1 000 IU/100 mL＋双氢链霉素 1 mg/100 mL。马奶稀释液效果较好，受胎率可达 95%以上。在早春配种季节刚开始时，马奶较少，可以用牛奶或羊奶代替马奶，处理方法同上，效果相近。

(五)精液的保存

保存精液的目的是为了延长精子的存活时间及维持其授精能力，便于长途运输，扩大精液使用范围，增加参配母马数量。凡进行保存的精液必须稀释，切忌原精保存。精液保存分为常温保存、低温保存及冷冻保存。常用的保存方法如下。

1. 常温保存

常温保存精液时，精子运动比较活跃，因此，能量消耗大，同时微生物也易于繁殖，对精子有害。所以常温保存精液，常以酸性的环境或胶冻环境来抑制精子活动，以减少精子能量消耗。还须用抗生素抑制微生物的有害活动。常温保存有以下几种方法。

(1)葡萄糖-卵黄稀释液保存法　配方为蒸馏水 100 mL，葡萄糖 7 g，卵黄 0.5 mL，甘油 2.5 mL。精液稀释、分装后置于 12～17 ℃条件下，可保存 1～2 d。

(2)马奶-抗生素稀释液保存法　在100 mL脱脂马奶内加卵黄0.8 mL，青霉素、链霉素各1 000 IU，配成马奶抗生素稀释液，用以稀释精液，分装至25 mL的小瓶内密封，在室温15～20 ℃下保存，可以保存2～3 d。

2.低温保存

低温保存是指温度在0～5 ℃的保存，一般多用冷藏箱或冰箱作冷源。保存时注意缓慢降温，避免精子遭受冷打击，同时低温保存稀释液中还应添加奶类、卵黄等抗冻剂。公马精液低温保存常用以下方法。

(1)马奶稀释液低温保存　按前面所述的马奶稀释液，将精液作1∶(8～15)倍稀释，再将精液分装至灭菌小试管或安瓿内，密封，待精液自然降温到20～25 ℃时，将试管用16层干纱布或厚的脱脂棉严密包裹，置于0～4 ℃保存，保证精液缓慢降温至0～4 ℃。

(2)10%脱脂奶粉稀释液低温保存　处理方法同上述，作0～4 ℃保存。

3.精液冷冻保存

(1)预处理　将弃去胶状物并过滤过的精液，测量精液量，精液品质常规检查后在30～35 ℃下分装于15 mL的离心管内，以1 500 r/min离心10 min，弃上清，留等量的精清与精子。

(2)稀释与平衡　将处理过的精液按1∶(1～2)的比例与等温的已配好的稀释液混合、轻摇，使精液与稀释液充分均匀接触，冷冻保存的精液以0.3 ℃/min的速度下降到4 ℃，平衡2～3 h后进行冻精制作。(冷冻稀释液配方，基础液：乳糖11 g＋3.5%柠檬酸钠溶液0.25 mL＋4.2%碳酸氢钠溶液0.2 mL＋蒸馏水100 mL；稀释液：基础液94.5 mL＋卵黄1.6～2.0 mL＋甘油2.5 mL＋青霉素1 000 IU/mL＋双氢链霉素1 000 IU/mL)

(3)颗粒冻精的制作　以铜网(或氟板)为冷冻介质，用液氮熏蒸法制作冻精颗粒。在5 L广口液氮罐内倒入液氮，将铜网浸入液氮充分预冷后，提起至距液氮面3～5 cm，待铜网面温度达到始冻温度时(－130～－110 ℃)，迅速用吸有精液的胶头滴管在铜网面上连续滴冻，每个颗粒剂量为0.2 mL，滴冻时间控制在40 s内，滴冻完毕，加盖熏蒸5～7 min后，将铜网浸入液氮，将颗粒冻精收集保存。

(4)细管冻精的制作　选择0.25 mL细管，用吸管将精液吸入细管中，用封口机封口，将做好的细管水平置于铜网上进行熏蒸，其余同颗粒冻精制作。

(5)解冻　从液氮中取出冻精颗粒，迅速投入装有35～37 ℃解冻液的试管中(颗粒与解冻液的体积比为1∶5)，待其快融化完毕，迅速将试管从水浴中取出，轻摇，混匀。解冻后精子活率应在0.4左右，其情期受胎率在30%～50%。

为确保冻精效果，输精时，要求受配母马卵泡要发育到排卵，预计36 h内可排卵，发情正常，无子宫疾患，输精器具要严格消毒，输精管要插进卵泡一侧子宫角，做到输精确实，精液无倒流，输精后使母马安定，不受惊吓等刺激。

(六)精液的运输

为了充分发挥良种公马的作用，便于远离配种站的发情母马配种，将精液运送到较远处使用极为必要。设立中心配种站，再设若干输精点，即可开展配种工作。最常用的运送器具有保温箱，供运的精液经稀释后进行一次活力评定，分装密封在灭菌小试管或贮精瓶中，瓶上应标明公马品种、个体号、采精时间、精液密度、活力和稀释倍数。将分装好的精液，在温度不超过

15 ℃的室内静置 30 min，使其自然降温后放入保温箱，保证贮精瓶四周由海绵包裹，避免振荡。低温保存的精液可以使用疫苗周转箱进行运输，在周转箱内放置适量冰袋，以海绵包裹贮精瓶，使贮精瓶位置相对固定，避免振荡。

(七)输精

1.输精前的准备

(1)母马的准备　经过发情鉴定，卵泡发育已经到成熟期或排卵期，确定要输精的母马，在输精前进行适当的保定，可在输精架内或者用脚绊保定。用绷带布将靠近尾根部的马尾缠起、并由助手将马尾拉向左前方，操作者用 1%～2%来苏儿或 1‰的新洁尔灭溶液对母马外阴部清洗消毒后，用干净纱布擦干。

(2)器械及人员的准备　所有输精用器材，应预先做好准备，保证清洁灭菌。输精人员的手臂彻底洗净后，再用 1%～2%来苏儿或 1‰的新洁尔灭溶液洗涤消毒，右手戴上一次性长臂手套。

2.输精量

给母马每次的输精量通常是 15～30 mL。每毫升的精子数不得低于 0.5 亿。也有采用 5～10 mL 注射器代替输精胶管的，每次输精原精液不少于 2 mL。

3.输精时间、输精次数和间隔时间

适时输精是提高受胎率的关键。输精时间与排卵时间相隔越近，受胎率越高，反之，则越低。因此，输精时间应选择在母马临近排卵时最好，一般当母马卵泡发育至排卵期时输精较为合适。但母马卵泡发育的快慢在整个配种期中并不是一致的，如在早春和盛夏时期，卵泡发育缓慢，而在气候温暖和青草茂盛时期发育较快，输精时应综合考虑，灵活掌握。如初配母马在早春配种，应尽量在接近排卵时输精，发情旺期，卵泡发育至成熟期的母马即应输精。母马排卵后不久便输精的，受胎率也较高，因此一般都不放弃这个时机追精(补配)。

在一个发情期内，输精的次数越少效果越好，实际上，确有不少配种站给母马一次输精的，受胎率相当高，而输精 3 次以上的受胎率却很低。为避免多次输精，除严格掌握第一次输精的时间外，还须考虑下次输精的相隔时间。两次输精的间隔时间应视种公马的精液品质而定。在正常情况下，隔 48 h 输精一次较为合适。母马排卵多在夜晚，所以，输精应在每天傍晚。

4.输精方法及注意事项

输精人员应站在母马后方稍偏左处，使右手略呈锥形，将输精管尖端夹持于食指与中指间，手心略向左下方插入阴道，徐徐向前触摸子宫颈口，同时左手扶持输精管向前递送，将输精管插入子宫颈内 10～15 cm 深处，此时右手在阴道内固定输精管前部。左手在体外固定后部，输精助手稍提注射器并轻轻推动其活栓，将精液注入子宫内。如推动注射器有阻力，术者稍活动输精管，使之顺畅。精液注射完毕，助手将注射器取下，术者的左手握住输精管后端，并以拇指按住管口，轻微抖动，使精液尽量输入子宫，最后轻轻抽出输精管。

精液吸取后应尽快输入母马体内，避免光线的刺激及温度骤变，并防止污染。输精管应每条用一次，在特殊情况下需要第二次使用时，必须首先用灭菌稀释液冲洗、擦净，再用 75%的酒精棉球消毒，最后再用稀释液冲洗、擦净才能使用。

输精时应使母马保持安静，不可惊吓。输精后应使母马静立数分钟，如发现有精液倒流严

重者，应考虑再输。

每天配种完毕后，应立即将所用的器具按要求进行洗涤、整理、消毒。

(八)人工授精的实际效果

采用鲜精进行人工授精，情期受胎率可达60%～80%，与自然交配的情期受胎率相当或略高。使用冷藏或冷冻精液进行输精，情期受胎率因种公马的个体差异和冷冻及解冻的方法不同而差异较大。更重要的是精液保存的时间长短，如使用保存24 h的优质精液进行输精，母马的情期受胎率可达到60%～70%，如果精液保存时间超过48 h，受胎率就可能下降到40%～50%。

国内应用鲜精进行人工授精的情期受胎率一般为50%～60%，高的可达65%～70%，全年受胎率为80%左右。由于流产率较高，实际繁殖率为50%左右。国外饲养管理水平较高的马场，母马情期受胎率可达80%～85%，而一般马场只有60%～75%，产驹率可达50%以上。

二、马的胚胎移植技术简介

马的胚胎移植是将早期胚胎从供体母马子宫内取出，移植到相同生理状况的受体母马子宫内，使其发育，获得新生后代的技术。胚胎移植可以使患有慢性纤维性子宫内膜炎、早期胚胎死亡，或患有蹄叶炎及治愈后的骨盆碎裂等疾病而不能妊娠的母马获得后代；可以在不影响一匹母马竞赛或巡回表演的情况下，得到它的后代；也可以在一年中得到一个遗传优势个体的多个后代；冷冻胚胎可以扩大移植范围，将胚胎移植到其他国家。

胚胎移植成功的关键在于从供体马体内获得胚胎的能力、胚胎的质量以及胚胎移植入受体后的发育情况。

正常受胎的母马胚胎收集率为50%～70%，移植后的受胎率为50%～70%，每个周期中胚胎移植的效率保持在25%～50%。

三、胚胎移植的主要技术程序

(一)胚胎收集

供体母马正常配种或输精。用B超确定母马准确的排卵时间，在排卵后7～8 d收集胚胎。典型的冲胚方法类似牛的非手术冲胚法，是将一个灭菌冲胚管插入母马子宫中，依靠液体的重力作用，将适量冲胚液导入子宫，然后关闭进液口，打开出液口，使冲胚液产生回流，下接一个带有滤过作用的收集皿，待冲胚完毕后。将收集皿中的液体倒入培养皿中在体视镜下观察、收集胚胎。如果第7天未收集到胚胎，第8天重复操作一次。

(二)胚胎定级

将胚胎用mPBS液冲洗几次后，置于装有mPBS的灭菌培养皿中，在体视镜下观察、定级，定级后可用于移植。胚胎尺寸和发育阶段每24 h变化1次，收集的6日龄胚胎直径只有8日龄胚胎的1/3，7～8日龄胚胎移植受胎率最高，但其抗冻能力不如6日龄胚胎。6日龄以前或 8 日龄以后的胚胎移植受胎率很差。

胚胎定级采用 5 级评分制。一级：优质，外形圆润、整齐，卵裂球紧凑；二级：外形基本整齐，变性细胞较少；三级：有一定数量的变性细胞，不会严重影响胚胎发育；四级：胚胎质量差，变性细胞多，严重影响到胚胎发育；五级：胚胎未受精或者已经死亡。胚胎质量直接影响移植受胎率，在相同条件下，移植一级、二级胚胎可以获得 69％的受胎率，而移植三级胚胎只能获得 18％的受胎率。

（三）受体母马的选择

应该选择 3～10 岁、体格与供体大小相当的母马作为受体母马。如果受体是初配马，则需要进行生殖机能检查，包括对生殖道的直肠检查和超声波检查，阴道镜检查及子宫内膜活组织培养和检查。适宜的受体应该是具备正常的发情周期或排卵周期，无不孕史。

在胚胎收集的同时，就需要确定受体可用并且处于发情周期合适的阶段，为此，大多数的胚胎移植计划准备多匹受体马。另外，为了确保移植时间的正确无误，供体和受体做发情同期化处理也是非常有必要的。为获得最高受胎率，受体要比供体排卵时间晚 1 d 左右。

受体母马在排卵后 5 d 进行 B 超检查，确定子宫内液体情况和黄体大小。子宫内没有液体的母马子宫颈是紧闭的。管状子宫及黄体直径大于 3 cm 的母马可以选作受体母马。

卵巢切除的母马可以替代正常的母马作为胚胎受体。使用卵巢切除母马的优点是可以不受发情周期的干扰，子宫可以通过在移植前 5～7 d 进行孕酮注射，人为地做好接受和营养胚胎的准备。由此，同期化排卵和对于受体的 B 超检查可以被省略了。卵巢切除母马作为受体后的移植受胎率与正常母马的相当。

（四）胚胎移植

（1）手术法移植　在镇静和局部麻醉后，在受体母马腰侧部作切口，直达腹腔，取出子宫角，在子宫角靠近输卵管的部位作小切口。将胚胎装在玻璃移植管内通过切口导入子宫角。

（2）非手术法移植　将移植枪经阴道、子宫颈，最终插入子宫体，将胚胎输入子宫体。非手术法移植的受胎率较手术法低，其原因可能是在移植过程中将细菌等微生物带入子宫，造成子宫污染。随着移植器械的不断改进和操作人员技术的不断提高，非手术法移植的受胎率将不断提高，最终与手术法相当。

（五）低温保存胚胎和冷冻保存胚胎

通过特殊处理及使用胚胎培养液可使胚胎在体外发育 48 h 以上，这使胚胎在两地或者国家之间的运输成为可能。低温保存胚胎可以装在低温保存精液的装置内进行运输。36 h 内低温保存的胚胎移植后受胎率与鲜胚移植受胎率相当。冷冻胚胎用途有限，主要因为 6 日龄以上的冻胚解冻后发育率很低，移植受胎率显著降低，有待于通过更多的研究使其提高。

第四节　妊娠、妊娠诊断技术及接产技术

母马的妊娠期通常按 11 个月或 340 d 计算，但因品种、年龄、饲养管理条件和胎儿性别的

不同而略有差别。马驹优良品质的形成和它在母马子宫内发育的状况有很大关系，为了保证胎儿在妊娠期有良好的生长发育，应给妊娠母马以良好的饲养条件。

母马妊娠通常可划分为3个时期：胚泡期，从受精卵开始到孵化囊胚阶段；胚胎期，从孵化囊胚期开始到胎盘形成阶段；胎儿期，从胎盘形成到胎儿出生阶段。

卵子受精后，边向子宫移动，边开始卵裂，当它达到子宫时，已发育成为桑葚胚，桑葚胚进一步发育成囊胚、孵化囊胚，在子宫里附植下来，逐渐发育成胎儿。在早期，胚胎依靠滋养层细胞通过从母体子宫中吸收子宫乳来获得营养，子宫乳包括子宫黏膜的分泌物，子宫部的血液和淋巴液的滤出液，红细胞，白细胞和子宫黏膜上皮细胞的分解产物。随后，滋养层逐渐形成胎膜，并建立起较为发达的胚胎循环系统。随胚胎的继续发育，胎膜的外层与母体的子宫内膜共同形成胎盘，在胎盘中，胎儿的血管和母体的血管紧密地连接，彼此以毛细血管的内皮细胞分隔，血液并不混合。这时胚胎转变成胎儿，并通过胎盘从母体血液中取得营养。

一、马的妊娠变化

（一）卵巢

妊娠40 d，直肠触诊卵巢可摸到黄体，这种黄体可延续5～6个月。在有些品种可同时发现有卵泡发育；在此以后可能尚有大量的直径小于3 cm的卵泡生成，但极少发生排卵，妊娠40～120 d，卵巢有明显的活性，两侧或一侧卵巢上有许多卵泡发育，卵巢体积比发情时还要大。这些卵泡可排卵形成副黄体，或不排卵而黄体化。卵巢活性通常在妊娠100 d时消退，黄体也开始退化。有些品种在妊娠21～112 d有卵泡发育并排卵，40～42 d、54～56 d和63～66 d发生排卵的更多。120 d以后所有黄体都逐渐退化，卵巢逐渐变小而较坚实，改由胎盘分泌孕酮维持妊娠。

（二）子宫

马的囊胚通常在受精后18 d大如栗子，在第4周直径为4.2 cm左右，12周体长约为12 cm。马妊娠第18天子宫壁开始增厚、肿大，子宫角有坚实感，轮廓清楚。有囊胚的子宫角呈管状隆起（同发情时子宫弛缓的囊状情况很易区别），有些马子宫呈面团样。囊胚的大小差异很大，同妊娠日期对照，有些偏大，有些偏小。妊娠60 d时还可触摸到未孕角，这时囊胚开始从孕角延伸到子宫体，子宫向前向下沉。妊娠的前3个月胚胎的生长是比较缓慢的，但在妊娠4个月以后却生长较快。在妊娠后半期，妊娠角逐渐向前延伸，最大时几乎达到横膈膜。通常左侧腹壁较右侧腹壁突出。妊娠末期，马的子宫则位于腹腔中部，有时也偏向某侧。

妊娠后子宫黏膜的血液供应由于孕酮的作用而增多，黏膜增厚。黏膜及黏膜下组织的联系变疏松。所以，妊娠初期子宫黏膜可形成大量皱襞，子宫逐渐增大时。皱襞随之展平消失，子宫腺扩张、伸展、卷曲，细胞中糖原增加且分泌物增多，分泌物同分解的白细胞及黏膜脱落的上皮细胞共同构成子宫乳。以后黏膜形成母体胎盘，胎盘为弥散型胎盘。整个子宫黏膜均为母体胎盘，因此孕角的黏膜较厚。马胚胎发育至2个月以后，逐渐出现马体固有的形态特征。在整个妊娠期完全依赖母马供应营养，借子宫和胎盘进行胎儿的新陈代谢。但是马胎儿和子宫之间的联系不如反刍动物胎盘结合的牢固。因此，马流产较牛、羊多见。又由于分娩时脉络膜表面的绒毛较易从子宫黏膜剥落，因而胎衣不下和子宫出血的病理情况较少见。

（三）内分泌变化

同其他家畜相比，马妊娠期的激素变化较为特殊，在妊娠 35～40 d 时，子宫内膜上有一种形似杯状或像隆起的壁沟的结构得到发育，称之为子宫内膜杯，为马属动物所特有。子宫内膜杯在孕角和子宫体交界处最多，形成一环绕带，产生一种促性腺激素，称为孕马血清促性腺激素（PMSG）或马绒毛膜促性腺激素（eCG），对卵泡有较强的刺激作用，对黄体的作用较弱。排卵后 38～42 d 血液中就出现 PMSG，60～65 d 达到最高值，以后随着子宫内膜杯变性而逐渐减少，大约于妊娠 150 d 消失。

由于马的卵巢在妊娠期间仍然发生变化，所以其孕酮浓度很不规律。排卵后形成红体和黄体，第 6 天外周血浆孕酮浓度升高到 7～8 ng/mL，维持 4 周左右，再下降到 5 ng/mL。因为在妊娠 40～60 d 开始形成副黄体，所以在妊娠 50～140 d 时，外周血中的孕酮浓度又增高，在妊娠 70 d 左右达到峰值，并维持 50 d，以后下降并维持较低水平，妊娠 180～200 d 的孕酮浓度低于 1 ng/mL，分娩前才迅速升高达到临产前的峰值，分娩后立即下降到最低水平。

妊娠最初 35 d，外周血液循环中雌激素含量同间情期差不多；妊娠 40～60 d，由于 PMSG 刺激卵泡发育，雌激素含量增高，略高于排卵前的水平，约为 3 ng/mL，并保持稳定状态，60 d 以后雌激素含量又增高，210 d 时达到最高值，这可能是由胎盘分泌所引起，以后逐渐下降，到分娩时呈直线下降。马的雌激素主要是雌酮和马烯雌酮，也有 17β-雌二醇，17α-雌二醇和马萘雌酮。

妊娠期间促乳素含量的变化无明显规律性，个体之间变化相当大，但随着妊娠期接近结束有略微升高的趋势。

二、妊娠诊断

母马在配种后，如果在下一性周期不见发情或拒绝交配，一般都有受胎的可能。但单凭此断定还不是绝对可靠的，必须在最后一次配种或受精后第 18～25 天进行妊娠诊断才能确定。马的妊娠诊断主要通过直肠检查法，也可通过 B 超诊断或实验室诊断确定。

（一）直肠检查法

通过直肠检查在妊娠 20 d 时就能确定妊娠与否，而且准确率很高。马的直肠壁较薄，往往积有大量粪球，手伸入直肠后，先将积聚的粪球全部掏出，如有可能应事先用肥皂水灌肠，促使直肠排空。检查动作应轻缓柔和，切忌损伤肠道黏膜。一旦引起肠壁损伤，特别是发现出血，后果极其严重。马的子宫颈比较柔软，不易感觉，因此，检查应先从卵巢开始，在左侧的第 4 和第 5 节腰椎横突左下方，或右侧第 3、第 4 节腰椎横突右下方相应区域找到卵巢并检查之后，可用手心握住卵巢，沿着阔韧带向下滑动，达到子宫角进行检查，其后用同样的方法依次找到子宫体及另一侧的子宫角和卵巢检查。另外，也可应用钩底法，即将手指向前伸，越过整个子宫，再将手指向下弯曲并缓慢向后抽回，把子宫体和子宫角钩在手内进行检查。

1. 触诊内容

主要是触摸卵巢和子宫形态、位置、质地以及子宫中动脉的粗细和搏动变化，特别是卵巢位置和子宫的变化，对判断妊娠月份更有价值。

(1)卵巢　黄体形成后 2～3 d 在卵巢表面就可触及到黄体。妊娠黄体虽能持续存在 5～6 个月，但不突出卵巢表面，因而触摸比较困难。有些母马在妊娠后 15～30 d，可能又有卵泡发育，而且数目很多，大小不等，卵巢表面有许多突起物很像葡萄。随着妊娠月份的增长，卵巢逐渐向下沉，向中线靠拢，两个卵巢距离愈来愈近。

(2)子宫　妊娠达到 19～21 d 时，子宫紧张度增大到最高程度。紧靠着孕体的子宫壁变薄而且柔软。孕体在子宫角内逐渐膨胀，向下伸展，前后扩张，因而使子宫角增大；膨胀的孕体逐渐扩张到子宫角顶部；若是双胎，往往各自占据一个子宫角的基部。随着妊娠月份增长，子宫日益膨胀，从骨盆腔的水平面上逐渐向腹腔下沉。妊娠后子宫颈紧缩变小，依妊娠月份的不同，在骨盆腔内的位置也有所变化。

(3)子宫中动脉　将手掌贴着骨盆顶向前滑动，越过狭部以后就可触摸到髂内动脉，继续向前不远就是髂外动脉，在髂外动脉起点前缘就可摸到子宫中动脉。妊娠后子宫中动脉粗大，并且震颤。

2.未妊娠生殖器官的形态

马卵巢的大小视所处的发情周期阶段而各不相同。有卵泡发育的卵巢大，体积大的卵巢触诊可能有波动；有黄体的卵巢体积也较大，但触诊无波动。两侧卵巢的位置均比较靠近脊柱。两子宫角大小相等，为扁平的带状，质地松软，触诊有收缩反应，立即变成圆筒形。经 5～10 s 后又变松弛。恢复原来的扁平带状。子宫颈位于骨盆腔底部，两侧子宫动脉粗细相同，脉搏强度亦相等，搏动性质与其他动脉一样。

3.妊娠各阶段生殖器官的变化

(1)妊娠 20～25 d　一侧卵巢上有黄体和卵泡，体积增大。孕角基部和子宫体交界处膨大，同未孕角有明显的差异；可触到小而柔软的孕体，其直径为 2.4～2.8 cm。第 25 天孕体膨胀，直径可达 3～3.4 cm，在子宫角基部靠前的腹面上能感触出来。孕角较短，空角常形成弯曲，触诊时子宫无收缩反应，可以感觉出两个子宫角在形态上有明显的差别。

(2)妊娠 30～35 d　卵巢上有黄体和卵泡，孕侧卵巢为梨形，未孕侧卵巢仍为肾形，通常是一侧卵巢较大并略微下垂。两子宫角均变粗、变圆、有弹性，孕角更为粗短，空角比较柔软，子宫底凹陷。孕角和子宫体连接部较肥厚、膨大，形成一泡状椭圆形的囊胚。妊娠 30 d 时孕体直径为 3～4 cm；35 d 时达到 4.5～6 cm。有时会感觉出波动，尿囊内有尿液 40～50 mL，羊膜囊直径为 1.5～2 cm，羊水约 1.5 mL。

(3)妊娠 40～45 d　两侧卵巢增大，孕角侧卵巢下垂，孕体直径为 6～7 cm，大小似垒球。孕体膨胀呈半圆形的隆凸，占据孕角的后半部及一部分子宫体；可将膨大部分握在手掌心内触诊，感觉是壁较硬且有波动，有时其中的液体波动很清楚；囊胚呈不规则的正圆形或横椭圆形。空角的后部亦变粗，两角均变短，孕角更短，轮廓不清。空角柔软，外形清楚。这时尿液有 160～180 mL，羊水 4～5 mL。双胎妊娠时，每一侧子宫角基部各有一孕体。

(4)妊娠 50～60 d　两卵巢增大下垂，孕角侧卵巢下降到相当于骨盆腔高度的 1/3 处，并向中线靠拢。孕体呈圆形，大小约 13 cm×9 cm，孕角及子宫体增大变圆，形成大小似新生儿头的紧张囊胚，触诊子宫壁感觉较硬实或者较薄而柔软，有时是交互出现这两种感觉，有波动，孕角比空角大 1.5～2 倍，两子宫角的粗细明显不同，子宫体垂到骨盆底的水平面上。

(5)妊娠 90 d　两侧卵巢降到骨盆腔前缘，距离缩小，孕角卵巢降到骨盆前缘靠近骨盆入口直径的中点，孕体达 23 cm×14 cm，孕角及子宫体膨大成为人头大的长形分叉囊状物，由耻骨前缘向腹腔下沉，并略偏于左侧，有波动感。孕角比空角大 2.5～3 倍，孕角侧子宫阔韧带紧张，卵巢系膜前缘亦紧张，胎水已达 2 000 mL。应当注意，即使是体格大小相等、排卵日期相同的母马，由于胎水量的多少不同，孕体膨胀程度也可能有差异。双胎妊娠在此期以后才能将两个孕体辨别清楚，因为单胎妊娠的孕体也可以占据两个子宫角，呈弥漫性膨胀。此外，检查时还要注意，不要把充满尿液的膀胱同妊娠 70～100 d 的子宫相混。如有疑问不能直接确定时，可寻找卵巢，根据卵巢和子宫与子宫阔韧带和卵巢韧带的联系进行辨别。妊娠 100 d 左右，可触到悬浮在胎水中的胎儿。

(6)妊娠 120 d　卵巢降到骨盆底的水平面上，两卵巢彼此更为靠近。子宫颈位于骨盆底前缘，子宫呈袋状沉入腹腔，像大西瓜样的长形囊状物，表面紧张波动明显，有时可触摸到胎儿。孕角侧子宫中动脉有微弱的妊娠脉搏，时隐时现(轻触时可感觉到，重压时则不易感觉出脉搏的震颤)，管壁变得稍粗，孕角比未孕角大 3～4 倍。

从妊娠 120 d 开始，胎儿发育长大，囊胚紧张度降低，只能在子宫某一部分表面触摸到胎儿部分肢体。

(7)妊娠 160 d　与 120 d 的情况大致相同，只是卵巢位置更低更靠前，位置不固定，难以触摸到。子宫更大更向腹腔下沉，孕角侧子宫动脉震颤明显，但有些马仍旧很弱。

(8)妊娠 180 d　子宫沉入腹腔下部，为空肠及大肠所盖，不易触摸到，特别是直肠系膜短的马更难触到，子宫阔韧带紧张。孕角侧子宫中动脉震颤明显，未孕侧子宫中动脉亦开始出现微弱的妊娠脉搏。

(9)妊娠 210 d　子宫位于腹腔中部，轮廓不清楚，但很容易摸到胎儿。子宫颈向腹腔下降，左右两侧子宫中动脉震颤均很明显，但未孕角子宫中动脉较细，震颤亦较弱。孕角侧子宫后动脉开始出现妊娠脉搏。

(10)妊娠 240 d　基本和妊娠 210 d 相同。

(11)妊娠 270 d　因子宫角增大，子宫颈回到骨盆腔耻骨联合的前缘，在腹腔内容易触到胎儿。除两侧子宫中动脉有明显的“震颤”外，孕角侧子宫后动脉妊娠脉搏也变明显。

(12)妊娠 300 d　手伸入直肠就可触到胎儿前置部分，双侧子宫中动脉和孕侧子宫后动脉妊娠脉搏均明显，未孕侧子宫后动脉妊娠脉搏开始变得清楚。外表已出现分娩预兆。

(二)B 超诊断法

将待检马保定在保定栏内，直肠清粪后，操作者用手将 B 超探头引入直肠内，使探头紧贴直肠壁进行扫描。通过扫描卵巢、子宫的形态等判断是否妊娠。

(三)实验室诊断法

1. 血浆和乳孕酮测定法

妊娠马即使发情(马妊娠后再发情者较为常见)，在发情之前或发情期间血浆孕酮浓度仍然很高，呈典型的规律性变化。所以，马在配种后 16～22 d 采集乳样或血样测定孕酮，也可用于妊娠诊断。可采用放射免疫分析法，蛋白竞争结合法和酶联免疫分析法测定。采集马的血样比采集乳样容易，结果也相当准确。马配种后 16～17 d 未发情，血浆孕酮水平很高，早期诊断正确率达到 90%。血浆孕酮含量低，表示马未妊娠且处在发情期，马未妊娠而有持久黄体者少见。此法检查大群的马匹表明，早期诊断偶然发生错误。

2. 孕马血清促性腺激素生物学试验

马妊娠 40～120 d 内，血液中存在有大量的 PMSG，它能使雌性实验动物生殖器官呈现类似发情期的变化，并可使雄性青蛙或蟾蜍排出精子。将受检马的血清注射于实验动物，观察是否出现上述变化的生物学试验，是沿用已久的一种比较适用的妊娠诊断法。

(1)蟾蜍(或青蛙)试验　用公蟾蜍或公青蛙 2～3 只，用吸管从泄殖腔内吸取少量液体，滴于载玻片上，于显微镜下观察，确证无精子者，方可用作试验。

从配种后 45～120 d 受检马颈静脉采血 10～15 mL，盛于试管内，将试管加塞并略微倾斜放在冰箱内，等待血清自行析出以后，用吸管吸出盛于小瓶内，备用。

取血清 3 mL，注入到 1 或 2 只蟾蜍的脊淋巴囊内，另一只蟾蜍不注射血清作为对照。注射后 3 h 出现阳性反应者，判断为已妊娠；未注射血清的蟾蜍应为阴性，无精子出现。

(2)其他实验动物试验　根据上述原理，也可将受检马血清注射于雌性实验动物进行检验。应用雌性未成熟的小鼠和大鼠试验，妊娠诊断准确率达到 95%；应用雌兔试验表明，妊娠 55～80 d 时试验效果最佳。用于这种试验的雌性动物必须是尚未性成熟的，注射孕马血清以后发生的变化是：卵巢上有卵泡发育，并继续生长成熟，最后破裂，且子宫肿胀。对照动物注射的是未妊娠母马血清，不出现这些变化。这种试验方法的缺点是从注射血清到出现反应的间隔时间比较长，一般需要 2～6 d。另外，有时也受到受试动物的生理情况干扰，偶然会出现假阳性。

3. 免疫学试验

应用免疫学原理诊断马妊娠的方法包括凝胶扩散试验和血凝抑制试验，通常多采用后一种方法。其作用原理是含有孕马血清促性腺激素的孕马血清，如果预先与抗孕马血清促性腺激素血清发生中和反应，然后加入致敏的红细胞(载体)，它和抗孕马血清促性腺激素血清发生的凝集现象就受到抑制，不出现凝集现象。

进行这项试验须预先用孕马血清促性腺激素纯品以兔和火鸡制备抗孕马血清促性腺激素血清和致敏的绵羊红细胞(使孕马血清促性腺激素吸附于绵羊红细胞上)。检验的方法是取 1 滴被检马血清，滴于干净的玻片上，加 1 滴预先制备的抗孕马血清促性腺激素血清，混匀，再加 2 滴致敏的绵羊红细胞，摇动 2～3 min，待混合均匀后观察结果。不出现凝集现象者为妊娠；出现凝集颗粒者是阴性反应，为未妊娠。此种方法的准确率可达 95%。另外亦可采用常规试管法进行检验。

采集血样过早和过迟都会造成假阴性。因此，采样时间极为重要。有些马血液的孕马血清促性腺激素水平一直很低，持续存在时间亦短，这样的马不能应用此法进行检验。

有些马的胚胎或胎儿可能在采血样以后死亡，或者在采样之前已经死亡；此种情况也会产生假阳性。因为子宫内膜杯一旦形成，在一定时间内能持续存在，并继续分泌孕马血清促性腺激素，不会因为胎儿死亡就立即退化或停止分泌，所以这样的假阳性从另一种意义来说，实际也是真实的阳性反应。

4. 尿液雌激素测定

妊娠马，特别是在妊娠 150～300 d 期间，尿中所含的雌激素(雌酮和 17β-雌二醇)量足以用来进行妊娠诊断，而且可以用于诊断早期妊娠。其方法是首先取被检马尿液 15 mL 置于大试管(或三角烧瓶)内，加浓盐酸 3 mL，混合，置于 100 ℃水浴锅内加热 10 min，使结合的雌激素水解，然后在室温下冷却，加入苯 18 mL，加塞用力振荡，抽取游离的雌激素。用脱脂棉拭子穿过上层的苯，插到管底搅拌，使成悬浮液。之后将上层的苯倾入另一试管，并沿着管壁缓缓地加入浓盐酸 10 mL，再加塞振荡，然后置于 80 ℃的水浴锅中加热 5 min。与此同时，将已知未孕马的尿液作同样处理，作为对照。最后在日光或人工光照下观察结果，液体呈墨绿色并带荧光者为阳性已妊娠；无雌激素存在则液体为褐色。

这种检验方法，在妊娠 150～300 d 期间应用，诊断的准确率达到 100%。发情时尿中所含的雌激素量不足以引起反应。

妊娠马尿中所含雌激素也可以用于生物学试验。其方法是将过滤消毒的被检尿给切除卵巢的小鼠皮下注射，阴道上皮出现发情一样的特征变化者为阳性已妊娠。

三、接产和幼驹护理技术

(一)分娩前的准备

根据配种记录，推算母马预产期，做好产前准备。预产期是根据最后配种日期和妊娠期推算的，妊娠期平均为 335 d。预产期可按最后配种日期年加 1、月减 1、日加 1 的方法推算。如母马的最后配种日期是 2006 年 5 月 8 日，其预产期则为 2007 年 4 月 9 日。

舍饲条件下，应准备产房。牧区养马多为防风棚圈。早春产驹时，早晚气温低，如不加以护理，常常会造成冻死或冻伤。母马产驹多在夜间，因此兽医或牧工必须对临产母马轮流值班，加强护理。

(二)接产

母马临产前 1～2 d，外阴部肿胀，乳房胀奶，有时流出黄色胶状初乳，尾根下陷，肌肉松弛(俗称塌胯)；分娩时，母马精神不安，食欲减退，时起时卧，常常回头顾腹，举尾拱腰作排尿状，甚至全身出汗。

母马开始分娩时不要惊动，当阵痛数次后，母马卧地努责、不再站起时，接产人员要迅速、沉稳地上前接产。在正常情况下，胎儿经 20～40 min 产出，不用协助。在母马阵缩无力时，需要接产人员随母马努责的节律，握住幼驹前肢将其牵出。胎儿头部露出后，若胎膜不破，可用消毒过的双手撕破羊膜，预防幼驹窒息。但切忌过早撕破，以免胎水过早排干，造成难产。

(三)产后对幼驹和母马的护理

幼驹出生后，尽快清除口鼻的黏液，防止呼吸不畅引起的窒息或肺炎。早春气温较低时需要人工擦干被毛，将幼驹安置在铺有干净垫草的地方，注意保温，防止冻伤和感冒，也可视情况让其母马舔干或自然干燥。接着去除蹄底的软蹄，使幼驹能正常站立。

对于不能自然断脐的幼驹要人工断脐，可将胎盘的血液捋到幼驹体内，剪断消毒。

幼驹生后，经 0.5～1 h 就能站立。在站立不稳期间，要有专人照管，尤其要保护头部，以防跌倒碰伤。待能站立后应尽快辅助幼驹吃初乳，以利于幼驹增强抵抗力和排出胎粪。吃初乳前，先用温水清洗母马乳头，擦干后将乳汁挤出少许，防止幼驹腹泻。生后 4～5 d 开始，在天气晴好时，让幼驹随同母马在舍外活动，以增强体质。

在通常情况下，母马的胎衣经0.5～1 h就能自行脱出，但也有6 h以上才排出的。如果胎衣6 h以上仍未排出，为胎衣不下，立即请兽医处理。对产后母马在饲养管理上应精心护理，分娩后1周内，主要以优质、易消化的青干草为主，精料饲喂量要少，逐日慢慢增加，1周后达到正常营养水平。

复习思考题

1. 群众常说的"配血驹"指什么？
2. 畜牧生产中，母马发情鉴定的方法有哪几种，各有什么优缺点？
3. 母马在发情周期内，其卵泡发育一般分为6个时期，各期有什么特点？
4. 与自然交配相比，实施马的人工授精有哪些优点？
5. 简述母马人工输精的操作方法。
6. 简述用直肠检查法诊断母马妊娠时各月份卵巢、子宫等的触诊特征（到妊娠120 d）。
7. 简述母马接产步骤及对生产母马、马驹的护理要点。

第六章
马的育种工作

第一节　马育种的基本原则、任务、途径和方法

一、马育种的基本原则

马的育种工作是马业生产中一项重要的任务，是一项需要长期坚持的工作，必须有正确的育种方向和应遵循的基本原则。

（一）适应国民经济和社会生产力的发展

马匹具有多方向用途，其作用和意义因国民经济和社会生产力的发展而在变化，在新中国成立之前，马匹虽在不同地域、不同领域发挥了乘、挽、驮等生物动力的作用，但马育种工作由于缺乏统一组织领导，进展缓慢。新中国成立后，党和政府部门对发展耕畜采取保护和奖励政策，在积极发展马匹数量的同时，也注重马匹质量的提高，到 1977 年马匹数量达 1 144.7 万匹，居世界之首，但是由于我国对全国的马业未来发展缺乏整体的规划，主要发展农用及运输大型役挽马，只注重役挽马的繁育工作，忽视了对骑乘马、竞技马、马术马的繁育工作。自 20 世纪 80 年代开始随着工业的发展，机械动力代替了大部分畜力，我国的马匹需要由役用向非役用转变，由于世界现代马业的迅速发展，当前马业的发展方向是发展速力马（竞技马）、骑乘马（休闲娱乐用马）、马术马、产品用马、矮马（观赏马）、宠物马。最近几年由于党和国家重视赛马、马术运动等项目并在我国得到发展，促使我国的现代马业出现良好的发展势头。马的繁育工作也从只注重挽马的培育发展为以现代马业（以赛马和马术运动为代表）的需要为中心，注重马匹与人之间互通灵性，形成现代马的育种工作的显著特点。

（二）适应当地自然条件

自然条件对马的育种工作关系重大，作用比较持久、稳定、不易改变，在不同的自然条件下培育的马，各具有其独特的外貌、体质特征，如中亚西亚一带气候干燥、植被稀疏、牧草干物质含量高，适应培育轻型马；在西欧一带，气候湿润、牧草水分多，适应培育挽用型马。我国的河

曲马就是在青藏高原东北部，由于雨多草茂而形成了体格比较高大的特征，而在云贵高原山区的马体格较小。这说明了生物与环境的关系，也是马的育种工作中必须考虑的原则。

（三）保持和发扬马种原有的优点

我国马种资源丰富，新中国成立以来在马的品种调查方面做了大量的工作，近年来尤其是在保留原有马种的耐粗耐寒、抗病力强、适应性好等优良性状；保存矮型马种资源和蒙古马种等方面做了大量工作。

二、当前马育种工作的主要任务

提高现有马匹品种的质量，加速育成正在培育的新品种群，使其达到良种要求，如新中国成立以来新培育出15个马品种，三河马、伊犁马是我国优良的乘挽兼用型品种，它们外貌清秀、体质结实、动作灵敏、性情温驯、力速兼备、遗传性稳定，因本身导入纯血马的遗传因素，今后在本品种选育的基础上，继续提高质量，向培育我国马术运动用马方向选育是很有必要的。

有计划地引入目前急需的产品用马和运动用马国外良种，丰富马的基因库，培育我国的产品用马和运动用马，近几年国家非常重视这方面的研究。如乳用马品种引进及杂交改良初步研究，引进纯血马及性能测定技术研究等项目。

对地方品种马进行本品种选育，保留其原有的耐粗耐寒、抗病力强、适应性好等优良性状，如蒙古马在我国马品种构成中占有重要地位。但由于前些年对该品种的保护措施未能及时实施，导致该品种的存在受到严重威胁，现在我国年青一代的育马专家正在通过建立蒙古马基因库的方法对一些优秀性状的基因加以保护。并继续选育，保留其原有的优良性状。同时要积极采取措施保存净化珍贵的特小型矮马（安宁果下马）的种质资源也是当前马育种工作的重要任务。

我国20世纪90年代后期及21世纪马匹育种工作的方向是以速力马、骑乘用马、产品用马为主，并发展多种类型，以满足赛、乘、马术、游乐、宠物、马奶、马肉生产的多种需求，以便于同世界育马业接轨。

三、马育种的途径和方法

马的育种工作实践证明，马的性状表现是遗传基础和环境因素共同作用的结果，但两者对不同性状所起的作用却不尽相同，故应采取不同的育种途径和方法。

对于低遗传力性状，如马繁殖力的遗传力约0.05，即5％，仅靠表型选择来改良是很难生效的，如果要改进马的繁殖力，必须从饲养管理、繁殖手段、疾病防治等多方面加以改进才能有效。

对于高遗传力性状，如马的赛跑能力，估计遗传力为0.20～0.60，即20％～60％，仅通过改进环境条件来提高，效果不会很大，应从选择具有良好遗传基础方面着手，再具备适当的环境条件，能最大限度地发挥其优良遗传性，以提高后代的品质，才有可能获得具有良好竞赛能力的马。

解决好性状的遗传和变异对立统一的矛盾，利用遗传巩固有益变异，而利用变异可改变原有的遗传基础，从而提高品质。对于性状的变异，要注意观察分析，如果受环境影响引起基因表现的变异，是不能从双亲传给后代的，在育种工作中，应尽量创造良好的环境条件，使马匹的优良遗传性状得到充分的表现，便于识别有益的遗传变异，提高选择的准确性和可靠性，这是马匹育种工作中常用的途径和方法。

由于马的经济性状大多属于多基因控制的数量性状，因此，用基因组合的方法，迅速选出生产力高的马是不易做到的，为解决这一困难，应采用现代育种学方法，首先计算出各种性状的遗传参数，种马育种值和综合选择指数，结合生理、生化以及分子生物学等分析结果，作为选种的依据；然后采用科学合理的方法对选出的优良种马进行选配，使之产生优良后代，同时加强培育，严格选择逐步达到育种的目标。

马的生产力高低，除受本身生理机能支配外，还要受本身体质外貌，气质以及外界条件的影响，在选种中除依据遗传参数、育种值、综合选择指数外，还应注意其外貌的观察和鉴别，以提高选种的准确性。

目前，在役用与竞技性状的遗传学研究成果中以竞技性状的研究居多，在这种性状的育种工作中常用到的方法有以下 2 种：

(1)性能育种计划　马育种工作者非常重视根据种马的生产性能来开展马的育种工作，马的生产性能大多为数量性状，种马的性能测定和根据性能选种就尤为重要，就赛马而言，赛马场就是一个种马的速力性能测定站，纯血马就是根据它的赛马成绩(速力)，来进行选种和选配计划，一直坚持 300 余年使纯血马成为赛马的优秀品种。

(2)系谱育种计划　马的育种工作非常注重根据马的系谱记录来进行马的选种选配工作，特别强调种马的血统。马育种工作者有句谚语：马育种始于一匹宝马良驹，也就是说马匹育种工作经常围绕一匹冠军马来培育更好的宝马良驹。最好的例证还是纯血马的育成，在纯血马的育种过程中有 3 匹公马起的作用巨大，它们分别是达雷阿拉伯(Darley Arabian)、哥德劳阿拉伯(Godolphin Arabian)、培雷土耳其(Byerly Turk)，这 3 匹马都是当时最好的赛马，以它们为基础培育了纯血马。

第二节　马匹选种与选配

一、马的选种

马的育种主要指种用马的选种和选配两大内容。选种就是选出优秀的个体留作种用。从本质上说，选种打破了繁殖的随机性，打破了原有群体基因频率的平衡状态，从而人为地、定向地改变了种群的基因频率，最终导致类型的改变。

马的选种分为人工选择和自然选择。人工选择是人们有意识地改变马的类型和方向来提高马匹质量的一种手段。对培育品种作用较大。自然选择是自然气候和地理条件起主要作用，它对原始群牧管理的作用较大。如不同地区的地方品种，其体质外貌、体尺类型都有显著的差别：北方地区的品种，体质粗糙，体形较重，胸廓发达；而在西南山区的品种，体质干燥，体格较小，体形较轻。

人工选种的方向与自然条件作用一致时，自然条件可以加强人工选择的效果，否则必须人为地消除自然条件的反作用。因此，人工选择不止是简单的选出优秀的个体留作种用，而且要创造与选种方向相适应的培育条件。

根据育种学原理：$R=i\delta h^2$

选择效果 R 取决于选择的强度 i、遗传变异的大小 δ 和性状遗传力值 h^2。此外世代间隔与改进速度也有关系。遗传变异的大小，就是马群体间遗传品质的差异，这是决定选择效果的基本因素。当遗传变异大时，选择差大，通过优选去劣，可以迅速提高全群的平均值。当遗传变异小时，即使能做到准确选择，加强选择强度，选择效果也不明显。

马的选种不如其他家畜那样容易。因为马的遗传变异不易被发现，特别是马的主要经济性状，如工作能力，生产性能等在我国的马业实际生产中很难做到普遍准确的测验，也就是无法测定其遗传力，在选种中仅能参考国外同类资料，准确性不高。一个生产单位也不易繁育很多马匹，马的数量少，不仅出现理想变异的机会少，群体中个体差异比较小，选择强度也不大。此外，因马的世代间隔比其他家畜长，平均需要 8～12 年，也大大降低了改进速度，因此，对马的选种，必须克服这些不利因素，以提高选种效率。

为做到准确选种，必须有准确地鉴定资料，采用适当的方法。首先要测定育种对象的遗传参数。马的若干性状遗传力见表 6-1。

表 6-1 马的若干性状遗传力(引自 Bowling A T，Horse Genetics，CAB internation，1996)

生产性状	遗传力	资料来源
胸围	0.32	
尻宽	0.34	
气质	0.23	
繁殖力	0.05	
成熟时体重	0.26	
步样评分	0.41	
挽力	0.23～0.27	Hintz(1980)
牧牛能力	0.19±0.05	Gllersieck 等(1985)
乘骑力	0.36	Bruns(1985)
步态(gait)	0.5	
跳越障碍(jumping ability)	0.72	Klmetsdal(1990)
骑乘时间(racing time)	0.53	
三日赛	0.19	Hintz(1980)
盛装舞步	0.17	Hintz(1981)

其次应测定不同性状间的遗传相关。根据性状的相关情况，进行重点性状的选择，也可以进行间接选择，防止在改进某一性状时使另一个性状下降。如步幅和速度呈正相关，相关系数为 0.56～0.98；快步和跑步的相关系数也较大为 0.93～0.98。据测定，轻型马步幅和速度的相关系数大于重型马，前者相关系数为 0.94，后者相关系数为 0.56。说明选择步幅大的马匹，速度也会快。对于轻型马的选择效果要大于重型马。关于体尺的表型相关，根据测定吉林马的结果，体高和体长属于强相关，相关系数为 0.80±0.02；体长和胸围是显著相关，相关系数为 0.55±0.05；体高和胸围、体高和管围、胸围和管围之间都是中等相关，相关系数分别为 0.37±0.06、0.33±0.06、0.44±0.05。这说明选择体高较大个体繁育，在体高增加的同时，体

长也可以得到增长。

选择的强度和选择效果呈正比，在采用选择方法时，如果存在以下 2 种情况：选择准确性较高，但马的数量少；或者是选择准确性较差，但有多数马匹的资料，可以采取后一种办法更有利，也就是说在强度选择时能补偿在准确性方面的不足。如对马工作能力的测验，如果为追求准确性而采取系统测验，因工作繁重只能测验少数马，就不如采取一些简便方法，多测验一些马准确。为了扩大品种内马的数量，对母马不易做到强度选择，但对公马必须作强度选择。为延长优秀个体的种用价值，对老龄马不要全部淘汰；但为了提高改良的速度，应尽可能缩短世代间隔，使马群中青、壮龄马的比例增加。马的经济性状大多属于多基因控制的数量性状，而任何数量性状都是有遗传和环境共同作用的结果，所以选择必须与合理的培育相结合，即马能正常地生长，发育以及适于某些性状的培育条件。

马的选种方法可分为 3 种：个体选种、后裔或同胞测验和综合选种。采取哪种方法应根据育种的目标决定。

(一)个体选种

个体选种是指按个体本身的品质表现来选种。这是一种最简单的选种方法。对遗传力高的性状，如体高、骑乘马竞赛速度等，按个体表型值选择，是比较可行的。对单一性状的提高效果明显，而且改进速度快，但要注意全面，防止出现因使用不当造成此升彼降的现象出现。如对骑乘纯血马，有的只按竞赛速度来选种，而忽视了其他性状，造成生活力下降和外貌出现缺陷；对重挽马如只按体重进行选种，其挽力虽大，但体质湿润，缺乏悍威，运步不灵活。因此，在育种工作中应有计划地使用，在选种时，可根据不同育种阶段的要求，一般在育种初期为了使品种特性明显，可先集中选择一两个重点性状，使其迅速提高，然后再解决其他次要性状。但要防止已经获得的性状重新下降。所以从选种一开始就要有全面规划，将不合要求的个体早期淘汰，特别要将具有遗传性失格的个体淘汰掉。此外，当品种内变异稳定时，要想重点突出某个性状时也可以用个体选种的方法。

对于群牧管理的地方品种，由于马的数量较多，马群较大，一般多采取群体选种的方法，即按群体表型的共同特点进行选择。如按体高、类型等对马匹进行选择，有时也要注意淘汰外貌或遗传性失格的个体。

(二)后裔或同胞测验选种

后裔或同胞测验选种即根据后裔或同胞的品质进行选种。主要用于遗传力低的性状，如马的繁殖力，根据本身表型选种，准确性差，选择效果不明显，通过后裔测验则能正确地估计其遗传性能；对遗传力中等的性状，通过后裔测验更能正确地估计其遗传性能。对影响面大的种公马，尤其是人工授精或冷冻精液授精的主力公马进行后裔测验，可提高选种的准确性，以免造成较大的损失。另外，对有些显性性状，如哺乳力或产奶量等，只表现在母马，公马无表型值，所以选择这些公马的性状时，只能通过其姐妹或女儿的平均表型值来考虑。

同胞测验在种马发育的同时就可以进行，后裔测验则必须在种马有子女以后才能进行。所以同胞测验虽然准确性低，但能比后裔测验缩短世代间隔，有利于早期选种，加快育种的进程；后裔测验较同胞测验准确性高，但所需时间较长，不利于早期选种。

根据同胞品质或后裔品质选种时，都要利用全部同胞或后裔的资料，不能只利用选留下的同胞或后裔的资料，否则不能真实地反映被测种马的种用价值。

按后裔品质鉴定种公马时，在正常选配情况下，可使其子女与母亲比较，当子女性状优于母亲性状时，则认为该种公马是优秀个体，反之则认为该种马是较差个体。用后代与其母亲比较的方法缺点是用于比较的后代来自不同年度、不同地方和不同的培育条件，不如采用同龄鉴定法准确。

所谓的同龄鉴定法，就是在同一个年度，同一地点和同样培育条件下，不同的种公马所得后代进行比较。如果一个单位有几匹种公马时，可以利用这种方法。

按后裔品质鉴定母马时，可根据优秀母马头两产的后代好，以后会越来越好的规律，根据头两产后代的品质鉴定其母马，但要注意青年母马由于其本身生长发育尚未完成，会影响鉴定效果的，可鉴定第2、3产后代。

(三)综合选种

综合选种即在综合鉴定的基础上，对符合条件要求的个体，按血统来源、体质外貌、体尺类型、生产性能和后裔品质等5项指标进行综合鉴定选择。

综合选种虽然注意了各方面的特点，可以防止出现偏选种，但因选择的性状较多，要分主次重点，如果各项指标一并考虑，选择效果可能会受到影响。

在不同的育种阶段，选择的重点应不同。在同一时期内，重点选择的对象不能过多，否则，会使每个性状的改进迟缓，从而影响选种效果和育种进程。对于要选的性状，应按育种规划在各时间内划分主次，选择重点，逐次解决。

在品种培育的各阶段，都应注意血统来源和后裔品质选择2种方法，因为血统来源和后裔品质是遗传性的继承和传递的具体表现，它们有助于更准确地鉴定种马的品质。在品种培育的初期，体尺类型作为重点，当体尺类型基本达到要求时，选择的重点应移向体质外貌，最后阶段的选择重点应是生产能力。因为凡是具有较高生产力的马匹，不可能没有理想的体尺类型和良好的体质外貌。改进体尺类型和外貌是提高生产能力的基础。正如农牧民在实践中总结出的宝贵经验——“看长相，看走相，看毛色，看体尺，看体重，看能力(工作)，看双亲，看后代”的八看法。

1.根据血统来源选择

根据血统来源可以早期预选种公马，亲代的品质可以影响后代，按一般规律，在亲代中，父母的品质影响最大，以上各代逐渐减弱。但在实践中发现，有不少马匹不仅表现父母亲特点，而且表现了祖父或外祖父、曾祖父的特点，所以看祖先主要看这3代祖先中优秀个体的多少。其次，看被鉴定马是否继承了其优秀祖先的品质和性状特点。对本品种选育较久的品种，选留种公马应避免与母马有亲缘关系，特别是嫡亲和近亲关系。在品种或品系建立初期，可适当选择质量较好的近交后代，以便优良性状的基因迅速纯化，以稳定遗传性。在品种内马的数量较少时，为避免被迫进行近交，应有计划地多选留几个血统。

2.根据体质外貌选择

(1)体质类型　对任何品种的马都应选择体质结实而较干燥的个体。对不同类型的马，如重挽马更要注意体质的干燥性，对肉用马也不能过分强调细致湿润性，否则会造成适应性和生活能力下降。在寒冷地区粗放舍饲和群牧管理的马体质稍粗糙不为缺点，反而有利于适应当地的生活条件。体质类型过度粗糙、细致或湿润的马不能留作种用。

(2)适应性　适应性与体质有关，注意选择适应性强的个体。根据生产实践经验要选择健康、易恋膘、耐粗饲、性欲强、精液品质好的公马。母马应选择性活动正常、易受胎、哺乳力强的个体。

(3)气质　应选择有悍威、性情灵敏而温驯的个体，公马缺乏悍威或有恶癖都禁止作种用。母马性情凶暴也不宜作种用，用这样的母马一般哺乳力弱。对乘用马要求有较强的悍威、性情灵敏、易于调教。而肉用和乳用马则要求中等悍威，对外界刺激不太敏感，以避免不必要的消耗而影响生产力。

(4)外貌　公、母马都应选择体形结构匀称，骨骼、肌肉、腱和韧带发育良好，各部位结构符合品种类型的要求，肢势正确的个体留作种用。对种公马更应选择前胸发达、骨质充实的个体；对母马则选择中躯较长、腹部充实、尻部较宽、四肢不过长的个体。对公、母马凡有失格损征的个体均应淘汰，以防缺陷扩大。如喘鸣症、趾骨瘤、飞节内肿和外肿、鸡跛、单睾等缺陷。

3. 根据体尺类型选择

马的体尺与工作能力有关，不同用途的品种都有一定的体尺类型要求，并非体格越大越好。当品种内多数个体的体尺均未达到理想要求时，应当选择体格大的作种用，以便迅速提高品种的体尺；当体格达到要求时，应选择体尺理想的个体作种用，以防止向过高方向发展。按类型选择就是要选留符合品种要求的理想型，因在所有的品种内，实际存在着不同的类型，有理想的，也有不符合要求的，有的品种只要求 1 个类型，有的则要求 2 个或 3 个类型。有时母马的类型未达到要求，可以在选留公马时，除选择理想型以外，还选留一部分偏轻或偏重的个体，以矫正母马的类型。

4. 根据生产性能选择

提高马匹生产能力这是选种和整个育种工作的主要任务。当一个品种的体质类型和体质外貌基本上达到要求时，生产性能的选择应作为重点选择的性状。由于马品种的类型和用途不同，选择的方向也不同。乘用马应选择骑乘速度较快的个体，挽用马要选择挽力大、持久力强、运步轻快的个体，而兼用马要选择力速兼备的个体，产品用马要选择产乳、产肉好的个体。

对马工作性能的选择要比其他性状困难，主要因为多数种马不能进行工作能力测验，如速力、挽力、持久力等项目必须通过充分合理的调教和训练才能反映出个体的真实情况，可以作为生产性能的记录进行选择。

5. 根据后裔品质选择

后裔测验是鉴定种马遗传性和种用价值的可靠指标。种马的后裔测验一般在 7～8 岁开始，对于后裔比较好的公马要进一步扩大使用。

后裔品质的好坏主要取决于双亲的遗传，但同时也受培育条件和选配不当的影响，即使是遗传性较好的种马，也不易得到良好的后代，对后裔品质不良的种马，应进行具体分析后再确定继续留用或淘汰。在正常的培育条件下，选择公马时，应根据其与典型母马交配所产后代的品质进行鉴定，鉴定的后裔数量越多评定结果越准确，一般公马应不少于 30～40 匹，母马应有 2～3 匹正常培育条件下的后代。

二、马的选配

马的选配是指在选种的基础上选择公、母马的配偶，它是选种的继续。通过有目的地选配，可以巩固和发展选种的效果，消除或减少缺点，强化或创造人们所希望的性状。选种和选配两者相互结合，在选种时就应计划选配的问题。

对于原始群牧管理的马群，公、母混放，只有进行“自然选配”，圈群能力强的公马配种机会多，这是自然选择的现象，只能采取加强自然选种的作用，但其经济性状不一定合乎要求。如果采取小群配种可以进行合理的选配。

一般一个育种单位不一定选留大量的种公马，当母马未达到同质时，不易做到对每一匹母马都选配合乎要求的种公马，现在采用人工授精，特别是应用冷冻精液，为合理地进行选配创造了条件。

马的选配方法主要有3种：品质选配，亲缘选配和综合选配。

1.品质选配

品质选配是指根据公、母马本身性状的品质进行选配，又分为同质选配和异质选配2种。同质选配就是选择优点相同的公、母马进行交配，其目的主要是巩固和发展双亲的优点。有共同缺点的个体不允许交配，否则也能巩固和发展其缺点。异质选配就是用某性状优异的个体与该性状较差的个体进行交配，以希望在后代中改善该性状。但不允许同一性状具有相反缺点的公、母马交配，这样在后代中不能消除该性状的缺点。如弓背马用凹背马矫正是不行的，必须选配平背马才可行。

在马业生产中，经常使用等级选配，也属于品质选配，公马是母马的改良者，公马的等级应高于母马，最低应为同级，不允许用低等级公马配高等级母马。对特级母马只能采取同质选配。一级母马最好选用特级公马，也可选用一级公马。对二级母马要采取异质选配，选用特级或一级公马，以改进和提高后代的品质。

对于群牧管理的马匹，为了方便可以按品质采取小群选配。在培育专门化品系的闭锁繁育中，应为每群母马选配性状基本相同的特优公马，公、母马的亲缘关系也基本相同。为避免过分近交，可适当控制亲缘关系过近的个体间交配。

2.亲缘选配

亲缘选配是指有亲缘关系的个体间的交配。亲缘交配的主要目的一是检测是否带有隐性不良有害基因，二是使群体分化和个体基因型纯合。近交个体对环境比较敏感，从整个育种群体来看，遗传变异和环境变异都在加大，既能巩固优秀个体的有益性，又能使近交后代生活力下降，要正确运用，可使马的品质提高，否则可能造成不良后果。马的亲缘选配一般仅限于中亲交配。一般在品种和品系培育初期，为了巩固新创造出来某些个体的优良特性，利用近交可以得到较好的效果。在培育新品种时，由杂种转入自群繁育初期，因杂种生活力较强，能抵消近交对生活力的减弱，可以适当地利用近亲和嫡亲选配，但不要重复使用。如铁岭挽马在自群繁育初期，采用不同程度的一次亲缘选配，取得了良好的效果，某代的优良特点表现较明显，优秀个体的理想品质得以巩固，体尺与非亲缘选配的后代基本相同。但双重亲缘选配(2个以上的共同祖先)和连续亲缘选配的后代生活力减弱，体格较小，体高未达到父母的平均值。

3. 综合选配

综合选配是指根据各方面指标综合考虑进行的选配。其指标与综合选种时是一致的，在不同育种阶段，选配应与选种的重点相结合。

（1）按血统来源选配　首先要进行系谱分析，了解交配双方近代的利用结果；了解不同血统来源马的特点和它们的亲和力。这是很重要的。一般来说，在双方的祖先中，优秀个体越多，而且亲和力越强时，获得优秀后代的可能性也越大。在不具备条件的情况下，应避免盲目进行亲缘选配。在品种和品系创立初期，为巩固优秀个体的有益性状，稳定其遗传性，可适当地利用亲缘选配。

（2）按体质外貌选配　是为了加强后代体质外貌的理想性状，消除或减弱其缺点。在选配时要注意每个性状，尤其是和生产能力关系较大的一些性状。否则任何性状都可能向非理想方向变化。对体质外貌理想的个体要通过同质选配，使其得到巩固和发展，对于不同部位的理想结构，可通过异质选配，使其不同优点相结合。对双方之一缺点，要用对方的优点来改进。对公马的选择要严格，以便用公马的优点来改进母马的缺点。当优秀公马在个别部位存在缺点时应当选配具有相应优点的母马，以便在后代中消除此缺点。

（3）按体尺类型选配　由于体尺类型的性状遗传力较高，选配较其他性状易于预测。在正常培育情况下，后代的体尺基本上等于双亲体尺的平均数。对体尺类型符合要求的马采用同质选配，纯化基因型，以巩固或完善其理想类型。对未达到要求的马，采用异质选配，使后代达到育种要求。

（4）按生产性能选配　马的育种实践证明，在生产能力中，按工作能力选配比较困难，乘用马速度的提高必须采用同质选配，用速度快的公母马交配可以获得速度更快的后代，逐步地提高竞赛速度。一般短距离速度快的个体，持久力较差；相反，持久力强的个体，短距离速度较慢，为了获得速度快而持久力强的比赛用马，可以进行异质选配。兼用马要求力速兼备。对具有这样性状的公母马，采用同质选配，可以发展这一性状；用速度快和挽力强的个体选配，可以获得力速兼备的后代，对于重挽马，主要通过同质选配提高挽力，通过异质选配提高迈步的灵活性。

（5）按后裔品质选配　是最可靠的方法，对已获得优良后代的公母马应继续选配下去，并按照它们的类型和品质选配其他的公母马，值得注意的是，有些公母马尽管个体表现优秀，但交配后代并不理想，证明亲和力不强，应重新选配，还要考虑配偶双方的年龄。壮龄公母马交配，后代的生活力强，选配效果明显。青年和老龄的个体，都要选配壮龄的配偶，不能青年或者老龄公母马之间进行交配。

第三节　马的繁育方法

在马的育种工作中，马的繁育方法主要采用本品种选育，品种间杂交，以及马和驴的种间杂交。应采取哪些途径和方法，取决于繁育目的和要求，以及品种的具体情况而定。对一些优良的品种，如果体尺类型基本符合要求的地方品种，以及有特殊用途或者能改进培育条件的地方品种，都应采用本品种选育。

一、本品种选育

本品种选育是在本品种内通过选种选配、品系繁育、改善培育条件等措施，巩固并提高优良性状，使基因型得以纯化，巩固性状的遗传稳定性，消除有害或不利基因，从而改进和提高品种质量的一种方法。所以本品种选育对优良品种有重要意义，如阿拉伯马和英纯血马都是经过长期的本品种选育而育成。

纯种繁育与本品种选育既相似又不同，纯种繁育一般指在本品种内进行繁殖和选育，其目的是获得纯种。但本品种选育的含义更广，不仅包括育成品种的纯繁，而且包括某些地方品种和类群的改进和提高，也可适当采取一些小规模轻度的杂交。

本品种选育的基本措施，在于正确地选种选配和合理地培育。在有计划地选育初期，效果较为明显。如我国在1955年对三河马组织育种群，选育优良种公马，进行个体选配和加强后代培育等有计划的选育工作，收到了显著效果。但为使品种不断得到改进，需要根据马群的具体情况，采取适当的选育方法。

(一)血液更新

血液更新是用无亲缘关系的同品种优秀公马进行配种繁育的方法。其目的在于提高后代的生活力，改进马的品质，防止亲缘交配和品种退化。

血液更新在本品种选育工作中，被广泛应用，当马群质量达到一定水平，选育效果不大，不能进一步发展时，采取血液更新，更换生产性能高的种公马，可以使其有益性状继续得到提高。当品种固有的品质表现退化时，也应采用血液更新。可提高后代的生活力，增强其适应性，在很大程度上可以恢复品种的品质。但必须注意饲养管理不当，营养不良而引起的品种退化仅靠血液更新是很难恢复的，只有同时改进饲养管理条件，满足营养需要，加强室外锻炼，才能收到良好效果。

(二)冲血

冲血又称引入或导入杂交，属于本品种繁育的一种方法。其目的主要是为了改进马个别性状的缺点，或者为了摆脱亲缘关系，而不改变原品种的类型和特征。因长期本品种繁育的马，大多有稳定的遗传性，不容易获得明显的变异。往往品种的总体情况是好的，但个别性状存在缺点，经长期选育得不到改进和提高。另外，当一个品种或种群内马匹之间亲缘关系很近，很容易发生近交退化时，也可用冲血来扩大血液来源。

用于冲血的品种，在类型和特征上应与被冲血品种基本相似，而且要具备能改进被冲血品种某一性状的品质。具体做法是：用冲血品种的公马与被改良品种的优秀母马杂交，从一代杂交种中选择符合要求的公马与被冲血品种母马回交，再从第二代杂种中选出理想公马与被冲血品种母马回交，第三代杂种如果符合要求，可转入自群繁育，否则，可回交到第四代。后代杂种母马同样可用被冲血品种的优良公马回交。

对于自然条件差，不能进行杂交改良的地方品种，也可以采用冲血的方法得以改进。

(三)品系繁育

品系繁育是加快选育进度的一种有效方法。所谓品系是指具有一定亲缘关系,有共同特点,遗传性稳定、杂交效果优异的高产马群。在开展品系繁育时,应根据不同类型品种特点及育种群、育种场地等具体条件,采用不同的建系方法,包括单系、地方品系、近交系和专门化品系4种。马的品系繁育主要有单系和专门化品系2种。

1.单系

是一个优秀系祖繁育的具有共同特点和独特品质的类群,并以系祖的名字作为品系的名称。单系繁育方法只适用于有良种簿或种马簿等血统清楚的品种。首先要从马群中选出最优秀的公马作为系祖,系祖要有突出的优点,遗传性稳定,种用价值高,后裔中等,一级马至少占70%以上。如果系祖在个别性状上有缺点,如不严重,仍可以用,其缺点可以在以后的繁育中逐渐消除。系祖选定后,要尽可能选用无亲缘关系的母马进行同质选配,以巩固和发展系祖的独特品质,为品系繁育打下基础。对于有轻微缺点的系祖,应进行必要的异质选配,用配偶的优点弥补纠正系祖的缺点。当同质选配进行到一定程度时,为避免近交造成的生活力和适应性下降,应有计划、有目的地采取异质选配,即选择无亲缘关系的不同品系的马杂交,以提高生活力和生产能力,并使优点得到结合,缺点得到改善。当品系杂交取得成功时,立即再采取同质选配,巩固新的有益性状。可以同质和异质繁育交替进行,使品系不断发展。

2.专门化品系

主要根据家畜的全部选育性状可以分解为若干组的原则,而建立各具一组性状的品系,分别作为母本和父本,然后通过父、母本品系的杂交以获得优良的畜群,专门化品系的建立不是以血统建系,而是突出品系的特点,以品系性状的特点决定品系的名称。

建系的第一步是按品系要求的特点选择基础群,对于遗传力高的性状,可按性状的表型选择,不必考虑血统来源,这对于群牧管理的品种可以在许多群体中选择特点符合要求的个体,可使品系的遗传基础更加宽广、生活力较强,提高的潜力也较大。对于遗传力低的性状,可参考血统来源选择。有的系或族的适应性和繁殖力可能比其他系族好,这样就可以按血统来源选择。对于不符合要求的个体,不应选到基础群体中。

在选择基础群时,要考虑公马应根据母马的多少而选择适当的数量并且公马性状在特定的质量上必须高于母马,以便起到改良全群的作用。当公、母马选择好以后,要进行闭锁繁育,就是让选择的公母相互交配,并要加强选种选配,按品系特点选优去劣。在闭锁繁育阶段,亲缘同质选配是必需的,以巩固其遗传性。故在建群时,应多留一些种公马。对于性状特别优秀的公马,在采取近亲选配后,应逐代远离亲缘程度。在一般情况下,经2~4代闭锁繁育和严格的选种选配,品系即可建立起来。

(四)品族繁育

品族是以优秀母马为系祖而繁育发展起来的具有独特品质的类群。公马由于能配大量母马,对整个品种的影响比母马大,而母马的妊娠和哺乳时间长,对后代个体的影响比公马大。母马在生长发育过程中,受条件影响,改变亲代性状的变化比公马小,发展亲代性状比公马强;但当品种处于不利条件下,开始退化时,公马比母马明显,因而不能产生优良的后代,但优良的母马还可以继续产生优良的后代,母马以上的这些特点是进行品族繁育的根据。特别是在培育条件差，群内存有优秀母马，而无优秀公马，不能进行品系繁育时，有时可进行品族繁育。阿拉伯马在培育过程中，就成功地使用了品族繁育方法。

二、马匹的杂交改良

在马业生产中，利用品种间杂交可以充分利用种群间的互补效应，尤其是充分利用杂交优势。早在2 000多年前，我国劳动人们就利用驴、马杂交来生产骡，这种种间杂交的骡更具有优异的役用性能，深受人民的欢迎。至于种内品种间的杂交，远在汉唐时代，人们就从西域引进了大宛马与本地马杂交生产优美健壮的杂种马。现在由于产品马业的发展，利用杂交优势提高产肉、产乳性能也将成为杂交的一个重要目的。

杂交改良是培育新品种的过渡阶段，如果有明显的目的、正确的措施，条件适宜，新品种的育成是可能的。

马匹杂交改良的繁育方式主要有以下3种方式。

（一）经济杂交

也叫两元一次杂交，即两个品种的一次杂交，在马业生产中，为了获得生活力强、生产能力好的一代杂种做役用、肉用时，选择用不同品种进行经济杂交。目前肉用群牧马业中已使用此类杂交，多采用地方品种作母本，重型品种作父本，杂交后代的活重比地方品种马高50～100 kg，而且继承了母本对当地自然条件的适应性好、生活力强、耐粗饲的优良特性，同时也继承了父本高增重、高生产能力的优点。

（二）级进杂交

也叫多次杂交、吸收杂交，即利用改良品种对被改良品种（地方品种）逐代进行杂交。其中两元二次杂交只是为了引入新的遗传特性，只杂交到第二代为止。二次以上的继续杂交则为了吸收杂交，其目的在于用改良品种代替被改良品种，改良品种在体尺类型上必须符合育种要求；杂种的培育条件应接近改良品种所需要的条件；杂交代数可根据杂种的体尺类型而定，如果杂交后代的体尺、类型、品质符合要求，就可转为杂种自交，逐渐成为纯种。

对于我国育成的一些培育品种，对当地生活条件适应性强，可采取吸收杂交的方式改良地方品种。至于引入品种，因类型多不符合兼用要求，而且适应性差，不适合改良当地品种。

（三）三元二次杂交

用3个以上品种的公马，与各代杂种母马轮回进行杂交，其中之一是地方品种，杂种母马均用改良品种的公马轮交。目的是为了利用杂种优势，以获得生活力强和生产能力好的杂种马，其性质与经济杂交略相同。

三、培育新品种

马业要发展，就要培育新品种，并且要培育适应当代社会生产力发展需要的新品种。

(一)确定新品种的育种方向和指标

培育新品种是一项长期而艰巨的任务,一定要有计划、有目的地进行。首先必须根据需要和条件,确定育种方向指标。随着我国改革开放、农业机械化速度的加快以及交通运输网络的发展,马匹从农业和运输的主要动力退居为辅助动力,马的利用和发展方向发生了变化,由役用马方向逐渐转变为产品养马和运动用马方向,所以我国也迫切需要培育符合要求的产品用马和运动用马新品种。

育种指标必须符合育种方向,马的体尺和体重是主要指标。马一般用体尺指数来衡量。

乘用马的体尺指数、体长率小,一般为102%以下,外形近似方形。胸围率一般为116%以下,管围率小于13%,体重率为300%以下。

兼用马的体尺指数,体长率为103%~105%,胸围率一般为116%~122%,管围率为13%~14%,体重率为300%~400%。

重挽马的体尺指数,体长率为106%以上,外形呈长方形,胸围率为122%以上,管围率为14%以上,体重率为400%以上。

(二)确定繁育方法和杂交方式

培育新品种,必须采取育成杂交,育成杂交又分为简单育成杂交和复杂育成杂交。

1.简单育成杂交

简单育成杂交是指用2个品种杂交,使2个品种的有益品质结合起来,形成新品种的一种方法。其特点是它用的品种少,杂种的遗传基础相对比较简单,获得理想型和稳定其遗传性比较容易,因此,培育的速度快,所用时间短,成本低,但要注意在选择杂交的品种和个体时,使它们不仅具有育种目标的全部内容,而且应优点较多、缺点较少,优缺点能够互补,同时选配方式和培育条件也要适合育种目标的完成。

2.复杂育成杂交

用3个以上的品种杂交,以便集中几个品种的优点,创造理想的类型和有价值的品质,培育新品种,如果根据育种的目标要求采用简单杂交不能达到要求时,可采取复杂育成杂交。其特点是杂种后代的遗传基础丰富,变异范围较大,需要的培养时间也长。如我国的育成品种伊犁马的形成经历了半个多世纪,它是以哈萨克马为母本,与奥尔洛夫马、布琼尼马、顿河马、阿尔登马等品种复杂杂交经横交固定选育而成的乘挽兼用型马。在运用品种较多时,不仅要根据每个品种的性状和特点,很好地确定父本或母本和进行优良个体的严格选择,还要认真考虑先用哪两个品种,后用哪一个品种或哪几个品种,因为后用的品种对新品种的影响和作用相对较大。如我国在地方品种基础上培育兼用马品种时,大都采用轻、重品种与地方品种马轮交,轮交的顺序多数采取先轻后重,也有采取先重后轻的。对轻型品种应选用体质结实,体形较重的个体;对重型品种应选用体质较干燥,体形不过重,结构较紧凑的个体。对先轻后重的杂交个体,应加强早期培育;对先重后轻的杂交后代,应注意后期培育。

在马的育种中,如果基础母马的体尺类型比较一致时,所选用的轻型或重型,最好是同一个品种,采取统一的杂交方式,这样可使杂交过程中的选种选配简单一些,杂交后代的体尺外貌容易接近一致,便于横交固定,加快育种进度。但是当基础母马的体尺类型不一致时,必须根据母马的体尺类型,按育种指标要求,选用不同的杂交品种和杂交方式;在杂交过程中,加强选种选配，使杂种的体尺类型接近一致。如培育挽乘兼用型伊犁马，针对伊犁马的体尺类型不一致，采取了不同的杂交方式；对体格较小、体形较重的母马，先用顿河马、后用大型阿尔登马轮交；对体格较大、体形较轻的母马，只用大型阿尔登马杂交一次。由于加强了选种选配，两种杂交方式的后代，其体尺类型基本相同。

在培育新马品种时，如果培育的区域很大，由于不同地区的基础母马体尺类型不一致，用于杂交改良的公马需要量大，不可能只用一个品种，更难以采用统一的杂交方式；这样会使杂种的体尺类型难以达到一致，为横交固定造成困难，只要在横交中加强选种选配，也有利于选择和吸收不同品种的优点，如黑龙江马和吉林马是在这种情况下培育成的。

(三)横交固定和自群繁育

培育新品种，在经过杂交阶段后，必须进行横交固定和自群繁育，将通过杂交和培育创造成功的理想型个体停止杂交，改用杂种群内理想型个体自群繁育，以固定其理想品质，稳定其遗传性和扩大理想个体的数量。当杂种的体尺类型达到育种指标要求并兼有杂交品种的优点，出现理想个体时，就应当开始横交固定。

为保持地方品种马的良好适应性，如果能由低代转入横交个体，不必进行高代杂交，特别是采取群牧管理或粗放舍饲管理的马群，更不易高代杂交。如新疆昭苏种马培育伊犁马时，用奥尔洛夫马或顿河马与当地哈萨克母马杂交，部分一代杂种的体尺类型已达到育种指标要求，就进行了横向杂交。2、3代杂种的体尺类型与一代基本相同。但体质趋于细致，适应性较差。

体尺达到育种指标，等级为特级、一级的一代杂种母马，即可用优秀的高代杂种公马进行横交，可使地方品种马的血液保留在25%以上，有利于新品种具有良好的适应性。如果横交母马中即使有个别指标未达到要求，可通过异质选配加强改进。例如黑龙江马在横交时，由低代杂种母马横交所产后代，其体尺和等级不低于高代杂种的横交后代。

在横交前，首先要做好种公马的选留和培育，应多保留几个血统，以便于选配和血液的更新。由于横交母马体尺多接近育种指标下限，对杂种公马应选留二代以上体格较大的个体，还要根据母马情况而选留一部分偏轻和偏重的杂种公马个体，以便矫正母马的类型。

对于杂种母马，可根据类型决定采取选配的方式，对于体尺类型符合理想要求，并有杂交品种的优点的，可采取同质选配，其中优秀个体可适当采用同质亲缘交配，以固定其理想品质。对于体尺合格、类型偏重，有重型马的特点和体尺合格、类型偏轻，有轻型马的特点的杂种母马可采取分型同质选配和异质选配，使其向理想型改进。对于体尺类型或体质不一致有严重缺点，等级不够二级的杂种马，应全部淘汰。

在自群繁育中，对后裔良好的公马应扩大利用。尤其在自群繁育初期，选用某一方面具有突出优点的优秀公马建立品系，既可以扩大优秀公马的价值，使优秀个体变为群体，又能把不同优点分别固定下来，使品种结构合理，为品种进一步选育创造有利条件。

(四)扩群提高阶段

在横交固定和自群繁育后，应迅速增加其改良和扩大分布地区，培育新品系，建立品种整体结构和提高品种品质，完成一个品种所应具备的条件。在这一阶段，通过繁育阶段，使已定型的类群，增加数量，提高质量，被称为扩群提高阶段。在这一阶段为了加速新品种的培育和提高新品种的质量，应继续做好选种，选配和培育等一系列工作。但选配工作不再强调同质选配，而是应尽量避免近交。

培育马的新品种是科学性、技术性很强的工作，而且方法和步骤要灵活运用。在整个培育工程中，要及时研究分析，不断改进提高，才能培育出适合社会发展需要的新品种。

第四节　马的育种规划

马的育种规划是现代马匹育种学的重要内容，它是一个涉及多学科知识的研究领域。育种规划的基本任务是根据特定的育种目标，制定育种方案并使其实现“最优化”，以期能科学、合理地实施各种育种措施，最终实现预期的育种目标。

一、马匹育种规划的主要任务

（一）生产与育种背景条件的调查

这是马匹育种规划的首要工作。首先应对有关地区或马匹的生产条件进行详细的调查，主要查清马匹的血统来源、体尺外貌、生产能力、品种内的类型、品系和品族的特点，如果进行杂交改良，要进一步查清杂种马的体尺类型、生产能力、速力、挽力等，并根据育种规划的要求给予定量性的描述，以便于作为撰写育种方案的主要依据。

（二）确定育种目标

尽可能科学地、定量地确定育种目标，是计划周密又有成效的育种工作的必要前提。为了将育种目标定量化，需要利用遗传学、育种学和经济学方法，从那些持久地作用于马生产获利性的生产性状中，选出一定数量的育种目标性状，并对他们的经济价值给予客观的估计，就是估算育种目标性状的经济加权系数。

（三）建立育种方案

为了顺利开展马匹育种工作，必须应用系统工程方法科学地配置资源、技术、方法和措施，筛选出最佳的育种方案。家畜育种方案有以下内容：

(1)挑选育种方法　在育种目标确立后，确定适宜的育种方法和挑选相应的育种群体（品种、品系），是育种规划特别主要的任务。在马的育种中，主要的育种方法有两大类，即纯种选育和杂交繁育。前者是在1个群体中提高畜群遗传水平的方法；而后者是利用2个或2个以上群体间，可能产生的杂交优势和遗传群体互补差效应的方法。在育种进程中，随着育种措施的实施，育种群的遗传结构和遗传水平会发生变化，应通过育种规划，对育种方法做出相应的调整。

(2)估计遗传学和经济学参数　这是育种规划的一项基础工作。就一个纯种选育的群体而言，除需要估计加性遗传方差和遗传力等参数外，育种规划还需估计育种目标性状和辅助选择性状间的表型相关和遗传相关。就杂交繁育而言，为了评价杂交繁育体系的成效，需要估计杂种优势和遗传互补群体差等参数。由于遗传参数与杂交参数均是群体特异的，所以需要就特定的群体或特定的杂交组合分别进行估计。关于经济学参数，主要指的是，在育种方案经济评估时所涉及的，动物生产各种自然产出的价格，各种生产因素成本，特别是各种育种措施完成时需要的经济投入。为了育种规划更有预见性，在经济学参事估计时，需要充分预见到未来可实现的生产条件和市场形势。

(3)测定生产性能　根据现代育种学原理，准确、可靠的生产性能记录是种畜个体遗传评定与选择的必要前提，是直接关系到育种成效的基本育种措施。通过育种规划需要明确哪些家畜个体必须进行性能测定，性能测定的方法、时间、环境条件控制(包括测定地点、饲养管理方式等)。同时生产性能测定的规划，还应具有一定的灵活性和对未来发展的适应性。

(4)估计育种值　育种规划的任务在于为特定候选育种方案规划出能保证估计育种值具有理想精确度的育种措施。就育种规划而言，利用各种有亲缘关系的表型信息，估计出后备种畜个体的综合选择指数，以此作为各性状综合育种值的估计值。依据综合育种值估计的精确度，计算出多性状综合遗传进展，是评估候选育种方案的主要遗传学标准。为了保证育种值估计的精确度，应力求使用先进科学的统计方法。20 世纪 80 年代以来，在各畜种的育种中，逐渐采用了动物模型 BLUP 法，在此基础上，育种学家又致力于发展新方法，以便将改变性状连续变异的信息与分子遗传标记连续变异的信息结合，进行育种值估计。

(5)制定选种与选配方案　选配计划的制定，不仅取决于被选择的个体，还与被选择出种畜的数量、选择强度有直接关系。按照育种值估计原理，在选配计划中，选用年龄较大的种畜，会因其具有更多的可利用的表型信息，而使估计育种值的可靠性增高。但反过来，由此导致世代间隔延长。要协调好影响遗传进展的几个主要因素，使选择与选配间处于“优化”是育种规划的一项主要任务。

(6)确定遗传进展的传递模型　在一个育种生产系统中，如何将育种群中获得的遗传进展传递到生产群中，需要进行细致的规划工作。这项规划任务的目标是应尽量缩小生产群与育种群间的遗传差距和时间差距。此外，育种群与生产群二者规模的比例越大，越可以提高育种材料的价值。但在较小规模的育种群中，则便于实施某些成本较高的育种措施。

(7)制订候选育种方案　首先需要制订出在多项育种措施上具有不同强度的候选育种方案，然后通过几个必要的育种成效标准，诸如多性状综合遗传进展、育种效益、育种成本以及方案的可操作性，进行综合评估，最终筛选出“最优化”的育种方案。

二、建立育种档案

要想开展有计划的马匹育种工作，必须系统地记载有关马匹育种方面的各种数据，并按规定进行登记和统计。以便准确地总结育种的成就和问题，及时改进工作。马匹育种应建立的育种档案资料有以下几种：

(1)马籍簿　达到育种要求的公母马都应建立马籍簿，如表 6-2 所示。可采用联名簿形式，分公、母马登记。如有失格损征和恶癖等，可记在备注栏内。

表 6-2　联名马籍簿

马名或马号	毛色	别征	出生时间	品种来源	血统		体尺/cm				体重/kg	评定等级	备注
					父(♂)	母(♀)	体高	体长	胸围	管围			

(2)种马簿　专门登记种用马,经过鉴定合格的种马才能登记。每马一专页卡片,正面的项目公、母马相同,登记马名、马号、产地、毛色、特征、失格损征、血统、体尺、体重、能力测验成绩等;背面公、母马不同,公马登记配种成绩、繁殖结果和后裔测验等,母马登记配种年度、妊娠日期,以及产驹情况。在种马卡片内,记载着种马一生的全部重要变化。当种马出场调拨和良种登记时,必须以种马卡片的材料为依据。农业部规定有种马卡片的统一格式。

种用品种的幼驹,要登记到幼驹发育簿内,登记编号、出生时间、性别、毛色、父母名称,以及从出生后 3 d 到 36 月龄的体尺测量。并在备注中记载预期的用途和转移情况,如转入生产群、出售、淘汰和死亡等。

(3)良种簿　专门登记合乎良种条件的马匹,分公、母马建立良种簿。以各单位的种马簿为原始材料,经审查评定合格者才能登记。内容除登记种马簿的内容外,并登记良种编号、品种、血统来源(追溯到三代祖先)、竞赛、展览评比的结果、良种活动等。对母马要登记各次产驹的年份,幼驹的毛色、性别,个体编号。

建立良种簿以后,每隔一定时期可出版良种簿的材料,使从事马业的人员对本品种的发展情况有所了解,供进一步育种工作时参考。

目前,我国已成立了几个马品种登记组织,如中国马业协会(CHIA)、中国纯血马登记管理协会(CSB)、矮马登记会(CPBRA)、内蒙古铁河蒙古马综合研究中心(IMWHERI)等,负责本品种的登记和管理工作。

三、育种方案的规划和实施

育种方案的规划和实施过程中有许多育种组织,如育种协会、生产性能测定组、人工授精站、计算机数据处理中心和遗传评定中心等。因此,为了使各组织间工作协调,有必要阐明育种规划组织工作的必要性。实际上,在育种规划工作中起主导作用的有两部分人员,一部分是各育种组织部门的管理人员,他们是与育种方案实施有直接关系的;另一部分人员是为育种规划工作提供科学方法的专家。

(一)“优化”育种方案的规划阶段

按照系统工程法,可将育种规划过程看作是个完整系统,它有许多前后有序、互相衔接的规划工作阶段,每个工作阶段又可看成是规划系统中的一个子系统。图 6-1 描述了马育种规划工作的一般流程。

(1)建立目标　确定定量性的育种目标,首先要完成两项工作,一是对各性状的经济主要性给予科学合理的评估;二是确定挑选哪些性状作为育种目标性状。前者由农业经济经营管理学和市场学方面的专家提出分析问题的思路和评价方法;而后者则需要由育种协会的负责

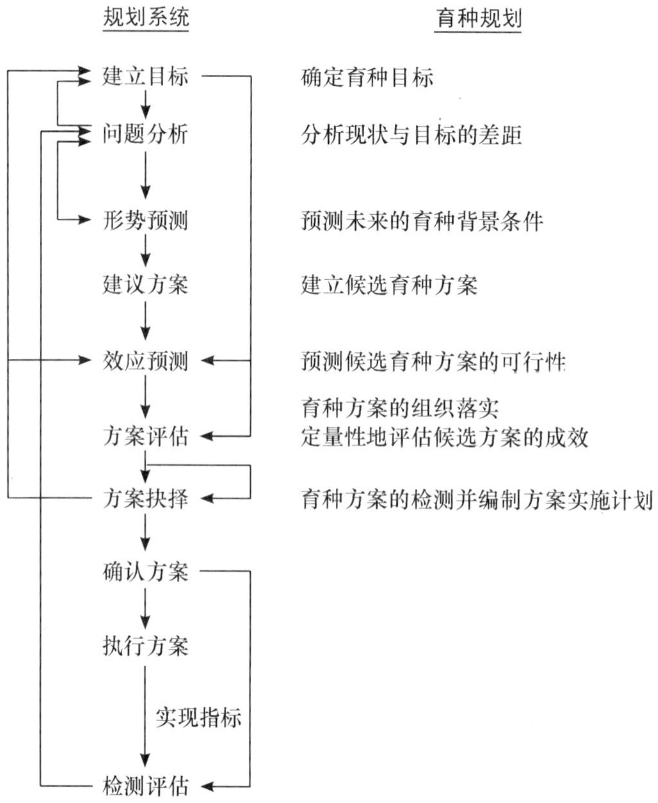

图 6-1 马育种规划

人决定。育种方案的最终目标是通过育种措施的实施最大限度地获得育种效益。为此在确定育种目标过程中,还应将预期的育种效益,切合实际地分配到参与执行育种方案的各育种组织和育种场,以便于各局部育种工作也有明确的目标。

(2)问题的分析　首先需要分析的问题是现行育种方案的现状与未来期望达到的育种目标间的差距;育种方案的可行性,就是预测制定的育种目标是否能实现;论证预算的育种成本是否合理等问题。此外,还应分析一些在育种规划中出现的深层次的问题,如遗传参数和经济加权系数的改变,或者生物技术水平的提高,可能给育种方案的实施带来的效应等。

(3)形势预测　在制定具体的育种方案以前,有必要预测未来的育种背景条件的发展趋势。尤其是通过育种措施的实施、科学技术和社会的发展,与家畜育种直接相关的遗传学、经济学、生物技术等学科的背景条件可能发生变化,而且必然会对家畜育种的进一步发展产生影响。

通过形势预测,可使育种决策者及时地认识到育种工作进一步发展的方向、策略和可能实施的措施,以便于修改育种方案,更好地适应在未来形势下,生产的发展与市场的需求。

(4)建议方案　即在问题分析和形势预测结论的基础上,提出候选育种方案和相应的育种措施的建议。为了利用育种方案成效的比较和评估,应同时提出多个在育种措施上具有不同强度和水平组合的候选育种方案。每个候选育种方案都应有足够的可行性。对方案中的每一项特定育种措施,要表明其对人力、物力、组织实施的要求,以及所需的育种投入、将消耗的时间等一系列基本条件和影响因素。

(5)效应预测　这一阶段的工作是采取定量性的方法预测各育种方案未来可能实现的育种成效,其目的在于保证经筛选得到的"优化"育种方案能在未来条件下,具有最大的实现预期目标的可能性。为了预测育种方案实施后的育种成效,需要进行育种规划的模型计算。通过计算估计出特定育种方案的多性状综合遗传进展、单性状的遗传进展和育种效益。此外,通过规划模型计算,还可以进一步分析各项育种措施的遗传学效应和经济学效应。

(6)方案评估　根据以上两个阶段的工作,需要完成对诸多候选育种方案的最后抉择,筛选出一个方案,作为实验育种目标所执行的育种方案。育种方案一经决策,该方案中所确定的指标、措施和工作等,就是所有参与育种方案实施的工作人员都将在今后的一段时间里,为实现育种目标而工作。

(二)"优化"育种方案的实施阶段

一个完整的育种规划工作不仅包括"优化"育种方案的筛选,还应包括组织落实方案的实施,并通过实施,验证方案的可行性,对方案作进一步的修正和完善。因此,"优化"育种方案的实施也是育种规划的重要工作程序。

(1)起草育种方案任务书　通过起草育种方案任务书,将"优化"育种方案所涉及的育种措施细化和具体化。

(2)确定育种方案　落实育种方案工作阶段,主要是使参与实施方案的各单位、组织和个人,明确他们所承担的任务;配置完成任务所需的资源。

(3)执行育种方案　在育种规划领域中,将实施育种方案所规定的各项育种措施的工作理解为育种方案。

(4)检验育种总方案　原则上,应对育种方案任务书上所包括全部育种措施,尤其是选种、选配措施的执行情况和获得的成效进行检验,从而进一步评价育种方案的可行性,以便修改方案,使"优化"育种方案更符合实际。

第五节　生物技术在马育种中的应用

在本节中"生物技术"的概念可以理解为"那些允许人们在微观上认识和控制生物遗传与繁殖过程的技术"。

近年来,在家畜遗传育种领域中,由于采用现代生物技术的研究手段和方法,发展成为繁殖生物技术和分子生物技术两个领域,家畜繁殖生物技术主要包括人工授精技术、胚胎工程技术,如超数排卵和胚胎移植、胚胎性别鉴别鉴定、体外受精;胚胎分割、克隆技术等动物分子生物技术主要指基因组分析技术、DNA诊断技术、转基因技术等领域。随着现代生物技术的高速发展,又出现了一个被称为分子数量遗传学的研究领域,使我们有可能将分子遗传理论与数量遗传学理论相结合,从染色体和DAN水平上,开展对马遗传基础进行研究,这样一方面可以进一步揭示马的数量性状的遗传基础;另一方面可能将分子水平上的遗传信息与多基因信息结合,以便对马的经济性状做进一步的遗传学分析,从而提高马匹育种的效果。

目前这些现代生物技术和手段将用于马匹育种工作的主要有数量性状基因座检测(QTL检测)、辅助标记选择(MAS)以及通过血液多态型来检测确定马的亲子关系等。

一、数量性状基因座检测

由于分子遗传标记在马的育种中有了广泛的应用，从而使我们可以从DNA水平上对影响马数量性状的单个基因或染色体片段进行分析，人们将这些单个的基因或染色体片段称为数量性状基因座(QTL)。从广义上说，数量性状基因座是指所有影响数量性状的基因座(不论效应大小)，但通常人们将那些可被检测出的，并有较大效应的基因或染色体片段称为QTL，而那些不能被检测出的基因仍当作微效应基因来对待。当一个QTL就是一个单个基因时，它就是主效应基因。如果我们能对影响马数量性状的各个基因都有很清楚的了解，我们对马的一些数量性状的选择会更有效，同时我们还可以利用基因克隆和转基因等分子生物技术来对马的群体进行遗传改良。

目前借助分子生物学技术进行QTL检测的方法主要有两类，一类是标记—QTL连锁分析，也称基因组扫描；另一类是候选基因分析。

(一)标记—QTL连锁分析的基本步骤

(1)试验设计　由于在一般的家畜群体中标记与QTL可能处于连锁平衡状态，所以需要设计特定的资源群体，用以产生足够的连锁不平衡。

(2)选择遗传标记　根据所选择的资源群体、实验经费、技术水平、工作条件等选择适当的类型和数量的标记。

(3) 收集数据　一是对分子遗传标记基因型的测定数据，二是对需要检测的数量性状的表型值的测定。

(4)构建标记连锁图谱　判断所测定的标记属于哪一个连锁群(染色体)，估计标记所得相对距离(以重组率或图距表示)以及标记的排列顺序。

(5)QTL的检测与参数估计　根据已经确定的遗传图谱，利用已测得的标记基因型信息和表型值，通过统计分析对QTL进行检测及其有关参数(染色体上的位置、基因频率、效应大小等)的估计。

(二)候选基因分析的基本步骤

(1)选择候选基因　首先可根据掌握的生物学或生理学知识选择，一种途径是我们已知雌激素、促卵泡素、促黄体素等在动物的繁殖过程中都有重要作用，因而可将雌激素受体基因、促卵泡素、促黄体素受体基因等作为候选基因；另一种途径是选择在人类或小鼠或其他物种中已发生的具有较大效应的突变基因作为候选基因，因为这些基因可能对我们所研究的马的相应性状也有重要作用。此外，可根据标记—QTL连锁分析的结果，在可能存在QTL的区域内选择那些已定位的基因，这些基因将有可能成为QTL。

(2)获取用于扩增基因的引物序列　通常可从现有的基因数据库中去寻找特定基因的序列信息，如果数据库中没有所研究的畜种或与之相近的物种的该基因的序列信息，可从几个其他物种的系列信息中找出一个比较一致的系列，再根据该系列来设计引物。

(3)揭示候选基因内的多态性　一个基因内部常会有一些半性的多态位点，它与那些决定候选基因功能的功能位点之间存在很强的连锁不平衡性，这个基因内的任何多态位点和它的调控序列对于候选基因分析是很有用处的。用于研究基因内的多态性的技术目前常用的主要是基于 PCR 技术的方法，如 PCR-RFLP（基于 PCR 的 RFLP）和 SSCP（单链构象多态性）。

（4）建立对所揭示的多态性位点进行大规模的测定基因型的使用方法　对所发现的候选基因内的多位点要测定每个个体的基因型，因为候选基因内的多位点可能会很多，又需要对大量的个体进行测定，所以需要建立一个可靠、快捷的测定方法，目前常用的方法是 PCR-RFLP 和 SSCP。

（5）选择用于进行候选基因分析的群体　这个群体要用来获得 DNA 样品的表型信息并研究候选基因与性状的关系，原则上任何群体都可用于候选基因分析，但用两个近交系或品系（种）杂交所得到的群体则不能作为候选基因分析的群体。

（6）研究候选基因与性状的关系　我们可以研究候选基因内的各个多态位点与性状的关系，也可研究整个候选基因与性状的关系，可用线性模型，其中将候选基因（或多态位点）的等位基因或基因型作为固定效应，用最小二乘分析或广义最小二乘分析检验候选基因与性状的关系。

（7）证实所发现的候选基因与性状的关系　候选基因与性状的关系通常是在一定的特定群体的某一特定世代中发现的，因而这种关系可能仅存在于该特定的群体甚至该特定世代中，有必要对某个群体中发现的候选基因与性状的关系加以进一步证实，包括在同一群体的多个世代中证实，在同一品种的多个群体中证实以及在不同品种中证实。

二、标记辅助选择

截至目前，在马的育种工作中，个体遗传评定是基于表型信息和系统信息进行的，而对于一些遗传力低的性状和阈性状，由于在表型信息中所包含的遗传信息除非有大量的各类亲属信息，否则很难对个体作出准确的遗传评定。再如限性性状，对不能表达性状的个体一般只能根据其同胞和后裔的成绩对其进行评定，如果仅利用同胞信息，由于同胞数量有限，评定的准确性一般较低；如果利用后裔信息，而且要求后裔数量多，评定的准确性可能达到很高，但由于马的世代间隔较长。每年的遗传进展相对较低，还有胴体性状，一般也只能进行同胞或后裔测定，而且由于性状沉淀的难度和费用都很高，测定的规模也要受到限制，评定的准确性和世代间隔都会受到影响。如果我们知道所要评定的性状有某些主效应基因（QTL）存在，并且能直接测定它们的基因型（如通过候选基因分析发现的 QTL），或者虽然不能测定它们的基因型，但知道它们与某些标记的连锁关系（如通过标记—QTL 连锁分析发现）而我们又可以测定这些标记的基因型，这时我们就可将这些信息用到遗传评定中，这肯定会提高评定的准确性。这就是所谓的标记辅助选择（MAS）。

三、现代生物技术手段在马匹亲子关系鉴定方面的作用

（1）血液型检测　就是通过检测血液型来确定马的亲子关系的一种方法。具体的检测方法有血清检测、蛋白多态检测、淋巴液检测/组织液相容性标记等。

（2）DNA 检测法　应用 DNA 标记能够快速、准确、有效地鉴定马的亲缘关系，可以指导马的育种工作。DNA 检测法所用的 DNA 标记有限制性片段多态性（RFLP）、单链核苷酸多

态性(SNPs)、短重复片段(STRs)、长重复片段(SLRs)、线粒体 DNA 序列多态性(mtDNA)。

复习思考题

1. 当前我国马匹育种的主要任务是什么?
2. 试阐述遗传与环境因素在马匹育种中的作用。
3. 马匹选种有何特殊性? 不同选种方法有何优缺点? 应如何合理地使用?
4. 马匹选配应遵循什么原则? 应如何进行?
5. 在马匹育种中常用的本品种选育方法有哪些? 该如何合理地进行?
6. 马匹育种工作应建立哪些组织? 采取什么措施? 作用如何?

第七章
马术运动

第一节　马术运动的意义

马术是世界各地人民共同喜爱的一项体育运动。在很长一段历史时期内，马作为人类的忠实伴侣，在军事、生产和生活中担当了非常重要的角色。从中发展演变而来的马术运动历史悠久、种类繁多。马术运动可以锻炼身体，增加毅力，培养坚定勇敢、不怕苦的意志，以惊险、优美、刺激性强而引人入胜，是一种有益于人体身心健康的体育运动；同时还能有目的地与马匹育种相结合，并促进社会生产和经济繁荣。所以在世界各地比较普遍，被视为一种高尚的活动。

通常把以马为主体或主要工具的运动、娱乐、游戏、表演统称为马术。

马术运动是一项人、马结合的体育运动，也是奥运会的正式比赛项目之一，它不但要求运动员有良好的素质、勇敢顽强的性格和科学调教技术，而且要求马匹具有体力充沛、气质优雅、驯从、反应灵敏的品质，同时，人、马要协调配合，准确完成每一个动作。所以，体育运动中马术最难掌握。它不但能培养骑手勇敢、顽强、敏捷、灵巧和在复杂环境下迅速准确判断的能力，而且能培养骑手善良、潇洒、温文尔雅的性格和风度。

马术运动在我国有着悠久的历史。早在西汉时期便有调教和驾驭的记载，到唐代则盛极一时，从帝王将相到平民百姓乃至宫中侍女都能活跃于马背上。现代马术运动始于清末民初，当时在北京、上海、天津等地曾举办赛马活动，以后停止赛马。新中国成立初期，政府开始重视马术运动，1959 年第一届全运会在呼和浩特举行了盛大的马术比赛，参赛队有 10 多个。改革开放以来，马术队逐步增加，继内蒙古之后，新疆、西藏、山东、广东、青海、河南、上海、北京等省市也先后成立了马术队。1984 年以来，每年都举行全国马术锦标赛。自第六届全运会开始一直都设立并进行了马术比赛项目。在全国少数民族传统体育运动会中，马术更是重要项目之一。1990 年全国马术锦标赛上按奥运会规则举行了场地障碍赛、盛装舞步和三日赛，这标志着我国的马术运动开始向奥运会迈进。我国已于 1982 年加入了国际马术联合会(FEI)，成为该会的正式会员国，并于 1985 年开始参加国际马联的 C 组通讯赛。但是由于国内缺乏高质量的竞赛用马，马术水平多年来徘徊不前，与国际水平相比尚有很大差距。

20 世纪 90 年代以来，随着我国经济的迅速发展，停顿多年的赛马运动开始复苏，多点并进，现有赛马场及建设中的赛马场达10余所。同时，据不完全统计，在全国各地兴建了各类马术俱乐部300余家，尤其是经济发达地区，喜欢马及马术运动的人越来越多，每年需要大量高质量的赛马和骑乘马。一些地方围绕马术、赛马等活动每年定期举办赛马节，极大地满足了人们对马的热爱和对马术、赛马的参与热情，促进了我国养马、育马业的发展。

宣传马术运动对人民生活和健康及社会经济发展的意义，是当前从事马业人员的重要任务，培育符合目前社会市场需要的高质量运动用马，是我们从事马业人员义不容辞的职责。

第二节 马术运动的种类

马术运动风靡世界，它的迅速发展具有多样化、大众化和科学化三大特点。现今世界各地的马术运动至少有九大类，即竞技马术、赛马、马车赛、民族民间马术、表演马术、旅游马术、文化娱乐马术、医疗马术和军事马术。各类中又分许多小项。

一、竞技马术

包括盛装舞步赛、超越障碍赛、三日赛、现代五项中的马术比赛和马球赛。目前前四项为奥运会正式比赛项目，其中前三项被称为奥运会马术三项赛。

(一)奥运会马术三项赛

(1)盛装舞步赛(dressage) 该项要求参赛选手在60 m×20 m的场地上进行比赛。骑手着黑色燕尾服、白色马裤，戴高筒礼帽。比赛内容根据比赛级别不同而有区别，但多为30多个动作，主要有各种步度的慢步、快步、跑步等自然步法，以及原地跑步、斜横步、肩向内、原地旋转等人工步法。级别愈高，动作难度愈大，对马的调教程度要求愈高。比赛要求在规定时间内，按规定线路，完成规定动作。主要是测验马的专注、顺从、轻捷、灵敏的调教程度，骑手的手缰、脚缰、骑坐扶助的反应能力以及骑手和马的配合动作的协调性。要求骑手风度高雅、稳重，操作轻微、自然，扶助动作越小、越轻、越隐蔽越好；要求马的外貌优美，动作协调、敏捷，性情温驯，步伐轻快有节奏，反应动作越灵敏、越准确越好。成绩评定根据动作完成、人马配合等情况，结合马的步调、推进气势、顺从程度、骑手的姿势与正确扶助效果打分。动作违反规定路线和超过规定时间要扣分。最后以各项评分的累积分数多少评定名次，得分多者列前。

比赛设个人和团体2项。一般团体成绩以参赛各队的个人前3名成绩合计后评定名次。

(2)超越障碍赛(show jumping) 该比赛在60 m×90 m的沙地或草地内进行。根据比赛级别不同，障碍数量、高度、难度、宽度及线路难度而有区别。场内一般设10～15个障碍物，障碍物多为木制或塑料制，分单横木、双横木、三横木、水池、组合障碍、堤坎等形式，高度一般为120～170 cm，宽度2～4 m。比赛中骑手应按指定路线和顺序，以最短时间顺利超越全部障碍物为佳。比赛为罚分制，碰落障碍，马匹拒跳、跌倒，骑手落马，超过规定时间等都要罚分。比赛成绩确定是先比罚分，后比时间。罚分越高、时间越长，成绩越差，名次越靠后。该比赛对骑手要求很高，着装、行礼、比赛路线、时间等都有明确规定。更具特点的是每次比赛路线都不一样，而且赛前保密，赛前30 min发路线图，允许骑手察看路线，但不能牵马入场。比赛过程中由响铃指挥骑手开始、中止，选手要绝对服从，否则将取消资格。

比赛设个人和团体 2 项。一般团体成绩以参赛各队的个人前 3 名成绩合计后评定名次。

(3)三日赛(three day events)　该项比赛由场地障碍赛、盛装舞步赛和越野障碍赛 3 项组成。整个比赛分 3 d 进行。第 1 天为调教比赛或称为马场马术赛，场地和规则与盛装舞步相似，目的在于测验马的调教程度和选手驾驭马的能力；第 2 天为 30～50 km 的越野障碍赛，赛程分 4～5 段，设有不同形式的障碍、水沟、堤坎、斜坡等复杂的自然地形，每一段都有速度规定，超时罚分。这是最艰难的一天，对马和选手都是严峻考验；第 3 天是场地障碍赛，形式和规则大致与场地障碍赛相似，但难度较小。在 3 d 的比赛中骑手必须骑同一匹马。这是奥运会马术项目中难度最大的项目之一。以 3 项比赛的积分高低确定成绩。

比赛设个人和团体 2 项。一般团体成绩以参赛各队的个人前 3 名成绩合计后评定名次。

(二)现代五项中的马术比赛(pentathlon)

现代五项运动是根据古希腊战争中的一个传说演变和发展而来的：一个通信兵接受任务后，跨上骏马奔驰在起伏不平的原野上，越过一道道障碍。在遭到敌人的阻击时，战马被击毙，他勇敢地拔出利剑杀出重围，并用手枪击退追兵，然后游泳渡过一条波涛汹涌的大河，最终跑步把情报送到目的地。最早参加现代五项比赛的运动员几乎都是军人。

现代五项是奥运会的正式比赛项目，其包括击剑、游泳、射击、长跑及马术 5 项。所有参赛运动员都必须在一天内完成现代五项比赛的 5 个项目，根据 5 项成绩的总和，评定名次。其中马术比赛为场地障碍赛，其形式和规则大致与奥运会马术三项赛中的场地障碍赛相似，但难度较小。马匹多由比赛当地承办单位提供，赛前 30 min 抽签决定人马配对，对参赛者驾驭马匹能力是严峻的考验，要求很高。由于前 4 项每个参赛者基本可以自我调控，自己比较有把握。而马术比赛，由于熟悉马匹的时间很短，人马配合的结果很难预测，往往成为整个比赛结果的关键项目。我国在现代五项有很强的优势，属世界强队，尤其是女队实力更强。

(三)马球(polo)

据考证，马球起源于我国西藏，始于汉代，盛于唐朝。现代马球运动始于 19 世纪中叶，鸦片战争后传入我国。

马球曾被列为奥运会的正式比赛项目，后来由于要求条件较高，耗费财力较大而被奥运会取消。现在由国际马球联合会统一管理，每年组织多次专项比赛。

马球比赛场地为 275 m×180 m 的草地，两端线中间各设一个 7.3 m 宽的球门。其比赛基本规则是：每队上场 4 人，场地中央设有开球区，裁判员在开球区向两队中间掷球，球一落地比赛开始。队员手持"L"形球棒，头戴防护面罩和头盔，骑在马上向对方球门击球，每进一球得 1 分。进球后再重新回到开球区开球。全场比赛共 6 局，每局 7 min。如果比赛过程中没有选手受伤，则不允许替换球员。最后以得分多者为胜。目前我国内蒙古、北京等地设有马球队。

由于马球比赛运动强度大，对马的要求较高，马必须具备良好的体力和耐力才能适应。比赛中对抗激烈，经常出现急停、急走、急转等现象，所以要求马爆发力好，机动性、灵活性强，且有良好的步伐。同时马球用马个头也不应过高，如果过高则灵活性差，也会影响球员击球。

二、商业赛马(racing)

商业性赛马是指可以投注博彩的赛马项目,包括以竞速为目的的各种距离的平地赛马(flat racing)、跨栏赛马(hurdle racing)、障碍赛马(obstacle racing)、轻驾车赛(sulky racing)、速步赛(trotting)等比赛。

当今世界各地流行着的商业赛马,与过去形形色色的传统赛马不同,它是一种把商品利润法则引入到体育比赛中,集体育、娱乐、博彩、募捐于一体的赛马活动。它的特点是:机构专业化、性质商业化、活动经常化、参与大众化、收益福利化、管理正规化、手段科学化、形式多样化。其原则是做到公正、公平、公开。

商业赛马通过评分、编班、负重等方法将参赛马匹尽量调整到同一水平线上,诸多因素排列组合,变化万千,马匹竞争激烈,使比赛结果扑朔迷离,魅力无穷。每场赛事均有意外惊喜,紧张刺激。同时,由于比赛结果与观众投注获利关系密切,参与者兴趣盎然,所以,商业赛马一经诞生,很快在世界各国普及,经久不衰,吸引了大量参与者。据统计,世界上参与赛马的观众人数仅次于足球,列于第 2 位。

商业赛马中观众投注额分配比例,根据各国法律不同略有差异。一般投注额的 70%～85%返还猜中的投注者,10%～15%交纳博彩税,上交政府,5%～15%用于赛马场正常维持运营。

商业赛马项目包括平地赛马、跨栏赛马、障碍赛马、轻驾车赛、速步赛等比赛,各国有不同的项目。英国有平地赛马、跨栏赛马和障碍赛马,法国有平地赛马、跨栏赛马、障碍赛马、轻驾车赛和速步赛,美国有平地赛马、轻驾车赛和速步赛。中国香港和澳门有平地赛马。

一般平地赛马距离为 400～4 000 m,跨栏赛马和障碍赛马距离为 3 000～8 000 m,轻驾车赛和快步赛距离为 2 000～5 000 m。

三、马车赛

马车赛是国际马术联合会(FEI)的正式比赛项目,包括传统马车赛、马车赛、马拉雪橇赛 3 项。

(一)传统马车赛

传统马车赛包括展示赛、规定赛和穿绕赛。

(1)展示赛　人、马、车按传统方式穿戴打扮整齐,向观众展示人、马、车的配饰。

(2)规定赛　在 40 m×80 m 场地中,在规定时间内完成规定线路的运行。

(3)穿绕赛　在 40 m×80 m 场地中,以最短时间钻杆绕行。

(二)马车赛

马车赛包括规定赛、穿绕赛和越野赛。

(1)规定赛　在 40 m×80 m 场地中,在规定时间内完成规定线路的运行。

(2)穿绕赛　在 40 m×80 m 场地中,以最短时间钻杆绕行。

(3)越野赛　在野外按规定线路以最短时间穿越各种障碍。

(三)马拉雪橇赛

马拉雪橇赛主要是马负重在沙地上拉雪橇竞赛速度，其方式有固定重量竞赛速度赛、递增重量竞赛速度赛和最大负重赛。

四、民族民间马术

通常把流传于民间、带有浓厚色彩的马术运动叫做民族民间马术。其形式多样，没有具体规则和场地要求，以娱乐为主。在我国新疆、内蒙古及西南、西北等少数民族地区每逢大型庆典都有名目繁多的马上项目，有些已列为全国少数民族传统体育运动会的正式比赛或表演项目。常见的有姑娘追、叼羊、套马或圈马、降服烈马、斗马等项目。其中叼羊已经成为正式比赛项目，有专门的竞赛规则，每年国家、相关省区都举行比赛。

在国外，各国、各个地区和民族都有自己独特的民族民间马术活动。如在美国西部有骑马套小牛比赛、降服烈马比赛、西部牛仔绕桶赛等。其中西部牛仔绕桶赛已经成为一种正规比赛，有专门的比赛规则。目前在我国国家体育局每年都举办西部牛仔绕桶系列赛。

五、表演马术

表演马术一般是指在马上进行技巧比赛、表演或借助于某些器械在马上做一些技巧性动作的活动。其中以比赛为目的，人在运动的马上做各种体操造型和动作的马上体操(vaulting)在欧洲较为流行，现在已逐渐演变成了国际性的比赛，有专门的比赛规则和竞赛项目，并有专门的单项协会组织管理。

马上体操比赛分为单人赛和多人赛项目。比赛内容分为规定动作和自选动作。规定动作主要考察表演者对基本动作技巧的掌握程度；自选动作主要考察表演者对高难度动作技巧的掌握程度。

马戏(horse suite)也是常见的表演马术项目，其是马在人的指挥下进行动作、队列等的表演项目，深受广大普通百姓，尤其是少年儿童的喜爱。

此外表演马术还包括马上器械表演、马上技巧表演、驯马表演等。

六、旅游马术

骑马或乘马车旅游，连续多天，行程数百里，分成若干区段行进的回归大自然的积极休息方式，即旅游马术。现代化生活节奏快，竞争激烈，忙碌紧张，上下班赶时间来去匆匆，生活单调，情绪烦躁，渴望返璞归真，回归大自然之情油然而生。骑马或乘马车到旅游区的绿洲，视野开阔，青草如茵，绿树映红花，气氛清新，骏马奔驰。在这动静结合的自然美景中，享受自由、潇洒、放松的乐趣。

七、文化娱乐马术

公园、旅游区出租马匹供骑乘或办马术俱乐部从事马术活动，即文化娱乐马术。

马术俱乐部是以传播马文化、以马会友、提高马术水平为目的，集休闲、娱乐、健身、比赛于一体的马术活动场所。其经营方式是会员经营制为主，兼顾非会员。经营特点是提供专业化、个性化的服务。今后发展趋势将像国外一样由业余向职业转变。

目前我国有300余家马术俱乐部，主要分布在经济和文化比较发达的北京、广东、上海、江苏、浙江、四川等省份。

公园、旅游区骑乘主要以散客骑乘娱乐为主。其一般无专业、系统的训练服务，也无特定的服务对象，以短期盈利为目的。

八、医疗马术(Hippotherapy)

马术治疗的起源甚早，依据不同的作者，其所陈述的发展背景不尽相同，综合来说，最早可追溯到希腊神话中，医神 Aesculapius 将无法治愈的病人放在马背上以振奋其精神。公元前5世纪，在希腊就有利用马来为受伤的士兵做康复治疗的记载。

医疗马术在现代的发展，不可不提的是 Mrs. Liz Hartel，她是一位骑术爱好者，不幸于1943年罹患小儿麻痹。在接受手术及物理治疗后，可以借助拐杖勉强行走，但她并不放弃她所爱好的骑马活动。当她重回马背，她发现自己的背肌肌力及下肢的协调性明显改善。1952年，Mrs. Liz Hartel 获得奥林匹克运动会盛装舞步赛的银牌。其后，骑马对于残障者的好处引起英国人的注意，于1957年开始介绍骑马活动给残障的小朋友与成年人。1965年，挪威籍物理治疗师 Mrs. Eilset Bodther 为残障朋友成立了第一个马术中心。目前，全英国有80余个为残障人服务的马术中心，在北美有超过350个认可的治疗性骑马中心。1975年香港成立了香港伤健策骑协会有限公司，成为亚洲第一家马术治疗中心，到现在仍旧是规模最大的治疗中心之一。目前我国已成立了残障人康复医疗马术机构，为残障人康复提供个性化的专项服务。马术治疗像雨后春笋般地在世界各地迅速地推广开来，目前全世界有24个国家开展了马术治疗活动。

医疗马术(hippotherapy)是以马作为一种治疗工具，在物理治疗师(physical therapist, PT)、作业治疗师(occupational therapist, OT)、言语治疗师(speech therapist, ST/SLP)、心理疗法师(psychologist)、康复工程师(rehabilitation engineer)、文娱疗法师(recreational therapist, RT)、职业顾问(vocational counselor)和社会服务人员(social worker, SW)的指导下，利用马的规律性运动模式及人马互动的所有活动，针对各种功能障碍和神经肌肉疾患病人的躯体、心理、认知、社会化及行为障碍进行治疗的一种康复治疗手段，它是为了实现最终的功能性康复目标所实施的全面整体康复训练项目中很重要的一部分。

在马术治疗过程中，马的节律性运动对骑坐在马上的病人的刺激作用是治疗的源泉。一般是由马主或者领马人牵马，而不是病人本人，治疗师直接指导马的移动的方式(速度、方向)，并根据病人的反应，及时调整相应的治疗方案。当然，马术治疗是全面康复、整体治疗的一部分，在配合肢体康复功能训练、语言训练、认知训练、心理训练、传统医学、文体训练、假肢装配和社会职业康复的全方位的指导，使病人功能得以全面补偿和恢复，最终回归家庭或者社会。

九、军事马术

骑兵或骑警为了作战、执行军务或礼仪任务等需要，训练马完成各种动作和任务为军事马术。常见的训练有立正、卧倒、隐蔽、超越障碍物、队列进行、巡逻、泅渡、马上射击、礼仪表演等。

第三节　运动用马的选择和繁育

马术运动与其他体育项目不同，是人马结合的一项运动，马在运动中起十分重要的作用。开展马术运动，首先必须有合适的马，否则无济于事。同时，由于马术运动种类繁多，各项运动对马的要求不同，因此，选择和繁育合适的马匹是开展马术运动的基础。

一、运动用马的选择

（一）品种

任何轻型品种马都可做马术运动之用，关键在于个体本身是否适用。在适用的品种中挑选适用的个体，是简便有效的做法。国外有专门的运动用马品种，如专门用于速度赛马的纯血马，专门用于奥运会马术三项赛的温血马等。

（二）类型

骑乘型和兼用型均可，乘挽或挽乘兼用皆宜，甚至个别挽用型个体也可用。这主要取决于参加何种项目。

（三）体格

体高 100～170 cm 的马都可用。不必追求高大，尤其商业性经营者，更是如此。

（四）体质外形

供乘用运动项目者，按骑乘马要求选择。供轻挽用者按兼用马标准择优选用。

（五）年龄

2～18 岁，视个体早熟程度及发育状况而定。发育充分、接近成熟者即可使用。到能力开始下降时即结束使用。

（六）性别

骟马最适合。公马可用，借其精力和体力创造好成绩。但公马多因雄性干扰违抗人意，且管理不便。少用母马,许多母马虽能力非凡,但从长远计影响繁育,终非上选。

(七)毛色

毛色不限,任何毛色都出骏马。每一品种具代表性毛色中好马多。罕见毛色中常有良骥。

二、运动用马的繁育

我国目前尚未有专门的运动用马品种,过去马匹育种工作也主要围绕着培育役用马为主,缺乏培育运动用马的经验。在开展我国自己的运动用马培育时,不妨借鉴国外培育运动马的经验,尽量少走弯路,节约时间、物力和财力。

(一)场地障碍赛马的繁育

场地障碍赛要求马的爆发力强,但非烈悍;灵活,速度不太快,但弹跳力强,尤其是后躯推动力非常强。因此场地障碍赛马应该是同时具有纯血马的爆发力、弹跳力和挽用马的后躯推动力类型的个体。国外选育方案多为:

纯血马 × 挽用马

↓

温血马

(二)盛装舞步赛马的繁育

盛装舞步赛要求马的记忆力强,动力定型容易建立并能持久保持;富有灵性,易于调教,人马亲和性好,温驯,反应灵敏;躯干、四肢柔韧性好,具有较强的后躯肌肉;外形俊美,气质高雅。因此盛装舞步赛马应该具有阿拉伯马的灵性和良好的躯干、四肢柔韧性,俊美的外形,高雅的气质,同时具有轻型挽用马的稳定神经类型及后躯结构。国外选育方案多为:

阿拉伯马 × 轻型挽用马

↓

温血马

(三)三日赛马的繁育

三日赛要求马的爆发力强,但非烈悍;灵活,速度快,弹跳力强,具有较好的持久力。因此三日赛马应该具有纯血马的爆发力、弹跳力和速度,同时具有轻型挽用马的灵活和持久力。国外选育方案多为:

纯血马 × 轻型挽用马

↓

温血马

由于不同的马术运动项目对马的要求不同,因此,在培育我国自己的运动马品种时,首先应该明确培育目标，即培育用于什么项目和用途的运动马，然后根据国产马目前的现有基础和条件制定育种规划，开展育种培育工作。

目前国产马中运动性能较好的品种主要有伊犁马、三河马，其适应性强、耐粗饲、耐劳苦、抗病强，但体尺、专项运动性能与国外优秀运动马有较大差距，要想迅速提高其体尺及运动性能，快捷的途径是引进国外良种，通过杂交改良，在保留本品种优良特性的前提下，改进速力，提高品质。

在对国产马进行杂交改良时应注意，在我国运动用马主要是在极其多样复杂的地理、气候和经济条件下生活和工作。因此，适应性强、耐粗饲、耐劳苦、抗病强是运动用马的第一品质，然后才是能力，这是育种的首要原则。国产马在此方面具有很好的基础，杂交改良不能只强调运动性能的改善，而忽视适应能力，必须保留国产马原有的良好适应能力的优秀品质。

第四节　运动用马的饲养管理和调教

一、运动用马的饲养

运动用马优秀性能的发挥是遗传、饲养管理、个体生长发育、系统调教，再加骑手高超技艺等诸因素综合作用的结果。具有良好遗传性的马匹，只有在良好的饲养管理条件下，个体生长发育正常，形成适于发挥能力的类型、体格、气质和外形结构，经过系统调教，再加骑手高超的技艺才可能产生良好的结果，使马匹充分表现其遗传潜质，创造某运动项目的最佳成绩。因此，良好的饲养管理是基础。同时，饲养管理又是保证健康的重要条件。正确的饲养管理作用表现在长远的效应上，它能使马匹终生竞赛更加经常和有效，并减少疾病和受伤，运动生涯更加长久。四肢病是运动用马的普遍问题，但调教和使用不当可能只是其直接诱因，而营养和饲养不良才是根源，良好的饲养管理能促进这些问题的解决。

运动用马饲养原理与其他马相同，有关的一切详见马的饲养管理章节。阅读本节必须以马的饲养管理知识为基础，运动用马在共性的基础上又有其特点，本节仅对此加以叙述。

(一)营养需要

1. 水

对运动用马极为重要。运动马因剧烈运动大量出汗且机体过热，对水的需要量可比安静状态增加1～3倍。因过度出汗或缺水，马可能出现脱水现象，在竞赛后或长途行程后会出现疝痛。成年马日需水量20～50 L。营养和水供应不足会使马痉挛，并很快疲劳。运动前没有合理饮水，马的竞技能力和恢复能力都会降低。赛前赛后马若得不到需要的水分，将引起恶果。

2. 能量

能量对运动用马特别重要，供应不足，马能力降低。马匹在调教或参加竞赛时能量需要成倍增长，赛跑马比非运动马能量消耗高1倍多。在维持基础上，慢步时，马每千克活重每小时消化能需要量为0.5 J，最大负荷(赛马、马球)时39.0 J，这可作为计算马匹能量需要的依据。

而实际上可能比这还要大，有报道，障碍马需要能量为逍遥运动乘用马的78倍。因此运动用马的饲养特点之一是及时供应所需能量和尽可能好地在机体内贮备充足的能源。

马体能源主要来自碳水化合物和脂肪。肌糖原和游离脂肪酸在保障肌肉工作的能量中起主导作用。肌糖原由碳水化合物形成，故应及时供应易消化的碳水化合物。饲料脂肪和肌肉中积蓄的脂肪可变为被肌肉有效利用的游离脂肪酸，来满足能量方面增加的需要，作为调教、竞赛和超越障碍时的能源。试验证明，马能很好地吃进和利用含8%～20%脂肪的日粮，对运动能力有良好作用，同时可使日粮需要量减少，体况保持好，提高耐力、能力，还能抗关节炎，是运动用马浓缩能源最有效形式。

马盲肠微生物能利用纤维素合成不饱和脂肪酸，因此日粮中适当比例的粗饲料不可缺少。过剩的蛋白质氧化燃烧也能产热，但转化不经济，蛋白饲料价格高，不宜作能源供应。

3.蛋白质

蛋白质虽然与生命息息相关，但蛋白质饲料过量，会导致出汗增加，使马表现迟钝，竞赛后脱水，脉搏呼吸频率升高，尤其对有耐力的马造成不必要的压力，长期会使肾脏受损。轻度可引起疲劳，重则会因肌肉力量不足导致意外，甚至引起肌肉疾病，能力下降。蛋白质过剩的标志是汗液黏稠多泡沫。

肌肉做功靠的是能量而非蛋白质。随着运动增强对能量需要增加，而蛋白质需要提高不多，仍在维持水平，只要保持日粮能量蛋白比合适即可。对成年马无论休闲还是竞技，日粮中可消化蛋白均以8.5%为宜，调教中的马驹为10%。马必需的氨基酸为赖氨酸、色氨酸、蛋氨酸和精氨酸。赖氨酸不足会降低运动成绩，色氨酸可维持高度兴奋，精氨酸对抗病，尤其有压力情况下抗病有作用。必需氨基酸缺乏时肌肉紧张度差，血红蛋白合成慢，恢复过程长。赖氨酸需要量2岁驹为0.5%，成年马0.25%～0.4%(依运动成绩而定)。马虽也能利用一定数量的非蛋白含氮物，但高能力马最好不用。

4.维生素

马可能有某些维生素不足却无任何症候，但确会对马工作能力有不良影响。剧烈运动对各种维生素需要普遍提高。

马匹维生素A需要量与能力水平有关，但喂量过多又可能引起骨质增生症。维生素D缺乏会引起关节强直和肿胀、步态僵硬、易骨折、运动困难和原因不明的四肢病；为防止四肢病应格外关注马日粮中维生素D水平。维生素E对运动用马意义重大，它促进持久力，预防过早疲劳，工作后疲劳推迟出现，调节呼吸，保证骨骼机能，可顺利治疗马驹的肌炎和肌营养不良。维生素E缺乏则红细胞和骨骼丧失抗力，表现为跛行和腰肌强直，据称赛马场2%～5%的马患此症，多在紧张调教后一两天休息时出现，经常运动的马易患，训练课目变换时易表现。添加2 000～5 000 IU/d维生素E可提高结实性，缩短恢复时间，延长使用时间一个季度。马驹易调教，尤其对神经质、气质激烈的马有效。调教中的马维生素E需要量为50～100 IU/d，竞赛马1 000～2 000 IU/d。在赛前5～7d每日给马7 000 IU含硒维生素E、维生素C治疗马鼻出血有良效，某些情况下还可作为止痛药。马处于应激状态和天气炎热时需添加维生素C。维生素C不足马易疲劳，工作后关节发病。B族维生素对调教和竞赛马，肠道合成不能满足所需时，日粮中缺乏青绿饲料和粗饲料时均需添加。维生素B_1与能量代谢有关，缺乏时马协调运动不良(尤其后肢)，心脏肥大，肌肉疲劳，还会导致偏瘫。维生素B_{12}为血液再生所必需，可保证运动用马健康；乏瘦、虚弱的马，注射维生素B_{12}有良好反应，能迅速改善体况。日粮应富

含维生素 B_{12},供应钴可促进维生素 B_{12} 合成。烟酸为生长马驹和调教中的马所必需,日粮中添加 5%胆碱 6～8 g 对肺气肿有治疗作用。

5.矿物质

马匹剧烈运动会大量出汗,许多矿物质随汗排出,运动用马对矿物质需要增加。竞赛马日粮中钙、磷和食盐常不足,添加矿物质和微量元素十分必要。

首要的是钙和磷,决定着骨骼坚固性和肌肉紧张度。钙、磷不足或比例不当,会引起四肢肌肉扭曲变形,合适的钙磷比例[(1～2.5):1]和数量对马驹生长和调教、竞赛马工作能力都有良好作用。调教和竞赛中如四肢出现异常,需调整日粮钙、磷水平。运动出汗和马疲劳虚弱需要补充食盐,缺盐马会脱水,影响能力,经常补给才能满足需要。需要量取决于运动量和强度,出汗越多需盐越多。盐过多在某些情况下会因肌肉挛缩致死。日粮应含盐 0.5%～1.0%,或精料中含 0.7%～1.0%,能自由舔食食盐的马可不另给盐。速步马、赛跑马每日应添加 25～100 g 盐,或每 100 kg 体重 7～8 g。速步马高负荷期需较高水平的碘。铁与铜不足会导致贫血、呼吸困难,剧烈运动时大量需氧,可见其重要作用。但铁过多会使马变得迟钝冷淡。剧烈运动的马日粮中应含钾 0.6%～1.0%。镁为肌肉收缩所必需,缺镁神经系统兴奋性增强,肌肉颤抖,易出汗,四肢肌肉痉挛。早龄调教的幼驹因骨骼正在生长,对氟耐受力低。锌促进被毛光亮,但过多会发生骨骼疾病、四肢强直、跛瘸。硒对维持肌肉韧性有作用,高性能马血中硒含量高,注射硒和维生素 E 可治疗运动关节僵直。

(二)常用饲料

1.能量饲料

谷物精料富含易消化的碳水化合物,适于运动用马。玉米含可消化能最高,广泛用作日粮主要成分,经济实用。高粱性质近似,可部分代替玉米。燕麦仅次于玉米适于运动用马,许多养马者认为快速行动的马应喂燕麦,只吃大麦和其他精料跑不快。但是对于气质激烈,过于神经质的马,喂燕麦会使马过于兴奋,不必要地消耗体力,还会引发意外,影响运动成绩。给这种马喂燕麦要添加钠,或者改用其他精料。燕麦还促进四肢关节软组织正常发育。我国仅草原地区使用,农业区和城市多用玉米。大麦比燕麦含能略低,近年国内马术机构多用其代替燕麦,但在日粮中比例过高会引起疝痛。

麦麸能量和蛋白质均丰富但钙少,不添加钙易引发蹄叶炎,日粮中可占 5%～20%。黑色糖浆(蔗糖和甜菜糖浆均可)是运动用马的良好能源饲料。因其中速释放能量而适用于耐力性项目的马,一般赛后晚饲时喂给,有助于消除疲劳、恢复体力,日粮中可占 5%～15%。国外还用面包粉,是高性能马的优质饲料。此外,小麦和啤酒糟也可用,但小麦主要做人的口粮。其他如米糠、黑麦、玉米糁、柑橘浆等,高性能马最好不用。

2.蛋白质补充料

蛋白质补充料主要用来平衡日粮蛋白质的不足。其中黄豆饼(粕)最好。鱼粉氨基酸丰富,添加少量即够。啤酒酵母和饲料酵母也是良好的蛋白质和维生素 B 来源。国外有用脱脂乳粉或奶粉作为优良饲料,不仅风味好且富含易消化的各种营养成分。黄豆、黑豆在华北、东北农业区普遍用于喂役马,若用于运动用马日粮中,往往蛋白质过高,且不经济。与其日粮高蛋白水平,不如在适当的蛋白水平,日粮中添加必需氨基酸,如需高能量添加植物油更好。亚麻饼可使被毛光亮,花生饼风味好但要新鲜喂。此外,向日葵粉、羽毛粉、肉骨粉都可用,但目前使用不普遍。也常喂鸡蛋。最好不用棉籽饼、亚麻籽。

3.粗饲料

运动用马需要优质青干草，它是最好的维生素干草。东北常用披碱草（羊草）和苜蓿干草，西北常用燕麦干草，内蒙古还有其他种禾本科干草。日粮中最好禾本科干草占2/3，豆科1/3。国外还用猫尾草、三叶草和长穗草。南方湿热地区不适于传统牧草生长，可开发黑麦草，秸秆类也实用。草原地区用燕麦秸，农业区用未全芒大麦秸。南方用稻草做平衡日粮用。

4.青绿多汁饲料

各种禾本科、豆科青草、大麦芽都适用，虽优点很多，但体积大、营养浓度低，喂量不能太多，每马日喂2～3 kg即可。国外有一种聚合草对关节炎和消化有特殊疗效。胡萝卜、马铃薯、甜菜富含易消化碳水化合物和维生素。根据国外经验，甜菜与苜蓿干草配合营养丰富。马喜食胡萝卜和苹果，常用作美食在调教时奖励马。

5.其他饲料

（1）糖　人们认为喂糖可以迅速提供能源。有人在赛前早晨饲料中加糖200～250 g，或赛前1 h喂糖300～500 g，但赛前0.5 h喂效果不好。赛后1 h再喂0.5～1 kg糖有助于补充能量加快体力恢复。蔗糖对心肌是很好的营养，蜂蜜也好，还有人用*D*-甲基甘氨酸的某些产品为赛马供能源。然而，只给参赛马喂糖就够了，所有的马每天每次喂料都加糖实无必要。也有反对意见认为喂糖反使血糖下降。

（2）茶叶和咖啡　盲目学外国者也学喂咖啡，后又改学本国传统方法，喂茶叶。二者均有兴奋作用，出赛前适量喂茶叶有效。但也像喂糖一样，仅给参赛马即可。

我国民间赛马早有用茶叶、人参和其他补品喂马的经验，国外还喂马芝麻、黑啤酒等。

（3）脂肪　作为高能物添加，以食用植物油最好。

（4）大蒜　国外用于马，有祛痰止咳作用，治感冒和慢性阻塞性肺病，也有助于排出黏液。大蒜油效果更好，对循环有问题的马，包括跛瘸、舟骨炎有益。

（5）添加剂　为平衡日粮有必要使用各种添加剂。对运动用马特别重要的是维生素和矿物质微量元素添加剂。国外添加剂中还使用某些代谢产物，如柠檬酸、琥珀酸、反式丁烯二酸等，可以在大运动量训练后减少疲劳，较快恢复。此外还有使用造血铁剂和电解质制剂者，目前在国内一些马术俱乐部已开始使用。

（三）日粮配合

日粮配合必须依据“饲养标准”。我国马耐粗饲，消化能力强，配合日粮用国外标准偏高，而营养过剩有损马匹健康，此点应予注意。此外，还应做到以下几点：

1.全价平衡

首先要遵循饲料多样化、适口性好、适合马消化特点，变换须有过渡期等原则。日粮体积小而营养浓度高，减少消化道容积和负担，减轻多余体重，保持腹形良好，有利于剧烈运动。采食量标准为每100 kg体重1.5～2 kg，要靠精料型饲养实现。

2.精、粗料比例

以高营养浓度精料为主要营养来源，再加一定量粗料及添加剂达到平衡。精料量以占体重的1.0%～1.4%为宜。正在生长的马驹、强化调教、竞赛和越障的马需要较多精料。精粗比例依运动量和项目而异：轻运动时2：3，中等运动量和强度（短距离赛马、舞步马）1：1，重负荷(障碍赛)3∶2,重而快速运动(长途赛马、三日赛马)3∶1,2岁调教驹2∶3。精料比例不宜过高,否则容易导致消化道问题和关节炎。粗料在日粮中不应低于25%,绝非越少越好,若每百千克活重低于0.5 kg,易发生结症,而以0.75～1.0 kg活重为宜。某赛马场日粮粗料低于15%,以致消化疾病频繁、死亡率高,实为教训。

精料可配制成多种形式,如粉料、颗粒化、块状等。粉料采用我国传统"拌草"方法饲喂效果好,颗粒料使用便利,国外还制造全价饲料块、精料块和蛋白质饲料等。

3.节律饲养

常年只用一个配方一种混合料不好,一年中应按季节有规律变换2～4次,如冷、暖季两种,或每季一种。

4.多种料型

大规模养运动马,所有马都喂同一种精料不合理。不同生理状况需要不同:调教中的马与竞赛马不同,竞赛马竞赛期与休闲期不同,正在生长的马与成年马不同,进口马与本国马也不同。两三岁驹丰富饲养,运动不足,易造成四肢受损,同时后期发育充分,致体形重化,有碍速力发挥。因此,应当设计和配制几种型号的混合精料,自备小型饲料加工厂,既有必要而且便利。日粮进行了平衡,配出的混合精料只能作用"基础料",作为精料的主要部分,再根据每匹马具体特点、个体差异,另加喂其他精料,如燕麦、黄豆或玉米等。国外常给赛跑马喂一种燕麦粥,由燕麦、大麦、麦麸、糖蜜等蒸煮成粥(黏汁),在大运动量后晚饲时喂马。

5.维生素矿物质舔盐

任何日粮都不能满足每匹马和每种情况下对维生素和矿物质的需要。个体的需要有很大差异,马对食盐的消耗个体差异可达12倍。应设计和配制钙、磷、食盐(含碘)和维生素、微量元素舔砖。经常放在饲槽里,需要的马自会舔食。还有种"维-矿点心",可拿在手里喂马吃。这都有利于高性能马在竞赛的关键时刻发挥潜力。此外,饲料颗粒化过程中,维生素遭破坏,也需补给,添加目的仍为全价,当以适量为准。如果一个剂量的添加效果良好,则双倍的剂量并不能产生双倍的效果,过量的添加适得其反,可能引起中毒。运动用马常年舍饲,青草季节最好每日有鲜草2～3 kg,既利消化又补充维生素和微量元素。

6.经济原则

尽量使用当地产草料,少用远地运进,甚至进口饲料。配合日粮不可贪大求洋,本国马耐粗饲性能极佳,不必用进口马标准,更不必给过多精料。运动用马需要丰富饲养,但各种营养供给都有限度,并非越多越好。日粮水平过高导致能力下降,利用年限短,反而不经济。

(四)饲养方法

运动用马实行舍饲,精细管理,严格要求,坚持不懈,注意做到以下几点:

(1)定时定量、少喂勤添　每次喂料时,应尽量在短时间内发到每匹马,勿使马急不可待地烦躁等待。

(2)饲喂次数　多倾向于日喂精料2次,但若每次精料喂量超过3.5 kg时,则应增为3次。每次喂量不宜过大,各次时间间隔均匀为好。夜间时间间隔略长,为2～3 h,便于马休息。精料白天分喂,粗料的1/2量留夜间一次投给。瘦弱、疲惫的马宜增多饲喂次数,便于采食消化。

干草用多种方法喂,若用干草架则位置应与马肩同高,或用大孔网袋装干草吊于厩墙上由马扯着吃。若投于饲槽则应加长饲槽，每次喂料前应当扫槽。干草投于厩床易遭践踏和粪尿污染，且抛撒浪费。

(3)喂量分配　比赛当日喂精料应减量，以日喂3次为例：若上午比赛则清晨喂日饲喂量25%，中午喂40%，傍晚喂35%。若下午比赛则清晨喂40%，中午喂25%，傍晚喂35%。赛前最后1次饲喂粗料减为1/2，甚至完全不给。欧美喂赛马平日上午少(1/3)，下午多(2/3)。比赛日精料减30%～40%，干草也减量。停止训练和运动的马，当日减精料1/3，或白天减为1/2，代之以干草。保持体重，防止沉积体脂。

(4)马的饮水　马每日饮水不少于3次，最好夜间加饮1次，水面应低于马胸。水温不低于6℃，勿饮冰水。先饮后喂精料。热马不饮水，即紧张剧烈运动后，当马体温升高，喘息未定时勿饮水，否则马易患风湿性蹄叶炎。有规定运动完1 h内不得饮水，先休息待恢复正常后再饮足。紧张调教和竞赛期间，饮水中最好每桶水加盐3～4匙，而长途运输时饮水中可加些糖。到新地方参赛，水味不同时，也可加糖或糖浆。赛前保持一段时间供水，剧烈运动前1.5 h内不必停水，允许马饮足。而比赛间歇给马饮水，不要超过2 kg，若过量马便不适于继续参赛。用自动供水器最好，其次用桶，便于必要场合控制饮水和用水清洗，单间内不宜有常保持有水的固定水槽，因为既不便控制，又不便清洗清毒，更常有灰尘、草层及至杂物及粪便落入，还会吸收空气中氨气，水质污染，难保清新，且占据单间面积。

(5)个体喂养　每匹马在采食量、采食快慢、对日粮成分和某种饲料的喜好以及饲喂顺序等许多方面都有自己独特的要求，没有两匹马是完全相同的。当表现最大限度工作能力时，对饲料的要求水平有很大差异。赛跑马精料需要量可相差1倍。障碍赛马采食很挑剔，它们对变化了的日程和饲养员反应敏感。因此，运动用马需要分别对待，实行个体喂养。长期仔细观察，就能掌握每匹马的不同特点，从各方面投其所好，满足每匹马特别是高性能马的特殊需要。这虽难做到，却应尽力而为。

(6)饲养员作用　饲养员必须完成喂养任务，而养马的技能主要来自实践。实践经验是马匹饲养成功不可代替的要素。为了照顾高价值的马，最重要的是有经验的饲养员，要诚实可靠、热爱马匹、沉着温和、富有经验、努力工作。不负责任、不守纪律的人不能养高性能的马。新手必须跟随有经验的人学习才能获得知识。饲养员的优劣，表现在饲养效果上有明显差别，因此，饲养员的本领和技能有极大作用，特别对养高性能马至关重要。

二、运动用马的管理

严格、严密的管理制度和工作日程是管理的首要条件。全天遵照工作日程，按时、按顺序、按质量完成各项操作，严格遵守，不得随意改变。实践中常见按人的方便随意改变，例如马匹午饲午休时骑乘或冲洗，不利于马消化机能和休息。

(一)建立健全交接班制度

饲养员与骑手和值班人每上、下班时均需交接班。交代马匹状况、数量及其他情况，以便各尽其职，分清责任。马厩全昼夜任何时间均应有人，不允许空无一人，否则表明管理松弛。如果马匹发生伤、病却不知何时何故，也无法查出责任者，表明管理极为混乱。

(二)个体管理

马匹除饮食习性外,在气质、性格、生活习性和工作能力等各方面也各不相同。日常管理和护理也各不相同。日常管理和护理也必须根据个体特点分别对待。运动用马不仅要个体饲养,而且必须个体管理。因此应当实行"分人定马"制度,即把每匹马分配固定到饲养员个人,从饲喂、饮水、清厩、刷拭直到护蹄修饰等,一切饲养管理和护理工作,都固定个人承担。这种制度利于做到精细管理。适当减少每个饲养员管理马匹数,有利于他们研究马匹个性,完善工作。某些地方实行流水作业法,少数人饲喂,另一些人除粪,第三部分人洗马等,此法对马匹不利。

(三)厩舍管理

每日清晨清厩,清除单间内粪尿,清刷饲槽水桶,白天随时铲除粪便,保持厩内清洁。现代舍饲实行厚垫草管理,单间内全部厩床铺满 15～20 cm 厚松散褥草。每日清厩时用木棍或叉将干净褥草挑起集中墙角,将马粪和湿污褥草清除并打扫厩床。清扫后或晚饲时将褥草摊开铺好,视需要及时补加新褥草。为节约可将湿褥草晒干再用 1～2 次。应训练马养成在单间内固定地点排粪尿的习惯,既清厩便利,马体清洁,又节省褥草。褥草以吸湿性好、少尘土、无霉菌者为好,稻草、锯末较好,刨花、麦秸、废报纸条、玉米秸均可。

马厩内应保持干燥,清扫为主,少用水冲洗。南方养马缺乏清扫和及时除粪习惯,动辄用水冲,甚至在厩内洗马,导致厩内潮湿,违背马生物学特性,危害健康。湿热地区应限制炎热时节每日铲除马粪后,水冲厩床 1 次。

创造安静舒适环境便于马休息。防止厩舍近旁噪声污染,特别在采食和休息期间有害。夜间厩内关灯,夏秋季安装灭蝇设备,减少蚊蝇、虻骚扰。马厩内禁止人员嬉戏喧哗。

(四)逍遥场和管理用房

运动用马厩也应像种马厩一样,每幢厩旁设一围栏场地,面积最好每匹马平均 20 m^2,供马自由活动。白天除训练及饲喂时间外,马匹应在逍遥场散放活动,夜间进厩,既符合马生物学特性,又便于管理,便于清厩等管理操作,利于干燥通风,减少粪尿污染。仅恶劣天气马留厩内,个别凶恶不合群马不可散放。每幢厩舍应有 4 个管理用房间:值班室供开会、学习、值班和小憩用;草料仓库供少量储备;鞍具室供放鞍具,应通风良好;工具间保存饲养管理用具。每间各具必要设备。每幢厩舍应设电闸水阀,但无需每间设一个水龙头。及时关水关电,不允许长流水长明灯现象发生。单间厩门应能关牢,马匹不便逃出。门高应只容马将头伸出。简陋马厩中马能将整个头颈部伸到走廊中,妨碍操作、管理不善、人马均不安全,单间面积不能充分利用,厩门附近厩床损坏加速,马匹形成各种恶癖,这种厩舍应加以改造。任何时间,如果饲养场内或马厩走廊中常有失控的马匹四处游荡、偷食草料、互相踢咬争斗,都说明设备简陋原始、制度不严,管理水平低下。

(五)用马卫生规则

用马应严格遵守卫生规则。饥饿的马不能进行训练;喂饱后 1 h 内不能调教;每次训练开始必须先慢步 10～15 min,而后加快步伐;训练中慢、快步法交替进行;训练结束时,骑手下马稍松肚带活动鞍具,步行牵遛 10 min 后才可回厩;热马不饮水、不冲洗;训练后 0.5 h 内不饲喂；过度疲劳者待生理恢复正常后饮喂。参赛马赛前应做准备活动；赛后应牵遛 15～20 min。赛后或袭步调教后，次日应休息，牵遛 20～30 min。有人主张竞赛时马胃应处于空虚状态，因此应在赛前 3～4 h 喂完。

保持良好体况，传统的"膘度"观念对运动用马不适用，须建立"体况"概念。运动用马应保持调教体况，竞技用马稍好，当自由活动时有"撒欢"表现，说明有适当能量贮备。定期称重监督马体况变化，评膘没有意义。

严格防疫、检疫和消毒制度。养马区大门和各马厩门口均设消毒池，工作人员和车辆进出均应消毒。行政办公室、仓库及生活设施必须与生产区隔离。严格生产区门卫制度，非工作人员严禁进入。严禁外来车辆、人员等随意进入马厩和接触马匹。集约化养马机构尤须严密卫生防疫制度，每年定期进行主要传染病检疫和预防注射，定期驱虫和进行环境、马厩消毒。购入新马应在场外另设隔离场，经例行检疫，查明健康者才转入生产区。预防工作虽然代价较高，但为安全和马匹健康实有必要。

(六)兽医工作

马术机构的兽医工作不能局限于单纯应付门诊。贯彻"防重于治"的方针，兽医是保健计划的执行者，有大量工作要做，如接种免疫、口腔和牙齿检查、药物试验和生化检测等。要深入厩舍检查马匹健康和食欲，及早发现伤病，及时治疗和处理。每半年做一次马匹口腔和牙齿状况的检查。除消化道疾病外，需要研究和学习有关呼吸疾病和跛瘸的知识及其治疗方法，采用现代兽医科学新成就，进行热(冷)处理、按摩、被动伸展和磁场疗法，学会使用激光疗法、肌肉刺激仪和超声波治疗马匹伤病。马术机构需要高层次的兽医人员，仅能应付一般疾病治疗已不符合要求。

三、马的护理与调教

(一)马的护理

(1)人马亲和　人与马建立亲密友好的感情，相互信任的关系，是接触马匹的首要原则和目的，是饲养管理、护理、调教训练以及对马进行一切操作的基础。把马匹当作人类的亲密伙伴、无言战友，爱护它才能赢得它的信任，马才会完全服从人的意志，忠实执行人的要求，甚至奋不顾身，发挥它自身的最大潜能，为操作带来安全便利。违背此原则粗暴对待，导致马疑虑、恐惧、逃避，甚至敌意攻击，将引起一系列严重后果，不仅妨碍其能力发挥，更难免引发伤亡事故。行业内有至理名言："没有不好的马，只有不好的主人"。国际马术规则中有专门条款明确规定，凡粗暴对待马者，将被处以罚款，直至取消参赛资格。在我国，粗暴待马普遍发生，应禁止。

(2)运动　马生性好动，长时间站立不动，违反马生物学特性。运动用马即使每天训练，也需要另有活动。全天呆立厩内，长此以往会养成各种恶癖，如咽气、点头、熊癖、啃癖、磨牙、蹴癖、咬癖、扒刨等。最好有逍遥运动场供马自由活动。阳光、新鲜空气、自由活动有益健康和气质性格。轻微柔和的活动，比呆立不动，更利于消除疲劳。缺乏积极活动，马会变迟钝，不能承受较重工作。现代都市土地昂贵，集约养马应向空中发展，可建楼层式马厩，以便节省地面，建筑逍遥运动场或机械牵引架。

(3)刷拭　是舍饲马精细护理最重要操作之一。认真仔细又内行的刷拭可达到四大目的：体表清洁；按摩肌肉筋腱；仔细周到检查全身，及时发现伤、病及早治疗；达到人马亲和。刷拭操作是养马者的基本功，可惜多流于形式，仅为体表清洁草率敷衍。更有甚者，在某些马术机构里根本没有这项操作。马厩工作日程中有无刷拭这项操作，体现其养马是否内行；而刷拭操作是否认真仔细，则体现管理水平之高低。舍饲马必须每天刷拭1次，时间不少于20 min。骑乘前也应简单刷拭，骑后待汗干后还得刷去汗迹，全天注意保持干爽，按需要随时刷拭。凡工作时间内任何时候，马体肮脏都表明护理不佳。

(4)洗浴　淋浴、水洗或游泳均可。可建造专门的淋浴设备或淋浴喷头，用水管直接冲马是粗笨拙劣之法。可在河里游泳或洗马。游泳还是一种调教手段，有专门建造游泳池供此用。在长江流域以北地区，晴朗无风天气、水温18 ℃以上时才能洗马，洗后应刮去马体上，特别腹下的水，再用毛巾擦，特别注意擦四肢。在阳光下无风处晾干才能进厩。洗后不刮水也不擦身就进厩，在背阴下用电扇吹风易致感冒和腹泻。这绝非护理，实为伤害。

洗浴与刷拭是两项不同的护理工作，洗浴不能代替刷拭。马需要每天刷拭，但不必每天洗浴。

(5)护蹄　护蹄分日常护理，由饲养员完成，而定期削蹄和装钉蹄铁则由蹄工承担。削蹄不懂正常蹄形和角度，基本操作不合格，有可能人为造成蹄变形和蹄病，引致马匹报废和退役。因运动项目不同，有各种不同的特种蹄铁，如赛马的防滑蹄铁和轻金属蹄铁，长途测验蹄铁等。对修蹄、装蹄也有不同要求，例如纠正对侧步倾向马，速步马运步平衡等。

(6)被毛修剪　剪毛可使马美观，易于刷拭。冬季有马衣保护时，剪毛的马出汗易干和体温恢复。赛跑马全年不断剪毛，有专门的毛剪和一定的方法与技术。马剪毛有多种形式：全修剪为全身被毛剪短，仅尾根部留一小三角区，适用于赛跑马；狩猎型修剪保留腿毛和鞍座部不剪，适用于竞技马；披毯型仅剪去头颈和体下的毛，留背、尻和四肢的毛；此外还有越野型和挽鞭型等。

(7)马的保护　发达国家流行使用马衣，为保护马用。马衣有多种：夜间马衣用尼龙、黄麻、粗麻布制成，保暖用；日间马衣用混纺材料制成，比赛马或旅行时用；夏季马衣用棉布、亚麻或其他轻型材料制成，天热防蚊骚扰、防尘和防日晒用；凉爽马衣用细绳或多孔毛棉织品制造，利于汗液及热量蒸发。此外还有防水马衣，可防雨淋和保持体温。寒冷地区以及运输时还有保护头部和颈部的马衣，四肢管部和尾巴都包缠绷带以防外伤。炎热地区给马戴头罩以防日晒。国内目前已逐渐开始用这些物品。

(8)马的修饰　为外表美观需要修饰马，使之变得整洁、漂亮、悍威好。每天的刷拭程序中包括有梳理鬃、鬣和尾毛，梳通理顺，减掉缠结的团缕及夹杂物，刷洗干净。拔掉个别过长的鬣毛。尾毛过粗过长也需削减毛量，剪齐下端。还需修剪耳壳内的毛和颌下长毛，但要留下胡须不剪。竞技马赛前将鬃、鬣毛编成辫子，扎带美观大方。有时尾毛也编结起来，距毛也需修剪或梳理。四肢白章要保持洁白，不允许弄脏和污黄，可用玉米粉抹擦洗净，经常保持洁白。青毛马刷拭后用湿毛巾擦全身。

(二)运动用马的调教

马匹在供各种马术项目使用之前，应进行必要的驯服，接受系统的技能教练和锻炼。目的在于使马习惯接触人以及日常管理和护理操作，教马学会担负骑乘和轻挽工作或某些特殊的工作技能，服从驾驭和操作，获得专门方向或综合全面的速度、力量和耐力锻炼，从而改善生理功能、提高工作效率、充分发挥其遗传潜力，创造优异运动成绩。运动用马的系统、正规调教按一定制度，分阶段进行。首先要驯服马，叫做驯致。哺乳期内进行，到断乳时完成。从断乳到预备调教（1～1.5 岁）之间行进行成群调教，促进生长发育，增强体力。接着进行预备调教（基本调教），任务是训练马能驾车、能骑。速步马、轻挽马从 1 岁开始，先学会挽车，而后教马理解和服从驾驭。挽车用慢、快步行进；骑乘马从 1.5 岁开始训练马能骑，并懂得和服从骑者的正、副扶助。能背负骑者用正确的慢、快和跑步运动，预备调教为进一步将进行的各专门运动项目的调教打下基础。

对马进行性能调教，是在预备调教的基础上，进一步按各运动项目进行专门方向的调教，使马学会某种专门技能。速步马锻炼快步速度和耐力；赛跑马调教袭步速力及耐力；障碍马锻炼弹跳力和超越障碍的技巧。各马术项目都有各自独特的性能调教内容和方法。速步马和赛跑马 2 岁可上赛场，竞技马调教时间较长，需 3～4 年，满 6 周岁才能参加正式比赛。

牧区和民间马匹调教，因条件所限，马驹幼龄不驯致，待 3～4 岁时进行速成调教，集驯致和预备调教为一体，短期突击进行，多使用粗暴强制压服手段使马就范，常导致形成恶癖及人、马伤亡事故。在牧区，多数马直到出售时仍是生马，须由使用者自己从开始调教。由于是生马，价格低，同时使用者须花费大量人力、财力、物力进行调教，马匹是否能完全成才使用尚不清楚，对买卖双方均不利。今后马匹生产培育单位应对培育出的马匹进行简单的调教，起码出售马匹应该达到驯致程度，如果能完成预备调教则更好，不但价格高，而且使用者也省去了大量的基本调教费用。

复习思考题

1. 马术运动有哪些种类？各有何特点？

2. 各种马术运动对马有何特殊的要求？如何根据运动项目的特点选择和培育适合的马匹？

3. 马术运动用马的在饲养管理上有何特点？如何区别对待各类马匹？

4. 如何进行马术运动用马的初步调教？

第八章 产品养马

第一节 发展产品养马的时代意义

一、产品养马业概况

纵观养马业的历史，可以看到马的用途是由社会需要而决定的。远古时代，马肉、马奶是人类的重要食品，马匹是作为肉畜而驯养的。当发现了马的骑乘、役用价值之后，马的生产方向主要转向了军事、农业和交通运输，从此，马的其他用途很少得以发挥。随着科学技术的发展，农业机械化的实现，马匹的利用性质受到了时代的冲击，促使马匹生产再次发生方向性的改变，即由单纯的役用转为运动、产品生产和综合利用。近年来，随着对马产品的不断深入研究和开发，产品养马已逐渐成为养马业一个新的分支和重要组成部分。

现在世界上有许多国家，如法国、日本、意大利、比利时、卢森堡、奥地利、荷兰、独联体等国家，有许多民族，如哈萨克族、蒙古族、克尔克孜族等民族，至今仍保留着吃马肉、喝马奶的习惯。近几十年来，随着人们对马奶、马肉优异理化特性和营养价值进一步认识，逐渐明确了它们所具有的特殊作用，所以对马奶、马肉的认识，提到了一个新的水平，对它们的需求量大大增加，出现了乳肉养马业大发展的好势头。

同时，人们在原有传统的马奶、马肉产品生产加工基础上，充分利用马产品的特殊生理生化及生物学特性，进一步研究开发其他马产品。如从孕马尿中提取结合雌激素用于生物制药，从孕马血中提取孕马血清促性腺激素生产繁殖激素，将马脂肪精制后用于护肤、护发用品的生产等。不但丰富了马产品的种类，而且利用高科技技术，产品经过深加工后，附加值大大提高，极大地提高了养马的经济效益，促进了产品养马业的发展。

二、我国发展产品养马的潜力

我国草原辽阔，马匹众多，数量居世界前列。2006 年全世界马匹总数为 5 854.2 万，中国有马匹 740 万，居世界第一，主要分布在北方几个省区。其中新疆 99.2 万，内蒙古 67.9 万，且相对集中分布在几个地区。如新疆主要分布在伊犁(36.9万)、阿尔泰(14.1万)、塔城(12.9万)地区,比较集中,便于组织马源,进行规模化生产。在马匹主产区,水草质量优良,自然环境纯净,无污染。马群无规定疫病,生产原料绿色天然。牧区许多地方品种,产乳产肉性能较好,生产成本较低,在这种条件下,发展乳肉养马业,存在着很大的潜力。特别是新疆和内蒙古,养马业发达,又是多民族地区,当地人民历来就有吃马肉、喝马奶的习惯,故比较容易开拓养马业生产。

随着人民生活水平的逐步提高,人们对食物结构的要求也越来越高,对于高蛋白、低胆固醇、营养丰富、具有医疗价值的食品特别需要,而马奶、马肉正好具备这些条件,是鲜食和加工的极好原料,如果投入批量生产,在国内外销售,其经济效益和发展前途是不可限量的。

三、在牧区开创产品养马的前景

目前我国牧区养马业仍处于停顿和衰落状态,还见不到繁荣发达的景象。究其原因,主要是因为马的销路不畅、价格太低,养马无利可图而造成的。为了扭转这一被动局面,必须对单纯生产役马的经营方式进行改革,大力发展产品养马和综合利用,做到在供应役马的同时,进行马产品生产和马匹的综合利用,在牧区开创产品养马的新局面。

我国的牧区现有马匹体格较小,质量较差,产乳、产肉能力均低,经过肥育的马,活重在400 kg上下,屠宰率为48%~55%,多为二三级肉;产奶量每年只有500 kg左右。而国外肉乳兼用马,活重在1 000 kg上下,屠宰率达54%~62%,多为特级肉;每年产奶量在6 000 kg以上。根据国外的经验,必须抓好以下3个方面的工作:第一,首先抓好群牧马生产方向的转变,逐步向乳肉专门化品种过渡,使现有品种改造成为肉用品种、乳用品种或乳肉兼用品种;第二,用重挽品种杂交改良草原地方品种,加速培育生长快、产肉多的新品种;第三,根据市场需要,研制新产品,抓好产品养马的综合利用,提高经济效益,带动产品养马业的发展。

总之,产品养马在我国尚属起步阶段,必须有计划、有组织地进行,不断提高经济效益,使我国养马业重现繁荣的新局面。

第二节　乳用养马

一、马奶的化学成分及营养特点

(一)马奶的化学成分

马奶是由蛋白质、乳糖、乳脂、矿物质、维生素、酶和水分等物质组成的,是这些物质的混合体,是一种复杂的胶体溶液,呈白色或乳白色(表8-1)。组成马奶的各种成分,具有不同的分散形式,蛋白质以胶体形式存在,乳糖以分子形式存在,乳脂以浊液形式存在,矿物质以离子形式存在。通常把除水以外的成分称为干物质。

表 8-1　马奶的化学成分　%

项目	水分	干物质	蛋白质	乳糖	乳脂	无机盐	维生素 C/(μg/mL)
含量	89	11.0	2.0	6.7	2.0	0.4	87

(1)水分　水分占马奶重量的 89% 左右。马奶中水分是以游离状态存在的,是乳汁的分散相,乳的其他成分以各种分散相分散于水中。另一少部分水(2%～3%),以氢键和蛋白的亲水基结合,成为结合水,这部分水已失去了溶解其他物质的特点,只能在较高的温度下蒸发。

(2)蛋白质　马奶中蛋白质含量较低,只有 2%左右。但是蛋白质的质量较高,白蛋白和球蛋白占的比重较大,约占蛋白质总量的 1/2 左右。白蛋白和球蛋白容易消化吸收,所以马奶是白蛋白乳。而牛奶是酪蛋白乳。

(3)乳糖　乳糖在化学组成上是双糖,水解时产生 1 分子葡萄和 1 分子半乳糖。马奶中乳糖含量较高,达 6.7%以上,接近于人奶乳糖的含量。

(4)乳脂　马奶中脂肪含量为 2%左右,主要是由三元甘油醇和三分子脂肪酸结合而成的甘油三酸酯混合物,以脂肪球状态分散于乳汁之中,成为乳浊液或悬浊液。乳脂肪中不饱和脂肪酸和高分子脂肪酸含量较高,所以马奶脂肪的质地柔软,溶点较低,易于消化吸收。

(5)矿物质　马奶中含有钙、磷、钾、钠等矿物质和铜、钴、锌等微量元素。灰分总量为 0.34%～0.4%,其中钙的含量是 0.094%～0.115%,磷的含量是 0.128%～0.14%,余者为钾、钠等。

(6)维生素　马奶中含有多种维生素,其中有维生素 A、维生素 C、维生素 E、维生素 D 和 B 族维生素等。维生素 A 和维生素 E 溶于脂肪或脂肪溶剂,称为脂溶性维生素,马体不能合成,来源于饲料之中,每 1 kg 马奶含维生素 A 0.24～0.32 mg,维生素 E 0.65～1.05 mg;维生素 C 和 B 族维生素等溶于水,称为水溶性维生素,马体可以合成,也可以从饲料中获得,特别是维生素 C,马奶中含量较高,每 1 kg 马奶平均含量为 87 mg,最高达 140 mg 以上,是牛奶的 7 倍。

(7)酶　马奶中含有多种酶,它的来源有两种,一种是由乳腺分泌;另一种是乳中微生物繁殖时所产生的。乳中含有过氧化物酶、还原酶、解乳酶、乳糖酶、淀粉酶、接触酶等。

(二)马奶的营养特点

马奶营养丰富,营养价值全面,具有婴幼儿生长发育全部的营养物质,是人类理想的食品之一,它具有以下营养特点:

①马奶的化学成分与人奶接近,是最容易消化的奶类,非常稀薄的胃液及少量的胰液,即可将其消化,被人体吸收利用,特别适合婴幼儿和老弱病人饮用。

②马奶的乳糖含量较高,比牛奶高 30%以上,而且是属于易消化吸收的糖类,在乳糖酶的作用下,可分解为葡萄糖和半乳糖,消化吸收率达 98%以上。

③马奶的蛋白质含量低于牛奶,但质量较佳,尤其是对人体具有特殊生物学功效,且易于消化吸收的白蛋白和球蛋白含量较高。牛奶中酪蛋白含量多达 2.9%,白蛋白、球蛋白仅有 0.4%,酪蛋白与白蛋白、球蛋白成 7∶1 的关系,为酪蛋白乳类;而马奶中酪蛋白仅有 1.05%,白蛋白、球蛋白却占到 1.03%,成 1∶1 的关系,被称为白蛋白乳类。酪蛋白乳不易消化,白蛋白、球蛋白乳容易消化吸收。

④马奶比牛奶乳脂含量少,但乳脂中不饱和脂肪酸和高分子脂肪酸比牛奶高 4～5 倍;马

奶乳脂碘价高达 80～108，而牛奶才 25～40；马奶乳脂溶点也比牛奶低 5～10 ℃。马奶乳脂的这些特点，除人奶外，是其他奶类不能相比的。

⑤马奶中无机盐的种类多，其中微量元素钴、铜、锌含量比牛奶高。维生素含量丰富，特别是维生素 C，比其他任何动物乳含量均高。

马奶与其他主要奶类的营养比较见表 8-2。

表 8-2 马奶与其他主要奶类的营养比较 %

奶类	干物质	蛋白质	乳糖	乳脂	无机盐
马奶	11.0	2.0	6.7	2.0	0.40
人奶	12.4	1.2	7.0	3.8	0.21
牛奶	12.5	3.3	4.7	3.8	0.70
山羊奶	13.4	3.8	4.6	4.1	0.85
绵羊奶	17.9	5.8	4.6	6.7	0.82
骆驼奶	14.6	3.5	4.9	5.5	0.70

二、乳用马的生产性能

(一)母马乳房的构造

母马乳房是由左右 2 个漏斗状半球组成，只有 2 个乳头，每个乳头 2 个乳头孔。一般乳房的周距为 45～72 cm，高 10～15 cm，乳头长 9～11 cm，容量 1 500～2 500 mL。

乳房内部主要由腺体组织和结缔组织构成，中间由悬韧带将乳房分成左右两部分。腺体组织是乳汁的分泌部位，主要由乳腺细胞、乳腺泡和输乳导管组成。乳腺细胞构成乳腺泡，有一条末梢细管与乳腺小管相连，形成葡萄串状的乳腺小叶；乳腺小叶再集合而成乳腺叶；乳腺叶由无数小管连接，汇集成许多较大的乳导管，最后通向乳池。乳房的结缔组织起支撑和固定作用，其中布满血管、淋巴和神经。乳房的乳池很小，输乳小管很多，输乳小管和腺泡的容积为乳池的 9～10 倍，90%的乳汁存放于输乳小管和乳腺泡之中(图 8-1)。

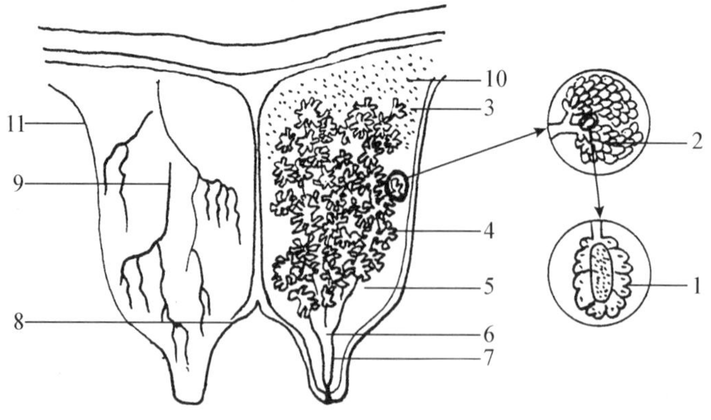

1.乳腺泡 2.乳腺小叶 3.乳腺叶 4.乳腺小管 5.乳导管
6.乳池 7.乳头管 8.悬韧带 9.乳静脉 10.结缔组织 11.皮肤

图 8-1 母马乳房结构模式图

马的乳房虽说不大，但腺体组织相当发达，产奶量可以和乳房大数倍的牛相媲美。理想的乳房不仅腺体发达，乳房内部无硬块，两个乳区发育良好，大小接近一致，有适量的容积，而且皮薄柔软，毛细短，具有良好的弹性，乳静脉明显，粗大弯曲。乳头大小适中，两乳头之间有一定的距离。

(二)母马的泌乳生理和挤奶特点

(1)母马的泌乳生理　乳汁的生成，是乳腺上皮细胞进行选择性吸收和生物合成的结果。乳汁在乳腺上皮细胞内形成后，连续地分泌入腺泡腔中，当乳汁充满腺胞腔和输乳小管时，腺泡周围的肌上皮和输乳小管的平滑肌就产生反射性收缩，将乳汁周期性地转移到乳导管和乳池中。乳腺的全部腺泡、导管和乳池构成了蓄积乳汁的容纳系统。当乳腺容纳系统被乳汁充满时，乳房内压力升高，以致压迫乳腺中毛细血管和淋巴管，阻碍乳腺的血液供应，使泌乳显著减弱直至停止，及时地将乳排空，可以增强乳的分泌。

(2)母马的挤奶特点　乳汁充满乳房时应及时挤出，以免引起抑制反射，影响正常泌乳。母马一昼夜泌乳量相当大，但乳房的容积较小，必须多次及时地挤奶，才能充分发挥其泌乳效能。

整个泌乳期，各阶段的泌乳量不同。在泌乳前半期，泌乳旺盛，每 2 h 应挤奶 1 次；泌乳后期，泌乳量下降，每 3～4 h 挤奶 1 次；马奶昼夜分泌，夜里可让幼驹哺乳，白天挤奶，这种挤奶和哺乳相结合的办法是马奶生产的主要方式。

挤奶方法分手工挤和机械挤 2 种，手工挤奶又分为滑榨法和拳握法。机械挤奶，以三拍节挤奶机的效果最好，其动作可分为吸乳、压榨、休息 3 个拍节，机械挤奶可大大提高劳动生产率。挤奶后，必须就地尽快过滤，尽快冷却，以延长保存时间，防止酸败。

(三)母马的产乳性能

产乳力是乳用马主要的生产力之一。产奶量的高低，直接关系到乳用养马业的经济效益。根据产奶量，可以计算出饲料报酬率，算出生产成本和利润，作为育种和生产经营的依据。

衡量母马的泌乳力的方法有 2 种：一种是测定整个泌乳期的产奶量(以 300 d 产奶量为标准)，用整个泌乳期的产奶量，来判断母马的产乳能力。据测定，母马有极好的泌乳力，其产奶量仅次于牛，例如，苏维埃重挽马“范秋”号，7 岁时一个泌乳期的产奶量为 6 173 kg，一昼夜最高产奶量达 28 kg。另一种是测定前 5 个月的产奶量，用前 5 个月产奶量来表示母马的产奶性能。不同类型、不同品种前 5 个月产奶量不同，一般说来，重挽马产量较高，轻挽马次之，乘用马产量最低(表 8-3)。目前，多用 5 个月泌乳期的产奶量来衡量母马的产乳能力。

表 8-3　不同品种母马 5 个月泌乳量统计　kg

品　种	5 个月泌乳量	一昼夜平均泌乳量	昼夜泌乳量范围
苏维埃重挽马	2 424	16.2	9～24
阿尔登重挽马	2 407	16.0	9～21
重×哈杂种	2 529	16.2	12～25
哈萨克马扎贝型	2 173	14.2	8～18
库素木马	2 310	15.4	14～22
新吉尔吉斯马	2 586	16.9	15～21
奥尔洛夫马	1 847	10.3	—
纯血马	1 117	7.7	5～10

(四)马奶生产

(1)群牧季节性生产　这种方法是利用群牧马现有条件,进行季节性生产。每年 6 月初开始,10 月中旬结束,1 年大约生产 4.5 个月。方法是选择产乳性能较好的母马,组成独雌乳马群,在优质草场上放牧,白天将马驹拴起来,使马驹与母马分离进行挤奶,下午 6:00 到第 2 天早晨 8:00,将幼驹放开,随同母马一起吃奶、吃草。这种方法 55%～60%的马奶被幼驹吃掉,只有 40%～45%的马奶供商品用,基本上能保证幼驹的正常发育。如果条件具备,可对母马和幼驹进行适当的补饲,这样既可提高产奶量,也可以保证幼驹发育得更好。季节性生产马奶,设备简单,成本较低,但由于挤奶时间短,幼驹又吃掉一部分,因而商品奶不多,每匹母马年产奶量只有 500 kg 左右,是一种副业性生产。

(2)舍饲常年性生产　这种方式是组织母马均衡生产,常年挤奶,防止产驹时间过于集中,所以商品乳产量较高,每匹母马年产奶量可达 3 000 kg 以上。但这种方式需要一定的建筑和设备,需要大量的饲草和精料,所以生产成本较高。

常年性生产马奶,应采取以下措施:第一,要选用专门化高产的乳用品种,淘汰产量低的马匹;第二,搞好厩舍建筑,生产优质饲料,进行科学的饲养管理;第三,生产过程逐步实现机械化,提高劳动生产率;第四,对幼驹进行早期补饲,实行撤驹挤奶。专门化乳用品种幼驹、最少培育到 5 月龄,此期间要供应 700 kg 母乳,300 kg 脱脂牛奶,250 kg 精料。总之,要想办法增加商品乳产量,提高经济效益。

三、乳用马的选择和饲养管理

(一)乳用马的选择

母马的产奶水平很不一致,品种间和品种内都有较大的差别,为了提高产奶量,对产奶母马应进行科学的选择。

选择乳用马,首先要注意品种,要选择产乳水平高,不过高苛求饲养管理条件的品种。目前比较理想的有以下几个品种:

(1)库素木马　该品种产于哈萨克斯坦共和国的乌拉尔和阿克丘丙斯克地区,于 1976 年育成,为乳肉兼用品种,5 个月泌乳量 2 310 kg。成年公马平均体高 160.1 cm,体重 540 kg;成年母马平均体高 154.1 cm,体重 492 kg。

(2)新吉尔吉斯马　该品种产于吉尔吉斯共和国,1954 年育成,5 个月泌乳量 2 586 kg。成年公马平均体高 155.3 cm,体重 540 kg;成年母马平均体高 149.5 cm,体重 490 kg。

(3)哈萨克马扎贝型马　该品种产于哈萨克斯坦共和国中部地区,属肉乳兼用型,5 个月泌乳量 2 173 kg。成年公马平均体高 147.4 cm,体重 495 kg;成年母马平均体高 143.3 cm,体重 422 kg。

其次要注意母马的外形结构和个体产奶量。产奶量不仅与品种有关,而且和母马个体有密切关系。体质结实、结构宽深、腹部充实、尻部宽广、乳房发育良好,两侧乳房对称,有强大乳动脉和乳静脉,每一个乳头有 2 个乳头孔的个体,产奶量一般都比较高。在选择乳用马个体时,不仅要注意昼夜平均产奶量,还要看泌乳期的长短和相对产奶量的多少(每 100 kg 体重平均产奶量)，因为泌乳期长，相对产奶量高的个体，总的产奶量也高。

乳用养马业是一项比较年轻的产业，所以目前国内外还没有一个理想的专门化品种，重挽马一个泌乳期产奶量虽高，但相对产奶量低，饲料报酬率低，今后必须利用现有品种，加以改造，创造乳用马新品种，才能适应乳用养马业发展的需要。

(二)乳用马的饲养管理

科学的饲养管理是保证母马健壮，发挥产乳效能的关键环节。要做到科学的饲养管理，必须根据母马的特点和营养需要，实行标准化饲养。母马泌乳量大，乳汁营养价值高，对营养物质需要量较大，因此供给母马的饲料，营养要完善，数量要保证，特别是蛋白质、维生素和矿物质的含量要满足需要。要喂优质干草和青绿饲料，豆科牧草应占到1/2；精料的种类要多样化，精料中配合适量的油饼和麸皮，有提高泌乳量的效果；每天喂些胡萝卜和饲用甜菜等多汁饲料，对泌乳亦有良好效果。泌乳母马的日粮，营养价值要全面，泌乳马日粮营养参考见表8-4。

表8-4　泌乳马日粮营养参考表

体重/kg	昼夜产奶量/kg	可消化蛋白质/g	钙/g	磷/g	胡萝卜素/mg
350	10	800	50	35	175
	12	875	55	38	190
	14	930	60	41	205
	16	1 005	64	44	220
	18	1 076	68	47	236
	20	1 138	72	50	250
	22	1 210	77	53	266
	24	1 271	81	56	279
400	10	830	53	36	182
	12	902	57	40	198
	14	964	61	42	212
	16	1 035	66	45	227
	18	1 107	70	49	243
	20	1 168	74	51	256
	22	1 240	79	54	272
	24	1 302	83	57	286
450	10	871	55	38	181
	12	943	60	41	207
	14	1 005	64	44	221
	16	1 076	68	47	236
	18	1 148	73	50	252
	20	1 210	77	53	266
	22	1 281	81	56	281
	24	1 343	85	59	295
500	10	902	57	40	198
	12	974	62	43	214
	14	1 035	66	45	227
	16	1 107	70	49	243
	18	1 179	75	52	259
	20	1 240	79	55	272
	22	1 312	83	58	288
	24	1 374	87	60	302

续表 8-4

体重/kg	昼夜产奶量/kg	可消化蛋白质/g	钙/g	磷/g	胡萝卜素/mg
550	10	943	60	41	207
	12	1 015	64	45	223
	14	1 076	68	47	236
	16	1 148	73	50	252
	18	1 220	77	54	268
	20	1 281	81	56	281
	22	1 353	86	59	297
	24	1 415	90	62	311
600	10	974	62	43	214
	12	1 046	66	46	230
	14	1 107	70	49	243
	16	1 179	75	52	259
	18	1 251	79	55	275
	20	1 312	83	58	288
	22	1 384	88	61	304
	24	1 445	92	63	317

日粮的体积和干物质供给量必须和母马的消化道相适应。日粮体积过大，会造成消化道负担过重，影响消化和吸收；体积过小，则缺乏饱感亦不能满足需要。一般情况下，每 100 kg 体重供给 2.2～2.5 kg 粗饲料为宜。

要严格遵守定时定量、少给勤添、先饮后喂、先粗后精的饲喂原则。饲养管理程序要保持相对的稳定，必须改变时，也应逐渐地过渡，饮水要卫生充足，要经常补饲食盐和钙质。

要加强母马的日常管理，保持厩舍和马体卫生，保证母马有充足的休息和运动。要经常观察母马的粪便情况，稀粪和恶臭，表示消化不良。要重视母马的健康状况，发现疾病及时治疗，保证泌乳正常进行。

四、马奶的综合加工

鲜马奶经过工业加工，可以提高利用价值和经济效益。目前鲜马奶加工项目有酸马奶、马奶露、马奶粉等产品。目前马奶制品主要是酸马奶。

(一)酸马奶

1.产品介绍

酸马奶是以鲜马奶为原料，经微生物发酵，不进行蒸馏而酿造出来的低酒精医疗保健饮料，营养丰富，清凉爽口，醇厚浓郁，去暑解渴，是哈萨克、蒙古、维吾尔等少数民族的传统饮料。酸马奶对呼吸系统(肺结核、慢性支气管炎)、消化系统(胃溃疡、黏膜炎、消化不良)和心血管系统(高血压、冠心病、高血脂)等某些疾病的辅助治疗效果，现已被医学所证实。另外，据史书记载，酸马奶有滋补壮阳之功效。经测定其理化成分为蛋白质 2.3%，乳脂肪 2.0%，乳糖 2.7%，矿物质0.4%，乙醇2%～3%，乳酸0.5%～1.0%，每100 mL含维生素C 7.3～13.9 mg。

目前，市场上除传统手工作坊式生产的散装酸马奶制品外，已有企业利用现代加工技术，生产出了可长久保存的易拉罐罐装产品，使这一具有浓郁民族特色的产品真正变成了商品，可工厂化生产并远销到国内外。

由于酸马奶具有的特殊医疗保健作用，现在新疆、内蒙古已有企业开始研究开发和生产酸马奶医疗保健产品。

2.加工工艺

加工工艺流程如下所示：

菌种活化 → 母发酵剂 → 生产发酵剂 ↓

原料乳验收 → 过滤净化 → 灭菌冷却 → 添加发酵剂、搅拌、发酵成熟 →

均质 → 保鲜处理 → 冷却 → 灌装封口 → 成品装箱 → 检验出厂

(二)马奶露

1.产品介绍

马奶露是以鲜马奶为主要原料，另外，添加甜味剂、乳化剂、增稠剂、稳定剂和调整液等配料，经微生物发酵而酿造出来的保健饮料，是马奶加工系列的新产品。它营养丰富、酸甜可口、风味芳香、去暑解渴，很适合广大消费者，尤其是妇女、儿童的口味。该产品含有乳糖、蛋白质、乳脂、乳酸、乙醇、钙、磷、锌、铁、铜和芳香物质等，呈白色悬浮状的液体。

2.加工工艺

加工工艺流程如下所示：

菌种活化 → 母发酵剂 → 生产发酵剂 ↓

原料乳验收 → 过滤净化 → 灭菌冷却 → 添加发酵剂、搅拌、发酵成熟 →

↑（灭菌冷却）添加辅料

均质 → 保鲜处理 → 冷却 → 灌装封口 → 成品装箱 → 检验出厂

(三)马奶粉

1.产品介绍

鲜马奶经过喷雾干燥，可制成马奶粉。这种奶粉湿度不超过3%，细菌培养率不高于一级，可溶性99%～99.5%，基本上保持了马奶的营养价值，保存期可达1年之久，是婴幼儿理想的乳制品。马奶粉的生产，解决了牧区交通不便，运输困难和季节性生产等难题。

2.加工方法

马奶粉生产，目前主要采用的是浓缩喷雾干燥法，干燥塔入口处温度应控制在125～135 ℃，出口处也要保持在65～70 ℃，奶粉干燥期间温度为60 ℃，密度要达到1.13～1.15 g/mL。每100 kg鲜马奶原料可出马奶粉9.07 kg。

第三节　肉用养马

一、马的产肉力

衡量马的产肉力高低，多用宰前活重、屠宰率、净肉率。此外，还有肉骨比、特一级肉比例、含脂率等指标来衡量。

屠宰率是指胴体重（即屠宰的马匹除去头、四肢下部、皮、尾、血和全部内脏，保留肾和其周围脂肪的重量）占宰前活重的比率。

净肉率是指净肉重（胴体剔骨后肉和脂肪的重量）占宰前活重的比率。

由于品种、膘情、年龄、饲养方式等的不同，马的产肉力也有一定差异。一般重型种或其杂种优于轻型种；经选育的肉用马优于未经选育的。如前苏联的测定结果表明：重挽马屠宰率为54%～62%，重挽马与哈萨克马的杂交后代为51%～56%；经选育的哈萨克马扎贝型52%～58%，而未经选育的哈萨克马仅为43%～48%。

膘度对马的产肉力有明显影响。对哈萨克马的屠宰试验表明，上等膘马的屠宰率为55%，中上等膘马的为52.8%，中等膘马的为47.4%，中下等膘马的为42.8%。膘度对含脂率更有显著影响：中下等膘马的含脂率为1%，中等膘马的为2%～3%，中上等膘马的为3%～6%，上等膘马的为8%以上。

随年龄的增长，屠宰率、净肉率、肉骨比差异不明显，而含脂率却明显升高，特一级肉比例下降（表8-5）。

表8-5　不同年龄伊吾马屠宰测定结果　　%

年龄	屠宰率	净肉率	肉骨比	特一级肉比例	含脂率
3岁	52.05	37.74	2.65∶1	61.60	1.83
6岁	52.73	38.65	2.79∶1	59.27	2.32
12岁以上	52.26	38.14	2.80∶1	57.93	4.14

舍饲高强度肥育可大大提高马的产肉力，幼驹尤为显著，成年马这种影响降低，但却对改善肉品质大有益处。

二、马肉的生物学特性和食品价值

马肉具有高蛋白、低胆固醇、高不饱和脂肪酸、营养素搭配合理的特点，现逐渐受到消费者青睐。尤其是近年来“疯牛病”、“口蹄疫”等对人类安全构成威胁，使消费者更多地转向安全食品——马肉的消费上来。

由于马肉所具有的独特生化特性，很多国家将其作为高级滋补营养品，不但利用鲜肉和加工成各类肉制品，而且马肉也成为其他肉类加工品的添加料。

（一）马肉的主要营养成分特点

同牛、羊、猪肉相比，马肉具有高蛋白、低脂肪之特点，因此深受广大消费者的青睐。马肉及其他肉类主要化学成分如表 8-6 所示。

表 8-6 主要畜肉化学成分比较 %

肉类	水分	蛋白质	脂肪	灰分
马肉(上等膘)	65.23	18.48	14.64	0.88
马肉(中上等膘)	70.00	24.60	4.70	0.93
牛肉	56.74	18.33	21.40	0.97
羊肉	51.19	16.36	31.07	0.93
猪肉	47.40	24.54	37.34	0.72

随品种、饲养方式、年龄、部位的不同,马肉的化学成分也有一定差异。一般重型马、原始的地方品种马,肉中脂肪含量较轻型马高,蛋白质含量低;采用舍饲精料肥育的马比完全放牧马脂肪含量高,蛋白质含量低;随年龄增长,脂肪含量增加,蛋白质降低(表 8-7)。

表 8-7 不同年龄伊吾马肉化学成分 %

年龄	水分	蛋白质	脂肪	灰分
3.5 岁	66.68	18.94	13.44	0.93
6 岁	65.62	18.68	14.24	0.88
12 岁以上	63.26	17.83	16.24	0.83

不同部位间,依肩胛部、后肢部、背部、肋腹部顺序,蛋白质含量逐渐降低,脂肪含量逐渐升高(表 8-8)。

表 8-8 伊吾马肉不同部位化学成分 %

部位	水分	蛋白质	脂肪	灰分
肩胛部	71.37	20.07	7.00	0.98
后肢部	71.06	19.67	7.89	0.97
背部	64.51	18.86	12.87	0.91
肋腹部	53.96	15.38	30.70	0.71

研究表明,马肉化学成分之间有明显的相关,蛋白质含量与水分、灰分含量间呈正相关;脂肪含量与水分、蛋白质含量呈负相关。

(二)马脂肪的理化特点

与牛、羊、猪脂相比,马脂具有熔点低、碘价高、胆固醇含量低、不饱和脂肪酸,尤其是人体营养的必需脂肪酸含量高等特点(表 8-9)。

表 8-9 马、牛、羊、猪脂理化指标

项目	马脂	牛脂	羊脂	猪脂
熔点/℃	17～28	42～50	48～55	31～40
碘价	59～102	32～47	31～46	62～82
胆固醇(以每 100 g 计)/mg	3.59	63	65	77
不饱和脂肪酸/%	61.06	38.5	37.6	50.0
必需脂肪酸/%	17.4	3	1.5	7.0

现代医学证明,不饱和脂肪酸,尤其是亚油酸、亚麻酸,在胆固醇代谢中可溶解胆固醇,避

免其在血管壁沉积，对于预防动脉粥样硬化、高血压等具有良好作用。由于不饱和程度高，则熔点较猪、牛、羊脂低，更容易为人体所消化、吸收和利用。因此，马脂肪具有较高的医疗保健作用。

马的年龄和采食饲料对马脂的成分有一定影响。伊吾马肉脂肪分析表明，不同年龄马脂中必需脂肪酸和胆固醇含量分别为：3.5 岁时 19.96%、2.48；6 岁时 18.16%、2.60；12 岁以上时 14.06%、5.70。随年龄的增大，马脂中必需脂肪酸含量下降，而胆固醇含量上升。以采食牧草为主的马，其马脂中必需脂肪酸含量高于以采食精料为主的马，而且胆固醇含量降低。

(三)马肉的生物学营养特点

国家有关部门提出了我国居民膳食中合理营养素比例，常见的几种畜肉对照合理营养素，比例，发现马肉中营养素比例最接近国家提出的合理营养素比例(表 8-10)。

表 8-10　几种主要畜肉营养素比例

项　目	蛋白质∶脂肪	饱和脂肪酸∶一个双键脂肪酸∶多个双键脂肪酸	必需氨基酸占总氨基酸比例/%
合理比例	1∶0.6	1∶1∶1	>20
马肉	1∶0.78	1∶1.1∶0.5	38.33
牛肉	1∶1.17	1∶0.6∶0.02	37.28
羊肉	1∶2.59	1∶0.8∶0.1	37.27
猪肉	1∶6.29	1∶0.6∶0.05	37.97

三、肉马肥育和生产组织

(一)肉马的肥育

1.放牧肥育

作为草食动物，尽管马对粗纤维的消化利用率不如反刍家畜牛、羊，但马可采食更矮小的牧草，利用草的种类广泛，对青草和优质干草的消化利用率与牛羊接近，且可远距离放牧，冬季还能刨雪采食，对于干旱草原的利用更具有特殊意义。由于放牧肥育生产马肉成本低，故许多草原丰富的国家和地区均利用天然草场放牧肥育肉马。

在我国，北方牧区的马大致从 5～6 月份开始迅速增膘增重，到 6 月下旬告一段落。9 月份开始抓秋膘，一直到 11 月份严寒到来为止。由于春季放牧肥育前，马的底膘差，在相当程度上是恢复肌肉，故增重较慢。而秋季放牧则底膘好，增重快，在很大程度上是沉积脂肪，成年马尤为明显，因此，故有“春抓肉，秋抓油”之说。经过这两季的放牧肥育，每匹马可增加 60～100 kg 优质肉。幼驹由于具有较强的生长势。哺乳时只采食牧草就可达较好的增重效果。有的品种 6～7 月龄时体重就可达 230～250 kg，有的早熟品种 8 月龄时就可达到 300 kg。我国牧区多在 5～10 月份进行放牧肥育，据测定 3～3.5 周岁马，平均增重 78 kg，而 2～2.5 周岁马，平均增重 85.5 kg。

2.舍饲肥育

在舍饲条件下，以精饲料为主进行肥育。此法特别重视提高饲料的利用率。马的品种、年龄、肥育季节、肥育方法、饲养水平、日粮组成等对肥育效果都有一定的影响。

据测定，每增重 1 kg 时，不同品种、年龄、肥育季节、肥育方法、日粮组成马匹所需要的日粮营养不同（表 8-11）。

表 8-11　不同品种、年龄及肥育季节马匹每增重 1 kg 所需日粮营养

品种	影响因素		可消化蛋白质/g	钙/g	磷/g	胡萝卜素/mg
快步马	年龄	5～8 月龄	861	55	38	189
		30 月龄	994	63	44	218
	季节	夏季	636	40	28	140
		冬季	1 005	64	44	221
重挽马与哈萨克马杂交一代	年龄	断奶 80 d	677	43	30	149
	季节	夏季	636	40	28	140
		冬季	1 005	64	44	221

由表 8-11 可以看出，年龄越小，生长发育强度越大，饲料利用率越高，增重效果越好；重挽马或专门的肉用品种肥育增重效果较一般品种好；夏季较冬季增重量大，饲料利用效率高。研究表明，6 月份幼驹日增重 1.2 kg，而 1～2 月份仅 0.81 kg。这除了因寒冷增加了马体的能量消耗外，也与寒冷地区马匹长期形成的生物学特性有关。

有资料表明，采用“精料—干草型”的日粮效果较好，日粮中精料占总营养价值的 70%。主要的饲草料有大麦、燕麦、麸皮、玉米粒、酒糟、甜菜渣、糖浆及干草、青贮料等。

（二）肉马的生产组织

对于放牧肥育的马，多从每年 5 月份开始，集中马群，挑选水草丰美、气候凉爽、蚊蝇较少的草场放牧。为提高肥育效果，尤其是在草场或马匹条件不好时，多采用短期放牧肥育和补饲精料、青绿料相结合的方法。马匹从早 6:00～11:00 放牧，中午补饲当日精料的 1/2，并在中午气候炎热期间饮水休息。从 17:00～21:00 重新放牧，晚上饮水后补饲另外 1/2 精料。夜间给马刈割大量青草饲喂。条件许可，夜牧则更理想。在马进入正式肥育期前，应有 10 d 左右的肥育准备期。在此期间使马对新的环境、新的日粮等有个适应过程，日粮构成应逐步地调整改变，最终达到肥育日粮，以防止突变造成马不适应，而发生消化道等疾病。

在肥育前，对所有马都应进行驱虫和兽医检查。

四、适于产肉的品种和肉用马的选育

（一）适于产肉的品种

随着人们对马肉的逐步了解，对马肉的需求量也迅速增加。许多国家在 20 世纪六七十年代就着手培育专门的肉用马品种。

1976 年，前苏联首先育成了世界上第一个乳肉兼用新品种库素木马，随后培育出专门肉乳兼用的哈萨克马扎贝型以及雅库特、新吉尔吉斯等品种的肉用类群。

库素木马育成于哈萨克斯坦共和国库素木河流域。它是以哈萨克马为基础，先后与奥尔洛夫速步马等品种杂交，留其重型杂种进行选种选配、横交固定、自群繁育培育成的乳肉兼用种，成年公马体重 540 kg，母马 492 kg，屠宰率 52%～56%。

哈萨克马扎贝型是采用本品种选育而培育的肉乳兼用类型，有优秀的放牧肥育性能，适应性好，耐粗饲耐寒性强，抓膘快、恋膘性强，繁殖率高。成年公马平均体重 569 kg，母马 487 kg，屠宰率 52%～62%。

此外，国外在马肉生产中，也常用重挽品种或其杂种直接改为肉用，进行短期强度舍饲肥育，其产肉性能、肉品质不亚于专门化的放牧肥育肉用马。

在我国尚无专门的肉用马品种，牧区多采用适于本地区的品种进行放牧肥育，尽管不如国外专门化肉用马，但有些品种也具有较好的产肉性能。且大多采用放牧肥育，成本较低。我国部分马品种肉用性能测定见表 8-12。

表 8-12　我国部分马品种肉用性能

品　种	体重/kg	屠宰率/%	净肉率/%
伊犁马	449.2	55.3	47.1
锡林郭勒马	453.7	54.4	46.1
锡尼河马	401.9	55.9	44.5
山丹马	343.9	57.0	44.0
河曲马	332.8	52.0	39.4
焉耆马	327.7	48.5	35.2
乌珠穆沁马	305.0	55.4	46.7
伊吾马	335.4	53.1	38.5

（二）肉用马的选育

根据国外发展肉用马的经验，首先是抓群牧马的转向，将草原品种经定向选育后培育成肉乳兼用类型。其次是将重挽品种直接转为肉用，并用它们与草原品种杂交，加速培育出早熟性好、产肉量多的新品种。

我国发展肉用马应根据国情和实际情况开展。从目前我国草原品种马的产肉性能看，与国外肉马相比差距很大。我们应有目的、方向明确地在群牧马中选育肉用马类群，利用现有重挽马进行杂交，加强向肉用型方向发展，提高其早熟性和产肉性，迅速培育出我国的肉用马品种。

五、目前国际马肉生产、贸易及消费情况

国际上马肉生产消费量不断上升，从 1990 年的世界马肉年均生产量 50 万 t 逐步上升到 2000 年的 70 万 t。世界上主要马肉生产地集中于亚洲（中亚）和美洲。

马肉出口国主要集中在美洲，阿根廷、美国、加拿大和澳大利亚的马肉出口量占世界马肉出口量的 95%以上，而德国和东欧一些国家如波兰、南斯拉夫、罗马尼亚等主要出口肉马，其主要贸易对象是比利时、卢森堡、意大利、法国和荷兰。

从马肉进口情况看，2001 年全世界约 14 万 t，比利时和卢森堡最多，其次是法国、意大利、荷兰和日本。欧洲是主要马肉进口市场，占总量的 80%，欧洲人均年消费马肉 0.64 kg。

由于近几十年来欧洲马业主要生产方向是少而精的运动马，马场规模较小，无法满足本地对马肉的市场需要，大部分马肉是从马匹数量相对较多而集中的加拿大、阿根廷和中亚国家进口，但仍无法满足市场需求。自1985年以来，大连育马公司一直向日本出口马肉。目前，欧洲马肉商开始与我国有关企业洽谈，拟从我国进口马肉。2002年，内蒙古一家企业与欧洲一家马肉商签订了年出口1万t马肉到欧洲市场的合同。目前，在国际市场上马肉的价格，欧洲平均为54.5元/kg，日本平均为39.3元/kg。

国内马肉消费主要集中在新疆、内蒙古等喜食马肉的少数民族聚集区，马肉市场销售量逐年上升。以新疆为例，1998年为2.83万t，1999年2.93万t，2000年3.57万t。目前，马肉价格与牛肉相近，而在一些喜食的地区，马肉价格高于牛肉。

六、马肉及其他产品的综合利用

（一）马肉

马肉除鲜肉食用外，还可制成各类马肉制品，如马肉干、马肉松、熏马肉、香肠、灌肠、腊肠、罐头等，它们是我国牧区哈萨克、蒙古等民族在冬季主要的肉食来源之一。大连食品公司育马场采用舍饲肥育方法生产马肉向日本出口，每年为国家创取大量外汇，取得了很好的经济效益。

（二）其他产品

（1）皮毛　一匹成年马的皮经加工可获得服装革约2.2 m^2，可制皮衣、皮帽、皮手套等。马尾毛是工业原料及出口物资，可制作乐器弓弦、化妆假发、刷子、网子等。

（2）马血　约占活重的5%，可制食品添加剂、血红蛋白粉、脱色血红蛋白粉、止血粉及其他医药用品。如马血清是珍贵的医药原料；怀孕母马血可制成孕马血清（PMSG），是重要的生物制剂。不能药用的血，经简单加工可制成饲料用血粉。

（3）马骨　约占活重的20%，可制成马骨泥、骨粉、骨胶等。马蹄壳可加工制成蹄壳粒出口。

（4）马内脏　如心、肝、肾、肠等是其他轻工制品所需要的，如马肠可加工制成肠衣，用于灌制肠类制品。马肺、气管等脏器都可制成饲料用粉。

第四节　其他马产品

一、结合雌激素

结合雌激素（conjugated fstrogens）是从孕马尿（pregnant mare urine，PMU）中提取的一种具有生物活性的天然复合激素类物质，可用于防治生理和病理原因引起的雌激素分泌不足而导致的妇女更年期综合征、骨质疏松。其主要成分为雌酮硫酸钠、马烯雌酮硫酸钠及马萘雌酮硫酸钠。此外，还有 17α-雌酮硫酸钠、17α-二氢马烯雌酮硫酸钠、17α-二氢马萘雌酮硫酸钠等 10 多种成分。经生物学测定和受体结合力分析，其中主要的 10 种成分均具有生物活性。结合雌激素药品早在 1942 年就在美国上市，已有 60 年用药史，近 10 年来，世界处方药销售排名一直处于前 10 位，且呈不断增长态势。美国惠氏-艾尔斯特制药公司（Wyeth-Ayerst Laboratories Inc.）在全球垄断该项技术，60 年来该产品一直由其独家生产。

随着科学的进步，人类寿命延长，老龄化人口增多。对此类药需求与日俱增，市场潜力巨大。

在孕马尿中，结合雌激素平均有效含量约为 100 mg/kg，每千克可提纯获得约 65 mg 纯制品。因含量低，提纯获得率不高，每年药厂需要大量的孕马尿原料，仅加拿大阿尔伯达省，每年就有 60 多个马场集中 7 500 匹怀孕母马收集马尿，每匹每个怀孕期仅卖马尿平均收入 2 080 美元，马尿价格折合人民币约 20 元/kg。由于我国马匹数量大，相对集中，且饲养管理、人工成本低，近年来，美国、德国、加拿大、中国台湾等厂家都纷纷到马匹集中的新疆伊犁地区，抢购孕马尿原料，用低于国外几倍的价格收购原料，提纯加工后高价售出。目前，国际上纯制品价格约为 4 500 元/g。

国内企业新疆特丰药业股份有限公司利用新疆畜牧业资源，联合国内外多家科研单位攻关从孕马尿液中提取结合雌激素，开发天然生物制品新药，现已完成全部临床前研究工作，目前正在与国内多家著名临床研究机构合作进行临床研究。

动物来源的生物制品，原料的收集和资源的组织是产业化的关键。该企业已经成功地解决了原料的收集和资源的组织问题。目前，该企业正在加快实施孕马结合雌激素生物制品产业化基地建设，建立 2 000 匹孕马示范养殖场，推行标准化，带动周边牧民积极参与孕马养殖。在新疆伊犁新源县建设符合国家 GMP 认证要求和国际规范的孕马尿提取加工车间和制剂生产车间，生产天然雌激素生物制品和药物制剂产品。

按每匹马每天 3～4 L 马尿，可收集时间 150 d，4～5 元/L 计，牧民每年可从每匹马中增收 2 000 元以上。若结合雌激素制剂销售 10 亿元，需要马尿 20 000 t，按马尿收购价 4 000～5 000 元/t 计，新疆牧民可获收益近 1 亿元。

结合雌激素生物制药的投产上市将打破国际垄断，出口创汇，为临床提供新的治疗药物。同时对发挥新疆牧区产业优势，推动新型产业链的形成，保护生态环境，带动牧区经济和相关产业的同步发展，使农民增收，促进当地农牧民脱贫致富意义重大。可为实现国家的西部开发战略，促进民族医药工业的腾飞做出贡献。

二、孕马血清促性腺激素

（一）功能

孕马血清促性腺激素（PMSG）又名马绒毛膜促性腺激素（equine chorionic gonadotropin，ECG），是从怀孕母马血清中提取的一种生殖激素。主要有如下功能：

①促进动物发情：具有促卵泡素（FSH）功能，可促进马、牛、羊、猪发情。由于牛、羊母体本身分泌 FSH 较少，发情表现不明显，发情持续期较短，易发生隐性发情现象，而 PMSG 则促进牛、羊发情效果明显。

②促排卵：具有促黄体素(LH)功能，促进母体排卵。

③促进黄体形成，保证母体分泌孕酮，对胚胎着床有利。

④促进精细管发育和性细胞分化，提高公畜性欲和产生精子能力。

⑤提高羊的双羔率。

(二)用途

①促牛、羊、马、猪发情排卵，尤其是提高牛、羊的显性发情比例。

②用于牛、羊同期发情，超数排卵和胚胎移植工程等。

③用于提高羊的双羔率。

④用于提高公畜性欲和促精子生成能力。

(三)来源、含量效价

PMSG主要来自于马属动物(马、驴、骡及其杂交体)的胚胎。其主要存在于妊娠的马属动物的血清中。其含量受胎体遗传型、妊娠时期、个体类型等因素影响很大。

一般妊娠40 d左右开始分泌，70 d左右达到最高峰，120 d左右开始下降，150～180 d时从血液中消失。

由于孕马血清促性腺激素功能特殊，目前在国内外广泛使用。发达国家早已将其列入制剂目录及药典，产品长销不衰，价格不断上涨，需求量不断增长。

我国于20世纪70年代使用原血清进行家畜诱导发情，80年代开始使用PMSG纯制品。到1998年底全国仅有天津华孚生物技术公司和宁波激素二厂两家企业生产PMSG，年产量为1.2亿IU，远远不能满足国内市场需要。如果我国现有奶牛场、养猪场的40%使用PMSG进行诱导发情和超数排卵处理，加上其他动物使用(固定用量)，年需求量约为60亿IU。其市场潜力巨大。

目前，国内有粗提制品生产和纯制品生产两种。前者生产工艺设备简单，投资小，产品纯度不高，价格低，平均为1 000 IU 8元；后者纯度高，工艺设备复杂，投资大，产品价格高，平均为1 000 IU 15元。国外已有厂家利用现代高科技提纯分离技术，生产出效价更高的高纯制品，其价格为1 000 IU 500元。

孕马血清促性腺激素的供应在国内外都因孕马血清资源有限，生产量始终无法满足市场需要。

三、精制马脂

精制马脂是从马体脂肪组织中经萃取精制等工艺获得的产品，其不饱和脂肪酸含量高达60%以上，必需脂肪酸含量高达17.5%，且各类脂肪酸配比合理。其富含维生素A(5.7 mg/kg)、维生素E(99.7 mg/kg)等营养成分，是典型的营养型油脂，其理化性质见表8-13。具有抗衰老和软化血管的作用，对心血管病、高血压、动脉硬化等病状有明显的预防和治疗作用，可用于医疗保健品的制造。同时，精制马脂对人体皮肤渗透力强、涂展性好、皮肤吸收快、护肤养颜，可取代羊毛脂用于美容化妆品。另外，精制马脂也可用于高级液体洗涤剂、皮革加工护理助剂、纺织助剂及精密仪表的润滑剂、防锈剂和缓蚀剂等。

表 8-13 精制马脂的理化性质

项目	指标	项目	指标
比重	≤0.95	酸价(以 KOH 计)/mg	≤2
熔点/℃	30～43	碘价	68～88
不饱和脂肪酸/%	≥60	过氧化值/(meq/kg)	≤16
维生素 A/(mg/kg)	4.5～5.7	游离脂肪酸/%	0.73
维生素 E/(mg/kg)	70～90	水分/%	≤0.5

在日本，马脂化妆品因数量稀少，价格昂贵，仅上层社会才有能力消费。在欧洲市场仅有少量的精制马脂保健胶囊。

目前，国内企业新疆普瑞特马业生物科技有限公司采用高新技术，开发出了马脂萃取精制加工技术，并已注册了 37 项专利。利用精制马脂研发了马脂护肤化妆品和护发用品共计 9 个品种 13 个分类包装，市场试销后，反映很好，已有不少商家前来订货，市场潜力巨大。目前，精制马脂市场价格约为 100 元/kg，大大提高了马脂的附加值。

由于目前国内外尚无大规模的马脂原料生产、加工企业，因此精制马脂产品还未形成上大规模的批量生产，市场是有需无货。

复习思考题

1. 阐述马肉的化学成分及生物学营养特点。
2. 结合我国牧区实际，谈谈采用何种方法进行马肉的生产和组织。
3. 马奶的营养特点是什么？
4. 马奶的加工产品——酸马奶和马奶露的加工生产工艺及开发价值是什么？
5. 结合我国牧区实际，谈谈采用何种方法进行马乳的生产和组织。
6. 阐述结合雌激素、孕马血清促性腺激素、精制马脂产品的用途、特点及开发生产对产品养马业的作用。

第九章 群牧养马

群牧养马是利用天然草地终年或一年中大部分时间大群放牧的一种养马方式。其特点是设备简单，投资少，成本低，经济效益高，利于大规模生产，适合于马的生物学特性要求。

数量上占我国马总数 1/3 的群牧马，分布在 5 大牧区。水草丰茂，广阔草原上的牧区，很适于群牧养马。长时间以来，我国各族人民在群牧管理的条件下，培育了伊犁马、三河马、蒙古马、哈萨克马、焉耆马、河曲马等优良品种，成为我国役马、产品马、军马和马术用马的重要来源。

群牧养马是最经济的马匹饲养方式。马驹培育到 3 岁时，所花费成本仅为舍饲马驹的 1/2。其原因主要是群牧马直接利用天然草场进行放牧，一般不补饲，其次是实行大群经营管理。新疆、内蒙古、甘肃、青海等地一个群牧马场一般都饲喂数以千计的马匹，一个马群百匹左右，由 2～3 人管理，直接用于马匹生产的费用少，商品率高。

我国群牧养马，目前的主要矛盾是抗御自然灾害的物质基础十分薄弱，经营管理粗放，生产水平低。今后应做的工作是：改进群牧管理技术，设置必要的建筑和设备；建立巩固的饲料基地，生产足够的草料，有目的地进行育种工作，培育出优良品种马匹（特别是目前急需的乳肉或肉乳兼用的产品用马），以满足各方面的需要；大搞草原建设，有效发挥群牧养马的巨大潜力，把落后、广阔无垠的牧区改变成为我国养马业的重要基地。

第一节 群牧马的特性

一、群居性和自然组合特性

群牧马具有恋群的习性，喜欢群居在一起。往往一部分马走动，全群马都跟着走动。大群马走动时，有一部分马经常走在马群前边，这些马称“头马”。赶动马群时要先赶“头马”，若要马群稳定下来，也必须挡稳“头马”。各类马恋群性的强弱是随年龄、性别而不同的。一般成年母马恋群性强，骟马恋群性差；离乳驹和 1 岁驹恋群性强，2～3 岁驹恋群性差。在放牧管理中应注意监护好爱脱群的马匹。

群牧马有自然组合成小群的特性。一个大群中的马匹，自然组合成几个或十几个小群，群众习惯叫做“把子”。在群牧本交母马群中的各个小群，都是由 1 匹公马带领 10～20 匹母马及其幼驹，结成一个"小家庭"，行走、休息、采食、饮水都在一起。它们既不离开大群，又和大群内的其他小群保持一定的距离。小群内的母马是由公马照管、护卫和圈群配种的。母马若跑进别的小群，公马便及时把它赶回来；若其他小群的公马来争夺母马时，本小群的公马便迎上去与之搏斗，从而使本小群内的马数基本上保持稳定。公马的圈群性是生来就有的，一般到 3 岁就开始具有控制小群的本能。

认识和掌握了群牧马这一自然结群的特性，就便于在大群马放牧管理中，通过管理小群来监护整个大群，提高劳动效率。清点马数时，只要小群数够了，就可知全群马都在群；只要发现哪个公马嘶鸣不安、奔跑寻找，就知道那个群的马数可能不够，从而及时清查，设法找回。

二、群牧马的恋膘性

群牧马昼夜生活在广阔的原野上，主要靠采食天然牧草来取得营养物质。在长期适应这种自然环境条件的过程中，形成了上膘快，掉膘慢，恋膘性强的特性。如夏秋季节，水草丰盛，群牧马上膘快。特别是在秋季，群牧马抓膘最快。一般在 9～10 月份，90%以上的马匹能达到上等或中上等膘度，在体内蓄积大量脂肪，有利于马匹安全越冬。冬春季节，天寒雪大，牧草枯黄 ，野外采食困难，又加暴风雪的侵袭，使马膘情下降。这时，群牧马借厚密的被毛御寒，减少体热散失，并自然地减少自身活动，缓慢消耗体内脂肪，所以，在早春掉膘阶段，每日平均下降体重 0.63 kg，而春末夏初抓膘阶段，则平均每日增重 1.73 kg。根据群牧马上膘快，掉膘慢这一特性，应进一步掌握群牧马的膘情变化规律，进行补饲工作，使群牧马一年中的膘情大致稳定，以保证马匹的繁殖、正常生长发育和安全生产。

膘情的好坏是马群健康状况的重要标志，也是衡量放牧和饲养管理水平高低的标准。群众对于评定马膘有丰富的经验，一般把膘情分为上、中、下三等，主要是以各部肌肉的丰满程度和骨骼的显露情况作为依据的。其评定标准是：

上等膘——被毛光滑，颈、尻、股、背腰部肌肉丰满，肋骨、腰角不显露。

中等膘——被毛稍粗糙，肌肉欠丰满，脊骨、肋骨、腰角稍显露。

下等膘——被毛粗硬竖立，颈肌瘠薄，脊骨、肋骨、腰角显著显露。

三、群牧马的采食特性

(一)耐粗饲

耐粗饲是群牧马长期在艰苦环境中形成的优良特性。群牧马对牧草的采食是很广的，尤其是在冬春季节牧草枯黄时，对草场上各类可食杂草，基本上都很好地采食利用。冬春补饲用的草原干草、燕麦干草、小麦秸以及其他农副产品，对群牧马均有良好的适口性。采用舍饲或半舍饲的马，以及冬春季节大量补喂优质干草的群牧马，这种耐粗饲的性能就有所减退。所以，在群牧马放牧管理上，应坚持四季放牧为主，结合冬春适当补饲的原则；即使冬春补饲，也应采用先喂质量差的草，后喂质量好的草，好草、次草搭配喂的方法，以降低饲养成本，保持群牧马耐粗饲的优良特性。

(二)刨雪觅食

1岁后的群牧马就能在大雪覆盖的冬季草场放牧。草原积雪厚10 cm以下时，马能用嘴唇拱雪采草，雪厚40～50 cm时，马能用前蹄刨雪采草。只要草原的草生长良好，马匹就能吃饱，保持较好的膘情。

(三)对饮水的要求严格

马喜欢喝清洁的井水、泉水和河水，不喝被污染的水和有气味的水。春初、秋末和冬天的早晨，温度过凉的水马不愿喝。夏天池塘里温度过高的水，马不喜欢喝。马在喝水中间，一般要停顿一两次。在河里饮水时，马多是逆流而上，边走边喝。所以，赶动大群马在河里饮水时，要从下游向上游饮，使全群马都能喝到清水。在冬季当河流、水源结成薄冰或被雪覆盖时，群牧马有用前蹄刨冰喝水的性能。当冬季草原积雪较厚时，群牧马能吃雪解渴。所以，在积雪较厚的冬草场上放牧的群牧马，每天饮水次数可适当减少，一般每天中午饮足1次就可以了。也有全靠吃雪解渴而不饮水的。但是，补饲干草的马，单靠吃雪是满足不了它对水分的需要的，因此每天饮水2次为宜。

(四)采食和休息

群牧马在放牧时，采食和休息是交替进行的。马匹只有吃饱了才会比较安静地休息；休息好了，才积极地采食。群牧马一昼夜采食和休息的次数及每次休息的时间，是依季节、气候和草生情况而有增减的。一般在冬季休息的次数少、时间短，夏季休息的次数多、时间长；坏天气休息次数少、时间短，好天气休息次数多、时间长；草原上草生较差时休息次数少、时间短；草生较好或补饲干草量较大时，休息次数多、时间长。群牧马一昼夜内，一般要吃4个“饱”，休息4次。早晨和傍晚是群牧马最爱吃草的时间，一定要注意抓好早、晚这2个“饱”。一般在半夜和中午天暖时，应尽量让马群安静地休息好，每次休息2～3 h。其他时间的休息，多属短时间的休息，即所谓“打站”。群牧马在采食和休息时，多是合群行动，采食时全群都采食，休息时全群都休息。在放牧当中，当马休息的时候，不要随便赶动马群，以免影响马匹安静的休息；在马群采食中，若有个别马卧下休息时，应随时把它赶起来，让它充分采食。这样才能使马匹有效地抓膘、保膘。

四、群牧马的记忆力和自卫能力

马的记忆力比较强。放牧人员在草原上一旦迷路，只要骑马任凭其前行就能回到驻地。群牧马对吃草、喝水的地点记忆最清楚，对四季牧场上哪里草好，哪里有水源，都能熟记。特别是秋季庄稼快成熟时，如果马群跑进农田吃过一次庄稼，它就会牢牢记住，一有机会就会再跑进庄稼地。因此放牧时应加强管理。

马的听觉较灵敏，在夜晚放牧时，两耳不断地前后摆动，仔细探听周围的动静。成年马即使在睡眠时也是这样。特别是群牧本交群的种公马，当马群夜间放牧休息时，它很少卧地睡眠，常常是站着四处张望，探听着周围的音响和动静，当听到异常声音，便立刻警觉起来。一旦发现野兽，便扬头屈颈，用前蹄扒地，抖鬣举尾，打着响鼻，引起全群马注意。随后，奔向野兽，与之搏斗，直到把野兽赶走为止。往往因与野兽剧烈搏斗，而使公马累得满身流汗。牧民常借早晨观察公马的出汗和疲劳情况，判断当夜有无野兽侵袭马群，以便夜间放牧时加强维护马群，或者及时地转移放牧地以防兽害。

第二节　群牧马的放牧管理

放牧管理是群牧养马最基本的经常性工作。其能否获得良好成绩，决定于放牧场的条件，补饲的适时，放牧的组织和技术。群牧马管理的主要任务是繁殖马匹。要提高繁殖率，必须抓好配种和保胎两项工作；而配种和保胎的成绩，又建立在抓膘和保膘的基础上。因此，群牧马管理常年的重点工作是抓膘、保膘、配种、保胎、产驹和育成。放牧管理的技术水平，直接关系着群牧马能否达到稳产、优产、高产。

一、春季放牧管理

群牧马在春季往往呈现乏瘦体弱状态，御寒、抗病能力差。春季正是寒流和暴风雪多、疫病容易流行的时间，对马匹安全度春威胁很大。所以，在春季放牧管理工作中，应着重做好以下工作。

(一)检疫、驱虫和分群

在进入完全放牧期以前，要对全部马匹进行一次检查，对体弱和有病的马单独组群管理，还要进行检疫和预防注射，驱除体内外寄生虫等。马驹在去年秋季未经断乳的，这时进行断乳和分群管理；进行初次鉴定，不合种用者进行去势。对所有的马匹一律进行修蹄和称重。对应该鉴定的马匹进行鉴定，做好分群工作。经过这一系列的整群工作后，将每群马的马名或马号列在一个表格里，交给固定的放牧员接收。

(二)放牧安排

在安排放牧时，应把繁殖母马群、离乳驹子群和瘦弱马群安排在近处，2～3 岁驹子群安排在远处。一般要求先放去年留下的黄草，后放今年刚生出的青草；在山区应先放阴坡，后放阳坡；在湿潮泥泞的草区，要等到地干了再放，以免马群践踏，伤害牧草生长；在青草刚发芽时，不要吃嫩草根，容易吃进细沙土，引起肠胃炎。

(三)放牧方法

春季放牧应采用前挡、后推、压着放牧的办法，控制马群采食的前进速度，以保证马匹充分采食，避免游走践踏草场。每天应饮水 2～3 次，要防止马喝“消冰水”而引起腹痛或流产。在青草刚发芽的时候，要特别控制马群，防止“跑青”。

(四)气候变化

在春天放马，要注意收听天气预报，观察天气变化，警惕暴风雪袭击。在暴风雪来临前，要把马群赶进棚圈，或者赶到避风的地方，等到暴风雪停止以后再出牧。在春末马换毛时，要注意天气变化，特别是遇到先雨后雪的天气，应把乏瘦马赶进圈里，以防受寒、冻死。

春天放马，要防止惊群。因大群马惊群狂奔，易造成流产、丢失或伤亡。一般惊群的规律是：繁殖母马在秋季易惊群，驹子在春天易惊群；在白天惊群的少，在夜晚特别是在前半夜惊群的多；在马群外围的马先惊，在群中间的马跟着惊。马群往往在集中休息时容易惊群，多因马匹夜间休息、睡意朦胧时被响动或异物惊吓所致。马惊群常在一定的时间内连日发生。所以，必须加强管理，掌握惊群的时间，分析惊群原因，采取相应措施，把马群维护好。

(五)保胎、安产、护驹和配种

春季是产驹季节，保胎、安产、护驹、配种是一项重要任务。对妊娠母马应加强管理，缓行慢赶，进出圈门要防止拥挤，不要任意在马群里套马、捉马，惊动马群，以防引起流产。早春产驹的母马，应在临产前 1 周左右留圈补饲，便于接产护驹。随气温转暖，群牧马多随大群在草场上产驹。这时要注意掌握母马的预产期和临产症兆，以便有重点地照看好临产母马，保证安全产驹。群牧马一般在夜晚、黎明前，特别是在气候变化时产驹的多，在这个时候，要特别注意搞好接产护驹。母马临产时，常单独在大群边上活动，摇尾歇蹄、站立不安、频频起卧，随阵痛而努责。在产驹时，只要无难产症状，不要惊动它，让其自然产下、断脐。在脐带断端，要涂碘酒消毒。幼驹在产后 30～60 min，多能自行站立吮乳。护理上要注意防止初生驹行走不稳而跌到沟、崖或水坑里。对吃不上初乳的幼驹，应人工助其找到奶头吮乳。母马的胎衣一般在产后 1～2 h 内自然脱落，应及时拣拾、处理。母马产后若不认驹时，应把母马捉住，带上马绊，用母马奶或尿抹到幼驹身上，再把幼驹扶到母马跟前，让母马嗅闻幼驹使母子相认。还要注意防止公马咬出生后 1～2 d 的幼驹。小群交配的公马咬初生驹，有的是因公马有恶癖，有的是因小群刚调整、调动过公马或母马，在公马圈群尚未稳定的时候，特别是在赶动马群的时候，公马容易咬驹。其原因主要是初生驹走动慢，母马为护驹而离群，公马急于圈群而踢咬母马和小驹。所以，在产驹季节，对群牧本交群的公马和母马不要轻易调动。赶动马群要慢，注意维护好初生驹。

群牧马的配种，大多还是用群牧本交方式。为了提高受胎率，便于选种选配，在公、母马自由组合配种的基础上，依公马配种能力和育种工作需要，人为地搭配公、母比例，实行固定小群配种。

二、夏季放牧管理

夏季放牧的主要任务是抓好膘，保住胎。对群牧马的夏季放牧管理，应根据各地区草场类型、气候条件、蚊蝇骚扰等具体情况，采取相应的措施。

(一)做好转场前的准备工作

夏草场一般距离驻地较远，放牧人员要进驻夏草场独立生活和执行放牧任务，故应提前维修好夏季放牧点、准备帐篷、毡房和用具等，安排好生活。并详细勘查夏草场的草生、水源、牧道、地形、地势等。应将草好、水近、地势平坦的地方，划为带驹母马群的草场，而将坡度较大，离水源较近，比较容易控制马群的草场，分给驹子群利用。

马群转入夏季牧场时间要适时。一般驹子群在春季检疫和预防注射等工作结束后,可适当提前进入夏季牧场,而繁殖母马群则应在产驹和配种基本结束后再转入夏场放牧,以保证安全产驹和提高配种受胎率。

一般夏季牧场草生较好,但放牧时间较短,应提倡适当的早进夏场、晚出夏场,尽量延长夏草场的利用时间,以减轻春草场的压力,这是牧区平衡四季草场的一项重要措施。

(二)放牧管理

要掌握夏季放马方法,管好马群。在夏季牧场放马,主要应让马群充分利用夜间放牧和早晚凉爽时吃饱、吃好;尽量避开炎热和蚊蝇的骚扰,让马休息好;要充足饮水,补盐,使马群更好地抓膘、保胎,以防早期流产。

夏季在平滩草场放马,白天炎热,蚊虻多,干扰马群骚动不安。马常常低头触地,摇尾抬蹄,挤成大堆躲避蚊虻刺螫,往往因过分拥挤,日光直射而使马匹中暑;因互相踏蹄而引起蹄部外伤,感染坏死杆菌病。所以,当马群集成一团的时候,放牧员应及时把马赶到高坡通风凉爽的地方,或者把马群赶到背阴处和树荫下休息。也有在中午把马群赶到比较通风宽敞的棚圈里休息。一般放牧时,应挡着马群迎风采食,以减少蚊蝇干扰。夏季在平原草区放马,要加强夜牧,充分利用夜牧时间放牧采食。"马不吃夜草不肥"的说法,对夏季放牧具有更为重要的意义。一般多采用在傍晚把马群适当收拢,缓缓推进,让马安静地采食。

马在夏季每天应饮水 3～4 次。水源旁边设置盐槽或把盐撒在平坦的草地上,让马自由喝水舔盐,有利于抓膘。群众的经验是:"盐、水、草"是抓膘的主要条件。

在山区夏场的放牧方法,应采用白天、晴天放高山,夜间、阴天放平坡的方法。放牧时要让马群适当地散开吃草;赶马群上坡或下坡时,要沿山坡盘旋赶动,不可直上直下追赶马群,避免马消耗体力过多,或因拥挤而滑跌失足。

在夏末秋初,山区渐冷,马群喜欢往山下跑动。这时应特别注意挡好马群,严防马匹离群或跑进农田糟蹋庄稼。

西北地区夏季放牧的经验是:多搬家,是自然轮牧的形式,驻地 70%的草场被利用,就转移牧地;如在同一驻地放牧,也要经常换地段,这样可以吃到新鲜的牧草,并对牧草生长有利;白天应在蚊虻较少的牧地或半山坡放牧;加强夜牧,夜间马匹吃草安全,应把马散开放,即所谓满天星的放牧方法;夏天雷雨多,要防止惊群。

实行夜牧时,要掌握马匹在傍晚和凌晨时好游走的习性,注意将马群适当收拢紧些。夜间放牧最好应转至白天放牧不同的新放牧点,马群在一个新的环境里放牧,容易走失,值班放牧人员应随群监护马采食,严防狼害和惊群发生。

(三)警惕狼害,安全放牧

防止和消灭狼害,对搞好群牧马四季放牧具有重要意义。夏秋季节狼多在山区活动,冬春季节则多下山活动。每天又多在傍晚黄昏和黎明破晓时出来活动,白天进山躲藏,大雾的天气白天也出来为害。狼伤害马群,多是先潜伏躲藏在马群所在地下风头的灌木林或乱石丛中以及沟穴内窥视马群,乘机而动。所以,夜晚放牧马群时,不要在灌木林、乱石丛及起伏不平的地带放牧,以免妨碍马的视线,使得狼潜伏偷袭马群。夜牧时,放牧员应经常巡视、监护马群,不时发出呼喊声音,以防狼害。必要时,可采用鸣枪、放纸炮、点火生烟、在马颈上挂铃等办法防狼。为了有效地消灭狼,应组织人力围剿捕杀,平日可在狼经常出没的路上,投放铁夹子捕杀。

三、秋季放牧管理

群牧马经过夏场放牧之后,一般从9月份开始转入秋季草场放牧。秋季草场气候凉爽,蚊蝇渐少,牧草已结籽成熟,营养价值和干物质含量高,是群牧马抓膘、固膘最有利的时机。群牧马具有在秋季快速上膘,蓄积脂肪的特点,即所谓"秋高马肥"。秋季母马已妊娠四五个月,正是认真做好保胎防流产工作的时期。所以在秋季放牧管理工作中,应注意搞好以下几点。

(一)稳群放牧

秋天马膘好、体壮、好动、爱跑,放牧时应稳住马群,防止马惊群、狂奔出汗消耗体力而影响抓膘保胎。但不应在夜晚把马群关在圈里,仅靠白天放牧,这样会严重影响抓膘。放牧时,各个马群之间应保持一定距离,防止马群互相踢咬,造成流产。一旦混群,要及时分开,不应把两群马合在一起放牧。

(二)防止霜冻

晚秋天气渐冷,早晚易有霜冻。尤其在雨过天晴后的夜晚,往往降霜。妊娠母马若吃进大量的霜草,容易引起流产。所以,在晚秋夜间放牧时,在后半夜要驱散"打站"的妊娠马,让它采食,到黎明前,马已基本吃饱或吃上半饱,这样不致因早晨空腹吃进大量霜草而流产。每天应选在上午9:00以后和下午5:00以前饮水,做到不早饮、不晚饮、不空腹饮水。饮水时,防止马群奔跑后急饮水。

(三)抢茬放牧

结合农业秋收,搞好放牧抢茬,减轻草场负担,有利于抓膘。在农田放牧抢茬时,要把马群管好,严防马匹糟蹋庄稼。马群在秋季放牧抢茬阶段,因采食秸秆草和觅食掉落的粮食穗头,马最容易干渴,应注意饮足水。在夜晚进行放牧抢茬的马群,要注意在破晓前挡好马群,防止因干渴而急奔水源暴饮冷水,引起流产。

(四)鉴定整群,检疫驱虫

在秋季,应对繁殖母马进行防疫、检疫、健康检查和妊娠诊断,落实配种计划完成情况。对空怀母马要查明原因,进行治疗或清群处理。对配种能力差,受胎率低的公马,要进行调换。在非配种季节里,应把公马分出来单独组群饲养管理,并事先做好准备工作,以防发生事故。对各龄育成马群,应进行检疫、驱虫、鉴定、整群和清群工作。准备当年分群离乳的幼驹,要在秋季进行烙印、登记。还应做好马群的越冬准备工作。收储、堆垛、保管好冬春补饲用草,整理维修好冬春放牧点的住房、棚圈、饮水和补饲设备等,以保证马群安全越过冬春。

四、冬季放牧管理

群牧马的冬季放牧是一年中最关键的时刻。搞好冬季放牧管理，又是保证群牧马安全度春的前提。冬季天寒雪大，牧草枯黄，营养价值降低，群牧马仅靠野外放牧采食，吃不饱，容易掉膘。马匹往往呈现“冬瘦、春乏”的状态，甚至大批的流产或死亡。因此必须认真抓好群牧马冬季放牧管理。

(一)合理使用冬草场

合理使用冬草场是搞好群牧马冬季放牧管理的重要方面。一般应将草好、背风、向阳的草场供冬季放牧用。应在避风的谷地放牧，由远而近地利用草场，所谓“冬放边”就是这种方式。初冬先放低洼处草场，以防降冬雪深，无法利用。还应先放牧边远草场，把靠近补饲点的草场，留到最冷或大风雪天气时利用，这样有利于放牧和补饲相结合。

马刨雪觅食牧草的能力不一样，壮龄马最强，老龄马较差，当年离乳的幼驹最差。所以应将积雪厚的草场分给壮龄马放牧，把积雪较薄的草场，安排给幼驹群和老龄、瘦弱马群放牧。

(二)防止马“打站”

马在冬季草场放牧具有爱安静、不爱活动的特点，这对马减少体力消耗和保膘是有利的，但要防止马“打站”或卧地休息时间过久，致使马体受寒。在放牧中注意观察马的寒冷状态，不时地赶动马群，让其走动采食。如果马群自行移动采食，这是马不太寒冷的表示。如马群自动拥挤成堆，背着风站立，身体抖动，这是饥饿、寒冷的表现，应及时把马群赶到避风处，在比较暖和的草区放牧，或者适当补饲一些干草。马只要能吃饱，抗寒能力较强。马在－40～－30 ℃仍能正常放牧采食。

除暴风雪天气外，一般不要把马群赶进圈舍里御寒。因为圈舍内外温差较大，马匹容易感冒，在圈窄马多的情况下，还容易拥挤、踢咬而造成流产。

(三)放牧为主、补饲为辅

加强补饲期的昼夜放牧管理，尽量延长马在草场上的放牧采食时间。冬季白天放牧应勤推动马群，散开采食，防止马等待补饲，在放牧地上站立张望，不积极采草。

冬季补饲与否，效果不一样。实行补饲，马群膘情稳定，流产死亡少，幼驹成活率高；不补饲的马群，冬春瘦弱，流产死亡多，幼驹生长发育严重受阻。为此，应强调冬季补饲工作的重要性，必须坚持。按先补幼驹后补成年马，先补种马后补一般马，先补公马后补母马的原则进行。大群补饲应在大部分马掉膘时开始。一般离乳驹从离乳时开始即应进行补饲。大群马只在天气极端不良的情况下才在棚中补饲，平时在露天补饲，以防降低马对放牧管理的适应性。大群马补草，可在宽敞、干净的场地或雪地上喂。把草铡短堆成相距 5～6 m 的“条带”或小堆，让马散开自由采食，不致拥挤、抢食、踢咬而发生事故。补饲草场要经常打扫干净，保持清洁。精料应饲喂，以防损失。

群牧本交公马除随群补饲外，要根据公马膘情好坏、圈配母马多少和母马发情集中程度等情况，单独补料，以保证它有良好的膘度和充沛的精力。补料的方法有2种：一种是随群给公马带上料袋补料，主要通过简单的训练和诱导，使公马习惯带料袋吃料；另一种是把群内所有公马隔进圈里，用槽补料，这种方法比较容易训练，缺点是公马容易抢吃打架，又不容易掌握喂量。

总的来讲，在加强补饲的同时，不能忽视群牧马应以放牧为主的饲养特点。所以，群牧马在冬春季节里，采用放牧与补饲相结合，并以放牧为主，补饲为辅的管理方式是最为理想的。

第三节　放牧场的合理利用

天然放牧场是群牧马的主要饲养基地，农区舍饲马也需要一定的放牧场作为补充。在草场经营管理中，合理利用放牧场，具有重要的意义。

一、群牧马放牧场的特点

根据采食的习惯，马最喜采食细小干燥的丛生禾本科牧草、莎草科的苔草和篙草，也喜采食多汁的中生性禾草、豆科草，细小多汁的杂类草和一些菊科、藜科草类。放牧场的地形要平坦开阔，坡度不宜过大。马较羊能短期适应浸水草场，有一定沼泽化的草场，马也可以利用。最适合群牧马的放牧场，是以禾草为主组成的平缓山区或平原草场，这些草场应该很好地利用与改良。

二、季节轮牧和四季牧场的合理利用

季节轮牧就是按季节转移放牧场。它既能利用从平原到高山的草场资源，又能使牧草有一定时期的休息、再生和积累营养物质的机会。为适应定居轮牧和季节平衡的需要，还应加以合理的调整和改进。

四季放牧场的划分基本上有三季和二季2种形式。三季牧场通常划分为冬季、春秋季和夏季，或者是冬春秋、夏季和秋季。二季牧场划分为冬春和夏秋牧场，或者冬春秋和夏季牧场。

从维护牧草生机看，划为四季利用是有利的，但要较宽的草场面积，也增加搬场次数。因此，应根据各地的具体条件，合理规划安排。季节牧场的主要特点是草场在非利用季节才能得到休生，因此，在非利用季节，必须注意保护，禁止放牧。否则，由于乱牧引起放牧过重，会导致草场退化，直接影响当年生产，也失去了季节轮牧的意义。

保护季节牧场，对于冬春秋牧场更为重要，因高山牧场，马群在冷季一般不易进入。要固定有专职人员，巡回保护冬春秋牧场，并积极创造条件建立草库仑。

三、分区轮牧和分段放牧

分区轮牧和分段放牧是在季节轮牧的基础上进一步的规划和利用，是科学、有效、

合理利用放牧场的基本方法。草库仑的建设，为实行分区轮牧和分段放牧创造了有利条件。

(一) 分区轮牧

分区轮牧是将夏季牧场或部分春秋季牧场划成若干区，按顺序逐区多次轮回利用。它的优点是：可使牧草利用得均匀而充分，减少马匹游走时间，有利于抓膘；有利于采食后再生牧草的生长，维护牧草的生机；同时，牲畜粪便中排出的寄生虫卵在 5～6 d 内尚未变成可感染的幼虫，放牧小区已经轮换，可以防止寄生性蠕虫的危害。在新疆、内蒙古等地区，对不同牲畜试行轮牧，都有显著的成效。实行分区轮牧，应根据当地具体条件进行试验测定，掌握可轮回放牧次数、每个轮回的天数和每个分区放牧的天数等数据。在草甸草原和干草原养马地区，可参考下列方案。

可轮回放牧次数：草甸草原 3～4 次，干草原 2～3 次，每个轮回 25～40 d，每分区平均放牧 4 d，分区 6～10 个，分区面积根据牧草产量可供 4 d 利用计算。

以夏牧场为例（放牧期 90 d）结合放牧场培育措施，可以参考采用表 9-1 所列的轮牧方案。

表 9-1 夏牧场试行轮牧方案

<table>
<tr><td>轮牧区号</td><td>1</td><td>2</td><td>3</td><td>4</td><td>5</td><td>6</td><td>7</td></tr>
<tr><td>轮牧分区</td><td>1、2</td><td>3、4</td><td>5、6</td><td>7、8</td><td>9、10</td><td>11、12</td><td>13、14</td></tr>
<tr><td>第 1 轮回</td><td colspan="4">放牧 32 d（每分区 4 d）</td><td colspan="2" rowspan="2">延迟至种子成熟后放牧</td><td>后备休闲</td></tr>
<tr><td>第 2 轮回</td><td colspan="4">放牧 24 d（每分区 3 d）</td><td>后备休闲</td></tr>
<tr><td>第 3 轮回</td><td colspan="4">放牧 24 d（每分区 3 d）</td><td colspan="2">放牧 10 d（每分区 2.5 d）</td><td>后备休闲</td></tr>
</table>

实施轮牧方案，还要注意轮牧分区的布局，即合理安排分区的形状、界标、饮水点和牧道。分区的形状要照顾自然地形，不苛求方正。但宽度应能容纳畜群横队前进时每匹马占有 1.5～2 m。分区界标应尽量利用自然地形地物，如山脊、沟谷、河道等。最好建立分区围栏。各个分区到引水点的距离，马群不超过 5～6 km。分区之间应留有牧道（尽量由几个分区共有一条），100 匹马的马群，牧道宽度不少于 20～25 m。

(二) 分段放牧

分段放牧是在一个季节只能利用一次的地区，将放牧场划分为若干地段，按次序逐段放牧的合理利用方法。

分段放牧主要在冷季草场以及某些荒漠草场和高山牧场采用。在西北地区采用这种方法，是解决冬牧场不足的一项有效措施。因为冬牧场上的牧草枯脆，经牲畜践踏，损失很大。在积雪覆盖的冬牧场放牧时，如不对马群严格控制，很容易把积雪踏实，使积雪下的牧草无法利用，更增加冬牧场不足的困难。

分段放牧因为没有牧草再生轮回利用问题，分段放牧的计划可以按地形、气候情况加以灵活安排，可以跨段交错利用。一般在安排分段利用顺序时应先远后近，先用阴地后用阳坡地，以免后来积雪深厚时不能利用。

关于放牧场轮换，是在年度间轮换利用时期和调剂利用强度而采取的措施。一般有 2 种形式：一种是季节轮换，是指放牧场利用季节在年度之间的顺序轮换；另一种是利用方式轮换，是指在一个放牧季节内具体的利用时期和放牧采食次数在年度之间的顺序轮换。采用季节轮换，必须以季节草场划分不很严格为先决条件，否则就不具备互换的可能。

第四节　群牧马的繁育与管理技术

一、群牧马的鉴定和组群

（一）鉴定

在牧区繁育马匹，对群牧马应按时进行鉴定，选出优良个体进行繁殖，对不合种用的，予以淘汰，这是提高群牧马质量的重要措施。群牧马的鉴定，一般都采取综合鉴定，但对适应性应特别注意。

鉴定马的适应性，主要依据马的营养、健康状况、生长发育和繁殖力等各方面的表现加以综合判断。群牧马的膘情是完成各项生产任务的基础，所以评定群牧马的适应性应以膘度为主。一般把膘度分为上、中、下、瘦弱 4 等。主要是以各部肌肉的多少和骨骼的显露情况作为依据。

关于工作能力和后裔测验，对少数优秀公、母马应争取进行测验。对体尺类型和外貌体质必须取得应有的资料。依据各项鉴定资料，每年要对马群进行一番调整。

（二）组群

马匹经过鉴定之后进行重新组群，应尽可能地把同一类型的母马组成一群；如果同一类型的马不多，可以加入近似的母马。编群时，应按品种、性别、年龄及种用品质等进行组群。马群可分为育种核心群、繁殖母马群、公驹群、各龄母驹群和骟马群等。

群牧本交的母马群，实行小群配种，由若干小群组成一个大群。

（1）离乳驹和 1 岁驹的组群　离乳驹和 1 岁驹应按公、母分别组群。一般每个马群应编入 160～200 匹。如果因马数量少，实行公、母分别组群有困难，可将公、母驹混合组群。但在马驹年满 1.5 岁时必须公、母分开，以免杂配早产，影响生长发育。

（2）2～3 岁驹的组群　2～3 岁驹，每个群应编入 160～180 匹。要禁止公、母混合组群。必须加强管理，照顾好弱小的幼驹。

（3）群牧本交母马的组群　要根据群牧本交母马的繁殖特点，有利于小群配种，一般每个大群编入 100～150 匹母马和 10～15 匹公马较为合适。

（4）种公马的组群　如果是种用价值较高的公马，则每 20 匹组成一群，一般的 50 匹一群。

二、群牧马的配种

群牧马的配种，目前大多还是沿用群牧本交（小群交配）方式。

(一)小群交配

群牧马中,成年公马具有固群性,能把持和带领一定数量的母马,形成一个小群,不让母马走失,更不容其他公马侵犯。利用公马的这种特性进行繁育叫作小群交配。马群可以经过选种选配,将母马分成10～20匹为一小群,并放入选定的公马。固定小群的时间,初配母马群,多在11～12月份进行,把选定的公、母马放进一个圈中,圈群固定。固定小群前,要对选用的种公马检查精液品质,加强补饲和运动,以抓膘增壮。固群前,对母马进行鉴定、健康检查、测尺、编号登记,淘汰不应保留的母马。对配种母马,做好选配计划。

固定小群的方法,一般分为"分、圈、稳、合"4个步骤。

"分",就是根据选配计划,分给某一匹公马一定数量的母马,组成一个小群。

"圈",是将分出来的小群,分别关在各个圈里饲喂1～2 d,使公、母马相认。

"稳",就是小群内的马合群稳定,出圈放牧时能在一起生活不散。

"合",就是将几个小群,经10～15 d,使各自放牧的距离互相靠拢,最后合成一个大群。

小群交配的公、母马比例:壮年公马,营养良好,体质结实,配种的受胎率高,后代品质优良,这种公马带领的小群公、母马比例可扩大到1∶25;一般壮年公马小群公、母马的比例为1∶20;3岁初配母马小群,由于发情集中,持续时间长,在一个情期中公马交配次数多,公、母马比例可降到1∶15;未在小群配过种的公马,公、母马的比例为1∶(12～13);3岁初配公马,公、母马的比例为1∶(8～10)。

(二)人工授精

群牧马人工授精在东北、内蒙古、西北等地区广泛开展过,获得了良好成绩。为了扩大优良种公马的作用,今后仍需推广应用。

三、马群检查登记

在马群管理上如不做好登记、检查和统计工作,要想提高生产和马匹质量是有困难的。为了查清马数,每天在放牧人员交接班时,要对马群进行一次马数检查;同时对于马的健康状况,母马发情、怀孕、产驹等情况一并检查,如有异常现象,随时报告。马数不足,由交班的放牧员负责立即寻找归群。牧长对马群的检查每周应不少于1次,可利用分群栏进行。

繁殖母马的产驹和配种,要即时登记。产驹母马要记录其品种、烙号、分娩日期、幼驹性别、毛色、别征、体尺和体重等,以备以后整理入档。

四、烙印和去势

(一)烙印

在群牧马管理中,为了生产统计和育种工作的需要,对每匹马都应烙上烙印。

(1)烙印工具　烙印须有专用的烙铁,每个烙铁上铸有1或2个阿拉伯数字的号码,呈活字版式。字形长7 cm,宽3.5 cm。烙铁各字每画的烙面宽度为0.5～0.7 cm。每个烙铁固定在50 cm长的铁柄上,末端安上木柄。

(2)烙前准备　烙前应多准备几副烙铁,以便连续工作,加快速度。烙印时要注意搞好马匹保定。实地进行烙印时,使马驹通过分群栏内把它保定,用一根绳套在颈上紧拉在保定栏一侧,另将尾部握起也向同一侧拉紧。如无分群栏,也可在较平坦、干、松软的场地上,人工卧倒保定,进行烙印。

(3)烙印的时间　烙印必须在离乳前进行,马驹跟随母马,容易查清血统。时间以秋末10～11月份进行最好。这时气候不热,亦不很冷,昆虫绝迹,烙印处不至发生感染;马驹营养良好,肌肉厚实,烙时可以忍受。而且这时长毛尚未长全,毛少光泽,烙印易清楚。

(4)烙印的位置　出生年号烙在左侧上膊部中央肌肉最丰满处;个体号烙在左股部中央,即较膝盖骨水平稍高的地方;场的标记烙在左股部的个体号的下边。国外有将场号烙在马的颈部左侧中央的。

(5)烙印的方法　剪去烙部的被毛。把烙铁烧成暗红色,掌握端正,对平皮肤,先轻压,需3～6 s,使烙后的皮肤呈焦黄色或黄褐色,在烙面涂上凡士林或其他植物油,以防干裂擦伤而引起化脓。烙后经过4～6周,痂皮脱落,烙处痊愈。

烙印也可采用液氮中冻号办法,将烙铁在液氮中浸泡,压在规定的部位,接触30 s,以后长出的新毛是白色的,字迹清楚。用液氮冻号的烙铁,最好用导热性能好的铜或铝制品,字面要略大于一般烙铁。

(二)去势

凡无种用价值的公驹均应去势,因为去势能抑制公驹的性行为,便于管理。去势年龄不宜过早或过迟。过早会因缺乏雄激素的作用,使骟马体质单薄,影响其生长发育和将来的体力;过迟则手术困难,容易发生问题。根据群牧马生长成熟较迟的特性。一般应在2～2.5周岁去势为宜。时间应选在春秋天气暖、有青草、蚊蝇少的时候进行,有利于创口愈合。手术后仍回原群放牧,赶到牧草生长好而且洁净的草地上,防止卧地污染,或因运动不足而发生手术部水肿。

五、修蹄和清理鬃尾

(一)修蹄

马蹄部发生问题直接影响放牧,间接引起一系列的不良后果。群牧马较少削蹄,一般是边长边磨。但如发现蹄形不正,应及时修蹄,否则会影响幼驹的体形和肢势,甚至造成跛行。每年必须按期进行削蹄,事先在潮湿的地方放牧,使角质部分软化,易于切削,这主要是削除蹄尖过长部分或蹄底的多余部分。

(二)清理鬃尾

马体有被毛和鬃、鬣、尾毛,对马体有保护作用,长毛是驱逐蚊蝇的重要工具,不宜过分修剪。但因它是工业原料及出口物资,可以换取外汇,可适度修剪。剪尾可在春季或秋季进行。公马不剪为好。母马剪去鬃毛及少量尾毛,留下中间尾毛防蚊。一般是每2年剪1次。

六、检疫和驱虫

(一)检疫

在群牧养马生产中,对马群进行定期检疫和驱虫是一项重要的工作。建立落实检疫制度,及时发现病马,对检出阳性马立即隔离,对病马进行治疗。

检疫主要是传染病。群牧马主要传染病有马腺疫、马流行性乙型脑炎、马胸疫、马流感、马鼻疽、马传染性贫血、马媾疫等。每年制订兽医检疫计划,主要是针对马鼻疽和马传染性贫血。

(1)马鼻疽检疫　建立与落实鼻疽检疫制度,每年春、秋两季进行临床检查及两次鼻疽菌素点眼(两次应间隔 5～6 d),以便及时检出病马。对检出的阳性马立即隔离,不与健康马接触。役马外出到疫区执行任务或丢失的马匹找回后,均应严格隔离检疫,确定无病者方可放回原群。对有临床病状的马应立即隔离。经综合判定,确定为开放性鼻疽病马的尸体,应深埋或焚烧。

(2)马传染性贫血检疫　坚持定期检疫。对阳性和可疑马立即隔离,并按马传染性贫血防治措施处理。不能由疫区购进马属动物。新购入马匹要隔离检疫,临床检查和测体温,进行补体结合反应和琼脂扩散反应试验。应定期消毒和扑灭吸血昆虫。

(二)驱虫

马体内常见的寄生虫有马胃蝇、马圆虫、马蛲虫、马线虫和马蛔虫,对马危害大,影响抓膘及保膘,甚至能造成死亡。驱虫药物有多种,常用的有:

①阿苯达唑(Albendazole),以往的译名为丙硫苯咪唑。内服,一次量,每千克体重 5～10 mg。

②芬苯达唑(Fenbendazole),内服,一次量,每千克体重 5～7.5 mg。

③奥芬达唑(Oxfendazole),内服,一次量,每千克体重 10 mg。

④噻苯达唑(Thiabendazole),内服,一次量,每千克体重 50～10 mg。

⑤甲苯达唑(Mebendazole),内服,一次量,每千克体重 8～9 mg。

⑥伊维菌素(Ivermectin),内服,一次量,每千克体重 0.2 mg;皮下注射,每千克体重 0.2 mg。

⑦精制敌百虫(Tichlorfon),内服,一次量,每千克体重 30～50 mg,配成 10%～20%的水溶液,用胃管投服。

对群牧马多用敌百虫在大自然饮水中驱虫的办法,其特点是对马不抓、不灌,安全迅速,易于施行。进行时,要首先对马创造渴的条件,在驱虫前断水 24～36 h。防止马群偷饮。这是为了达到驱虫所需要的饮水量,保证驱虫效果。通过控水,成年马平均饮水量可达 20～30 kg,这样就达到了饮水驱虫的要求,饮水不足,影响驱虫效果。在驱虫前测少数成年马的饮水量,以便决定应当使用的浓度。成年马服下敌百虫的有效剂量为 10～18 g。在计算剂量时,考虑马群组成,成年马群每匹剂量为 15 g。混合马群以 10～12 g 为宜。通过饮水量的测验,调整浓度,使其所服的药量符合有效剂量。敌百虫自然饮水中驱虫的有效浓度为 0.05%～0.08%。

$$剂量=饮水量\times浓度$$

驱虫注意事项:常饮河水的马,要改用井水,先训练 3～5 d,直到养成习惯为止。控水时,特别注意防止偷饮，将马群赶到离水源较远的地方放牧。驱虫后 3～6 h 注意观察，如有腹痛反应，表明发生中毒症状，可用 1%的阿托品 5～10 mL 注射解毒，驱虫后更换草场。

七、生马捕捉和驯服

马匹在天然群牧情况下，大多未经驯服调教，性情生野，不服管理，给人工授精、配种、防病治病、调教使役等带来许多困难。所以对群牧幼驹施行驯致调教是幼驹培育中的一项重要工作。

在群牧养马生产中，由于人力、设备、时间等条件的限制不便于进行系统调教，只能在用马时，临时从群中套出“生马”，进行驯致，强行装上鞍勒，由熟练骑手骑乘，任其奔驰蹦跳至疲劳。每天这样进行 1～2 次，一般经过 4～5 次就可以完成初步骑乘训练。用这种办法调教，要绝对禁止滥用粗暴手段对待马。

强行装鞍勒是由 3～4 个骑手在马上进行，1～2 人扭住马耳保定马头，一人抓住马尾，一人装鞍勒。刚牵出的生马性野暴躁，调教时要特别注意安全。驯服生马开始后，要连续进行，不可间断或半途而废，造成“夹生”现象。

第五节　群牧养马的基本建筑和设备

为了搞好群牧养马生产，应有必要的建筑和设备，这是现代群牧养马必须具备的条件。

一、马棚敞圈和避风所

马棚的建筑以背风、向阳、宽敞、地面平坦干燥、经济耐久适用为宜，可采用三面围墙、一面敞开的单斜式，开的一面与逍遥运动场相连。棚高 2.2～2.5 m，棚宽 4～5 m，棚长依马数多少而定，每匹马平均占用面积 3～4 m^2。逍遥运动场的面积应不少于马棚的 4～5 倍，牧区地广，如有可能以大些为好。为了便于管理，应设在冬牧场或其他适宜的地方。马棚圈建筑如图 9-1 所示。

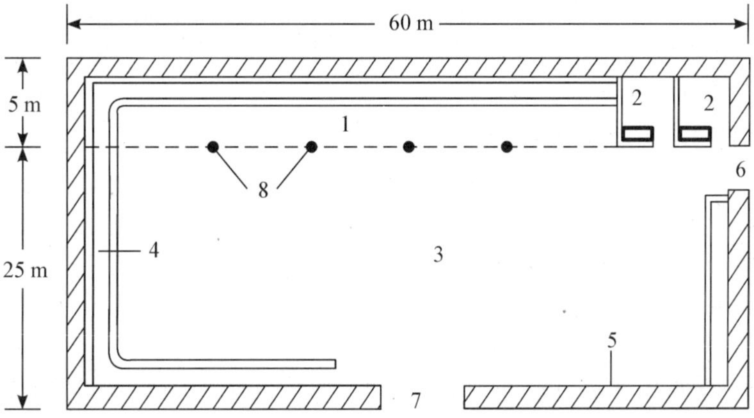

1. 棚　2. 单间　3. 圈　4. 槽　5. 围墙　6. 小门　7. 圈门　8. 棚柱

图 9-1　群牧马的棚及敞圈平面图

马群要在冬季和早春免受寒风和暴风雪的侵袭,必须有自然的或人工的避风所。山谷低平处,两山之间向阳处,树林的边缘都可因地制宜选择避风处。

人工防风设备,可栽植防风林,防风篱和防风墙。在缺少树的地区,可用土墙防风,筑成四面围墙或两面连角墙。风多的一面墙应高一些,墙角应顶向主风。

二、分群栏和鉴定场

群牧马的鉴定、整群、烙印、人工授精、驱虫、检疫、防疫注射及兽医治疗工作,都需要在分群栏内进行。分群栏的形式很多,但以结构坚固,简便实用,成本低,安全操作,提高工作效率为原则。

分群栏是由待检圈、压缩圈、保定栏和分群圈构成(图 9-2)。

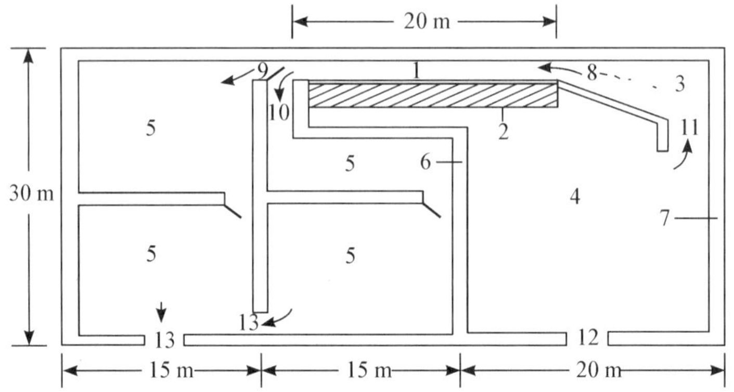

1. 保定栏 2. 操作台 3. 压缩圈 4. 待检圈 5. 分群栏 6. 隔墙
7. 围墙 8. 保定栏入口 9. 保定栏出口 10. 过道侧门 11. 压缩圈门
12. 待检圈 13. 分群栏门

图 9-2 分群栏平面图

分群栏的保定栏可用直径 20 cm 的木桩制成栅栏,可同时检查 10 匹马。在保定栏入口处设木栅门。分群栏待检圈和各个分马圈总面积大小,必须能容纳一个马群有余。在分群栏附近,应设鉴定场。在保定架内对马进行外貌鉴定。鉴定场包括马站立的平台和步样检查场。

三、补饲槽和饮水场

群牧马采用围绕草垛制成的马蹄形补饲槽添草方便。饲槽本身可代替草圈的围栏,避免马匹进草圈吃踏饲草。马蹄形补饲槽式样如图 9-3 所示。

关于饮水设施,为了保护水源清洁,便于马群饮水,应在天然河流、小溪、泉水、湖泊附近,设立固定饮水场,并铺设沙砾。饮水处要有足够的长度,避免饮水拥挤,若饮井水,要设水槽,槽的长度,按每 100 匹马不少于 25 m 计。饮马时,如有拥挤,可分组饮,特别对怀孕母马群更应如此。

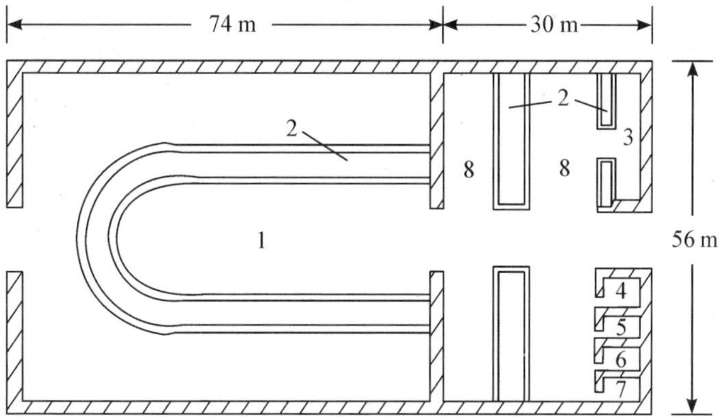

1.贮草场　2.补饲槽　3.马棚　4.值班室　5.职工宿舍　6.鞍具库
7.饲料库　8.病瘦马补饲圈

图 9-3　马蹄形补饲槽

四、配种站和医疗室

配种站应建筑在交通方便、环境僻静、少受外界干扰、有清洁水源、地势较干燥、易于排水的地方，要便于人的生活和室外工作。附近有放牧地，牧草丰盛，能够供应整个配种季节马群的需要，配种站应有采精准备室、检验室、输精室或输精场等，还有住房和库房。

医疗室设在马群集中的地方。包括的建筑有药房、诊断室、值班人员、病马圈及料房和拴马场等。

复习思考题

1.试阐述群牧养马的意义及其在我国的重要性。
2.群牧马四季放牧管理的重点是什么？应怎样进行？
3.详细说明采用小群配种的意义、方法、步骤及注意的问题。
4.群牧马场应有哪些主要建筑和设备？
5.群牧养马主要的技术管理措施有哪些？

第十章
马场的管理

马场管理科学是马业科学一个重要的组成部分，也是现代马业发展的一个重要特点。通过有效的管理，才能把科学技术发挥出来，才能促进科学技术进步，才能使马业持续健康地发展。

第一节　马场的设立

由于马场的功能和规模不同，马场的设计、建筑、布局和管理也有很大的不同。只有选择适用发展方向、结构合理、管理科学的马场才能达到预想的效果。

一、马场类型

根据饲养马匹的用途、规模、环境和条件的不同，马场可分为散养马场、规模马场、专业马场、马术俱乐部等多种形式。由于在广大农牧区以户为单位的养马户较多，但不具备“场”的性质，又不是专业户，马也不是主业，其经营管理不在本章论述范畴。

(一)散养马场

散养马场是指传统养马地区，特别是牧区或农牧交错带上一定规模的马场或养马专业户。这些马场基本上是以自繁自育为主。马场空间较大，没有或少有固定建筑。北方牧区一般具备水井、饮水设施和简易圈舍，近年也有建造马厩的趋势。

散养马场管理相对粗放，散放形式较多，有些地区是半舍饲，季节性放牧，在水草丰满季节放牧或轮牧，冬春季晚间有时进行补饲。

散养马场是传统养马业的主要体现，也是牧区比较现实的牧马方式。但是，由于马匹饲养空间及饲料资源的限制，加上饲养管理技术相对低下，马场的生产效益也非常低。因此，在过去很长时间里，马场主要任务是解决生产动力问题和军队装备问题。现在虽然马的传统功能极大减少，但有些马主饲养马匹完全是一种对马的浓厚情感和民族文化的钟爱，特别是北方少数民族地区。

(二)规模马场

规模马场的特点是,马匹数量较多,马场设施比较齐全配套,管理机构和管理制度完善,一般都有某某马场称号。有些是国有马场沿袭或转制而来,是几千年来国有马场作为国家提供机动力的收笔组织;有些规模马场是由散养马场发展而来。中国目前规模马场主要还是以繁育和出售马匹为主要经营目标,大多数的马场对马匹不进行技术驯教。

(三)专业马场

专业马场是以繁育现代马业所需要马匹为主要生产目标的马场。专业马场的特点是“专业”,不但是繁育技术方面的专业,更主要的是以驯教马匹为主要工作内容,即把马匹进行“技术加工”而成为体育文化产品出售或展现。有些国家马术队、省马术队或名企所属的马术队一般都是专业马场的。

(四)马术俱乐部

马术俱乐部是以提供乘马娱乐功能为主要目标的马场。其主要特点是建设在城郊、旅游区等地,有些俱乐部不但以繁育马匹为目的,驯教马匹也成为其工作重要内容。俱乐部经营目标是以提供各种娱乐服务、组织和参加赛事等为重点。马术俱乐部是社会进步的体现,是传统马业向现代马业发展的生力军。

(五)其他形式

按照不同的特点和要求,特别是现代马业发展的需要,会出现很多形式的马场,如寄养马场、驯教马场、赛马场、拍卖场、综合马场、马术学校等等,这些马场除了具备上述马场中的一些特点外,有些还具各自鲜明的特点。

有些马场兼有一种或多种以上马场类型特点,如有些马术俱乐部一般兼有专业马场的特点。

二、马场的场址选择和基本布局

马场选址要根据马场不同的用途来进行,同时也要考虑当时当地的环境条件和政策条件。在当今土地资源日益紧张的情况下,选出理想的场址是比较困难的,可选的余地较小,但可根据场址的情况进行整合、设计来完善。新建场一般要有充分建场的必要条件,选址要向阳、背风,地势相对平坦,水质好,排水方便,周边环境相对安静,无污染,交通方便。考虑马匹防疫安全,一般选址要与其他马场之间有隔离带或缓冲带。

选址是一个非常重要的问题,场主或投资者一定要多方听取意见,特别是专家的意见,然后再进行决策。

(一)占地面积

根据饲养规模和发展目标来确定场址的占地面积。一般马场所包含占地项目见表 10-1。不同性质的马场和不同环境条件许可,其中的项目内容变化很大,有的不是必须项目。

表 10-1 马场占地面积综合项目参考表

项 目	分 类	单 位	参考占地面积/m^2	备 注
马厩	母马厩	个	12	最小不能低于 9 m^2，一般为双列式
	育成马厩	个	8	以 6～10 匹为一厩
	公马厩	个	14	一般为单列式
	一般马厩	个	12	单列或双列式
	临时马厩	个	9	—
运动场	单匹活动场	个	100	场地不足可用人工骑乘或遛马机
	公马活动场	个	3 000	同上
	多匹活动场	个	50	同上
	运动训练场	个		同上
	舞步训练场	个	1 200(20 m×60 m)	按照 FEI 规定
	障碍训练场		>4 000(室外) >1 200(室内)	考虑面积增加因素： ①规定面积周边要有缓冲地带； ②是否有观众观看占地需求
	三项赛训场			至少设计出 8 000 m 线路
赛马(训练)场	跑道	个	按跑道周长实际需要(800 m,1 200 m,1 600 m,1 800 m,…)	国际赛马联合会规定正规赛马场跑道不得少于 1 800 m
	热身场			一般在正式出赛或训练前热身用
附属建筑工程	兽医所	间	20	一般 3 间以上。有配种任务的可与配种室设计在一起
	洗刷间	间	>8	数量根据马匹多少而定。一般 4 匹马需要一个冲洗间
	自动溜马机	个	100	根据存栏数量确定占地大小
	饲料库(间)	间	20	—
	室内马场	个	>1 200	—
	门卫	间		根据条件和需要设定
饲料地			按条件许可	根据条件和需要设定
绿化地			按实际需要	同上
道路			同上	同上
其他			同上	如展示园(地)、娱乐园(地)等

不同性质的马场，占地面积和占地标准有大的不同，也有很强的专业性，有些外观可以看到，有些与其他项目关联，需要进行专家咨询或设计，切忌简单盲目决断。下面介绍常见运动场地占地面积。

(1)舞步运动场　比赛场地长 60 m，宽 20 m，应平坦、水平。场地应以沙地为主。场内设有计分器和 0.3 m 高的围栏。在赛场四周规定的位置上放置了“A”等字母形式的标记，以指示参赛选手在比赛中行进的位置和动作转换(图 10-1)。

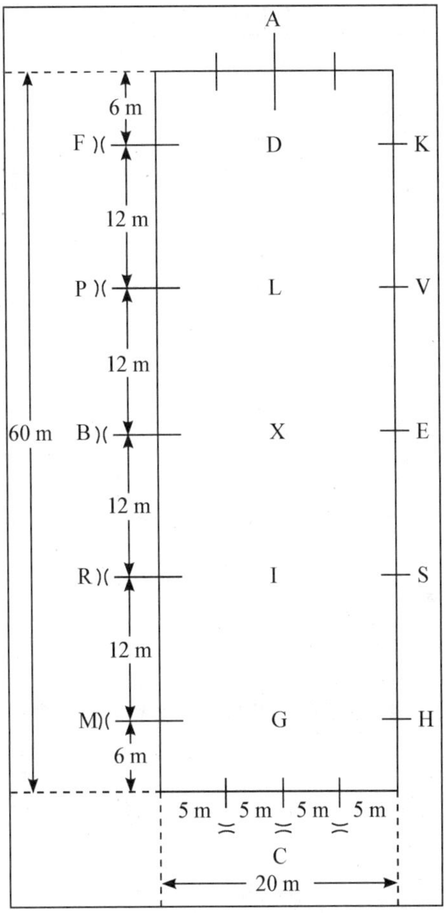

图 10-1 盛装舞步比赛场地(引自 FEI 规则)

图中各字母表示参赛选手在比赛中行进的位置和动作的转换

(2)马球比赛场 比赛场地分为两种，一种是四周没有护板的场地，大小为 300 码×200 码(275 m×180 m)；另一种是四周有护板的场地，大小为 300 码×160 码(275 m×140 m)。地面可以是土地、草地或沙地。场地两底线正中各设一个球门，球门的两门柱间距为 8 码(7.3 m)。门柱至少高 10 英尺(3 m)，并且要用轻质材料制成，在被撞击时不易使人、马受伤。场地两侧各有三条罚球线，分别依次距球门底线 30 码、40 码和 60 码，另外还有一条中线。场地四周还环绕着一片宽度超过 10 码的隔离带，只允许裁判或参赛队员进入，或者是换球杆、换马或需要其他协助时要求专人进入。

比赛用球的直径为 3～3.5 英寸(76～89 mm)，质量为 4.25～4.75 盎司(120～135 g)，一般为白色，柳木制成。比赛所用球杆一般杆长 48～54 英寸(1.2～1.3 m)，通常由白蜡木、竹子或枫木制成。

(3)马上体操(vaulting) 马上体操赛的场地分室内和室外两种。比赛场地大小至少为 20 m×25 m。地面应柔软而有弹性。室内场地空间高度至少 5 m。世界锦标赛的场地要求观众席离打圈者所站圆心至少 13 m 远，裁判席离打圈者所站圆心 13～15 m 远为佳(图 10-2)。

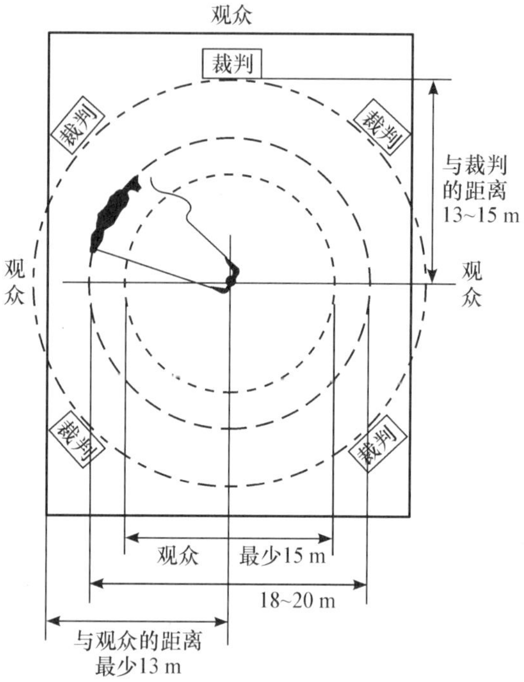

图 10-2 世界锦标赛马上体操赛场(5 位裁判)

(4) 其他马术运动项目场地面积　其他马术运动,如绕桶、西部骑术等场地面积,有的可参考国际马术联合会(FEI)规则要求,有的则要参考或依照运动行业协会规定或要求。在此不一一列举。

(二)分区布局

马场的布局分为饲养区、运动区、放牧区、办公区。各区要相对地独立。一般情况下,办公区设置在出入方便、上风向、环境条件较好的地方。运动区放在办公区和饲养区之间。有些草坪、景观、表演台、室内马场也放在此位置。很多俱乐部的会所也与室内马场结合在一起设计。马场的布局各式各样,有很大的文化成分在内,如雕塑、园林、建筑风格等。

由于场地的面积或形状的限制,所以不要简单照搬其他马场的设计模式,必须与本身的环境条件、地理气候、马场性质等结合起来设计。

三、马场建筑

(一)马场建筑的原则

(1)适用的原则　方便训练调教出入安全,日常工作简便有序等因素。

(2)马匹福利原则　主要考虑马匹的健康和愉快,有利于发挥马匹潜能和运动性能的表现。

(3)安全的原则　一般有防疫安全,与周边同属动物有一定隔离空间,病马和外来马也要有一定的隔离位置。人马安全方面,涉及的主要有地面防滑、防震问题,墙体、路边、建筑物刮蹭,视线视角问题,指示警示标记问题,防火防盗问题。特别是当马匹遇到特殊情况时能够顺利疏散。其他方面的安全问题。

(4)文化、艺术性原则 现代马业是一个文化性非常强的产业,需要注入文化艺术内涵,与满足人们运动娱乐消遣的功能相配合。

(5)标准化原则 马场建设有很多是历史形成并为世界公认,也有很多是不同的马业组织规定或规范的,在建筑时要充分考虑。

(二)马厩

马厩是马场建设的主体,建筑设计与材料南北方差异很大。在中国内地,北方要注意防寒保暖,南方则要注意通风隔热问题。

从建筑形式上,南方适宜单列式,北方则适宜双列式。双列式还有利于马匹之间的交流与勾通,减少马匹的寂寞,保温效果也稍微好一些。

欧美马厩形式很多,但最常见的是双层、双坡和双列式,近年来我国也有采用以上形式。它们的特点是,下层为马厩,上层(吊篷以上)为贮草室,有时也可用于马工宿舍。马厩数量也不一样,一般不易较多。图 10-3 和图 10-4 是普通 4 匹马马厩参考图。

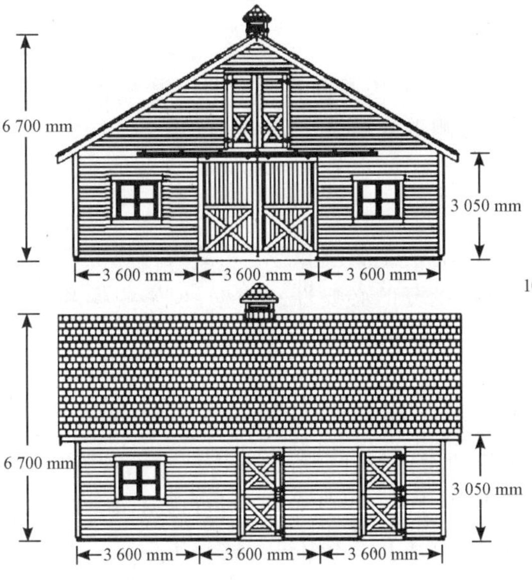

图 10-3 4 匹马马厩前、侧面示意图

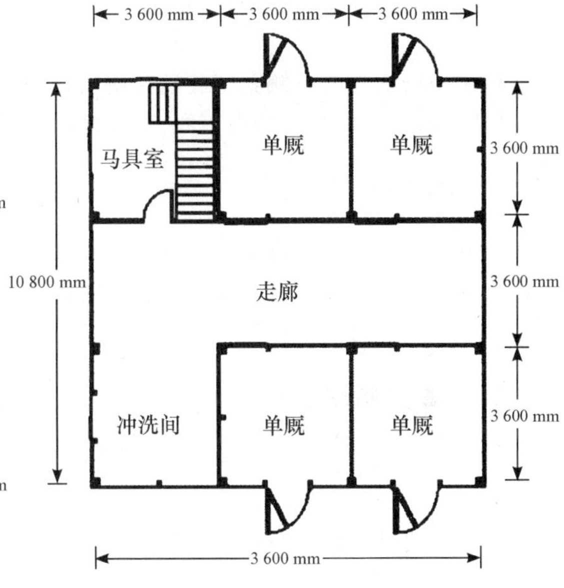

图 10-4 4 匹马马厩平面示意图

马厩建设不是一个简单的尺寸问题,有很多的环境卫生技术问题,同时与马的品种、马的培育目标、环境条件都有很大的关系。建筑规模较大的马场,一定要通过专家建议或设计,或请正规的资质单位进行设计。

(三)会所建筑

会所相当于传统规模马场的场部,而俱乐部的会所功能则要多些,建筑也相当考究,风格不一。规模可大可小,主要视社会活动大小及多少、会员多少来定。一般的会所建筑包括如下部分。

(1)接待厅 是入所的门厅,但其功能有休息、洽谈和展示的功能。有时也是会议室。

(2)咖啡厅 有时与餐厅结合起来,主要是满足会员或客人休息聊天所用。

(3)办公室　根据职员多少和马场经营需要设置多少。办公室一般具备马场的所有档案资料和现代办公设备。

(4)休息室与会客厅　用于接待客人所用。

(5)客房　主要用于会员、客人或旅客人周末或公务所用。

(四)室内马场

现代马场建设的发展趋势是建立室内马场,特别是专业马场,室内马场是非常必要的。室内马场建筑风格、造价和面积也非常大。一般是以舞步训练场为最小面积来建设,视马场的性质和要求来定,最好周边或三边要有走廊或看台。室内马场要求通道好,与马厩距离近,多功能性,屋顶采光。

(五)其他建筑

除以上的建筑以外都可统称为附属建筑,如兽医室、员工宿舍等。这里不一一叙述。

四、马场建设可行性分析

新建马场从开始酝酿到正式运转使用,一般要有如下阶段和内容。根据规模大小、条件许可,以及承办人的经验和经历不同,下述内容也各有所侧重或精简。

(一)项目立项阶段

项目建议书是由项目承办人或投资人对项目提出的一个轮廓设想,主要从宏观上来考虑项目投资的可行性。项目建议书的主要内容包括项目投资的必要性和依据,投资规模和建设场址的初步想法,现有可用的资源因素条件以及预测的收益情况等。

(二)项目筹划准备

项目建议书批准或董事会通过后,项目准备进行项目可行性研究。其方式有两种:一种是委托给有能力的专门咨询设计单位,双方签订合同由专门咨询设计单位承包可行性研究任务;另一种是由项目单位组织有关专家参加的项目可行性研究工作小组进行此项工作。

(三)项目可行性研究阶段

1. 收集资料

首先是收集有关项目的各种资料,如此类项目建设的有关方针政策;所需引进马的品种、生理特点、生产性能、对环境条件的需求条件等;项目地区的历史、文化、风俗习惯,自然资源条件,社会经济状况;国内外市场情况,有关项目技术经济指标和信息;项目直接参加者和受益者心态及对项目的要求;项目开展的周围环境条件等。

2. 分析研究

对项目建设涉及的技术方案、产品方案、组织管理、社会条件、市场条件、实施进度、资金测算、财务效益、经济效益、社会生态效益等各方面的问题进行可行性论证;同时还应设计几套可供选择的方案,进行比较分析,筛选出最优的可行性方案,形成可行性研究的结论性意见。

3.编写可行性研究报告

对于投资规模不大的马场,投资者或经营者自己可根据项目可行性研究的内容编制可行性研究报告,必要时也可以聘用有关人员参与研究。对于比较大的马场,则要交给承担可行性研究任务的单位或专家组来完成可行性研究报告。根据报告再进一步进行项目评估,最后确定项目实施与否。

(四)项目实施阶段

项目一旦最后确定,要进行相应的实施阶段。这阶段主要过程是由内容和程序、编制实施方案、办理相应开工手续、招标项目施工单位、组织监管人员及相应的资金条件等。

(五)项目验收及运行

项目施工完工后要进行验收。验收一段时间里要特别注意,有很多的土方需要进行修整、调试和完善。人马也要有一个适应阶段。

马场正式运营时要对马场注册登记。马场要在当地政府部门进行注册,同时也要在当地的行业管理部门进行注册登记,如马业协会、品种协会、动物防疫部门。取得相应的资质和执照,了解相应的政策法律和行业标准。

第二节　马场的生产管理

马场生产管理因地处环境不同而有很大的不同,有些是特有的内容,有些是共性内容。散养马场与专业马场或规模马场有很大的不同,请注意参考和选择,同时也要借鉴同地区环境的其他马场的管理经验和听取专家的意见。散养马场或有些规模马场的生产管理内容请参考本书群牧养马一章。这里只介绍以国外专业马场或马术俱乐部为基本的管理,供读者参考。

一、马场例行工作

(一)每日工作

1.乘马场

乘马场是以驯教赛马为目标或以骑乘为主要目的的马场,其日常工作内容和时间如下:

6:00　早饲。一般由领班负责。

7:00　马工先到达马场。清厩,疏松垫料,刷拭马匹,上水和干草,第一批马备鞍。

7:45　第一批马操练。

9:15　操练结束回到马厩,卸鞍,刷拭,清蹄,穿马衣,平整垫床,上料。

9:30　马工早餐。

10:00　马工返回马厩,准备第二批马操练。

10:45　第二批操练。

12:00　第二批操练结束,从事如上工作,上料。

12:30　一半马工第三批乘马出操，部分马工处理伤病或跛行的马匹，其余的马工清理第三次操练的粪便并准备饲料。

13:15　第三批操练结束回厩，履行如上事务，上料。

13:30　马工午餐。

16:00　马工返回马厩，牵出马匹并梳理。

17:00　练马师检查马匹。

17:15　检查马衣、干草和水。

17:45　上料。

18:00　结束下午工作。

21:00　晚间检查，第4次上料。

2.马术马场

马术马场一般指专业马场，从事马术专业及旅游服务为主要营业目标的马场。

7:00　马工到达马场，上料。

7:15　清厩，打扫院落，备马衣。

8:00　马工早餐。

8:45　马工返回马厩，选择第一批马匹准备训练。

9:00　第一批马匹开始训练。

10:15　第一批马匹训练后返厩，卸鞍，刷拭或冲洗。

10:30　第二批马匹准备训练。

10:40　第二批马进行训练。

11:45　第二批马匹训练返回马厩，卸鞍和穿马衣。

12:00　训练其他马匹。

13:00　清理马匹，上料。马工午餐。

14:00　马工返回马厩，打理马匹，辫梳、清洁马具、兽医治疗和其他杂务，检查马匹健康状况查找可疑之处。

16:30　按照时间清厩，上水，上草，更换马衣，清扫院落。

17:00　饲喂。

17:30　马工下班。

21:00　晚间工作，包括第4次上料。

3.每日例行工作之外的其他工作

堆肥；院落清扫，搂地，除草；清理水槽、食槽；检查散养马匹、草场，水槽和围栏；其他维护工作。

（二）每周工作

星期一　清洗窗户和清除蜘蛛网，处理周末出现的任何问题。检查场地、食槽和围栏。修理遛马机，检修车辆。平整训练场边缘。

星期二　清理排水沟和排水管。检查急救和防火设备。检查灯泡。检查固定设备。

星期三　清理马具房。清理多余的马具。清洗梳理工具。清洗马笼头。修理绑腿和马衣。刷马衣。

星期四 清理料仓、干草和垫草，检看库存饲料。准备饲料，写出所有料单。擦洗盛水和料的容器。疏松室内训练场地。

星期五 清扫卫生间。清洗其他附属设备，如办公室、教室、商品部等。检查马蹄和蹄铁，如有必要请蹄师观察。检查马房日记，记录驱虫、免疫和治疗情况。检查周末值班人员安排。

(三)每季工作

(1)马匹工作 看牙，驱虫。破伤风疫苗注射。流感疫苗注射。剪毛，辫梳。增强体况和适应粗饲。训练。参加赛事。散放马。每月修蹄。马匹配种、接驹、断乳、整群和出售等的准备。

(2)马厩工作 疏通水道和房屋防水。电路检查。管道检修。马厩维护，喷涂和勾缝。门保养、维护和校直。春天清扫和消毒。防鼠。障碍杆及备存。商店清扫。防火设备检查。

(3)设施 围栏、路和行道的检修维护。林地、草架、跑道、比赛场或训练场检修维护。警示牌检修更换。水槽检修。围栏和壕沟清理。排水系统疏通。门和门口检修。运输工具、汽车检查等。

(4)草地 划区轮牧。干旱天耙地，适时翻地。搂除杂草。必要时轻耙草地。土壤分析。施肥。割草。化学灭草等。

(5)管理活动 资料登记整理分析。财务管理。营业收入及分配。税后工资发放，编制预算等。

(四)全年工作

上站配种及繁殖登记，举办或参加赛事，举办或参加马匹拍卖。

二、马场制度与计划管理

(一)规章制度建立

规模马场或专业马场，必须建立硬性的规章制度，以便作为生产管理的依据。规章制度主要包括生产管理制度、计划工作制度、市场营销制度、安全管理制度等。

1. 生产管理制度

(1)饲养管理制度 不同性质的马场有不同饲养管理制度，分为分群饲养(放牧)制度和科学饲喂制度两个方面。按各类马匹不同生长阶段、不同用途、使用强度及健康状况对营养的不同要求，科学配制日粮，选择科学的饲喂方法，使马匹每天得到合理的营养水平。

(2)良种繁育制度 根据期望目标来确立马匹繁殖计划，建立良种繁育体系，健全畜禽良种繁育谱系档案和登记制度，定期检查和评选良种；良种繁育制度要最大限度地依照品种协会或行业协会的要求和规则去做。

(3)卫生防疫制度 卫生防疫制度必须深入贯彻“防重于治，防治结合”的方针，建立一整套综合性预防措施和制度。主要包括：建立疫病情报制度，实行专业防治与群防群治相结合；坚持马匹的检疫制度，防止疫病流行，定期进行环境清扫、消毒和卫生检疫工作(参见本节安全管理相关内容)。

2. 技术管理制度

包括驯教技术规程、繁殖登记技术、鉴定测试技术、兽医诊疗技术、设备使用和维修、技术资料管理等各项工作的制度。

3. 计划管理制度

规定各级、各单位在计划工作中的职责范围、计划工作的程序和方法、计划执行情况的检查与考核、原始记录和统计以及各种计划的制定等内容。其中制定出合理的计划是重点(参见计划管理部分内容)。

4. 其他管理制度

如市场营销制度、人力资源管理制度、物资供应管理制度、财务管理制度等。

小型马场或马术俱乐部,制度可以大大简化,但基本内容都有,也要非常重视,应建立规范管理的风格。

5. 制度实施

要结合经济责任制,即责、权、利相结合原则。同时还要注意加强马场文化教养,培养马工敬业精神;注重马工培训工作,提高马工的技术业务素质,使他们能够掌握执行规章制度所必需的技术、知识和能力,正确地按制度要求办事;检查考核与奖罚相结合,不断地改进和完善。对于那些已不能起到推动马场管理工作和提高经济效益的内容和条款,要及时地予以修定,始终保持马场规章制度的先进性是马场经营管理者一个重要原则。

(二)马场计划管理

一般来说,按编制计划的期限划分,主要有三种形式:长期计划、年度计划和阶段计划。它们各有不同的作用,但又相互联系、相互补充,共同构成马场的计划体系。

1. 长期计划

长期计划又称长期规划或远景规划,是对马场若干年内的生产经营发展方向和重要经济指标的安排。如马场规模和发展速度计划、品种改良计划、土地(草原)利用规划、基本建设投资规划、马工使用规划等。长期计划通常为期 5 年、10 年或 10 年以上,一些知名马场的长期计划都做到 20 年。

2. 年度计划

按一个日历年度编制的计划。一切马场都要根据马场的长期计划,结合当年的实际情况,制订本年度的计划。年度计划的主要内容包括:

①土地(草原)及其他生产资料的利用计划;

②畜禽生产计划;

③饲料生产和供应计划;

④基本建设计划;

⑤劳动力使用计划;

⑥产品销售计划;

⑦财务计划;

⑧新产品开发计划。

3. 阶段计划

阶段计划指马场在年度计划内一定阶段的工作计划。阶段计划的主要内容包括:本阶段的起止时期、工作项目、工作量、作业方法、质量要求,完成任务拟配备的劳动力、机具和其他物资等。如马场配种工作计划,规定在配种季节中的起止时间、情期受胎率、总受胎率等。阶段计划在较大的马场中,一般由基层管理者制定和实施。编制这种计划,应注意上下阶段的衔接,中心要突出,安排应全面,措施应具体。

4. 马场年度计划要点

(1)土地(草原)及其他生产资料的利用计划　如建立生态保护制度、农业工程措施及生物措施运用、农牧业技术措施、经济措施等。

(2)生产计划　其内容有马场配种分娩计划、马匹周转计划、畜禽疫病防治计划、饲料生产和供应计划等。

(3)饲料生产和供应计划　饲料供应计划包括购入饲料计划和自供饲料计划。自供饲料计划就是根据本马场土地和草原资源情况而安排的饲料生产计划,自供饲料计划与饲料需要计划的差额部分,即是外购饲料供应计划。

(4)其他年度计划　如基本建设计划、劳动力使用计划、产品销售计划、财务计划、新产品开发计划等。

三、马场人力资源管理

(一)岗位分析与设计

有条件的马场应实行定岗位定人员,根据马场实际工作的需要,有计划地按定员编制马场各类岗位人员,防止人浮于事和劳力过剩。现代马场技术是核心,因此必须充分考虑技术岗位的比例。技术岗位主要有兽医、练马师、教练、骑师及资深马工等。以娱乐为主要目的的马场,还考虑有一定马学知识的营销人员。

(二)劳动力的招收与录用

根据马场的定员编制和需要,对本马场所需工作人员进行招聘和录用。在招聘之前要做好准备工作,如招聘的条件、招聘的人数、招聘的范围、招聘的程序等。

当雇用马工时,先要了解马工的品质。马工必须了解马的相关知识和如何照料马匹。并根据他的条件选择相应的职位,如见习工、学徒工、正式工,并赋予相应的职责。他的经验反映他的能力,如年龄、从事马房管理的时间。优秀的马工脾气温和,自信并有责任感,敬业和富有献身精神,以马和马场为荣。好的马工有“自信、果断、友善”特点,这样马、马场会有好的起色。

(三)马工的合理使用与培养

一般情况下,最初的工作是饲喂马匹,这通常由资深马工或马主来指导。首先让马工核对按上一次所食入的日粮喂饲,然后向主管报告食入情况和马匹状态。在早饲之前,清理粪便和打扫院落是每天的例行公事,每个马工有责任保证按时照料马匹。学徒工或新手行动迟缓,需要花很长的时间去处理马房杂务,如清理粪便等,但这同时也是积累经验如何提高的过程。早餐一般在马厩事务处理完以后进行。早餐后就是训练开始。在有些马场更喜欢在早餐前骑乘马匹，则要在清厩时或清厩之前备好马鞍。这就意味着为了有足够的时间马工需要起得更早。

有科学合理的用人之道，马工才会发挥最好的工作表现，马场才会取得良好的效果。马场用人的原则有如下几个方面。

(1)用人所长　每一个马工都有自己的优点和缺点，员工使用的基本原则就是用人所长，避其所短。著名的科学管理学家泰罗认为，管理者要为每一个工作岗位挑选“第一流的工人”，他认为，人具有不同的才能和天赋，只要工作对一个人适合而他又愿意去干，他就能成为第一流的员工。

(2)关心和使用相结合　马工是特殊的资源，他除了物质方面的需求之外，还有其他方面的需求，如支持和尊重的需要、自我实现的需要等。这些需要如果得到满足，会大大提高马工的劳动热情，促进劳动生产率的提高。因此，马场管理者不应把马工当成会说话的机器，还要关心他们，帮助解决他们的实际困难，最大限度地满足他们的需要，激发他们的劳动热情和首创精神，从而促进马场的发展。

(3)组织优化　每一个马工都是在一定的组织中工作，尽管组织大小不一，工作内容不同，但他们都是为了实现一定目标的集体。而目标的实现必须依靠集体的力量，集体力量的大小取决于组织内部马工工作默契配合的程度。一般高级马工选择下一级马工，如练马师选择骑师，教练选择骑手，主要是最大限度地增加合力，提高工作效率。

(4)适当流动　马工岗位相对的稳定是对的，岗位变动频繁肯定不利于经营管理。但是，马工不流动，马场也缺乏活力。马工的适当流动有利于丰富马工的知识和技能，提高马工的综合素质，有利于马工寻找更合适的工作岗位，也有利于组织发现和培养人才，可根据马工不同的生理阶段来安排马工适合的岗位。

(5)技术培训　员工培训有利于实现马场的经营目标，有利于增强马场的凝聚力和向心力。培训也是马场文化建设的重要内容，能增加马工对马场的信任和忠诚，会进一步提高他们的劳动热情和创新精神。培训是把马场的经营目标和个人的发展目标最有效结合起来的一种方式，不少著名的马场都非常重视马工的培训，并依此来获得巨大的成功。

(四)劳动定员与定额

定员是根据马场岗位分析及劳动定额来完成的。编制定员的原则要遵循因事设岗的原则，用人为贤的原则，相对稳定原则和因才适用的原则。

劳动定额是产品生产过程中劳动消耗的一种数量界限，通常指一个中等劳动力在一定生产设备和技术组织的条件下，积极劳动一天或一个工作班次，按规定的质量要求所完成的工作量。实践证明，劳动定额是管理企业，组织生产的主要科学方法。

传统规模马场特别是以群牧为主要经营模式的，劳动定额为种马 2 匹/人、繁殖母马 20 匹/人。西方专业马场或马术俱乐部劳动定额 2 匹/人，一般每人不超过 3 匹。

(五)合理报酬与员工福利原则

马场应积极地按照国家的有关政策为马工提供合理的报酬，办理有关保险事宜。马场和马工都要履行相应的义务，并以此来促进马场的发展和保障马工的权益。

四、马场安全管理

没有安全管理，就没有马场的安全。马场必须实现文明生产管理，确保人马健康和财产安全，避免对环境造成污染，确保马场生产经营正常运转和持续发展。马场安全生产的总体方针，是坚持“安全第一、预防为主”，坚持安全目标管理，贯彻安全生产责任制，采取有效措施，杜绝各种不安全行为，消除一切危险隐患，防止人身伤亡事故和马场财产损失。因此，安全生产是马场可持续发展的表现，安全是生产正常进行的必要条件，安全生产是提高经济效益的促进因素。

(一)检疫的内容

1. 常规防疫检疫

防疫是马匹参加赛事和拍卖的基本前提条件，有些国家、协会或品种协会对防疫内容有明确的规定。由于各个地区、国家所处的防疫环境条件不同，内容也有所不同；不同的马匹用途也有不同的要求。防疫主要是针对地方流行性传染病、潜在流行性传染病、法律规定的传染病、高致病性传染病及严重危险的疾病进行免疫和检查。国际防疫内容一般都包括马流感、破伤风、马脑脊髓炎、狂犬病等。有马传染性贫血、马鼻疽病的地区要进行常规检疫。美国常规马匹检疫内容如表 10-2 所示。

表 10-2　美国马匹常规免疫项目

传染病/疫苗类型	方式	马匹年龄	初次及第 2 次间隔
马流产疫苗(灭活苗)	肌肉注射	3 月龄	3～4 周后第 2 次，每年 1 次
血毒症和痢疾(抗血清)	口服	出生后	
脑脊髓炎(灭活苗)	肌肉注射	3 月龄	4～6 周后第 2 次，每年 1 次
马流感(灭活苗)	肌肉注射	3 月龄	3～8 周后第 2 次，每年 1 次
波那马马热(活体苗)	颈部肌肉	任何年龄	3～4 周后第 2 次，每年 1 次
狂犬病(灭活苗)	肌肉注射	3 月龄	周岁时第 2 次，每年 1 次。
马鼻肺炎(灭活苗)	肌肉注射	3 月龄	3～6 周后第 2 次，每年 1 次
马鼻肺炎(疱疹病毒)	肌肉注射	3 月龄	4～8 周后第 2 次，每年 1 次
马腺疫(灭活提取液)	肌肉注射	3 月龄	3～4 周后第 2 次
破伤风(类毒素)	肌肉注射	3 月龄	4～6 周后第 2 次
西部尼罗病毒	见说明书	见说明书	3 周后第 2 次，每年 1 次

2. 进口检疫

马匹进口必须事先提出申请，办理检疫审批手续。

以种畜进口的马匹，需要经过农业部门办理相应的种畜进口批准书。

进口方与出口方要在合同或者协议中订明中国法定的检疫要求，并订明必须附有输出国家或者地区政府动植物检疫机关出具的检疫证书。

马匹在进境前或者进境时持输出国家或者地区的检疫证书、贸易合同等单证，向进境口岸动植物检疫机关报检，并应当在进境口岸实施检疫。未经口岸动植物检疫机关同意，不得卸离运输工具。

输入马匹需隔离检疫的，在口岸动植物检疫机关指定的隔离场所检疫。没有专用隔离检疫场的，一般在进口前，在进口方事先已选择准备好的、并经检疫机关认可的隔离检疫场进行隔离检疫。

马匹经检疫合格的，准予进境；海关凭口岸动植物检疫机关签发的检疫单证或者在报单上加盖的印章验放。

马匹经检疫不合格的，由口岸动植物检疫机关签发《检疫处理通知单》，通知货主或者其代理人作如下处理：

①检出一类传染病、寄生虫病的动物，连同其同群动物全群退回或者全群扑杀并销毁尸体；

②检出二类传染病、寄生虫病的动物，退回或者扑杀，同群其他动物在隔离场或者其他指定地点隔离观察。

3.出境检疫

马主或者其代理人出境前，向口岸动植物检疫机关报检。

出境前需经隔离检疫的马匹，在口岸动植物检疫机关指定的隔离场所检疫。

在隔离场的马匹由口岸动植物检疫机关实施检疫，经检疫合格或者经除害处理合格的，准予出境；海关凭口岸动植物检疫机关签发的检疫证书或者在报关单上加盖的印章验放。检疫不合格又无有效方法作除害处理的，不准出境。

经检疫合格的马匹，有下列情形之一的，货主或者其代理人应当重新报检：

①更改输入国家或者地区，更改好的输入国家或者地区又有不同检疫要求的。

②改换包装或者原未拼装后来拼装的。

③超过检疫规定有效期的。

4.应急措施

一旦疫病发生时应采取下列措施：

①马匹发生疑似传染病时，须立即将患病马匹隔离，向当地兽医站报告，并请兽医迅速确诊。

②确诊为急性传染病时，对所养马匹全部进行封锁。放牧马匹改为舍饲，严禁易感动物和非饲养人员进饲养场舍。对健康和患病马匹应进行必要的疫苗、血清和药物等防治工作。

③对发病剧烈、数量极少的病马匹采取捕杀处理。病死马匹进行深埋或焚烧。

④建立检疫制度，对检出的病畜及时淘汰，有病马匹及病死马匹的产品不得出售。

(二)骑乘安全

1.安全骑乘着装

(1)骑士帽　无论何时只要骑乘就要带上。所有参加矮马俱乐部活动的会员，只要骑马必须带上骑士帽，上面印有当时的俱乐部标准会徽。帽子必须佩戴正确；飘带必须调整正确(如果有)，颌带要系紧。

(2)马靴　马靴必须底部平整，后跟适度。特别推荐用骑马裤靴和马术靴。在矮马俱乐部举行的赛事中，这是必需的。运动鞋、软质鞋或者其他没有后跟的鞋，会在马镫上打滑，有时会导致严重后果。高筒靴或者其他带有大底的鞋也同样危险，因为它占据马镫太宽的位置。

(3)短马靴和马裤 这是为骑乘特殊设计的，会使骑乘舒适。

(4)护身 一般推荐使用，特别是在越野骑乘时。在矮马俱乐部举行的越野赛上是必须的。矮马俱乐部总部有核准的样式清单。在地上控制或训练马匹时，也要有基本的防护穿戴。如马靴，以防止马蹄踏着你的脚；手套，当给马打圈时是必须的；骑士帽，当牵引马匹或打圈时，必须要带上。帽要戴得正确，系带要系好。

2.骑乘安全

在马场内骑乘时，注意马的视线视角，任何突然情况都会带来致命的安全问题。在拐角或视线不好的地方，特别是在往返马厩与训练场之间，一定要注意会导致马匹惊厥的因素发生。骑手要有意识将你出现的情况以不同的方式传递给周边或同伴。

在路上骑马或牵马行走，必须清楚马是很危险的，也必须遵守交通法规。只要有可能，少年必须有大人陪伴。因为有些马非常可信，而有些马则不可信，主要是看马的性格和训练科目。

当要在马路上骑乘时，要考虑以下因素：

①交通的流量和速度。必须避开车辆高峰期。

②是否行进在靠近路边的一边。

③是否其他驾驶员能看到你。

3.训练安全

马匹经常接收驯教是传统马业与现代马业马匹功能最主要转变之一。马匹驯致一般是指马匹在从事某项功能的“就业前”培训，而马匹驯教则是马匹功能技术的递进教育，是马匹职业一生的。

训练安全主要是场地安全，按照规范化标准建设场地、护理场地。不同目的有不同的场地要求，而且必须要经常检查和护理，这样才能避免因场地因素发生的人马损伤事故。

训练安全另一个重要因素是规范和标准化。如训练课目规程必须遵守，场地设备设施必须符合要求，检查更新必须及时到位等。

(三)防火防爆

1.火灾和爆炸的起因

马场的生产物资有一些属易燃、易爆物，生产设备也多有引燃、引爆的特性。所以，在生产活动过程中存在着发生火灾或爆炸事故的危险因素。具体原因十分复杂，归纳起来大致有以下几个方面。

(1)火种引发 火种一般有明火、电火和燃烧状态的金属等飞溅物。燃烧引发的条件一般是可燃物、氧气(或助燃物)和火种。例如，油、气等物质泄漏时有火种接触，就会发生爆炸；易燃、易爆物质存放区域不加防范，易燃、易爆等物质气体自发产生火种，如电流短路、照明灯高温等；生产或其他作业使机件摩擦撞击发热或溅出火星，以及电热工具未及时切断电源而产生电高温点火源等都可能是爆炸的引发火种。不要在马场任何地方吸烟，包括仓库、草场、交通运输车，等。

(2)化学反应引发 不少化学物品有自发或引发燃烧或爆炸的特性。当这些化学物品发生内在变化或者外部的作用，就会产生化学反应而导致事故危险。

(3)安全管理不健全　马场发生火灾或爆炸事故的关键因素是马场安全管理不健全。例如，某些设备密封性能不良，或者陈旧破裂，易燃、易爆物品跑、冒、滴、漏；某些设备安全设施陈旧，缺少自动切断电源、气流和火种等控制阀；马场缺乏严密的安全生产制度，或者操作人员技术不熟练，操作错误等。

此外，由于某种原因造成人为故意行为，也会引发突发性事故。

2.防火防爆的基本措施

(1)划分危险区域，控制点火源　马场生产与使用易燃、易爆物品的现场或存放区域，应与其他场所严格分离，并有明显标志，必要时应安置隔离设施。在生产、使用、储存或者启动时而必须接触易燃、易爆物品的过程中，应严格一切点火源进入或接近，包括各种明火、高热物、电火花、静电火花、冲击或摩擦、自然发热、化学反应热以及强烈光线等。

(2)做好危险物品的物质处理，提高安全度　首先是在保证产品质量和不影响使用价值的前提下，应尽量减少易燃、易爆物品的使用品种或单位用量，尽量选用危险性相对较小的代用品。再次，是在生产或使用易燃、易爆物品时，应严格控制工艺参数，如温度、电流、压力、物料流量以及物料配比等，并实现自动调节和控制，使其在安全限度之内活动。

(3)妥善储存危险物品，落实安全维护措施　易燃、易爆等危险物品应设专库、专区存放，统一保管。仓库管理人员必须经过专业培训，并具有较高的业务水平和较强的工作责任心。

(4)改善防火防爆辅助设施，提高马场安全度　马场防火的辅助设施，主要是指适宜、有效的灭火器材。防火灭火器材包括灭火机、水箱(桶)、黄沙箱(桶)等。马场一旦发生意外起火，应选用新型、合适的灭火剂灭火。对高压容器和其他有爆炸危险的设备，应装置防爆泄压设施，如安全阀、爆破片和放空管等，并能自动控制，以消除爆炸因素。

(5)强化防火防爆的组织工作　从马场领导到全体员工，都要树立安全第一的观念，强化安全防范意识，掌握安全防范知识，把防火防爆工作摆上议事日程，贯彻到每一项生产任务和各个环节，并持之以恒。

(6)发生火灾时扑救程序　发出警报。呼叫救火队。如果没有警报装置，则要喊出以引起注意。疏散马匹。打开圈门，让马自己逃脱。引导它们走向旷野或者其他安全地方，然后再圈住它们。受到惊吓的马会拒绝离开马厩，这种情况下，戴上笼头，脱下你的马夹盖上马的头，耳朵塞进袖口，或者用湿布扣在马的头上，然后牵出马厩。扑救大火(如果没有危险或伤害)。隔断道路或其他任何有危险的地方。事故修理后要尽快写下事故的经过，最好是当天。

为了避免因安全损失，马场要利用和争取参加人马的保险。

五、马匹登记

马匹登记是马匹血统来源的证明，也是马匹育种、交易和管理的依据。因此，登记是马场技术管理的最基本、最重要的工作之一，是马场管理水平、管理理念、发展前景的重要反映。

登记类别包括幼驹登记、命名登记、种用登记和繁殖登记。幼驹登记是血统登记的根本依据。命名登记是为了管理方便而进行的规范命名的登记，在我国马种中还没有规则要求，这是今后登记面临的问题。种用登记是对合格的种马进行繁殖资格的登记，在马业发达国家，没有种用登记是不允许参加本品种繁殖或其后代不能被品种协会或行业协会所认可的。繁殖登记主要记录种公马或种母马每年继而历年繁殖成绩的记载。

(一)幼驹登记

(1)登记内容　幼驹登记是马场登记最重要的登记之一。登记的主要内容有种公马名、种母马名、产驹的确切时间、幼驹的毛色、幼驹的性别、育马者即产驹时母马马主的姓名、出生的国家。由于国际纯血马管理会规定纯血马的繁育必须是自然交配形式,因此登记时必须有马主或其合法代理人签发幼驹不是人工授精、胚胎移植、克隆等技术操作的结果。

(2)登记时间　纯血马幼驹登记的时间一般分为三次完成。幼驹出生时进行简单描述,在0.5周岁时进行初次登记,在1周岁时对马匹进行审验确认。核准信息无误后,由权威部门部门颁发纯血马护照。

(3)登记人员　不同的马种登记要求也不一样,一般由品种登记会专员进行。有些马的品种需要有资质的畜牧兽医技术人员按照品种协会的规则进行登记。

(4)幼驹登记图　登记描述图见图10-5。幼驹登记时要进行外貌描述,主要标识出马的旋毛、别征的位置及形状。

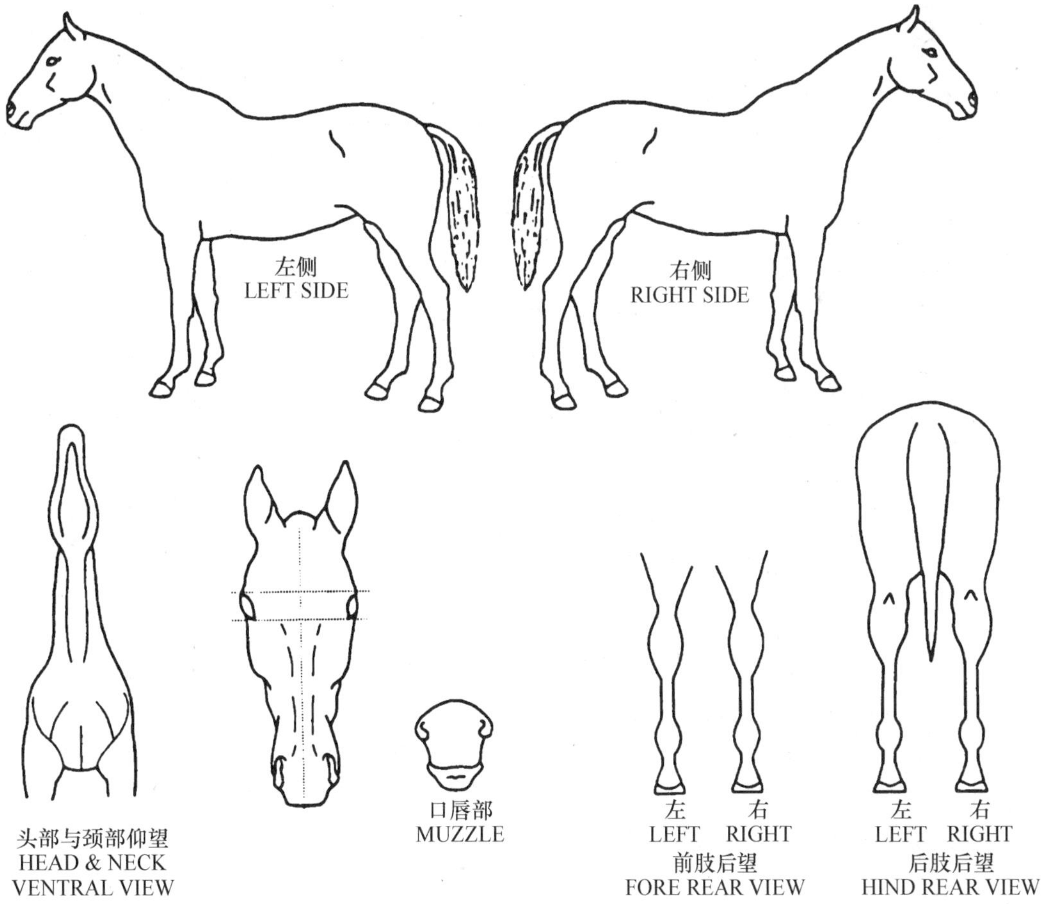

图10-5　纯血马登记幼驹描述图

同时还有对应的文字叙述,文字表述要与图识所示相一致。登记描述表参见图 10-6。纯血马幼驹登记还需要进行英文对照表述。

性 别 SEX	公驹 COLT		母驹 FILLY		
毛 色 COLOUR	骝 BAY	褐骝 BROWN	黑 BLACK	栗 CHESTNUT	青 GREY
出生日期 DATE OR BIRTH	年 月 日 YEAR MONTH DAY				
父 名 SIRE				区码 COUNTRY CODE	
母 名 DAM				区码 COUNTRY CODE	
外祖父名 DAMSIRE				区码 COUNTRY CODE	

育马者资料 BREEDER'S INFORMATION

育马者姓名 NAME OF BREEDER			
育马者地址 ADDRESS OF BREEDER			
电话 TEL	传真 FAX	电子邮箱 E-MAIL	
申请人(马主或其代理人)签名 SIGNATURE OF APPLICANT-OWNER OR OWNER'S AGENT			
日 期 DATE	年 月 日 YEAR MONTH DAY		

中国马业协会纯血马登记管理委员会

CHINA STUD BOOK

图 10-6 纯血马幼驹登记申请表

APPLICATION FOR FOAL REGISTRATION

(5)幼驹登记申请表 幼驹登记申请表不同的品种模式也不一样。但主要信息是基本相同的,包括种公马名、种母马名、产驹的确切时间、幼驹的毛色、幼驹的性别、育马者即产驹时母马马主的姓名、出生的国家等。有些品种协会或行业协会有特别规定的内容。登记申请表要向品种登记协会或相应的组织递交并取得合法的品种资质。

(二)命名登记

马名登记如同人名登记,也要有相应的规格。马名登记主要为了防止重名登记,另外也进行规范化管理。各个马种登记要求也不一样。如纯血马登记命名规定，由马主提出马名，并由CSB确认。

中国境内出生的幼驹满周岁后可申请命名。

申请马匹命名时，马主需向中国马业协会纯血马登记管理委员会提交命名登记申请表，正确书写拟用马名，并依据第三十八条规定支付费用。

中文命名最多为6个连续书写的汉字，英文命名最多为18个拼写字母（包括空格在内）。

国外出生的马匹命名，原则上由出生国有关机构提供。马匹进口前将马名译成中文，最多为8个汉字（包括空格在内）。未命名马匹进口前命名需事先取得出生国有关机构的认可。

马名词尾需加括号（　），将该马出生国籍的缩写填写在括号内。

（三）种用登记

如果马主在幼驹育成后，根据其血统、体形结构、运动性能等育种价值较好，想做种用，也要取得相应的资质或备案，即种用登记。一般情况下，种用登记后所生产的后代才有登记资格。

种用登记以种用登记表为基本信息。如纯血马种用登记是马匹取得合法繁殖资格的依据。内容包括马匹基本信息，如出生年月、毛色、血统等；马主信息等。有时种马登记在幼驹出前后进行，这时要附上产驹信息，如与配公马、产驹时间、配种证明等。

有时不同的品种协会或组织对种马登记有一定的限制或条件，如纯血马种用登记资格为：

①已进行了幼驹登记的马匹（国外繁育的马已在出生国纯血马登记机构登记），即已取得了品种资质的马匹才有种用登记的资格。

②满3周岁以上的马匹。这时，马主才能根据相关成绩、表型结构来确定是有种用价值。有的马匹参加了运动生涯后，仍有种用价值或者种用价值更大更明显。种用时马要进行种用登记。

（四）繁殖登记

主要有母马繁殖报告书、配种证书、繁殖统计表等。

母马繁殖报告书是基本的登记依据。其内容格式主要包括母马的基本信息、与配公马信息、交配次数与时间、产驹情况及时间等。

有些马种登记有一定的要求，包括时间要求。如纯血马登记要求，种公马马主应在当年9月30日前上报种公马所有配种记录，种母马马主应在当年7月31日之前（南半球怀胎的在当年12月31日之前）提交种母马所有繁育记录。

种公马登记内容与种马母马登记相同，但种公马马主或配种员要给予配母马马主交付配种证明书，证明是本公马所交配，其中有配种时间、配种方式。配种证书是母马登记的主要依据。

把个体的繁殖记汇总就形成的马场总的繁殖情况。

纯血马母马繁殖报告书内容与格式见图10-7。

母马马名 NAME OF MARE		区码 COUNTRY CODE	
出生日期 DATE OF BIRTH	年 YEAR 月 MONTH 日 DAY		
父名 SIRE		区码 COUNTRY CODE	
母名 DAM		区码 COUNTRY CODE	
与配公马马名 NAME OF COV ERD STALLON		区码 COUNTRY CODE	

活驹资料 LIVE FOAL INFORMATION

活驹 LIVE FOAL	出生日期 DATE OF BIRTH	年 YEAR 月 MONTH 日 DAY				
	性别 SEX	公驹 COLT		母驹 FILLY		
	毛色 COLOUR	骝 BAY	褐骝 BROWN	黑 BLACK	栗 CHESTNUT	青 GREY
双胞胎 TWINS	性别、若双胞胎 SEX, IF TWIN	公驹 COLT		母驹 FILLY		
	毛色、若双胞胎 COLOUR, IF TWIN	骝 BAY	褐骝 BROWN	黑 BLACK	栗 CHESTNUT	青 GREY

无活驹资料 NO LIVE FOAL INFORMATION

无活驹 NO LIVE FOAL	未配 NO SERVED	未孕 BARREN	流产 SLIPPED	早产 ABORTED EARLY	死驹 FOAL BORN DEAD	死亡 FOAL DIED AFIERBIRTH
	若双胞胎 IF TWIN	双胎流产 SLIPPED TWINS	一死驹 ONE TWIN BORN DEAD	一驹死亡 ONE TWIN DIED AFTER BIRTH	双死驹 BOTH TW-INS BORN DEAD	双驹死亡 BOTH TWINS DIED AFTER BIRTH

母马马主资料 MARE OWNER'S INFORMATION

母马马主 NAME OF MARE OWNER	
母马马主地址 ADDRESS OF MARE OWNER	
电话 TEL　　传真 FAX　　电子邮箱 E-MAIL	

图 10-7

<table>
<tr><td colspan="3">我同意只有中国马业协会纯血马登记管理委员会有权决定是否载入或删除有关条目。
I UNDERSTAND THAT CHINA STUD BOOK RESERVE TO THEMSELVES THE SOLE RIGHT TO DECIDE WHAT ENTRIES CAN BE ADMITTED TO OR EXCLUDED OR REMOVED FROM CHINA STUD BOOK AND RELATED PUBLICATIONS AT ANY TIME.</td></tr>
<tr><td colspan="2">母马马主(或其代理人)签名
SIGNATURE OF MARE-OWNER OR OWNER'S AGENT</td><td rowspan="2"></td></tr>
<tr><td>日 期
DATE</td><td>年 月 日
YEAR MONTH DAY</td></tr>
</table>

中国马业协会纯血马登记管理委员会
CHINA STUD BOOK

续图 10-7 繁殖情况报告书
RETURN OF BROODMARE

登记资料是马术场技术资料,特别是育种和身份的依据,要有专人保管。有些资料是行业协会或相关组织需要的,要按照要求上报。有些资料上报后需要行业协会或相关组织确认或批准的,要有文字或相当的证明材料,如马匹护照或品种证书,要注意保存管理。

马匹登记管理要利用电脑来进行,或用电脑来存贮。如果是公开发布的消息,还要利用网站或相关连接进行公开信息,这对马场的经营管理是非常有帮助的,如马匹拍卖、配种、产品销售及赛事活动,等等。

第三节 马场的财务管理

一、资产管理

(一) 固定资产管理

1. 固定资产的概念

固定资产是指使用期限超过 1 年,单位价值在规定标准以上,并且在使用过程中保持原有物质形态的资产,包括房屋及建筑物、机器设备、运输设备、工具器具、生产畜和役畜、机井,等等。不属于生产经营主要设备的物品,单位价值在 2 000 元以上,并且使用期限超过 2 年的也应作为固定资产。不具备上述条件的某些工具、用具视为低值易耗品,列入流动资产管理。

2. 固定资产的折旧

由于固定资产一次性投入很大,而且使用多年,不能一次性由当年生产经营中开支。因此,通过计提折旧的方式,分年度把资产磨损或消耗的部分提出来,理论上讲,待固定资产不能使用的时候,已有资金购置新的。计算固定资产折旧,要根据固定资产的实耗情况,采用合理的计算方法。

(1)使用年限法　使用年限法又称直线法,即把固定资产的折旧总额按使用年限平均分摊于每个年度,因而每个年度所提的折旧额是相等的。各类固定资产的使用年限,财政部有统一规定。如机械设备为 10～14 年,运输设备为 6～12 年,生产用房为 30～40 年,简易用房 8～10 年等。固定资产年度或月度折旧额计算公式如下:

$$固定资产年折旧额=\frac{原始价值-预计残值+预计清理费用}{折旧年限}$$

$$固定资产年折旧率=\frac{年折旧额}{原始价值}\times 100\%$$

$$月折旧率=\frac{年折旧率}{12}$$

(2)工作量法　它是以固定资产能提供的工作量为单位来计算折旧额的方法。通常可用两种方法表示:一是工作小时,二是行驶里程。其计算公式如下:

$$每工作小时折旧额=\frac{原始价值-预计残值+预计清理费用}{预计总工作小时}$$

$$月折旧额=每工作小时折旧额\times 本月实际工作小时数$$

对于运输工具,可按行驶里程计算折旧,其计算公式如下:

$$单位里程折旧额=\frac{原始价值-预计残值+预计清理费用}{总行驶里程}$$

$$月折旧额=单位里程折旧额\times 本月实际行驶的里程数$$

工作量法适用于磨损程度与完成工作量直接有关的固定资产,运输车辆、大型机具等,并且固定资产在使用期内使用程度很不均匀的情况。工作量法具有简单明了、计算简便的优点,但也没有考虑到无形磨损。

(3)加速折旧法　是指固定资产在使用年限内先多提,后少提,使计提的折旧费逐年递减的方法。目前常用的加速折旧法主要有两种:

①双倍余额递减法:又称倍率递减法,即在不考虑残值的情况下,用平均年限法折旧率的2倍作为定率去乘以该固定资产的账面价值来计算折旧额的方法。其计算公式为:

$$双倍余额递减法折旧率=\frac{2}{预计使用年限}\times 100\%$$

$$年折旧额=年初固定资产账面余额\times 双倍余额递减法折旧率$$

实行双倍余额递减法的固定资产,应当在其固定资产折旧年限到期前2年内,将固定资产净值扣除预计净残值后的净额平均摊销。

例:某项固定资产的原值为5万元,预计净残值为2 000元。预计折旧年限为5年,要求计算各年折旧额。

$$年折旧率=\frac{2}{5}\times 100\%=40\%$$

各年应提折旧额如表10-3所示。

表10-3　双倍余额递减法计算年折旧额

年份	年初账面价值/元	年折旧率/%	年折旧额/元	累计折旧额/元	期末账面价值/元
1	50 000	40	20 000	20 000	30 000
2	30 000	40	12 000	32 000	18 000
3	18 000	40	7 200	39 200	10 800
4	10 800	—	4 400	43 600	6 400
5	6 400	—	4 400	48 000	2 000

注:第4年改用直线法计提折旧,年折旧额为:$\frac{10\,800-2\,000}{2}=4\,400$(元)。

②年数总和法:这也是一种加速折旧法,是按使用年数比例乘以固定资产净额(固定资产原值减去估计净残值)计算折旧的方法。其基本原理在于考虑到固定资产随使用年限的延长而效益递减,就应当使折旧额同样递减,而折旧率也应呈递减趋势。因此,固定资产在使用初期折旧率较高,随使用年限的延长,折旧率递减。其计算公式如下:

$$每年折旧率=\frac{预计折旧年限-已使用年限}{预计折旧年限\times(预计折旧年限+1)\div 2}\times 100\%$$

$$年折旧额=(原值-预计净残值)\times年折旧率$$

$$月折旧额=(原值-预计净残值)\times\frac{年折旧率}{12}$$

例:仍以上例双倍余额递减法的资料,用年数总和法计算各年应提折旧额如表10-4所示。

表10-4　年数总和法计算各年应提折旧额

年份	折旧总额/元	年折旧率/%	年折旧额/元	累计折旧额/元	折余价值/元
1	48 000	5/15	16 000	16 000	32 000
2	48 000	4/15	12 800	28 800	19 200
3	48 000	3/15	9 600	38 400	9 600
4	48 000	2/15	6 400	44 800	3 200
5	48 000	1/15	3 200	48 000	2 000

采用加速折旧法,可以在固定资产投入使用后前几年即可收回大部分投资,这样可避免无形损耗带来的损失,又可加速固定资产的再生产,以便及时采用新技术,增强市场的竞争力。

(二)流动资产管理

1.流动资产的概念

马场的流动资产是指可以在1年内或超过1年的一个营业周期内变现或者运用的资产,是马场资产的重要组成部分。流动资产主要由五个项目组成,即货币资金、应收款项、预付款项、存货、短期投资。

2.流动资产管理的内容

主要包括现金管理、应收账款管理、存货管理等。

(1)现金管理　现金是指可以立即投入流通的交换媒介,包括库存现金,各种形式的银行存款,以及银行本票、银行汇票等。

$$最佳现金持存量=\frac{计划期现金需求总量}{计划期天数}\times现金周转期$$

$$现金周转期=存货周转期+应收账款周转期-应付账款周转期$$

(2)应收账款管理　应收账款是马场以赊销方式销售产品或提供劳务所形成的尚未收回的款项。它是马场为扩大销售、增加收入和盈利而采用的一种商业信用手段。应收账款发生后,应采用正确的信用政策,以加快货款的回收,减少坏账、呆账损失。可以在年末,按照年末应收账款的3%~5%计提坏账准备金,入管理费用。

(3)存货管理　存货是指马场为生产和销售而储备的各种物资。包括饲料、马匹药品、燃料、垫料、低值易耗品、在产品、产成品等。存货按其分布于供产销环节的不同,分为储备存货、生产存货和成品存货三类。存货管理的主要目的就是在充分发挥存货作用的基础上，控制存货水平，降低存货成本，也就是要以最低的成本提供马场生产经营所需的存货。

（三）无形资产管理

无形资产是马场长期使用，没有实物形态，但可使马场长期获得超额收益的资产，包括专利权、商标权、著作权、土地使用权、非专利技术、商誉等。它有三个基本特征：一是没有实物形态；二是能在较长时期内，具有使马场超过同行业收益能力的优势，但又具有很大程度的不确定性；三是表现为马场的一种特别权力，受法律保护。马场购置无形资产的支出是资本性支出，无形资产的价值应在整个受益期内进行摊销。

二、成本管理

在生产经营过程中要发生各项费用，费用按其是否计入产品成本可划分为计入产品成本的费用和不计入产品成本的费用。计入产品成本的费用，如耗用的直接材料，发生的直接工资和制造费用等，构成产品的生产成本。不计入产品成本的费用，如管理费用、财务费用、销售费用等也要归集，但它们不计入产品成本，而是作为期间费用直接从损益表的销售收入或销售利润项目下减除，以计算马场的营业利润。根据我国现行财务制度规定，产品成本是指产品制造成本，是马场生产产品或提供劳务过程中实际消耗的直接材料、直接工资、其他直接支出和制造费用的总和，而费用则仅指期间费用。

国家制定的财务制度对产品成本和费用的项目、内容和标准都有统一的规定。

1. 产品成本

产品成本主要包括以下4项：

（1）直接材料　指构成产品实体或有助于产品形成的原料及材料，包括马场生产经营过程中实际消耗的精饲料、粗饲料、动物饲料和矿物饲料等饲料费用（如系外购饲料，在采购中的运杂费用也列入饲料费），以及粉碎和蒸煮饲料、孵化增温等耗用的燃料动力费用等。

（2）直接工资　包括马场直接从事畜产品生产人员（如饲养员、放牧员、挤奶员等人）的工资、奖金、津贴和补贴和福利费等。

（3）其他直接支出　包括马匹医药费，畜舍折旧费和专用机器设备折旧费，产畜摊销费等。

马匹医药费指马匹耗用的药品费和能直接记入的医疗费。

种马摊销费，即母马和种公马的折旧费用。

（4）制造费用　指马场为组织和管理生产所发生的各项费用。包括生产单位管理人员工资、租赁费（不包括融资租赁费）、修理费、低值易耗品、取暖费、水电费、办公费、差旅费、运输费、保险费、试验检验费、劳动保护费、季节性和修理期间的停工损失，以及其他制造费用。

2. 期间费用

期间费用是指马场在生产经营过程中发生的，与产品生产活动没有直接联系，属于某一时期耗用的费用。期间费用不计入产品成本，直接计入当期损益，期末从销售收入中全部扣除。期间费用包括管理费用、财务费用和销售费用三项。

（1）管理费用　指马场行政管理部门为管理和组织生产经营活动而发生的各项费用，包括公司经费、工会经费（按职工工资总额的2%计提）、职工教育经费（按职工工资总额的1.5%计提）、劳动保险费、待业保险费、董事会费、咨询费、审计费、诉讼费、税金、土地使用费、土地损失补偿费、技术转让费、无形资产摊销、开办费推销、业务招待费、坏账损失、存货盘亏、毁损和报废（减盘盈）以及其他管理费用。

（2）财务费用　指马场为筹集资金而发生的各项费用，包括马场生产经营期间发生的利息支出（减利息收入），汇兑净损失，调剂外汇手续费，金融机构手续费，以及筹资发生的其他财务费用等。

（3）销售费用　指马场在销售畜产品或其他产品、自制半成品和提供劳务等过程中发生的各项费用以及专设销售机构的各项经费，具体包括：应由马场负担的运输费、装卸费、包装费、保险费、委托代销手续费、广告费、展览费、租赁费（不包括融资租赁费）和销售服务费用，销售部门人员工资、职工福利费、差旅费、办公费、折旧费、修理费、物料消耗、低值易耗品摊销以及其他经费。

三、成本计划

成本预测提出的成本指标，还要通过制定成本计划才能成为计划指标。成本计划具体规定了马场在计划期内畜产品的成本水平和降低成本的总目标，是进行成本控制、成本核算和成本分析的依据，也是协调各部门成本管理工作的基础。成本计划的主要内容包括：

（一）成本核算

成本核算，是指把马场生产和销售产品所发生的费用，按其用途和不同的产品，进行汇总和分摊，计算出产品实际的总成本和单位成本。成本核算包括以下内容。

（1）生产费用的审核　根据国家财务会计制度有关成本、费用开支范围的规定，确定已经发生的费用是否符合规定的开支范围，并在此基础上确定应计入产品成本的费用和应计入各项期间费用的数额。

（2）生产费用的归集和分配　在审核的基础上，把发生的生产费用在各种产品之间进行归集、分配，将应计入当期产品成本的费用计入有关明细账，进行账务处理。

（3）产成品和在产品成本的计算　将既有产成品又有再产品的生产费用，在产成品和在产品之间进行分配和归集，并计算各种产成品总成本和单位成本。

马场在核算成本时，除条件不具备的可按马匹类别混群核算外，一般应按各种马匹的不同群组进行核算，即分群核算。实行分群核算的，要按不同畜龄组归集生产费用，分群计算成本。实行混群核算的，混群饲养可按马匹种类归集生产费用。

（二）成本分析

成本分析是以成本核算所提供的资料为基础，结合有关计划、统计、技术等资料，应用一定的方法对成本升降的原因系统、科学的分析。

比较分析法一般采用相对数表示，其计算公式如下：

$$\text{比较相对数}=\frac{\text{成本指标本期实际水平}}{\text{成本指标本期计划水平或某个时期、某个企业实际水平}}$$

应用比较分析法时，必须注意成本指标的可比性，如计算口径、计价基础、时间单位等必须一致。在马场之间对比，还应注意彼此在技术经济上的一致性。

全部产品总成本完成情况的分析，计算公式为：

$$\text{全部产品总成本计划完成率}=\frac{\text{实际总成本}}{\text{计划总成本}}\times 100\%$$

可比产品成本降低情况的分析，可采用可比产品的成本实际降低额和实际降低率，与其计划降低额和计划降低率相比较，分析是否完成计划及其原因。其公式为：

$$\text{可比产品成本实际降低额}=\text{本期可比产品实际产量}\times(\text{上期实际平均单位成本}-\text{本期实际平均单位成本})$$

$$\text{可比产品成本实际降低率}=\frac{\text{可比产品成本实际降低额}}{\text{本年可比产品实际产量}\times\text{上年实际平均单位成本}}$$

四、财务分析

（一）偿债能力分析

对于某个马场的偿债能力如何，主要分析指标有如下几个方面：

(1)流动比率　也称短期偿债能力比率，是马场的流动资产与流动负债的比值。用于衡量马场在某一时点偿付即将到期债务的能力，计算公式如下：

$$\text{流动比率}=\frac{\text{流动资产}}{\text{流动负债}}$$

流动比率高，说明马场短期偿债能力强，但流动比例不是越高越好，因为滞留的流动资产过多，也可以使流动比率提高。流动比率对不同马场应有不同要求，一般保持在 2∶1 左右比较合适。

(2)速动比率　是马场的速动资产与流动负债的比率，用于衡量马场在某一时点上运用随时可变现资产偿付到期债务的能力。速动比率是对流动比率的补充。计算公式如下：

$$\text{速动比率}=\frac{\text{速动资产}}{\text{流动负债}}$$

$$\text{速动资产}=\text{流动资产}-\text{存货}-\text{待摊费用}$$

(3)资产负债率　也称负债比率，是马场负债总额与资产总额的比率。用于衡量马场负债水平的高低，反映马场偿付到期长期债务的能力，其计算公式如下：

$$\text{资产负债率}=\frac{\text{负债总额}}{\text{资产总额}}\times 100\%$$

资产负债率反映在总资产中有多大比例是通过借债来筹资的。这一比率越小，表明马场的长期偿债能力越强，但也意味着马场利用债权人资本进行经营活动的能力较差，马场经营缺少活力。

(4)产权比率　指马场负债总额与所有者权益总额之比，表明马场由债权人提供的资本与所有者提供的资本的相对关系，是马场基本财务结构强弱的标志。这一比率越低，表明马场的长期偿债能力越强，债权人权益的保障程度越高。其计算公式为：

$$产权比率=\frac{负债总额}{所有者权益}\times100\%$$

一般来说，所有者权益资本大于借入资本较好，但也不能一概而论。产权比率高是高风险、高报酬的财务结构，产权比率低是低风险、低报酬的财务结构。该指标也表明债权人的权益受股东权益保障的程度，从本例来看，如果马场进行清算则债权人的利益因所有者提供的资本大于借入资本而受到充分的保障。

(二)马场获利能力分析

马场获利能力分析是马场的所有者、经营者、劳动者和政府都十分关注的问题，因为获利能力与他们自身的利益有着密切关系。分析的主要指标如下：

(1)总资产报酬率　是马场在一定时期内的税后净利润与资产总额的比率。用于衡量马场运用全部资产获利的能力。计算公式如下：

$$总资产报酬率=\frac{净利润}{平均资产总额}\times100\%$$

这个指标主要反映马场总资产的利用效果，其数值越高越好。

(2)所有者权益报酬率　也称净资产报酬率、资本收益率，是马场一定时期内的净利润与所有者权益的比率。计算公式如下：

$$所有者权益报酬率=\frac{净利润}{所有者权益}\times100\%$$

(3)销售利税率　是马场利税总额与销售净额的比率。它可以衡量马场销售收入的收益水平，其计算公式如下：

$$销售利税率=\frac{利税总额}{产品销售净收入}\times100\%$$

(4)成本费用利润率　是马场利润总额与成本费用总额的比率。计算公式如下：

$$成本费用利润率=\frac{利润总额}{成本费用总额}\times100\%$$

成本费用利润率是反映马场成本费用与利润的关系的重要指标。成本费用是获取利润而付出的代价，它与利润呈逆向变动关系。这个比率高，说明马场为取得利润而付出的代价小，马场的获利能力越强。通过这个比率的分析，不仅可以评价马场的获利能力，而且可以评价马场对成本费用的控制能力和经营管理水平。

第四节　马场的经营管理

一、马场盈利模式

马场是一个马场经营单位，以获得一定的利益为目标。不同的马场有不同的盈利模式。

(一)散养马场的盈利模式

散养马场的主要盈利模式是繁育马匹出售所得的收益,马匹出售时有时是育成驹,一般在2岁左右时;有时是马匹使用多年后淘汰出售所得的收入。有些散养马场没有直接的收益,而是通过其他产业或马匹的其他用途来体现的,如马匹运输、农用及其他。在牧区,牧民养马很大程度出于对马的传统感情和马文化的依恋,并不过多考虑收益。

(二)规模马场的盈利模式

规模马场的盈利模式,也是以繁育和出售马匹为主要的盈利渠道。由于规模马场马匹收益较小,马场是以综合收入为主要的经济来源,如配种、农业、副业或其他收入项目。规模马场的经济结构、管理方式、运行机制应处在转变或完善阶段。

(三)专业马场的盈利模式

专业马场是培育专业用马的马场。虽然马匹的专业用途不同,但基本盈利模式一样,收入来源有两方面:一是繁育和培育符合专业要求的马匹;二是对达到体形结构和具有潜能的马匹进行驯致以达到更高的运动水平所获得的收益。专业马场也可根据条件获得其他的收入。

(四)马术俱乐部的盈利模式

马术俱乐部的盈利模式由于俱乐部的性质和条件不同而不同。

以会员消费为主的经营模式,主要以会费收入为主。

以接待骑乘爱好者为主的俱乐部,其盈利模式是以优质安全的骑乘服务收费为主要的盈利模式。

以参加赛事或代表国家地区马术专业队身份的俱乐部,其盈利模式是以专向拨款和其他收入的盈利模式。

以培训学员或乘马爱好者为主要目的的盈利模式,是以收取教学、教练费为主要盈利模式。

以旅游为主的马术俱乐部的盈利模式,是以接待游客骑乘为主要的盈利模式。

马术俱乐部是一个专业性非常强的实体,专业、安全、文化是其主旋律。有的马术俱乐部还进行其他的收入,如寄养收入、赞助收入、广告收入、参加赛事收入,等等。

(五)其他马场

有些马场,如寄养马场、附属马场(为某大财团或某建筑环境等设立),其收入或盈利模式各不相同,在此不进行叙述。

二、经营方式及经营策略

(一)目标市场选择

马场要根据自身的优势和建场方针,在经营目标的总前提下,在市场细分的基础上,选择适当的目标市场，实行目标营销。

原则上讲，所有影响消费者对马产品需求差异的因素都可以作为市场细分的变量，概括起来主要有四大类：地理细分变量、人口统计细分变量、心理细分变量、行为细分变量。

1.地理细分变量

按地理地域来细分市场，如按国家、省、市、县、南方、北方、城市、农村等。由于消费者所处的地理位置不同，受自然气候、传统文化、经济发展水平等因素的影响，形成不同的消费习惯和偏好，对马产品消费会有差异。如草原地区牧民养马有喝马奶的习俗，有些少数民族还有吃马肉的习惯。经济发展较快的地区，乘马娱乐有较大的潜势。城市和农村对马产品的需求也呈现许多差别。按地理地域细分市场，有利于马场根据不同地域的市场特征来策划营销活动。

2.人口统计细分变量

按年龄、性别、婚姻、职业、收入、受教育程度、宗教、民族、国籍等来细分市场。消费者的年龄、性别不同，对马产品的消费需求也不相同，特别是体育休闲娱乐，不适宜老人。而青壮年则有乘马爱好，是潜在的市场。因此，马术教育的提高发展也应从青少年入手。职业和受教育程度不同，马产品消费也有较大差别。消费者的收入更是直接关系到马产品消费量的大小，随着消费者收入水平的变化，对马产品的需求量也会改变。

3.心理细分变量

消费者心理因素很复杂，在细分市场时所依据的心理细分变量主要是指：人的价值观、生活方式、社会阶层及个性。这些心理因素都对马产品的需求量及需求结构有重大影响，马场在制定营销策略时必须加以充分考虑。如成功人士对马的爱好增加，一是马能给他身心帮助，这远比其他运动或活动更加有利其事业发展；二是与马接触，还会增加文化性，于不同的成功人士有很大互补作用。

4.行为细分变量

按消费者的购买行为细分市场，包括购买时机、消费状况、购买频率、对品牌的忠诚程度、对产品质量的要求等。购买时机，如乘马活动一般在周末，而传统马产品则在秋冬季节。消费状况，是指消费者是否有过消费记录，马场可以有针对性地采取不同的推销方式。购买频率，是指把某种马产品按大量使用者、小量使用者以及购买频率的大小来细分市场。对品牌的忠诚程度，是指即消费者对马场忠诚程度，对马术运动或休闲活动专一程度。马场通过对这些消费者分析，可以发现营销中存在的问题，便于及时采取相应的措施。

上述市场细分变量，马场可根据自身的情况选择采用，也可以把几个细分变量组合在一起细分市场。马场在进入某个细分市场之前，还必须考虑本马场与竞争对手相比是否有竞争优势，包括马场的技术水平、资源条件、市场占有率等。如果缺乏必要的竞争力，就应放弃这个细分市场。

(二)产品营销组合策略

马场营销活动受多种因素影响，这些因素总体上可以分为两大类：一类是马场无法控制的外部环境因素；另一类是马场可以控制的内部因素。美国营销学家 E·J·麦卡锡把马场可控制的营销因素归纳为 4 个方面，即产品（product）、价格（price）、地点（place）和促销（promotion），简称“4P”。所谓营销组合策略，也就是产品策略、定价策略、分销渠道策略和促销策略的优化组合，它体现着现代市场营销观念中的整体营销思想。

1.产品策略

产品策略是马场营销组合策略的核心。马场只有把能够真正满足顾客需要的产品和服务提供给顾客,才能赢得顾客,提高马场的形象和收益。产品组合策略,就是根据马场的目标,对马产品组合的广度、深度和相关性进行决策。

马产品组合的广度是指生产经营的马产品大类的多少,多则宽,少则窄。马产品组合的深度是指一个马场生产经营的一种产品线中含有多少产品项目。

产品线延伸策略,指改变马场原来所生产经营的马产品档次的范围,将产品线加长。如从繁殖、育马、驯教、参加赛事、增加产品类型、拍卖及今后服务等。

产品差异化策略,产品差异化是指马场为了突出本马场的产品与竞争者的产品有不同的特点,通过采用不同的设计、包装,或在包装内附上新奇的标志,以示与竞争者的区别。通过这种策略加深消费者对本马场产品的印象,提高其产品的竞争力。

2.定价策略

产品价格对马场整个经营活动具有重要的影响作用,它直接影响着产品需求量的大小,影响着马场产品在市场上的竞争力和马场的盈利水平。因此,为了更好地实现马场目标,可根据产品和市场情况,采用多种灵活的定价策略。

折扣定价策略,是指卖方在正常价格的基础上,给予买主一定的价格优惠,以鼓励买主购买更多本马场的产品。

心理定价策略,是指根据顾客在购买商品时接受价格的心理状态来制定价格的策略。如采用声望定价策略,是利用顾客对某些产品、某些马场的信任心理而适当抬高价格的定价策略。如招徕定价策略,是利用人们求廉的购买心理,选择几种产品较低价格销售,以吸引顾客购物,顺便以正常价格推销马场的其他商品,达到扩大马场总销售额和总利润的目的。这是零售商常采用的一种策略。

3.促销策略

促销是指马场通过人员和非人员的推销方式,向广大客户介绍商品,促使客户对商品产生好感和购买兴趣,继而进行购买的活动。马产品和饲料产品的促销活动主要有人员推销、广告、公共关系和营业推广 4 种形式。

(1)人员推销　是马场派推销员直接与顾客接触,向顾客介绍和宣传商品,激发顾客购买欲望和购买行为的促销方式。其优点是针对性强,便于双向沟通,有利于建立长期稳定的供销关系。但人员推销的费用支出较高。

采用这种策略,要求推销人员必须具备很高素质,包括思想素质、能力素质、业务知识等。因此,要采用科学的方法对推销员进行选拔和培训,以保证实现马场的促销目标。

(2)广告　是通过一切传播媒体,向公众介绍马场的产品,并引诱公众购买的公开宣传活动,是非人员推销的主要形式。

为了更有效地发挥广告的促销作用,马场在设计和制作广告时,应慎重考虑马场的市场发展战略、产品的生命周期、广告媒体的相对价值、广告目标等项因素。综合考虑上述各种因素的变化和影响,确定广告的内容,选择适宜的广告形式。广告要富有真实性、针对性、创造性和艺术性。

(3)公共关系　马场开展公共关系活动是为了塑造马场的良好形象。马场的公关活动涉及面较广,包括顾客、中间商、政府部门、新闻媒介等。马场只有通过公关赢得公众对马场的理解、信任和支持,创造良好的社会关系环境,才能使本马场的产品得以畅销。

马场常用的公共关系活动方式有:通过新闻媒介传播马场信息,如记者招待会、新闻通讯、马场介绍等;参与各种社会福利活动和公益活动,如赞助、捐赠等;举办各种专题活动,如庆祝活动、知识竞赛、联谊会等;加强与马场外部组织的联系;刊登公共关系广告。

(4)营业推广　是在短期内为刺激需求,扩大销售而采取的各种鼓励购买的措施。针对不同的促销对象常用的营业推广策略有 3 种。

对推销人员的推广多采用销货提成、超额销售奖励等措施,鼓励销售人员积极推销产品。

对中间商的推广主要是把产品销售委托给其他方代理,借助第三方的营销资源,实现双赢的目的。

对最终用户和消费者推广主要是培养顾客对本马场产品的偏好,提高顾客现场购买兴趣。提高马场长久客户的比例。

复习思考题

1. 马场的不同形式和特点是什么?
2. 新建马场一般要经过哪些程序?
3. 马场每日例行工作内容是什么?
4. 马场安全管理的主要内容和要求是什么?
5. 什么是马匹登记?幼驹登记的主要内容是什么?
6. 产品成本计算的主要内容是什么?
7. 企业偿债能力与获利能力的指标有哪些?
8. 不同形式马场的盈利模式特点是什么?
9. 怎样利用心理细分和行为细分变量确定目标市场?
10. 如何利用促销策略提高马场效益?

第十一章
驴、骡生产

第一节 驴和骡的生物学特性

了解驴(骡)的生物学特性与驴(骡)的行为特点,对养驴(骡)生产实践具有重要的指导意义。驴(骡)与马为同属的动物,其生理机能和解剖构造及生物学特性等有其共同性,但由于在驯化过程中的生活条件不同,故也有其特点。

一、驴的一般属性

(一)驴的外貌特征

驴起源于非洲,从而具有热带或亚热带动物共有的特征和特性。在同一地区的生态条件下,家驴的体格较马小,外形单薄,体幅狭窄,耳长而大,额宽突出,鼻、嘴比马尖而细。颈细而薄,前额无门鬃,颈脊上的鬣毛稀疏而短,不如马的发达,鬐甲处无长毛,尾细、毛少而短,四肢距毛极少或无。被毛细、短,毛色比马单纯,且多为灰、黑两色。浅色驴多有背线、鹰膀等特征。这些都和马有明显区别。驴的肩部短斜,故显背长腰短。腰椎比马少1节,横突又短而厚,故腰短而强固,利于驮运。胸浅而长,腹小而充实。四肢细长,蹄小而高,蹄腿利落,行动灵活,既能爬山越岭,又善走对侧步,骑乘平稳舒适。驴的体质非常干燥结实,素有"铁驴"之称。

(二)驴的性情特征

驴的性情较温驯,妇女、儿童也可骑乘驾驭。性较聪敏、善记忆,经调教好后,短途驮水,无人带领,常可自行多次往返于水源和农家之间。但是驴胆小而执拗,俗称"犟驴",一般缺乏悍威和自卫能力。驴喜干燥温暖,耐热、耐渴性强,不轻易出汗,但有惧水性,不善涉水,故有"泥泞的骡子,雪里马,土路上的大叫驴"的农谚。驴的耐寒性不如马,华北驴初到黑龙江寒冷地区,常有冻伤,但经风土驯化后,已能适应−28℃左右的严寒气候。

(三)驴的繁殖性能

驴早熟,利用年限长,能吃苦耐劳,一般农区的驴,1 岁左右即达到性成熟。生后一年发育很快,2 岁左右即开始使役、配种,可役用 16～20 年,终生产驹 7～10 头,个别 16 岁的驴仍能产驹。雁北的广灵、冀西北的阳原等各县,是我国驴、骡的重点产区,一般驴一生产骡 5～8 头,有的驴终生产驹,体高 1 m 左右的母驴产骡者乃是常事,故驴的繁殖利用价值很高。驴适宜农村各种活动,小驴步幅虽小,但频率高,常日行 40～50 km,驴的驮力常达其体重的 1/2～2/3 以上。

(四)驴的其他习性

驴的体温平均为 37.4℃,比马的低,因此维持能量消耗比马少。驴的抗病能力较强,发病率仅占驴群的 10%左右。驴对传染性贫血不易感染,它感染鼻疽病,但对鼻疽诊断液点眼无反应。

驴肉质细味美,含脂肪少,脂肪中不饱和脂肪酸含量较高,故营养价值很高。《本草钢目》载"驴肉甘凉补血益气,治远年劳损,煮汁空心饮之疗痔引虫"。肥育后,驴的屠宰率可达 50%,净肉率 35%左右。驴皮为治疗滋补药阿胶的主要原料。以上说明驴有多方面的利用价值和优良特性。

二、驴、骡对饲料的消化和利用

在饲养方面,驴和骡的采食量较马小,驴较马少 30%～40%,骡较马约少 20%。驴和骡的神经活动较均衡稳定,采食慢,能沉着地嚼细,不贪食。驴不仅采食量小,且能耐饥耐渴,有的驴数日不食,也可耐过。驴的饮水量也小,抗脱水能力很强,冬季耗水量约占体重的 2.5%;夏季耗水量约占体重的 5%。当失水量达体重的 20%时,仅表现食欲略有下降;当脱水量达体重的 25%～30%时,无显著不良表现;通常情况下一次饮水常可补足所失去的水分,最多饮水量为体重的 30%～33%。

驴的消化能力强,对饲料消化比较充分。据研究,驴和骡对粗纤维的消化能力均比马高,其中驴比马约高 30%,骡比马约高 10%,故驴较马更耐粗饲且粪球小而光滑。当饲料充足、营养水平较高时,身体局部如颈脊、前胸、背部、腹部等处有贮存脂肪的能力,所以掉膘也慢。

三、骡的特征

骡或驮騠(即驴骡)系种间杂交产物,富有种间杂交优势,表现生长发育快,体格高大,生命力强,体质非常结实,不易得病,生命和利用年限均较长。成年骡的体格一般大于双亲;驴骡大于母驴,而接近公马,也有大于公马和马骡的。俗话说:"骡大于驴而健于马,其力在腰"。骡子开始使役时间也早于马,生命和利用年限长,一般可活到 35～40 岁,使役年限可达 20 岁以上,在良好的饲养条件下,有达 40 岁以上者。民谚有"一辈子,一头骡"的说法,骡兼有马和驴的某些优良特性,耐寒性虽不如马,但耐热、抗病能力都强于马,普通病极少。骡子性虽不如马伶俐,但好奇、胆大,性情温驯,加之步伐稳健,富有耐力,故西南山区马帮,多用骡子带头,部队驮运，也多使用骡。骡的瞬间最大挽力虽不如马，但正常挽力可达其体重的18%～20%，大大超过马和驴。骡子血液氧化能力强，故富有持久力，能适应海拔较高的地区。

马骡和驴骡在外形结构方面，兼具马和驴的某些特征，如表现耳中等长，鬃、鬣毛较驴长，但较马短而稀疏。其他各部位多居于马、驴之间。二者在外形上很相似，无经验者，不易分别。通常情况下，驴骡较多像驴，马骡较多像马(表11-1)。

表11-1 马骡和驴骡外貌上的区别

类别	体格	头形	耳	眼眶	上下切齿咬合情况	鬐甲毛	尾盖毛	四肢	禀性
马骡	较大而重	似马，平直，较长	较小	中等宽	多正常，间有鹰嘴(天包地)	有少量	较多而蓬松	距毛较长，蹄肿较宽	较机警
驴骡	较小而轻	似驴，多呈菱形，较短	较大	较宽	多撅嘴(地包天)	很少或无	少而平顺	距毛稀短，蹄肿较窄而高	较执拗

公、母骡因系种间杂种，故生殖系统发育不全，虽有性欲表现，却无生育能力。公骡因不能产生成熟精子，虽能顺利交配，却从未有过后代。个别母骡偶有与公驴交配妊娠，并产驹成活，培育成骡，但为数很少，全国近几十年来，不过几例。

第二节 驴和骡的外貌鉴定

我国劳动人民在长期的生产实践中，对驴的选择有着丰富的经验。“驴以鸣数多者强，耳似翦(剪)，蹄似钟，尾似刷，一连三滚者有力也”。《三农记》中相驴法：“宜面纯耳劲，目大鼻空，颈厚胸宽，胁密肷狭，足紧蹄圆。轻走轻快，臀满尾重者可致远；声大而长，连鸣九声者善走。不合其相者，非良物也”。同书相骡法：“骡性顽劣，取纯者良。头须乘而配身，面须善而有肉，目须大而和缓，耳须大而无黑稍。四肢欲端，四蹄欲圆，鬃尾欲重，皮毛欲润，行走欲轻，动止欲稳者良。最忌者，面无肉而耳软，目陷闷而偷视。”可见古人对驴与骡的鉴定，不仅重视外貌各部位的结构形态，而且注意了它的体重和气质。这些都可以作为我们今后选择种驴的借鉴。

驴的外形、年龄、毛色和驴的使役及经济价值有着密切的关系。从外形可了解到其健康状况、结构、用途和生产能力；年龄关系着利用价值，而毛色既属品种特征，又与人民的爱好息息相关。

依据用途，采取正确的选驴方法，可以对其量材而用。役用(肉用)驴可以充分发挥其役用(产肉)能力，而种用驴则能充分发挥其繁殖改良作用。

一、驴的外形部位名称及其骨骼基础

从总体看，驴体可分为头颈、躯干和四肢三大部分，每个部分又可分为若干小的部位。驴体靠骨骼支撑，各部位也是以骨骼为基础。驴的骨骼如图11-1所示。

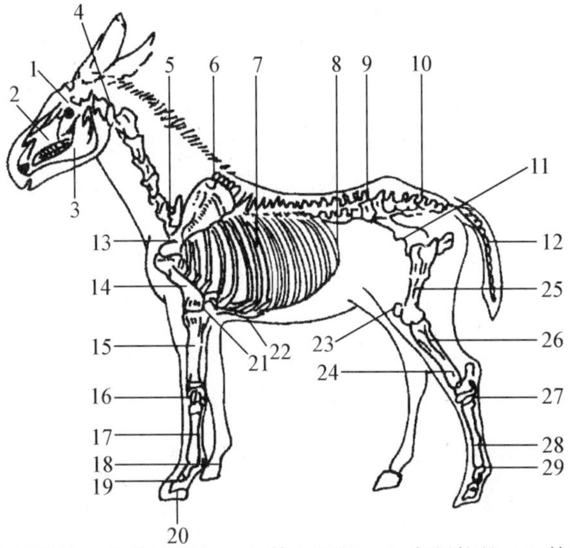

1.额骨　2.上颌骨　3.下颌骨　4.第1颈椎　5.第7颈椎　6.肩胛软骨　7.第8肋骨　8.第18肋骨　9.第6腰椎　10.第5荐椎　11.髋骨　12.尾椎　13.肩胛骨　14.肱骨(臂骨)　15.桡骨　16.腕骨　17.管骨　18.系骨　19.冠骨　20.蹄骨　21.尺骨　22.胸骨　23.膝盖骨　24.胫骨　25.股骨　26.腓骨　27.跗骨　28.跖骨　29.籽骨

图11-1　驴的骨骼

(一)头颈部

头部以头骨为基础,头骨由额骨、上颌骨和下颌骨组成。大脑、耳、鼻、眼、口等重要器官均位于头部。颈部以7块颈椎为基础。头骨的枕骨嵴和第1颈椎以关节相连接,该连接耳后称项部,侧面称头础。

(二)躯干部

除头颈、四肢及尾部外,都属于躯干部,包括以下各部位。

(1)鬐甲　位于颈后背前的突起处,以第2节到第10节或第12节胸椎的棘状突起为基础,其两侧为肩胛软骨、肌肉和韧带所包围。由于驴的第3～5节胸椎棘突的高度不够突出,故外观上不如马的鬐甲明显。

(2)背部　其骨骼基础为第10节或第12节胸椎至第18胸椎(最后肋骨处),外观范围为鬐甲后至腰部前。

(3)腰部　腰部的骨骼以第5和第6节腰椎为基础,外观部位为最后肋骨至髋骨外角之间。

(4)尻部　尻部以髋骨、耻骨、坐骨、荐椎以及第1～2节尾椎为基础,即两腰角和两臀端的四点间上部。

(5)尾部　尾部以第16～18节尾椎为基础。

(6)胸廓　胸廓即胸腔。构成胸腔的上壁是胸椎,侧面为肋骨,下面为胸骨及剑状软骨,胸腔的后壁为横膈膜,心、肺都在其中。

(7)腹部　腹部位于胸廓后缘到骨盆腔的前缘,上部为腰椎,前面以横膈膜为界与胸腔分开,下壁与侧壁由腹肌、腱层及肌膜构成腹壁所包围。胃、肠及生殖器官都在腹腔之内。

(三)四肢部

驴的前肢部位及其相应的骨骼组成如下:肩部(肩胛骨)、上膊部(肱骨)、前膊部(桡骨和尺骨)(尺骨上端突起部称肘突,外貌名称叫肘端)。前膝(腕骨)、管部(掌骨)、系部(系骨)、蹄冠部(冠骨),在掌骨下端附有籽骨、上籽骨 2 枚,构成驴的球节。蹄骨外两侧有蹄软骨,外边形成帽状蹄匣。

后肢部位及其相应的骨骼组成如下:股部(股骨)、胫部(胫骨和腓骨)、后膝(膝盖骨)、飞节(跗骨)、后管部(蹠骨)。其以下部位同前肢。

驴的外貌部位(图 11-2)都和骨骼结构有关。“相马先相骨”,这是我国古人的经验之谈,相驴当然也如此,这就说明骨骼在驴体外貌鉴定上的重要作用。

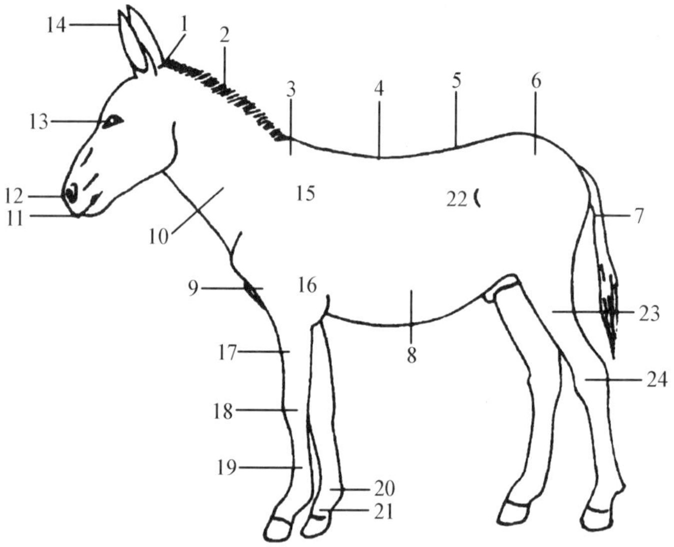

1.颈部 2.鬣毛 3.鬐甲 4.背部 5.腰部 6.尻部 7.尾 8.腹部 9.肩端 10.颈部 11.口 12.鼻 13.眼 14.耳 15.肩部 16.上膊 17.前膊 18.前膝 19.管部 20.球节 21.系部 22.膁部 23.后膝 24.飞节

图 11-2 驴的外形部位

二、驴(骡)的外貌结构特点及鉴定技术

(一)驴体质外貌的基本要求

(1)一般要求 驴的全身结构要求紧凑匀称,各部位互相结合良好,体躯宽深,体质干燥结实,肌肉、筋腱、关节轮廓明显,骨质致密,皮肤有弹性。行走轻快确实。公驴鸣声大而长。

(2)头颈部 头形方正,大小适中,干燥。额宽,眼大有神,耳竖立,鼻孔大,口方,齿齐,腭凹宽净。颈长而宽厚,韧带坚实有力,方向适当高举,与头、肩结合良好。

(3)躯干部 前胸宽,胸廓深广。鬐甲宽厚,肩长而斜。背腰宽直,肋骨圆拱,腹部充实,尻部长宽而平,肌肉丰满,不过斜。

(4)四肢部 四肢端正,肢势正确,不要靠膝(“X”形)或交突。筋腱粗而明显,关节大而干燥。飞节角度适中，140°～145°。系部长短及斜度合适。蹄圆大，端正，角质坚实。

(5)生殖器官　公驴阴囊毛细皮薄，两睾丸发育良好，附睾明显；阴茎勃起有力，龟头膨大，性欲旺盛。母驴乳房发育良好，皮薄毛细，富有弹性，乳头及阴门正常。

(二)骡的体质外貌基本要求

在选择骡子时，要求骡体质结实，体躯粗壮，各部位结合良好，结构匀称。骨质坚实，肌肉良好。对各部位的要求：头形方正，大小适中或稍大，干燥。口方，牙齐，鼻孔大，眼大、明亮有神，腭凹宽广，两耳直立。颈长直，广厚，头颈高举，颈肩结合好，韧带坚强有力。背腰平直，四肢端正，关节强大干燥，蹄大质坚。皮肤紧密有弹性，被毛致密、光润。神经均衡稳定。呼吸及消化系统发育良好。

(三)驴的外貌鉴定技术

1.头颈部

头是驴体的重要部位，眼、耳、鼻、口和大脑中枢神经，均集中在头部，它是调节机体的中心。头在驴的运动中可比做杠杆上的重点，可调整重点和支点的关系，保持力量平衡，以便充分发挥使役能力。另外，头的结构与驴的气质也密切相关，它直接关系着驴的种用价值。

(1)头　驴的头形一般都为直头，凹头及凸头均较少见，以直头为好。驴、骡头均比马稍长。中型和小型驴的头长一般为体高的42%左右，而大型驴一般为40%左右。驴头一般都较重，且往往不太灵活，这对役用驴尚可，但对大、中型种公驴来说，则要求头短而清秀，皮薄毛细，皮下血管和头骨棱角要明显。头向应与地面呈45°角，头与颈呈90°角。对种公驴更应严格选择(图11-3)。

图11-3　驴的头形

(2)眼　驴的眼要求大而明亮，富有光彩。但驴的眼比马的小，瞎眼极少，驴骡眼瞎后表现为眼珠浑浊，且不经常闭眼，运步时高举前肢，并经常转动两耳，也就是人们常说的“瞎眼耳动”、“聋驴耳静”。耳长而灵活，耳壳薄，皮下血管明显。耳距要短，耳根硬而有力。垂耳，耳根松弛，厚长而被毛浓密都属于不良，不宜作种用。

(3)鼻　鼻孔是呼吸道的门户，应大而通畅，鼻大则肺活量大，代谢旺盛。驴的鼻孔一般较小，但鼻翼灵活。鼻孔内黏膜应呈粉红色，如有充血、溃烂、脓性鼻漏和呼吸有恶臭者，均为不健康的表现。

(4)口裂　驴的口裂较小。对种公驴要求口裂大些。口大则叫声长，为优良种驴的特征。口大利于采食。

(5)颌凹　颌凹俗称槽口，要宽而凹，表示口腔大，采食好。下颌所附嚼肌发达。表示咀嚼和消化力强。大型驴颌凹宽度为 6～8 cm，小型驴为 4～6 cm。颌凹过窄者，外头形不佳，采食、消化能力差。

(6)颈　颈连接头与躯干，起传递力量、平衡驴体重心的作用。颈部是驴发育较差的部位，同马比较，短而薄，多为水平颈。颈长与头长基本相等。为体高的 40%～42%。由于颈部肌肉发育不够丰满，因而与躯干的连接多呈楔状，颈肩结合往往不良。颈与躯干连接的地方称颈础。驴多呈水平颈，故颈础都较低。颈形多为直颈，颈脊上的鬣毛稀疏而短。选择、鉴定时，应特别选留那些颈部肌肉丰满及头颈高昂(正颈)的个体。

正颈　　　　水平颈

图 11-4　驴的正颈和水平颈

2.躯干部

驴的躯干部包括鬐甲、背、腰、尻、胸廓、腹等部位。其内部器官虽然不能看到，但从外面观察，可以推断其发育情况。鉴定中通常将驴体躯干分为 3 段：肩端至肩胛后缘切线称前躯，肩胛后缘至髋结节段为中躯，髋结节至臀端为后躯。马匹的前、中、后三躯比例基本上各占 1/3，重型马中躯稍长，一般也只占体长的 35%～40%，而驴的前、中、后三躯之比为(20～25)∶(45～50)∶30。中躯长是驴躯干部位的重要特点。

(1)鬐甲　驴的鬐甲因第 3～5 胸椎棘突较短，加之颈肩部肌肉和韧带发育不丰满，所以外形上不如马的明显(马的鬐甲率一般为 3%～5%，而驴的仅为 1%～2%)。鬐甲是躯体头颈、四肢及背腰肌肉、韧带的支点，它的优劣和生产性能关系极为密切。由于驴的鬐甲发育不佳，其头部的灵活程度、前肢的运动速率及背腰力的传递，也明显低于马。在外形鉴定中应重视鬐甲发育的情况，要特别注意选择鬐甲明显的个体。对种公驴的鬐甲部尤应慎重选择，鬐甲低弱者，应予以淘汰，不可姑息。

(2)背部　背腰窄而长是驴的重要特征，这种外观上的直觉，并非由于驴的胸椎和腰椎发育过长，而是由于驴的肩胛短立和尻部过斜，肋平欠拱所致。从类型上看，小型驴的背腰较长，其体长率为 103%左右，中型驴为 101%，而大型驴为 98%～100%，鉴定时要特别注意其背腰发育状况，凹背、软背、长腰的个体驴，应弃之不选。

(3)尻部　驴的盆腔窄小，而荐骨高长，位置靠上，故驴尻部尖、斜而窄。加之臀部肌肉发育欠佳，尻形多为尖尻，尻向(髋结节至臀端连线与水平线的夹角)一般在 30°角以上为斜尻或垂尻。驴尻部较短，只占体长的 30%。因此，鉴定中对于尻部肌肉发育丰满、尻宽而大、尻向趋于正尻者，都属美格，应注意选留（图 11-5）。

图 11-5 驴的背腰及尻部

（4）胸廓 驴肋骨短细而呈平肋，胸浅而窄，故驴的胸廓发育远不如马。马的胸深率一般为 50%左右，胸宽率为 25%～27%，而驴的胸深率为 41%～45%，胸宽率仅为 22%～23%。从类型上看，小型驴的胸深率多为 45%左右，大型驴则为 40%左右。各类型驴在胸宽率方面则无明显差别。

（5）腹部 驴的腹部一般发育良好，表现充实而不下垂，草腹者较少见。肷部（即腰部两侧下方凹陷处）极明显，这是因腰椎较长之故，大型驴（特别是种公驴）的肷部要短而平。

（6）生殖器官 对于种公驴要特别注意睾丸的发育。睾丸要大而匀称，有弹性，滑动于阴囊内而无痛感。隐睾、单睾者不能作种用。阴茎要细长而直。母驴乳房应发达，乳头要大，并略向外开张。

3. 四肢

四肢的作用是支持躯体和运动。前肢负重，又是运动的前导，后肢司推进，相当于躯体的发动机。因此要求四肢发育结实，关节干燥，肌腱发达，肢势正确。

（1）肩部 由于驴的肩胛骨短而立，肌肉发育浅薄，故多呈立肩。肩胛中线与地面夹角约为 70°角左右（马为 55°～60°）。马的肩长而斜，故胸部较深，驴肩胛短而立，则胸也浅，由于肩短而肌肉发育也差，故驴的前肢运步步幅小，弹性较差。

（2）前肢 驴前肢的上膊、肘、前膊、前膝、管部、球节、系及蹄等部位，一般发育正常。弯膝、凹膝、内弧、外弧等失格均少见。驴蹄质坚实，多为高蹄，裂蹄、广蹄甚少，鉴定时应特别注意检查有无管骨瘤。

判断前肢正肢势标准是：前望——从肩端中点作垂线，应能平分前膊、膝、管及球节、系及蹄。侧望——从肩胛骨上 1/3 处的下端作垂线，通过前膊、腕、管、球节而落在蹄的稍后方。

由于驴的前躯发育较差，不少个体前肢都伴有轻微的狭踏、"X"形（外弧）、外向及后踏等不正肢势，在小型驴中更为明显（图 11-6）。

（3）后肢 驴后肢各部一般发育较好。鉴定时应着重检查有无常见的飞节损征，如飞节软肿、内肿、外肿。驴的盆腔发育狭窄，特别是耻骨狭窄，驴的后肢几乎全部伴有不正肢势（图 11-7）。

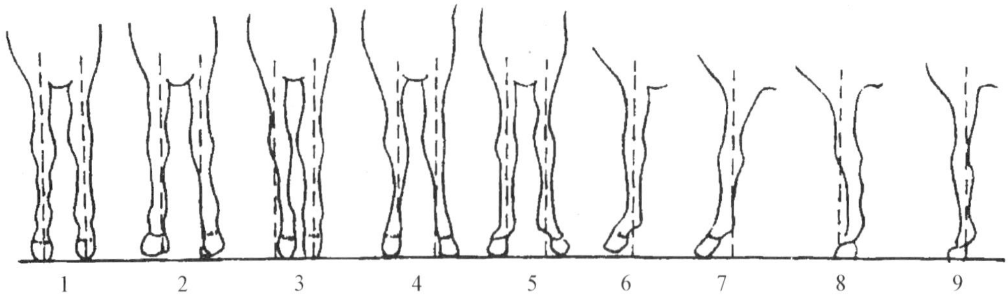

1.前望正肢势 2.广踏 3.狭踏 4."X"形 5.外向 6.侧望正肢势 7.前踏 8.后踏 9.弯膝

图 11-6 前肢的正肢势和不正肢势

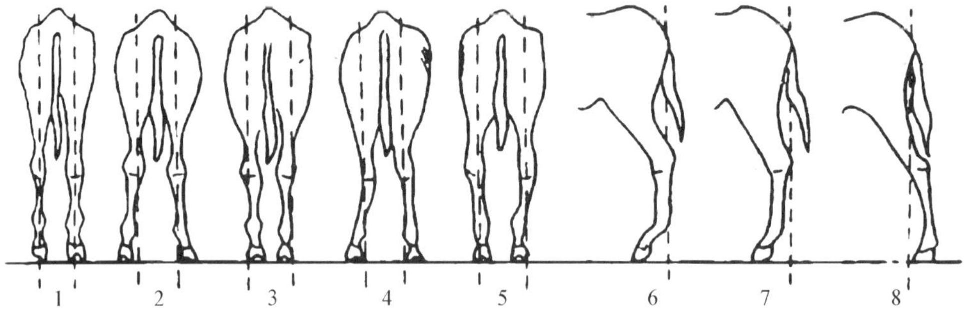

1.后望正肢势 2.广踏 3.狭踏 4."X"形 5."O"形 6.侧望正肢势 7.前踏 8.后踏

图 11-7 后肢正肢势和不正肢势

判别后肢正肢势的标准是:侧望——由臀端引一垂线,能及飞端,沿后管缘而落在蹄的后面。后望——从臀端引一垂线,通过胫而平分飞端、后管、球节、系及蹄。

驴后肢不正肢势主要为外向或内弧,并伴有前踏、后踏等肢势。对飞节、肘部有软肿,管骨有骨瘤者,不应选留作种用。

鉴定中对于驴后肢不正确势,不应过分苛求,因为不正肢势的形成,多由于结构所致,一般不是因利用和发育不良所引起,故应特别注意选留后肢结构良好、表现正肢势的优秀个体作种用。对于驴的四肢损征(图 11-8)应准确掌握。

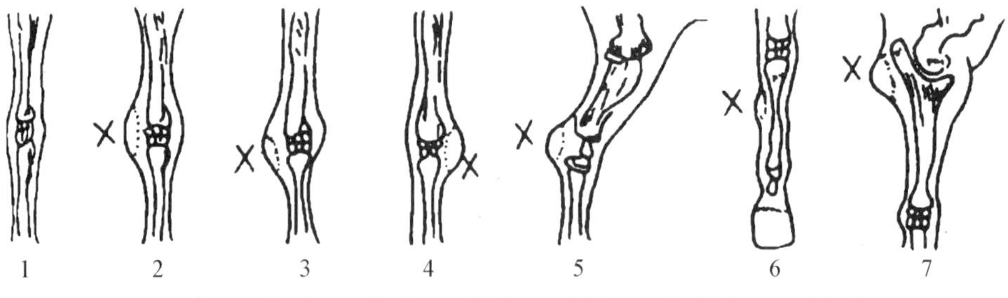

1.正常 2.软肿 3.外肿 4.内肿 5.侧视 6.管骨瘤 7.肘部囊

图 11-8 四肢的损征

三、驴的毛色与别征

识别驴的重要依据之一是毛色与别征。毛色与别征也是品种的特征之一。

驴的体毛分被毛和保护毛两种。被毛是覆盖全身的短毛，每年春末开始更换一次。保护毛是指那些长而粗的毛，主要是鬣毛（颈上沿）、尾毛、距毛及触毛等。驴的保护毛同马相比，显得稀疏而短。

（一）驴的毛色分类

1. 黑色

全身被毛和长毛基本为黑色，但依其特点又分为下列几种：

①粉黑：亦称三粉色或黑燕皮。全身被毛和长毛为黑色，且富有光泽。唯口、眼周围及腹下是粉白色，黑、白之间界限分明，简称“粉鼻、亮眼、白肚皮”。这种毛色为大、中型驴的主要毛色。粉白色的程度往往是不同的。一般在幼龄时多呈灰白色，到成年时，逐渐显黑。有的驴腹下粉白色面积较大，甚至扩延到四肢内侧、胸前、腭凹及耳根处，在陕西北部一带，也叫做“四眉驴”。

②乌头黑：全身被毛和长毛均呈黑色，亦富有光泽，但不是粉鼻、亮眼、白肚皮，这叫“乌头黑”，或叫“一锭黑”。山东德州大驴多此毛色。关中驴偶尔亦有此色。

③皂角黑：其毛色基本与粉黑相同，唯毛尖略带褐色，如同皂角之色，故叫“皂角黑”。

2. 灰色

被毛为鼠灰色，长毛为黑色或接近黑色。眼圈、鼻端、腹下及四肢内侧色泽较淡，多具有背线、鹰膀和虎斑等特点。一般小型驴多此毛色。

3. 青色

全身被毛是黑白色毛相混杂，腹下和两胁间有时是白色，但界限不明显。往往随年龄的增长而白毛增多，老龄时几乎全成白色，叫白青毛。还有的基本毛色为青色，而毛尖略带红色，叫红青毛。

4. 栗色

全身被毛基本为红色，口、眼周围，腹下及四肢内侧色较淡，或近粉白色，或接近白色。在关中驴和泌阳驴中有此色，唯数量极少。偶尔还有被毛为红色或栗色，但长毛接近黑色或灰黑色者。由于被毛色泽的浓淡程度不同，可分别称为红色、铜色或驼色。

骡的毛色较简单，通常按马的毛色标准来命名。

（二）驴的别征

驴的别征主要指暗章，白章绝少。

（1）白章　分布于头部及四肢下端的白斑，称为白章，驴的白章极少，不如马那样普遍。在小型驴中偶见额部有小星，四肢有白章者很少。

（2）暗章　驴的背上、肩部和四肢常见的暗色条纹，统称为暗章，又分别称为背线、鹰膀和虎斑。此外，中小型灰驴耳朵周缘，常有一黑色耳轮，耳根基部有黑斑分布，称为“耳斑”。这些都是小型驴的重要特征之一。驴的各种暗章并非同时出现于同一驴体。一般驴的背线及鹰膀明显，而虎斑则色淡或隐没不见。

（3）苍头　在驴的额部，白毛与有色毛均匀混生，呈霜样，称为苍头。多见于苍色及青色驴。

（4）火烧脸　此系粉色驴常见的别征之一，即表现为粉色驴头部被毛毛梢呈棕红色，在眼圈及嘴头处尤为明显，称火烧脸，此别征多见于关中驴及其他大型驴。

四、驴的年龄鉴定

选购驴或进行良种登记时，首先要鉴定其年龄，因为驴的生产性能和种用价值与年龄密切相关。使役、饲养、治疗时，更应视年龄不同而区别对待。所以必须掌握年龄的鉴定技术。

鉴定驴的年龄有两种方法：一是依据外貌，二是依据牙齿。前者只能区别年龄相差较大的个体，而不能区分年龄接近的个体。后者鉴定年龄较为准确，但鉴定者要有一定的实践经验。

（一）依据外貌鉴定年龄

（1）幼龄驴　皮肤紧而有弹性，被毛光泽明亮，肌肉丰满，四肢长，体短，胸浅。在 1 岁以内，额部、背部、尻部往往生有长毛，毛长可达 5～8 cm，蹄匣上宽下窄，且直立。

（2）老龄驴　皮肤少弹性，由于皮下脂肪少，故显松弛，额及颜面部有散生白毛，眼盂凹陷，眼角出现皱纹，眼皮松弛下垂，精神沉郁，对外界刺激反应迟钝。背部明显下凹或弓起。因老龄齿根变浅，显得下颌变薄。四肢的腕关节、跗关节角度变小，多呈弯膝。老龄使役驴则更明显。

根据以上外形特点，老龄驴及幼龄驴易于区分。特别是 2 岁以内的幼驹，体形呈明显幼稚型——肢长而体躯短。

（二）依据牙齿鉴别年龄

依据牙齿鉴别驴的年龄，基本按照马年龄鉴别的方法进行，主要是依据驴切齿的发生、脱换及磨灭的规律进行鉴定，此法对于 10 岁以内的驴有较高的准确性。

1. 驴切齿数及名称　驴的切齿共 12 枚，上、下各 6 枚，按其排列分门齿、中齿和隅齿（图 11-9）。臼齿上、下腭每侧各 12 枚，又分为前臼齿和后臼齿。切齿和前臼齿初生时为乳齿，以后脱换为永久齿。驴切齿数及名称通常以“齿式”表示如下：

驴的齿式

上颌	左后臼齿	前臼齿	犬齿	切齿	犬齿	前臼齿	右后臼齿	
下颌	左后臼齿	前臼齿	犬齿	切齿	犬齿	前臼齿	右后臼齿	
公驴	3	3	1	6	1	3	3	=40
	3	3	1	6	1	3	3	
母驴	3	3	0	6	0	3	3	=36
	3	3	0	6	0	3	3	

（2）乳切齿与永久切齿的区别　见表 11-2。

表 11-2　乳切齿与永久齿的区别

项目	乳 切 齿	永 久 切 齿
区别	①齿小而白	①齿大呈乳黄色
	②齿冠短，呈方形或三角形，齿颈细，齿冠与齿颈界线明显	②齿冠长，齿冠与齿颈界线不明显
	③牙齿表面光滑，唇面无纵沟	③唇面有 1～2 条纵沟
	④牙齿磨面多呈椭圆形	④磨面随年龄由椭圆齿到圆形齿到三角形齿变化

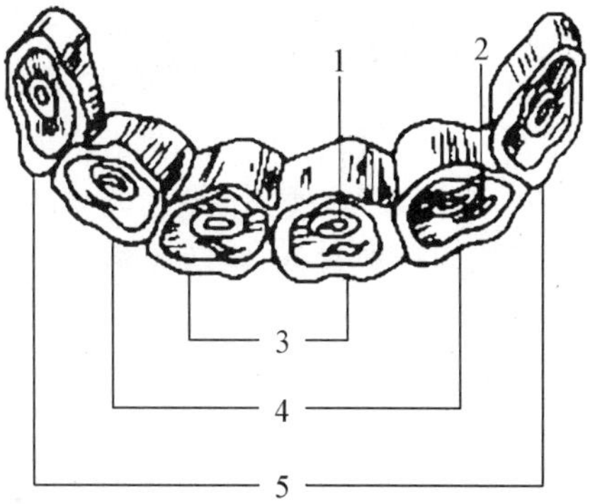

1.齿坎痕　2.齿星　3.门齿　4.中间齿　5.隅齿

图 11-9　驴的切齿排列及名称

（3）驴牙的构造　驴牙的解剖结构基本和马相同。驴牙也由垩质、釉质、齿质 3 种物质构成（图 11-10），包被在最外面的是垩质，用以填覆釉质的不平处和齿坎的凹处以及固定齿根，为齿槽骨膜形成的骨样物，含 65%无机盐，多呈污黄色。其内侧是洁白质硬的釉质，含 96%无机盐，最为坚硬耐磨，是牙齿的保护层，可防止酸碱对齿质的腐蚀，是牙齿造型的基础。再向内侧是牙齿的主质部分——齿质，含 72%无机盐，呈浅黄色，是牙齿的基础。齿中心部有齿腔，腔内含富有血管神经的齿髓，齿髓能制造齿质。随年龄的增加，齿髓先端被新生的齿质填充（在磨损面上呈黄褐色，称齿星），齿腔也随之缩小。驴的切齿质地细腻坚硬，加之采食量少，故比马磨损慢。

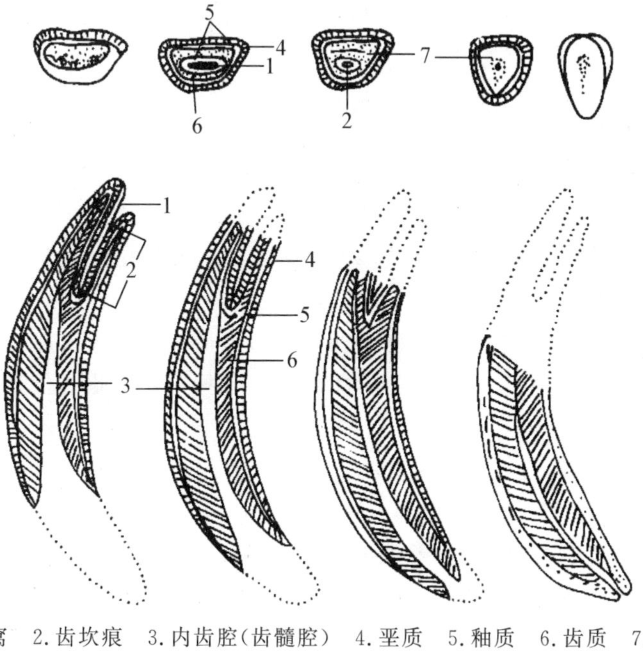

1.黑窝　2.齿坎痕　3.内齿腔（齿髓腔）　4.垩质　5.釉质　6.齿质　7.齿星

图 11-10　驴的牙齿结构

牙齿露出齿龈表面的部分称齿冠，埋在齿槽的部分为齿根，二者之间称齿颈。齿冠顶端由釉质形成的一个漏斗状凹陷，叫齿坎。齿坎空腔中的垩质，因食物残渣酸败腐蚀而发黑，叫黑窝。黑窝被磨失后，磨损面上所见釉质轮叫齿坎痕。

驴的牙齿构造与马基本相同，所不同的是驴的牙齿小，永久齿生长较马的稍慢，齿坎窝(黑窝)深。驴下切齿齿坎窝深约 13 mm(马约 6 mm)；上切齿齿坎窝深约 22 mm(马约为 12 mm)；而齿坎的全部深度(即齿坎窝加齿坎痕深)则与马相同，即下切齿齿坎全部深度约 20 mm，上切齿齿坎全部深度约 30 mm。故驴牙齿的发生、脱换及黑窝磨灭消失时间与马稍有差异。

大多数驴的隅齿前缘宽厚，后缘因倾斜过低，咀嚼面是新月形或贝壳形，所以多不见黑窝。驴的上切齿齿坎窝较深。黑窝不易消失，不到 20 岁的驴，上切齿都有黑窝，消失者极少。

(4)切齿变化与年龄的关系　驴切齿的发生、脱换及齿面磨灭等，一般不像马那样有规律，个体间的差异大。切齿齿窝比马约深 1 倍。每年约磨灭 2 mm。下切齿黑窝磨平约需 6.5 年，上切齿黑窝磨平约需 10 年或超过 10 年。驴由 2.5 岁换牙，3～3.5 岁磨起。故下门齿黑窝消失为 9～10 岁，下中间齿黑窝消失为 11～12 岁；下门齿齿坎痕消失为 13～14 岁，下中间齿齿坎痕消失为 15～16 岁。因为大多数驴下隅齿多看不到黑窝，上齿黑窝较深，不易消失，故在鉴别年龄时，一般不把下隅齿及上切齿黑窝作为判别年龄的依据，或仅作参考。

驴的下门齿咀嚼面，一般在 10～11 岁前多呈横椭圆形；12～13 岁向三角形变化；13～15 岁多呈三角形；15～16 岁由三角形向纵二等边三角形变化；16～17 岁以后，逐渐过渡成纵椭圆形。公驴 4.5 岁时出犬齿。在生产实践中，对老龄驴的年龄鉴定，并不要求十分精确，牙齿的磨灭受若干因素的影响。即使年龄相同的老驴，其牙齿的变化往往也相差很大。要做到鉴定十分准确，确有困难，而老龄驴由于生产及育种价值的下降，要求鉴定基本正确即可。为了便于记忆，我们将驴齿的综合鉴定标准分述如下。

初生：初生驹无乳齿。乳门齿的发生在出生后 1～7 d；乳中间齿的发生在出生后 14～43 d；乳隅齿的发生在出生后 8～11 个月。

6.5 月龄：乳中间齿后缘开始磨损，乳隅齿还未长出。

1 岁：乳隅齿前缘开始磨损，第 4 臼齿出现。

1.5 岁：下乳门齿黑窝消失。

2 岁：下乳中间齿黑窝消失。

2.5 岁：下乳隅齿黑窝消失。

3 岁：恒齿下门齿出现。老乡称为“三岁一对牙”、“一千天扎牙”。恒齿第 1 臼齿和第 2 臼齿出现。

4 岁：恒齿中间齿出现。老乡称为“四岁四个牙”，恒齿第 3 臼齿出现。

5 岁：恒齿隅齿出现(但前缘很薄)。老乡称为“五岁扎边牙”，此时公驴开始出现犬齿；第 6 臼齿也在此时出现。

6 岁：隅齿上下已长齐，老乡称为“六岁齐口”，但隅齿仅呈新月形；下门齿开始出现细丝状齿星。

7 岁：中间齿出现丝状齿星；下门齿黑窝呈扁圆形，棱角明显，老乡称为“七方八圆”，意即黑窝在 7 岁时为方形，8 岁时为圆形。

9 岁：下门齿黑窝变小如绿豆，齿星呈长距形；中间齿齿星为马蹄形；隅齿后缘开始形成。

10～11 岁：下门齿黑窝更小，门齿齿星变为距形。

12～13 岁：下门齿黑窝深度更浅，只余 1 mm，老乡有“咬倒中渠十二三岁”的说法。此时上门齿出现 1 对根花(即齿根外露部分，黄色石灰质增多，称“一根黄”)。

14～15 岁：门齿，中间齿黑窝消失，隅齿已长圆。老乡称“边牙圆十五年”，颇为准确。

16 岁：齿星与下门齿咀嚼面均变为圆形。

17～19 岁：咀嚼面向纵椭圆形发展，齿星为正圆形。

20～22 岁：齿星位于中央如栗粒状；咀嚼面为纵椭圆形；齿色黄，齿龈苍白。

鉴定驴的年龄还有些辅助方法，如参考齿面的形状和上下颌齿弓的咬合角度。8 岁前切齿咀嚼面呈横椭圆形，以后逐渐呈梯形到圆形。民谚称“边牙圆十五年”，到 16 岁各门齿齿面均呈圆形。17～18 岁，从圆形向纵椭圆形发展。壮龄驴上下切齿咬口角度大，越老则角度越小。十驴九个“天包地”，也有少数“地包天”，表现上下颌切齿咬合不正，还有齿数异常等个体，其切齿磨灭不规律。因此，对那些切齿咬合不齐或齿数异常的个体，应参考其外形等方面慎重评定。

骡齿的齿质坚硬，磨灭慢，6 岁以后牙齿变化情况往往介于马、驴之间。故在鉴定 6 岁以后的骡时，可先按鉴别马年龄的方法得出一定的年龄后，再按下列标准加岁：6～7 岁者加 1 岁，8～10 岁者加 2 岁，11 岁以后加 3～4 岁，即为骡的实际年龄。

第三节　种驴的综合鉴定

一、综合鉴定的主要内容

所谓种驴的综合鉴定，就是按照综合鉴定的原则，对合乎种驴要求的个体，按血统来源、体质外貌、体尺结构、生产性能和后裔品质等五项内容，进行综合评定，目的在于对某头驴进行全面的评价，或者是期望通过育种工作，迅速提高驴群或品种的质量。

根据综合评定结果，划定个体的鉴定等级。鉴定等级分特级、一级、二级、三级、四级等。因此，鉴定等级能全面准确地反映个体的质量，按等级选优去劣和进行选种选配，可加速驴的育种进程。虽然我国几个主要驴种都拟定了自己的鉴定标准，但按照我国目前情况，只有种驴场和某些良种基地县，才有条件进行综合鉴定。

二、综合鉴定的实施

(一)鉴定的时间和项目

综合鉴定是在以上各单项鉴定的基础上，进行全面评定。驴的综合鉴定一生可进行 3 次，鉴定的时间和项目分别为。

1.5 岁：鉴定血统来源和品种特征、体质外貌和体尺结构。

3 岁：鉴定血统来源和品种特征、体质外貌、体尺结构和生产性能。

5 岁以上：除 3 岁时鉴定的 4 项外，加后裔测定，共 5 项。

(二)驴的血统来源和品种特征

对被鉴定的每一头驴，首先要看它是否具有本品种的特征，然后再看其血统来源。如关中驴要求体格高大，头颈高扬。体质结实干燥，结构匀称，体形略呈长方形。全身被毛短而细致，有光泽，以黑色为主兼有栗色。嘴头、眼圈、腹下应为白色。不符合品种特征者，不予鉴定。

血统鉴定又称系谱鉴定或祖先鉴定。根据遗传学原理，驴亲代的品质可以直接影响其后代，一般以父、母双亲的影响最大。按血统来源选种时，要选留在其祖先中优秀个体较多，其本身对亲代特点和品种类型表现较明显的个体。血统鉴定就是根据驴个体系谱记录，分析个体来源及其祖先的品质，从而判断其优劣。在查明其父母等级的情况下，一般按表11-3评定其血统等级。

表11-3 驴的血统等级评定

母代等级	父代等级			
	特级	一级	二级	三级
特级	特级	一级	一级	二级
一级	特级	一级	二级	二级
二级	一级	一级	二级	三级
三级	二级	二级	二级	三级
等外	三级	三级	等外	等外

(三)驴的外貌鉴定

即根据驴的体质外貌和结构来进行本身种用、役用或肉用价值鉴定。外貌鉴定除对整体结构、体质和品种特征进行鉴定外，还要对头颈、躯干和四肢等三大部分的每个部位进行鉴定。各部位的一般要求在本章第二节中已进行了表述。在实际工作中，对每一驴种都制定了评分标准。关中驴的体质外貌评分见表11-4。

表11-4 关中驴体质外貌评分

项目	满分标准	满分评分	
		公驴	母驴
头和颈	头大小适中，形好，公驴有雄性，母驴清秀，眼大明亮，鼻孔大，口方，齿齐，耳竖立，颌凹宽。颈较长而宽厚，颈肌、韧带发达。头颈高扬，颈肩结合良好	1.8	1.8
前躯	胸宽深，肩长斜，肌肉良好。鬐甲宽厚，长度适中	1.7	1.5
中躯	背腰长短适中，宽而平直，肌肉强大，结合良好。肋小，肋开张而圆。腹部公驴充实呈筒状，母驴大而不下垂	1.5	1.5
后躯	尻宽长，不过斜，肌肉发达。股臀肌肉丰满充实。公驴睾丸对称，发育良好，附睾明显，阴囊皮薄、毛细、有弹性。母驴乳房发育良好，乳头正常匀称	1.5	1.7
四肢及步样	四肢端正，肢势正确，肌键明显，关节强大。系长短、角度适中。蹄圆大，形正，质坚实。运步轻快，稳健有力	2.0	2.0
体质及整体结构	体质结实干燥，姿势优美，结构匀称、紧凑。肌肉发育良好，肌键、韧带强实。公驴有悍威，鸣声洪亮；母牛性温驯，母性好	1.5	1.5

关中驴为青毛、灰毛和乌头黑者不能作种用。如全身被毛粉黑，但颌凹处有白色毛显露，

腹部白毛外展，四肢上部外侧显白毛者，公驴不能评为特级，即 8 分或 8 分以上。

外貌上凡是具有严重狭胸、靠膝（X 形）、交突、跛行、凹背、凹腰、凸背、凸腰、卧系及切齿咬合不齐等缺点者，公驴只能评 7 分以下（不含 7 分）。关中驴的体质外貌定级见表 11-5。

表 11-5　关中驴的体质外貌定级

等级	公驴	母驴	等级	公驴	母驴
特级	8.0	7.0	二级	6.0	5.0
一级	7.0	6.0	三级	5.0	4.0

(四)驴的体尺测量与体尺鉴定

(1)驴的体尺测量　体尺是说明整体或部位大小长短的具体数据，也是计算生长发育、估计体重和鉴定外形的重要依据。它有助于精确地了解各部位的具体指标，这就要求鉴定者、测量者必须精确掌握各部位体尺的测量位置和测量方法。驴的主要 4 项体尺是体高、体长、胸围和管围。为鉴定和科学研究的需要，也可对其他部位进行测定。

体高：由鬐甲最高点到地面的垂直距离。

体长：即体斜长，由肱骨隆凸的最前端起，至坐骨结节最后内隆凸的直线距离。

胸围：由肩胛骨后端作一垂线，量其胸的周长。

管围：于前肢左侧掌骨上 1/3 处，量其周长。

尻高：尻部至地面的最大距离。如髋结节高于尻部最高点，则测量髋结节到地面的垂直高度。它反映后躯的高度。

尻长：髋结节至坐骨结节的直长。

尻宽：即十字部宽，是髋结节外角间的直长。

胸深：沿肩胛骨后角作一垂线，测鬐甲到胸骨间的直线距离。

胸宽：两肩肱关节外角间（即肩端）的宽度。

头长：由头顶至切齿前端的直线距离。

颈长：由耳根至肩胛骨颈缘的直线距离。

背高：背部最低点到地面的垂直距离。

测量体尺工具主要有：杆尺（测杖、量驴体尺），用于测量体高、背高、尻高、体长和胸深；圆形量角规（卡尺），用于测量胸宽、尻长、尻宽等；卷尺，用于测量胸围、管围、头长、颈长；蹄角仪（测蹄器），测蹄之角度；角度仪，用于测量各关节角度；地秤，称量体重用。

(2)体尺指数计算　以体高为基数，计算其他体尺与体高的比例关系，称为体尺指数，常用的体尺指数有如下几种：

$$体长率=体长/体高\times 100\%$$

$$胸围率=胸围/体高\times 100\%$$

$$管围率=管围/体高\times 100\%$$

(3)驴的体尺鉴定　体尺鉴定主要是根据体高、体长、胸围和管围等 4 项体尺数，对照各品种体尺评分标准，按最低一级评定等级。仅管围一项与标准相差 0.5 cm 以下者，可不予降级。现以关中驴的体尺评分方法为例加以说明（表 11-6、表 11-7）。关中驴体尺结构定级标准与体质外貌定级标准相同。

表 11-6 成年关中驴体尺评分

cm

评分	公驴				评分	母驴			
	体高	体长	胸围	管围		体高	体长	胸围	管围
8	140	142	155	17.2	7	134	136	149	16.5
7	135	137	150	16.6	6	129	131	143	15.5
6	130	132	144	16.0	5	124	126	138	14.9
5	125	127	139	15.4	4	119	120	132	14.3

表 11-7 未满 5 周岁的关中驴应加体尺数

cm

年龄	体高	体长	胸围	管围
4	—	—	2.0	—
3	1.0	1.0	8.0	0.2
2.5	3.5	5.0	12.0	0.3
2	5.0	9.0	18.0	0.4
1.5	9.0	18.0	22.0	1.0

(五)驴的性能评定

驴的性能一般指其生产或繁殖性能，因其主要用途而定。对于肉用驴，主要根据其产肉能力大小评定；役用驴可根据使役人员在使役过程中的反应进行评定，如有条件，经调教可测定驴的综合能力；对于繁殖母驴，主要根据其产驹数、幼驹初生重评定；种公驴则依其精液品质而定。

(六)驴的后裔鉴定

后裔鉴定又称后裔测定，是根据后代品质、特征来鉴定种公驴的种用价值，也就是鉴定种公驴的遗传性好坏。后裔鉴定要求在饲养管理条件相同、相配母驴属同一品种的条件下，根据其产后代的质量或等级判定该项鉴定等级。种公驴的后裔鉴定应尽早地进行，一般在 2～3 岁时，给其选配一定数量(10～12 匹)等级接近、饲养管理条件相同的母驴，待所产后代断奶时，按表 11-8 标准评定。

表 11-8 种公驴后裔鉴定评级标准

等级	评级标准
特级	后代中 75%在二级(含二级)以上，不出现等外者
一级	后代中 50%在二级(含二级)以上，不出现等外者
二级	后代全部在三级(含三级)以上者
三级	后代大部分在三级(含三级)以上，个别为等外者

后裔鉴定对评价和比较种公驴的种用价值，提高驴群质量有明显作用，故在条件具备时应认真抓好这项工作。

(七)个体综合等级评定

个体综合鉴定的等级，是以单项鉴定等级规定进行评定，它不能以任何最优或最劣的单项成绩代替。如果缺乏某些单项成绩，无法综合评定时，可舍去综合等级，只记载单项成绩。驴在 1.5 岁时的初评参照表 11-9 标准进行评定。3 岁后的评定，当其他两项即生产性能和后裔测定均低于初评时的一个等级时，维持初评的等级不变；若有 1 项(或 2 项)低于初评两个等级

表 11-9　评定驴的综合等级标准

单项等级		总评等级		单项等级		总评等级	
特级	特级	特级	特级	一级	一级	一级	一级
特级	特级	一级	特级	一级	一级	二级	一级
特级	特级	二级	一级	一级	一级	三级	二级
特级	特级	三级	二级	一级	二级	二级	二级
特级	一级	一级	一级	一级	二级	三级	二级
特级	一级	二级	一级	一级	三级	三级	三级
特级	一级	三级	二级	二级	二级	二级	二级
特级	二级	二级	二级	二级	二级	三级	二级
特级	二级	三级	二级	二级	三级	三级	三级
特级	三级	三级	三级	三级	三级	三级	三级

时，则应将初评降一级。

第四节　驴和骡的饲养管理技术

一、驴的消化器官及消化生理特点

驴和其他家畜一样，靠不断吸收饲料中的营养物质维持其生命和生产活动。饲料的消化、营养物质的吸收及粪便的排出，都靠消化系统来完成。驴的消化系统由消化道和消化腺两部分组成。消化道是由一条肌质管道和一些附属器官所组成。消化道包括口腔、咽、食道、胃、小肠、盲肠、大结肠、小结肠、直肠和肛门（图 11-11）。参与消化的附属器官有舌、牙齿、唾液腺、肝脏和胰脏。

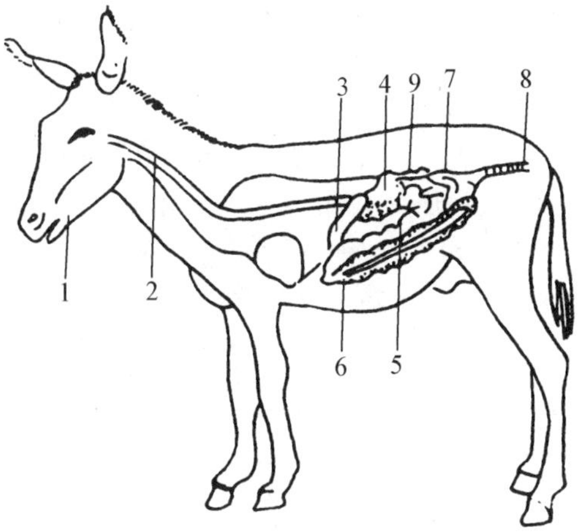

1. 口腔　2. 食道　3. 肝　4. 胃　5. 小肠　6. 大结肠　7. 小结肠　8. 直肠　9. 肾脏

图 11-11　驴的消化道简图

（一）口腔

口腔是消化道的始端，具有采食、咀嚼、味觉、分泌唾液和形成食团的作用。驴主要靠唇和切齿采食，用臼齿咀嚼磨碎，同时混合大量唾液，形成食团咽下。其采食特点是细嚼慢咽。一般壮年驴吃混合草料时，每分钟咀嚼约五六十次。每吃进 1 kg 草料要分泌出约 4 倍唾液。唾液具有泡软草料、消化饲料中糖和淀粉的作用。因此，喂养驴既要有充足的采食时间，又要供给充足的饮水。

(二)咽

咽是消化道和呼吸道的共同通道。位于口腔与鼻腔的后方。口腔后部的软腭像一道闸门，能阻止食物、饮水及空气从咽反回口腔。因此，驴不能从口腔呼吸，也不能通过口腔呕吐。因食道梗塞或疾病原因而不能通过食道的食物，常从鼻孔流出，而不是从口腔吐出。

(三)食道

食道起于咽部，下部与胃的贲门相连，为一长约 1 m 的肌质管道。食道肌以向下蠕动的方式将来自口腔的食团和水送入胃。因食道肌肉不能向上蠕动，加上贲门紧缩，所以食物和水一经入胃，就难返回口腔。

(四)胃

胃前部以贲门与食道相连，后以幽门通向十二指肠。驴胃容积小，只相当于同样大小牛的 1/15。贲门紧缩，而幽门畅通。食团在胃运动和胃液作用下形成食糜后，在胃内停留时间很短。4 h 后，胃内容物可全部转移到肠道。喂驴一次喂量不应超过胃容积的 2/3，且饲喂间隔不宜过长。因此，驴适于定时定量，少喂勤添的饲养原则。因为驴不能呕吐，采食过多的饲料，易造成胃扩张，严重者有胃破裂的危险。要注意选择疏松、易消化、便于转移、不致在胃内形成黏块的饲料，如燕麦、麸皮等精料与切短的饲草拌匀喂给，有利于驴咀嚼消化和转移，减少消化道疾病。另外，先后进入驴胃的食物呈分层状态接受消化，故不宜在采食中间大量饮水，以免破坏分层状态，将尚未充分消化的食物冲进小肠。

(五)肠

胃以下至肛门的这一段消化道为肠，总长度约 20 多米。可分为小肠、大肠。小肠细而长，直径 4～5 cm，由十二指肠、空肠、回肠 3 段组成。有分泌消化液促进消化吸收的功能。大肠粗而短，直径 20 多厘米，粗细很不均匀，有的地方粗细可相差 10 倍。由盲肠、大结肠、小结肠和直肠组成。驴饲料的消化吸收主要在肠道进行。驴的盲肠很大，其功能与反刍动物的瘤胃相似。其中含有大量的微生物，便于分解粗纤维。食糜中易消化物质被小肠吸收，未被消化的物质，特别是纤维素进入大肠。盲肠上与回肠相接的回盲口、下与结肠相通的盲结口均很细，能使从小肠来的食糜和饮水，在其中混合、停留，由盲肠中的大量微生物进一步分解。驴的大结肠位于盲肠和小结肠间，直径 30 cm 左右，容量约 50 L。其中含有的细菌也可分解纤维素。食糜经盲肠和大肠消化吸收后，剩余残渣形成粪便排出体外。

驴每天吃进的大量粗饲料，主要在大肠内由微生物分解，成为可吸收的营养物质。但驴盲肠的微生物作用远不如牛瘤胃，被微生物合成的养分吸收率也比牛低。

驴肠道直径的大小极不均匀，如盲肠和大结肠的内径相当粗大，可达 30 cm；但小肠、小结肠内径却只有 4～5 cm，尤其是在一些肠道入口处，如回盲口和盲结口更细，在喂养失宜和饲料骤变以及气候突然变化的情况下，容易产生肠道梗塞，发生便秘症。因此应该正确调制草料，供给充足饮水以防消化道疾病的发生。

二、驴和骡的饲养管理技术

驴（骡）的生长发育、健康状况和繁殖、役用、肉用性能的发挥，取决于饲养管理条件。在驴（骡）的饲养管理工作中，关键在饲养。不少农户历来有用“花草、花料”喂养家畜的实践经验，但不少地方养驴也存在草料单一，有啥喂啥、营养水平低，甚至不喂食盐等问题，影响驴（骡）的生长发育和生产性能的发挥。如果能做到科学的饲养与管理，在经济上和生产上都十分有利。

（一）饲养管理的基本原则和方法

1.按照营养需要配合日粮

按照家畜的营养需要实行标准饲养，是现代科学养畜的重要技术措施之一。驴的饲养标准是合理养驴的重要依据。按饲养标准饲养，可以使驴发挥其较高的生产性能，减少饲料消耗。根据饲养标准，可以计算每年饲料的需要量，组织饲料生产和贮备。但是，由于饲养标准是在一定的试验和生产条件下制定的，又针对某一特定体重和生产量拟定的数据指标，它不可能适应一切地区的所有驴。因此，饲养标准只有一定的参考价值。饲养者应因地制宜，灵活应用，不能生搬硬套，必须与观察饲养效果相结合，根据效果适当调整日粮。

2.给饲方法

给饲俗称喂驴。根据驴的生理和消化特点，饲喂时应给予适当的饲料和足够的咀嚼、消化时间。严禁暴饮暴食，应按照定时、定量、少喂勤添、分槽饲养的原则进行。

（1）分槽定位　应按照驴或骡的性别、老幼、个体大小、采食快慢以及性情或性能不同，分槽定位，以防争食。

（2）定时定量，细心喂养　按季节不同，确定饲喂次数。一般农闲时每日喂草 4 次，喂料 2 次，饮水 3 次；农忙时每日喂草 5 次，喂料 3 次，饮水 4 次。每次饲喂的时间、数量都应固定，防止忽早忽晚、忽多忽少和时饥时饱，以便使驴建立起正常的条件反射。另外，驴每日的饲喂时间不应少于 9～10 h。白天使役影响采食，故必须加强夜饲。前半夜以草为主，喂到不吃为止，后半夜加喂精料。

（3）少喂勤添，草短干净　喂驴的草要铡短，喂前要筛去尘土，挑出长草，拣出杂物。一顿草料要分多次投喂，即少喂勤添。这有兴奋消化活动、促进消化液分泌和增强食欲的作用。若一次投草过多，不但草易被驴拱湿发软，带有异味，驴不喜食，而且即使驴采食下去，也易引起消化道疾病。

（4）先草后料，先干后湿　一般采用草拌料，并按照先粗后精、分批投给、逐渐减少草量和增加精料的原则，这样饲喂既可防止驴开始因饥饿而暴食，又可引诱其多吃草，达到充分利用粗饲料的目的。

（5）饲养管理程序和草料种类　不能骤变，如需改变，要逐渐进行，以防止因短期内不习惯使消化机能紊乱。

3.饮水方法

驴的饮水应做到适时饮水，慢饮饮好。饮水应因时因地制宜。在天热或劳役后要防止立即暴饮。因为劳役后，出汗多，体温尚未恢复正常，如果大量冷水进入体内，极易引起驴肠痉挛或感冒。但使役后的驴口腔较为干燥，不饮而食时容易形成食团，影响消化，引起塞食。因此应稍事休息后，喂前饮水。每次吃干草后也可饮些水，但饲喂中间或吃饱之后，不宜立即大量饮水。因为这样会冲乱胃内分层消化饲料的状态，影响对饲料的消化。饲喂中可通过拌草补充水分。待吃饱后过一些时间或干活前再使其饮足。

驴的饮水要清洁、新鲜、冬季水温要保持 8～12 ℃。

4.日常管理工作

舍饲驴(骡)一生的大半时间是在圈舍内度过的，所以圈舍的通风、保暖及卫生状况，对其生长发育和健康影响很大，因此要做好圈舍及日常管理工作。

(1)圈舍管理　圈舍应建在背风向阳处。内部应宽畅、明亮，通风干燥，保持冬暖夏凉，槽高圈平。要做到勤打扫、勤垫圈，每天至少在上午清圈 1 次，扫除粪便，垫上干土。经常保持圈舍内部清洁和干燥。所有用具放置整齐。圈内空气新鲜、无异味。每次喂完后必须清扫饲槽，除去残留饲料，防止发酵变酸产生不良气味，有碍驴的食欲。冬季圈舍温度不能低于 8～12 ℃，夏季可将驴牵至户外凉棚下休息、饲喂，但不能拴在屋檐下和风口处，以防驴患病。

(2)皮肤护理　刷拭能保持皮肤清洁，促进血液循环，增进皮肤机能，有利于消除疲劳，且能及时发现外伤进行治疗，有利于人驴亲和，防止驴、骡养成怪癖。用刷子或草把从驴、骡的头部开始，到躯干、四肢、刷遍驴体，对四肢和污染粪便的部位可反复多刷几次直到刷净为止。

(3)护蹄、挂掌　驴、骡蹄建全与否，直接影响其役用质量。平时注意护蹄是保持驴、骡蹄正常机能的主要措施。长期不修蹄或护蹄不良易形成变形蹄或病蹄，影响驴(骡)体健康。应从以下 3 方面重视护蹄工作。

①平时护蹄：圈舍地面应平坦而干湿适度。过于潮湿和过于干燥都对驴(骡)蹄不利。要经常保持蹄部清洁。注意清理蹄底、蹄叉，同时应检查蹄部有无偏磨和损伤。

②削蹄：驴(骡)蹄外壳像人的指甲一样不断生长，每月约长出 1 cm，必须适时削去过长的角质。否则既易使蹄变形，又易引起局部断裂，导致蹄病和跛行。按照蹄角质正常的生长和磨损，一般是 1.5～2 个月削蹄 1 次，或结合装蹄铁进行修削。

③装蹄铁：对一些重役驴、骡，蹄壳磨损大于生长。为了防止蹄形不正和过多磨损，应对其进行装蹄铁即挂掌。装蹄铁的原则是：蹄铁的大小与蹄的大小相适应，不能削足适铁。钉好后要四面见掌。对不正蹄形，要提倡用特种蹄铁进行矫正。驴、骡从 1.5 岁开始干活时即可挂掌，第一次挂掌对以后蹄子的发育影响很大。挂掌时，一定要削平，蹄铁要薄，蹄钉要细，蹄铁钉好后要四面见掌。铁尾要宽，以保护蹄肿(蹄后面)和防止蹄肿狭窄。

种公驴在配种季节可不挂掌，或挂掌时不要突出蹄铁尾，以免配种时伤害人和母驴。

(4)定期健康检查　每年应对驴、骡至少进行 2 次健康检查和驱虫，及时发现疾病，及时治疗。

(二)种公驴的饲养管理

为保证种公驴具有旺盛的性机能和良好的精液品质，必须遵循种公驴的配种特点及生理要求，在不同的时期里给予不同的饲养管理，以使其经常保持种用体况，不过肥或过瘦。一般分为下面 4 个时期。

1. 准备期

饲养对精液品质的影响需经过 12～15 d 才能见效。因此，配种开始前 1～2 个月为准备期。在此期间，应对种驴增加营养，减少体力消耗，积极为配种做好准备。

(1)饲养　逐渐增加精料喂量，减少粗料的比例。精料应偏重于蛋白质和维生素饲料，即酌情增加豆饼、胡萝卜和大麦芽等。配种前 3 周完全转入配种期饲养。

(2)管理　准备期应根据历年配种成绩、膘情及精液品质等评定其配种能力并对其精液品质做进一步的检查，以安排本年度使用计划。对每匹种公驴都应进行详细的精液品质检查。每回检查应连续 3 次，每次间隔 24 h。如发现精液品质不合格，应查清原因，在积极改进饲养管理的基础上，过 12～15 d 再检查一次，直到合格为止。准备期应相应地减少种公驴的运动或使役强度，以储备体力。精液品质不良的表现及应采取的措施见表 11-10。

表 11-10　精液品质不良的表现及应采取的措施

精液品质不良情况	采取措施
精液量少	增加多汁饲料(青草、大麦、胡萝卜等)
精子活力差	适当运动，增加动物性饲料
精子畸形率高	增加维生素类饲料，如胡萝卜、短芽大麦等；冷敷睾丸
精液中发现脓、血及异物等	应立即停止交配并诊断、治疗

2. 配种期

此期种公驴一直处于性活动紧张状态，必须保持饲养管理的稳定性，不可随意改变日粮和运动。应经常保持种用体况。

(1)饲养　此期喂驴的粗饲料最好是用优质的禾本科和豆科(占 1/3～1/2)的混合干草。最好用青苜蓿或其他青绿多汁饲料如野草、野菜、嫩树叶及人工栽培牧草喂驴，以补给生物学价值高的蛋白质、维生素和矿物质，有利于精子的形成和提高精子活力。无青草时可喂给胡萝卜和大麦芽，既能补充维生素又有调理胃肠道的作用。

精饲料可以燕麦、大麦、麸皮为主，玉米、小米和高粱为辅，配合豆饼或豆类，如黑豆、大豆、豌豆等混合饲喂。其中小米不仅适口性强，而且对提高性欲和精液品质有良好效果。

在配种期，食盐、石粉等矿物质饲料是必不可少的，另外对于配种任务大的种公驴还应喂给牛奶、鸡蛋或肉骨粉等动物性饲料，以提高精液品质。

配种期公驴的饲料，应尽力做到多样化，同时约隔 20 d，即可调整日粮中精料组成的一部分，以增进食欲。

一般大型公驴在配种期每日应采食优质混合干草 3.5～4.0 kg，精料 2.3～3.5 kg，其中豆类不少于 24%～30%。缺乏青草时，每日应补给胡萝卜 1 kg 或大麦芽 0.5 kg。

(2)管理　在配种、运动和饲喂以外的时间，尽量让种公驴在圈舍外自由活动，接受日光浴。夏天中午为防日晒可将种公驴牵入圈内休息。注意生殖器官的情况，以免引起炎症。用冷水擦拭睾丸，对促进精子的产生和增强精子的活力有良好的作用。

运动是增强种驴体质、提高代谢水平和精液品质的重要因素。配种期应保持运动的平衡，不能忽轻忽重。运动方式使役或骑乘锻炼均可。运动时间应每日不少于 1.5～2 h。但配种或采精前后 1 h，应避免强烈运动。配种后应牵遛 20 min。

采精做到定时。每日以 1 次为限，如 1 d 采精 2 次，2 次间隔时间应不少于 8 h。连续采精

5～6 d，应休息 1 d。喂饮后 30 min 之内不宜配种。配种次数应随时根据精液品质的变化而定。

生产实践证明，日粮、运动和采精三者密切配合，相互制约。加强营养而运动不足，会使种驴过肥，并导致食欲下降，性欲不强；运动过度，体力消耗过多，也会降低配种能力和精液品质；交配强度过大，必使精液品质下降，体力衰竭。应随时协调三者的关系，使种公驴不过肥也不过瘦，保持良好的种用体况和配种能力。

3. 恢复期

恢复期是配种结束后的一段时间，该阶段主要是恢复种公驴的体力，一般需 1～2 个月的时间。

（1）饲养　在增加青饲料的情况下，精料量可减至配种期的 1/2，少给蛋白质丰富的饲料如豆饼等，多给清淡、易消化的饲料如大麦、麸皮和青草等。

（2）管理　应减轻运动量和强度，增加逍遥运动，保持圈舍清洁、通风、干燥，使种公驴保持安静。

4. 锻炼期

锻炼期一般为秋末、冬初，此时天高气爽，应加强运动，使种公驴的肌肉坚实、体力充沛、精神旺盛，为来年配种打好基础。

（1）饲养　精料量比恢复期增加，以能量饲料为主。

（2）管理　以加强锻炼为主，逐步增加运动或使役强度和时间。

（三）繁殖母驴的饲养管理

繁殖母驴指从体成熟到壮龄有繁殖能力的母驴。它们一般兼有使役和繁殖双重任务，养好繁殖母驴的标志是：膘情中等；空怀母驴能按时发情，发情规律正常，配种容易受胎，胎儿发育正常，不流产，产后泌乳力强。

1. 空怀母驴的饲养管理

自然环境及各种生活条件都能影响母驴的繁殖力，其中尤以营养不足和使役过重影响最大。母驴长期采食劣质干草，缺乏多汁饲料，缺乏阳光，导致营养物质、矿物质及维生素摄入不足或采食大量精料、运动不足造成过肥或使役过重等均可引起生殖机能紊乱，出现不发情或发情不正常现象，这也是造成母驴空怀的主要原因之一。所以，为了促进母驴正常发情，应在当年配种开始前 1～2 个月提高饲养水平，喂给足量的蛋白质、矿物质和维生素饲料；对使役过重的母驴，应适当减轻劳役；对过肥的母驴，应减少精料，增喂优质干草和多汁饲料，加强运动。总之要使空怀母驴保持中等膘情。

2. 妊娠母驴的饲养管理

母驴怀孕后，要做到全产、全活、全壮，就必须加强怀孕母驴的饲养管理。

母驴妊娠后头 1 个月，胚胎尚小，在子宫内处于游离状态，遇到不良刺激，很容易夭折而被吸收，此期应停止使役。妊娠 1 个月后，可照常使役。从 7 个月开始应减少使役。母驴怀孕 6 个月以内，胎儿体重不大，增重较慢，其饲料量与空怀母驴基本一致。从 7 个月后，胎儿增重明显加快，其增重的 80%是在最后 3 个月完成的。所以从怀孕第 7 个月开始，应加强营养，增加蛋白质饲料及优质饲草，补充青绿多汁饲料，减少玉米等能量饲料，以保证胎儿发育和母驴增重的需要，并可防止产前不吃病的发生。产前不吃病是由于妊娠后期缺乏青绿饲料、饲草品质差、精料太少、品质单纯、不运动而致使肝脏机能失调，有毒代谢产物排泄不出造成的一种全身中毒症，其死亡率较高。对使役母驴来讲，产前1个月应停止使役，加强刷拭，让其自由活动。

整个妊娠期间，要十分重视保胎防流产工作。早期流产多发于农活繁重的季节，后期流产多发生于冬春寒冷时吃霜草、饮冰水和受机械损伤。另外驴吃发霉草料也易引起流产。所以任何时期都应防止上述不利因素。产前1个月更要注意保护和观察。

3. 分娩前后母驴的饲养管理

母驴在分娩前2～3周粗饲料要减少，精料应给予适口性好，易消化的麸皮、燕麦、大麦等。在产前几天，草料总量应减少1/3，多饮温水，每天牵遛。

母驴分娩后，多不舐新生驹身上的黏液。接产人员在扯断脐带、用碘酒消毒后，应擦干幼驹身上的黏液，并辅助其尽快吃上初乳。如系骡驹，为防止发生溶血病，在未做血清检验时应暂停吃初乳，并将初乳挤出，给幼驹补以糖水和奶粉（方法见后面“无乳驹的养育”部分），1 d后乳汁正常时即可让幼驹吃奶。

母驴产后身体虚弱，因体内水分大量流失而产生口渴，此时应喂给用温水加少量盐调成的麸皮粥或小米汤，以补充水分，消除疲劳，促进泌乳。产后1周内因消化能力未恢复，最初几天不能给予大量的精料，否则会引起腹泻。其基本饲料以优质干草为主，多喂些麸皮，豆类应粉碎或浸泡喂给，待1周后母驴体力逐渐恢复时，再逐渐增加到正常水平。

管理上应保持产房安静，圈舍应干燥温暖，阳光充足。产后3～5 d，天气良好时，应将母驴及幼驹放到外面避风处自由活动。开始每天几个小时，逐渐增加舍外活动时间，产后1个月内停止使役。

4. 哺乳母驴的饲养管理

驴的泌乳期一般为6～8个月，幼驹的营养主要靠母乳。母乳充足，幼驹生长发育就快，体格健壮；反之，幼驹发育受阻，体格瘦弱。再则哺乳母驴常在哺乳期就受胎，又兼役用，所以这段时间的饲养应比怀孕期还要周到仔细，饲料中应有充足的蛋白质、维生素和矿物质。混合精料中豆饼应占30%～40%，麸类占15%～20%，其他为谷物性饲料。为了提高泌乳力，应多补饲青绿多汁饲料如胡萝卜、饲用甜菜、土豆或青贮料等。有放青条件的应尽量利用，这样，不但能节省大量精料，而且对泌乳量的提高和幼驹的生长发育有很大的作用。另外，应根据母驴的营养状况、泌乳量的多少酌情增加精料量。

哺乳母驴的需水量很大，每天饮水不应少于5次，要饮好、饮足。

在管理上，要注意让母驴尽快恢复体力。产后10 d左右，应注意观察母驴的发情，以便及时配种。母驴使役开始后，应先做些轻活、零活，以后逐渐恢复到正常劳役量。在使役中要勤休息，一方面可防止母驴过分劳累，另一方面还要照顾幼驹吃奶。一般约2 h休息1次。否则不仅会影响幼驹发育，而且会降低母驴的泌乳能力。初生至2月龄的幼驹，每隔30～60 min即哺乳1次，每次1～2 min，以后可适当减少哺乳次数。

(四)幼驹的饲养管理

1. 驴驹的生长发育规律

驴驹出生时，其体高已达成年体高的1/2以上，体重达成年体重的10%～12%。从出生到6月龄为哺乳期，是其生后发育最快的时期，体高的增长相当生后体高增长的1/2；体重增长相当于从初生到成年总增重的1/3（表11-11）。从断奶到1岁，体高、体重分别达成年时的90%和60%

(表 11-12);2 岁体高、体重分别达成年时的 94%和 70%以上,公、母驴此时均已达到性成熟。3 岁时体高和体重的增长分别达到成年的 96%和 77%以上。此时驴驹的体格定型,性机能完全成熟,可投入繁殖配种,开始正常使役。驴驹各年龄阶段各部位体尺情况见表 11-13。

表 11-11　关中驴和德州驴初生、6 月龄和成年时生长发育情况

项目	关中驴					德州驴				
	初生(生后 3 d)	6 月龄		成年		初生(生后 3 d)	6 月龄		成年	
		实测值	本阶段增长数	实测值	本阶段增长数		实测值	本阶段增长数	实测值	本阶段增长数
体高/cm	85.33	108.9	23.57	129.5	44.62	87.9	113	25.1	128	40.1
体高/成年体高/%	65.66	83.8	18.14	100	34.34	63.7	88.3	19.6	100	31.3
体长/cm	60.67	98.29	37.62	133.08	72.51	61.3	102	40.7	130	68.7
体长/成年体长/%	45.55	74.18	28.24	100	54.45	47.2	78.3	31.1	100	52.8
胸围/cm	69.72	101.78	32.06	138.83	69.11	71.9	111	39.1	138.9	67.0
胸围/成年胸围/%	50.22	73.31	23.09	100	49.78	51.8	72.6	20.8	100	48.2
体重/kg	30.6	102.2	71.6	236.14	205.54	27.8	127.3	99.5	267.2	239.4
体重/成年体重/%	12.92	43.7	30.32	100	87.08	10.4	47.6	37.2	100	89.6

表 11-12　驴驹 1 岁时生长发育情况

年龄	关中驴				德州驴			
	体高/cm	体高/成年体高/%	体重/kg	体重/成年体重/%	体高/cm	体高/成年体高/%	体重/kg	体重/成年重体/%
成年	122.95	100	236.14	100	128.0	100	267.2	100
1 岁	117.82	90.67	142.49	60.52	119.3	93.2	151.3	55.6

表 11-13　驴驹各年龄阶段各部位体尺情况

项目	断奶至 1 岁		1～2 岁		2～3 岁	
	关中驴	德州驴	关中驴	德州驴	关中驴	德州驴
体高/cm	8.92	6.3	5.3	9.7	5.23	3.9
体长/cm	12.88	7.4	8.6	15.0	7.23	6.1
胸围/cm	14.97	6.3	12.98	19.0	10.77	6.5
管围/cm	0.95	1.2	0.11	1.0	1.23	0.2
体重/kg	40.29	24.0	50.70	85.10	48.48	42.5

总的来说,驴驹从初生到 2 岁以内,每增重 1 kg 所消耗的饲料是最少的,也即每千克饲料所换得的体重增长报酬是最多的。因此,加强这一阶段的饲养在经济上最合算。若因饲养条件不良而使驴驹的生长发育受阻,那么,2 岁后即便增加双倍饲料也无法弥补前期发育上的不足。如果驴驹是专门用于产肉,就应抓住这一饲料报酬最高的阶段,尤其是 1 岁以前,快速育肥,出栏上市,以获得最佳经济效益。

2.培育幼驹应抓好的几个环节

(1)养好妊娠母驴,保证胎儿正常发育　详见妊娠母驴的饲养管理部分。

(2)尽早吃足初乳　幼驹出生后 30 min 就能站立起来找奶吃。接产人员应尽早引导幼驹吃上初乳。如产后 2 h 幼驹还不能站立,就应挤出初乳,用初乳喂养,2 h 1 次,每次 300 mL。

(3)早期补饲　驴(骡)驹的哺乳期一般为 6 个月,该阶段是驴驹生后生长发育强烈和改变生活方式的阶段。这一时期的生长发育好坏,对将来的经济价值关系极大。1~2 个月幼驹,因体重较小,母乳基本可以满足它的生长发育需要。随着幼驹的快速生长发育,对营养物质的需求增加,单纯依靠母乳不能满足需要。所以应尽早补饲使幼驹习惯于采食饲料,以弥补营养不足和刺激消化道的生长发育。

幼驹生后 15 d,便随母驴试吃草料。1 月龄时应开始补料,此时幼驹的消化器官消化能力较弱,要补给品质好、易消化的饲料。最初用炒豆或煮八成熟的小米或大麦麸皮粥,单独补饲;到 2 月龄时,逐渐增加补饲量。具体补料量应根据母驴的泌乳量和幼驴的营养状况、食欲及消化情况灵活掌握,粗料用优质禾本科干草和苜蓿干草,也可随母驴放牧。

补饲时间应与母驴饲喂时间一致。但应单设补饲栏以免母驴争食。幼驹应按体格大小,分槽补料。个别瘦弱的要增加补料次数以使生长发育赶上同龄驹。

管理上应注意幼驹的饮水需要。最好在补饲栏内设水槽,经常保持有清洁饮水。经常用手触摸幼驹,搔其尾根,用刷子刷拭驴体建立人驴亲和关系,为以后的调教打下基础。

(4)无乳驹的养育　无乳驹指母驴产后死亡或奶量不足或母驴产后无乳的幼驹。饲养无乳驹最好是找代哺的母驴,其次是用代乳品。若代乳母驴拒哺,可在母驴和幼驹身上洒相同气味的水剂,然后由人工帮助诱导幼驹哺乳。代乳品通常用牛奶、羊奶。因牛奶、羊奶脂肪含量高于驴奶,补饲时应脱去脂肪(撇去上层一些脂肪)加水稀释(1∶1),并加少许糖,成为近似驴乳的营养品,温度保持 35~37 ℃,每 1.5~2 h 喂 1 次,以后可逐渐减少。如给驴驹饮不经调制(稀释加糖)的牛奶、羊奶,往往会引起消化不良,发生肠炎,严重时导致下痢,有的甚至脱水死亡。

(5)适时断奶,全价饲养　哺乳驹断奶以及断奶后经过的第一个越冬期,是幼驹生活条件剧烈变化的时期。若断奶和断奶后饲养管理不当,常引起营养水平下降,发育停滞,甚至患病死亡。驴驹一般在 6~7 月龄时断奶,断奶过早会影响发育;反之又会影响母驴体内胎儿发育,甚至损害其健康。断奶前几周,应给幼驹吃断奶后饲料。断奶应一次完成。刚断奶时,幼驹思念母驴,不断嘶鸣,烦躁不安,食欲减退,此时应加强管理,昼夜值班,同时给以适口、易消化的饲料,如胡萝卜、青苜蓿、禾本科青草、燕麦、麸皮等。由于幼驴断奶后的第 1 年生长发育较快,其体高和体重分别为成年的 90%和 60%,也即日增重可达 0.3 kg,所以对断奶后的幼驴应给予多种优质草料配合的日粮,其中精料量应占 1/3(作肉用的幼驴精料量应更高),且随年龄的增长而增加。1.5~2 岁性成熟时,精料量应达成年驴水平。对于公驴来讲,其精料量还应额外增加 15%~20%,且精料中应含 30% 左右的蛋白质饲料。粗饲料应以优质青干草为主,有放牧条件的可以放牧。

管理上必须为幼驴随时供应清洁饮水;加强刷拭和护蹄工作,每月削蹄 1 次,以保持正常的蹄形和肢势;加强运动,运动时间和强度要在较长的时间里保持稳定,运动量不足,幼驹体质虚弱,精神委靡,影响生长发育;1.5 岁时,应将公、母驴分开,防止偷配,并开始拴系调教;2 岁时应对无种用价值的公驴(骡)进行去势(肉用驴应在肥育开始前去势)。

(6)加强驯致和调教　驯致是通过不断接触幼驴而影响幼驴性情，建立人驴亲和关系，是调教工作的基础。驯致从幼驴哺乳期就应开始，包括轻声呼唤、轻抚幼驴、用刷子刷拭、以食物为诱惑、促进其练习举肢、扣蹄、带笼头、栓系和牵行等。

调教是促进幼驹生长发育、锻炼和加强体质、提高其生产性能的主要措施。调教一般从2岁开始进行。调教时，先让其熟悉各种挽具、套具或驮具以及常用口令。开始时和成驴一起用套，先边后正，先长后短，先学拉车拉犁，后学拉碾拉磨。调教要逐渐进行，先简后难，不能急于求成。调教手必须态度严肃，口令准确，赏罚严明，否则容易养成恶癖。开始时前面要有人带领，配合驭手，做进、退、转弯等训练，不能用力鞭打，以免造成它的痛苦。

用作产肉用途的驴(骡)不必调教。

(7)防止早配早使　农村早配早使现象普遍存在。虽然可得到一时的好处，但因影响发育而产生的利用价值和经济方面的损失更大。正确的做法应该是按照驴驹生长发育规律，母驴配种不要早于2.5岁，正式使役不要早于3岁。公驴配种可从3岁开始，5岁以前使役，配种应适量。

第五节　驴的繁殖

一、驴的生殖器官及其机能

(一)公驴的生殖器官及其机能

公驴的生殖器官包括：性腺，即睾丸；输精管道，即附睾、输精管和尿生殖道；副性腺，即精囊腺、前列腺和尿道球腺；外生殖器，即阴茎(图11-12)。

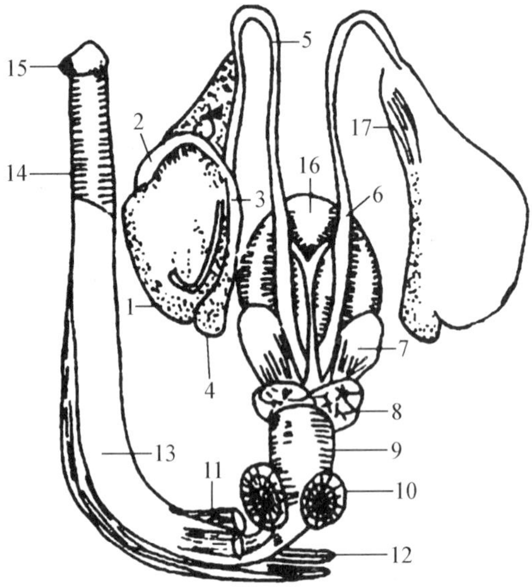

1.睾丸　2.附睾头　3.附睾体　4.附睾尾　5.输精管　6.输精管壶腹　7.精囊腺　8.前列腺　9.尿生殖道骨盆部　10.尿道球腺　11.坐骨海绵肌　12.阴茎缩肌　13.阴茎　14.包皮　15.龟头　16.膀胱　17.外提睾肌

图11-12　公驴的生殖器官

（1）睾丸　驴的睾丸为长卵圆形，两个睾丸重 240～300 g，睾丸长轴与地面平行，附睾附着于睾丸的背外缘。附睾头朝前，尾朝后。两个睾丸分居于阴囊的两个腔内，驴的阴囊位于两股之间、耻骨前沿的下方腹股沟区。阴囊起保护睾丸和调节睾丸温度的作用（在公驴出生前后，睾丸方由腹腔下降入阴囊内）。睾丸的主要机能有外分泌机能和内分泌机能。外分泌机能也就是生精机能，睾丸曲精细管的生精细胞是直接形成精子的细胞，它经多次分裂后最后形成精子；内分泌机能也就是分泌雄激素机能，曲精细管之间的间质细胞可分泌雄激素，能激发公驴的性欲及性兴奋，刺激第二性征，刺激阴茎及副性腺的发育，维持精子发生及附睾精子的存活。

（2）附睾　附睾附着于睾丸的附着缘，由附睾头、附睾体、附睾尾 3 部分构成。附睾是贮存精子和精子最后成熟的场所，附睾管还对从睾丸排出精子起运输作用。

（3）输精管　附睾管在附睾尾端延续为输精管，开口于尿生殖道黏膜形成的精阜上。输精管的盆腔部分，由于黏膜层腺体发达，膨大成纺锤形，称输精管壶腹。输精管的肌肉层较厚，其收缩力较强，配种时能将精子排到尿道内。

（4）副性腺　精囊腺、前列腺及尿道球腺总称为副性腺。射精时它们的分泌物与输精管壶腹的分泌物混合在一起称为精清，精清与精子共同组成精液。精清中含有果糖、蛋白质、磷脂化合物、各种盐类及各种酶等。这些物质既是精子活动需要的条件，也增加了精液的体积，并保证精子正常的受精能力。

（5）尿生殖道　尿生殖道是尿和精液共同排出管道。分为两部分：从膀胱颈开始在骨盆内的叫骨盆部，到坐骨弓外便转为阴茎部。上述各腺体均在尿道骨盆部开口，使其分泌物进入尿生殖道。射精时，从输精管壶腹集来的精子，在尿道骨盆部与副性腺的分泌物相混合组成精液，进入尿生殖道阴茎部。

（6）阴茎　阴茎为公驴的交配器官。主要由勃起组织及尿生殖道阴茎部组成。呈圆柱形，分为阴茎根、阴茎体、阴茎头 3 部分。阴茎的后端称为阴茎根，前端称为阴茎头，阴茎头末端膨大部称为龟头，龟头尖部有开口，以排出尿液或精液。

（7）包皮　包皮是由皮肤凹陷而发育成的皮肤褶。在不勃起时，阴茎头位于包皮腔内。

（二）母驴的生殖器官和机能

母驴的生殖器官包括内生殖器官即卵巢、输卵管、子宫、阴道和外生殖器官即尿生殖前庭、阴唇、阴蒂（图 11-13）。

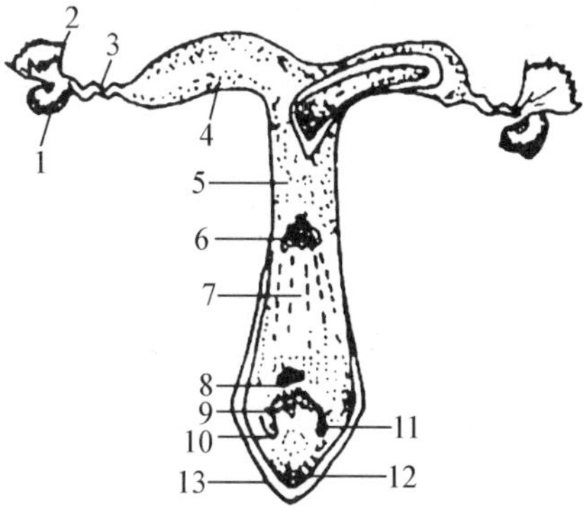

1. 卵巢　2. 输卵管伞　3. 输卵管　4. 子宫角　5. 子宫体　6. 子宫颈　7. 阴道　8. 阴道瓣　9. 尿道开口　10. 大前庭腺开口　11. 小前庭腺开口　12. 阴蒂　13. 阴唇

图 11-13　母驴的生殖器官

(1)卵巢　驴的卵巢多呈圆形或椭圆形,由卵巢系膜吊在腰区后部下面的两侧。其组织结构由髓质部和皮质部构成。外周为皮质部,中间为髓质部。皮质内含有卵泡、卵泡的前身和续产物(红体、黄体和白体)。卵巢的功能是产生卵细胞并排出成熟卵子,分泌雌激素及孕酮。

(2)输卵管　是子宫和卵巢连接的通道。包在输卵管系膜内,有许多弯曲。靠近卵巢的一段较粗,称为壶腹,是卵子受精的地方,其余部分较细,称为峡部。靠近卵巢一端呈漏斗状,称为漏斗。漏斗边缘上有许多皱褶和突出,称为伞部。伞部包在卵巢外面,可保证从卵巢排出的卵子进入输卵管内。输卵管可运送精子和卵子,是卵子和精子结合成合子的场所。合子沿输卵管运行到子宫里,逐渐发育成胎儿。

(3)子宫　子宫是胚胎发育的地方。它由子宫角、子宫体和子宫颈构成,位于骨盆入口的前方和直肠的下方。子宫角分左、右两个,其尖端分别与输卵管相接。子宫体是两个子宫角汇合的一段,与子宫颈相连。子宫颈是阴道通向子宫的门户。子宫颈突出于阴道中,称为子宫颈阴道部。发情时子宫颈口开张,保证精液通过。受孕时子宫颈口肌肉收缩,同时黏膜分泌黏液,将子宫颈口封闭,以保证胎儿正常发育。

(4)阴道　是母驴的交配器官和胎儿的产道。阴道的背侧为直肠,腹侧为膀胱和尿道。

(5)外生殖器官　包括尿生殖前庭、阴唇及阴蒂。尿生殖前庭,是阴瓣到阴门裂的短管,前高后低,稍微倾斜。阴蒂也叫阴核,位于阴唇下角的阴蒂凹内。阴蒂黏膜有丰富的感觉神经末梢,因此非常敏感。当母驴发情时,用手触摸它,母驴即摇动骨盆,伸腰展背。阴唇构成母驴阴门的两侧壁。两阴唇间的开口为阴门裂,阴唇的外面为皮肤,内为黏膜。

(三)驴繁殖机能的几个基本概念

(1)初情期　驴驹生长发育到一定时候,其生殖器官已基本发育完全,母驴初次发情或排卵;公驴有性欲表现,第一次能够释放出精子,具有繁殖能力,叫做初情期。一般公驴初情期晚于母驴,母驴的初情期为8～12月龄。

(2)性成熟　母驴到了一定的年龄,其生殖器官发育完全,具备了繁殖能力;公驴的生理机能已成熟,并已具备正常的受精能力,称为性成熟。性成熟的时间又受品种、温度及饲养管理等多种因素的影响。母驴的性成熟一般在1.5岁。

(3)初配年龄　指适于初次配种的年龄。驴驹性成熟时,身体发育尚未成熟,过早交配会影响畜体本身的发育及胎儿发育,故驴的初配年龄要在基本达到体成熟时,至少配种时的体重应为其成年体重的70%以上。母驴体成熟为3.5～5岁,故初配年龄一般为2.5～3岁。种公驴到3～3.5岁时开始配种繁殖较为适宜。

(4)发情　指性成熟后直至老年性机能衰退以前,凡不在妊娠期间,由于生殖器官的变化和雌性激素的作用,使母驴出现一种周期的性活动现象,如求配表现和生殖器官变化等。与其他家畜相比母驴发情的外部变化尤为明显,如叭嗒嘴、流唾液、抿耳弯腰、闪阴排尿、阴门肿胀等。

(5)发情季节　驴是季节性多次发情动物。关中地区驴发情在春、秋季最为明显,3～5月份是发情旺季;6～7月份天气炎热,发情及受胎率下降(发情减弱);9月份天气变凉,发情又增多。发情期延长至深秋才进入乏情期。高寒地区母驴发情以5～7月份较高。母驴发情较集中的季节,称为发情季节,也是发情配种最集中的时期。其发情季节与气候变化和营养状况有很大关系,在气候适宜和良好的饲养管理条件下,母驴也可常年发情。但如秋季产驹,则驴驹初生重小、成活率低、断奶重和生长发育均较差。

(6)发情周期　母驴到了初情期以后，其生殖器官整个机能便发生一系列周期性的变化，这种变化周而复始(非繁殖季节及怀孕母驴除外)，一直到停止性机能活动的年龄为止。这种周期性的性活动，称之为发情周期。其计算是指从这一次发情期的开始到下一次发情的间隔时间，或由一次排卵至下一次排卵的间隔时间。一般分为4个时期，即发情前期、发情期、发情后期及间情期。由于发情周期是一个渐次变化的复杂生理过程，因此这4个时期前后之间并不能截然分开。驴的发情周期平均为21 d，其变化范围为10～33 d。关中驴发情周期在18～21 d者占71%。德州驴平均为22 d。品种、气候及饲养管理条件可影响发情周期的长短。

(7)发情持续期　指从发情开始到完全结束(排卵为止)中间相隔的天数。驴的发情持续期为3～14 d，平均为5～8 d。据关中驴172个发情持续期的统计，平均为6.1 d。80%的母驴多集中在4～7 d。发情持续期的长短，随母驴的年龄、营养状况、季节、气温和使役轻重不同而变化。一般年龄小、膘情过肥、使役过重的母驴发情持续期较长；反之则短。在气温较低的北方，每年母驴2～3月份就开始发情，即所谓的“冷驴热马”。但早春发情持续期较长，卵泡发育缓慢，常出现多卵泡发育和两侧卵巢卵泡交替发育的现象，长者可达20 d或更长。一般从4月份转为正常。

(8)产后发情　母驴在产后短期内出现的首次发情，称为产后发情。与母马相似，母驴产后15 d左右即可发情配种，而且容易受胎，俗称“配血驹”或“配热驹”，一般发情表现不明显甚至无发情表现，但经直肠检查，则有卵泡发育而且可以排卵。关中驴母驴多于产后第12～14天首次排卵。

(9)妊娠和妊娠期　母驴发情接受配种后，精子和卵子结合受精，称为妊娠。从妊娠到分娩，胎儿在子宫内发育的这段时间，称为妊娠期。驴是单胎妊娠，偶尔也有双胎。妊娠期一般为365 d，但随母驴年龄、胎儿性别和膘情好坏，妊娠期长短不一，但差异不超过1个月。一般前后相差10 d左右。

(10)繁殖率　繁殖率是指本年度内出生仔畜数占上年度终适繁母驴数的百分比，主要反映驴群的增殖效率，肉驴的繁殖率一般为60%左右。繁殖率计算公式为：

$$\text{繁殖率}=\frac{\text{本年度内出生的仔畜数}}{\text{上年度终适繁母驴数}}\times 100\%$$

(11)繁殖成活率　指本年度新断奶成活的驴驹数占本年度适繁母驴的百分率。它是母驴受配率、受胎率、分娩率和幼驹成活率的综合反映。其计算公式如下：

$$\text{繁殖成活率}=\frac{\text{本年度断奶成活的驴驹数}}{\text{上年度终(本年度)适繁母驴数}}\times 100\%$$

(12)受胎率　受胎率是指在一年配种期内，受胎母驴数占受配母驴头数的百分比。其计算公式为：

$$\text{受胎率}=\frac{\text{全年受胎母驴匹数}}{\text{全年受配母驴匹数}}\times 100\%$$

情期受胎率是指在一个发情期内受胎母驴头数占配种母驴头数的百分比。其计算公式为：

$$情期受胎率=\frac{一个情期受胎母驴匹数}{一个情期受配(参加配种)母驴匹数}\times 100\%$$

(13)分娩率　指分娩母驴数占妊娠母驴数的百分比。这一指标反映了母驴维持妊娠的质量。其计算公式如下：

$$分娩率=\frac{分娩母驴数}{妊娠母驴数}\times 100\%$$

驴的人工授精，一般情况下，平均情期受胎率为40%～50%，技术较好地区平均情期受胎率可达63%左右；人工辅助交配为70%以上。总受胎率为85%左右。双驹率1.2%～1.4%。繁殖年限一般为16～18岁，饲养管理条件良好者可达20岁以上。

二、驴的繁殖技术

(一)发情鉴定技术

母驴的发情鉴定以直肠检查为主，结合试情法、外部观察法和阴道检查确定适宜的配种时间。

1.直肠检查法

直肠检查即手臂通过直肠，隔着肠壁触摸卵巢上卵泡的大小及弹性情况，掌握卵泡发育情况以确定适宜的配种期。因此是鉴定母驴发情的最可靠方法。检查前首先应安全保定好母驴，并用无刺激的清毒药剂洗刷驴外阴部，再用煮沸温水冲洗。术者剪短并磨光指甲，洗净手臂并涂上润滑剂如植物油、榆树皮浸泡的黏液或肥皂水，五指并拢成锥形，轻轻插入直肠内，手指扩张，以便空气进入直肠，引起直肠努责，将粪排出。术者手指继续伸入，当发现母驴努责时，应暂缓，直至狭窄部，以四指进入狭窄部，拇指在外，此时可采用两种检查方法：

(1)下滑法　手进入狭窄部，四指向上翻，在第3、4腰椎处摸到卵巢韧带，随韧带向下捋，就可摸到卵巢。由卵巢向下就可摸到子宫角、子宫体。

(2)托底法　右手进入直肠狭窄部，四指向前下摸，就可以摸到子宫底部，顺子宫底向左上方移动，便可摸到子宫角。到子宫角上部，轻轻向后拉就可摸到左侧卵巢(图11-14)。

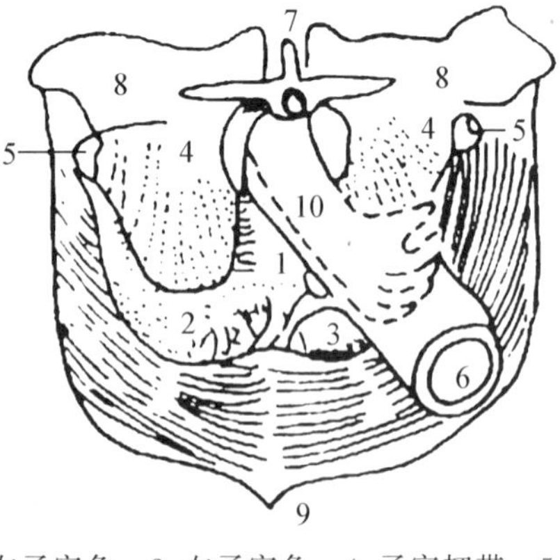

1.子宫体　2.右子宫角　3.左子宫角　4.子宫韧带　5.卵巢　6.直肠
7.腰椎　8.坐骨　9.下腹壁　10.术者右手

图11-14　通过直肠和骨盆腔膜子宫的手式

根据触摸卵巢,可以判断卵泡的发育情况。一般卵泡的发育可分为7个阶段:

(1)卵泡发育初期 两侧卵巢中开始有一侧卵巢出现卵泡,初期体积小,触之形如硬球,突出于卵巢表面,弹性强,无波动,排卵窝深。此期一般持续时间为1~3 d,不配种。

(2)卵泡发育期 卵泡发育增大,呈球形,卵泡液继续增多。卵泡柔软而有弹性,以手指触摸有微波动感。排卵窝由深变浅。此期持续1~3 d,一般不配种。

(3)卵泡生长期:卵泡继续增大,触摸柔软,弹性增强,波动明显,卵泡壁较前期变薄,排卵窝较平。此期一般持续1~2 d,可酌情配种(卵泡发育快的驴配;反之,则不配)。

(4)卵泡成熟期 此时卵泡体积发育到最大限度。卵泡壁甚薄而紧张,有明显的波动感,排卵窝浅。此期持续时间1~1.5 d,应进行交配或输精。

(5)排卵期 卵泡壁紧张,弹性减弱,泡壁菲薄,有一触即破的感觉。触摸时,部分母驴有不安和回头看腹的表现。此期一般持续2~8 h。有时在触摸的瞬间卵泡破裂,卵子排出。直检时则可明显摸到排卵凹及卵泡膜。此期宜立即配种或输精。

(6)黄体形成期 卵巢体积显著缩小,在卵泡破裂的地方形成黄体。黄体初期扁平,呈球形,稍硬。因其周围有渗出血液的凝块,故触摸有肉样实体感觉。此时不应配种。

(7)休情期 卵巢上无卵泡发育,卵巢表面光滑,排卵窝深而明显。

以上各期的划分,是人为规定的,实际上卵泡各期的变化是紧密相连的,无严格的顺序界限,只有熟练掌握才能做出确切判断。群众实践经验是:三期酌配,四期必配,五期补配(指刚排卵的母驴配种),这对提高驴的受胎率效果良好。

2.外部观察法

母驴发情征状明显,表现为神情不安,食欲减少,阴唇肿胀,皱纹消失,阴唇下沉略微张开。见到公驴时,抿耳叭嗒嘴,塌腰叉腿,闪阴排尿。根据发情进程和表现程度,分为以下5期。

(1)发情初期 母驴发情开始,就表现叭嗒嘴,每天2~3次。当见到公驴时,抬头竖耳,轻微地叭嗒嘴。当公驴接近时,却踢蹴不愿接受爬跨。此时阴门肿胀不明显。

(2)发情中期 头低垂,两耳后抿,连续地叭嗒嘴,见公驴不愿离去,两后腿叉开,阴门肿胀,频频闪阴。阴道黏膜潮红,并有光泽。

(3)高潮期 昂头掀动上嘴唇,两耳后抿,贴在颈上沿,叭嗒嘴,同时头颈前伸,流涎,张嘴不合。主动接近种公驴,塌腰叉腿。阴门红肿,阴核闪动,频频排尿,从阴门不断流出黏稠液体,俗称"吊长线",愿接受交配。此时宜配种或输精。

(4)发情后期 母驴性欲减弱,很少叭嗒嘴,只当公驴爬跨时,才表现不连续叭嗒嘴;有时踢蹴公畜,不愿再接受交配。阴门消肿、收缩、出现皱褶。下联合处有茶色干痂。

(5)静止期 上述各种发情表现消失。

3.阴道检查法

通过观察阴道黏膜的颜色、光泽、黏液及子宫颈开张的程度,来判断配种适期。

(1)发情初期 以开膣器插入或进行阴道检查时,有黏稠黏液。阴道黏膜呈粉红色,稍有光泽。子宫颈口略开张,有时仍弯曲。

(2)发情中期 阴道检查较易,黏液变稀。阴道黏膜充血,有光泽。子宫颈变松软,子宫颈口开张,可容一指。

(3)高潮期 阴检极易,黏液稀润光滑。阴道黏膜潮红充血,有光泽,子宫颈口开张,可容2~3指。此期为配种或输精适期。

（4）发情后期　阴道黏液量减少，黏膜呈浅红色，光泽较差。子宫颈开始收缩变硬，子宫颈口可容一指。

（5）静止期　阴道被黏稠浆状分泌物黏贴，阴检困难。阴道黏膜灰白色，无光泽。子宫颈细硬呈弯钩状。子宫颈口紧闭。

（二）妊娠诊断技术

早期妊娠诊断是提高母驴受胎率、减少空怀及流产的重要措施。对未孕母驴应于下一个发情期再配，以减少空怀。对确诊怀孕母驴应做好保胎工作防止流产。常用方法有外部观察、阴道检查及直肠检查等 3 种方法。

1. 外部观察法

通过肉眼观察母驴的外部表现来判断妊娠与否。最简单的方法是看下一个发情期是否发情。如果配种后不再发情，可初步认为已妊娠。母驴怀孕后食欲增进，毛色润泽、行动缓慢，性情温驯，到妊娠 5 个月时腹围增大偏向左侧，6 个月后可看到胎动。由此可知，外部观察法的最大缺点是不能早期（配种后第 1 个情期前后）确诊母驴是否妊娠，因而达不到早期诊断的目的。

2. 阴道检查法

即通过检查阴道黏膜、子宫颈状况来判断妊娠与否。母驴妊娠后，阴道被黏稠分泌物所黏连，手不易插入。阴道黏膜呈苍白色，无光泽。子宫颈收缩呈弯曲状，子宫颈口被脂状物（称子宫栓）堵塞。

3. 直肠检查法

同发情鉴定一样，通过直肠检查卵巢、子宫状况来判断妊娠与否。这是判断母驴是否妊娠的最简单而可靠的方法。检查时，将母驴保定，按上述直肠检查程序进行。母驴早期妊娠子宫及胎泡的形态变化如图 11-15 所示。

（1）怀孕 14～16 d　子宫角收缩呈圆柱形，角壁肥厚，深部略有硬化感觉，轻捏子宫角尖端两手指靠不紧。感觉中间隔有肌肉组织。

（2）怀孕 16～18 d　子宫角硬化程度增加，轻捏尖端不扁，里硬外软，中间似有弹性的硬芯，在子宫角基部，向下突出的胚泡感觉明显，如鸽蛋大；空角多弯曲，孕角多平直；空角多比孕角长；两子宫角交界处出现凹沟。

（3）怀孕 20～25 d　子宫角孕角质地坚硬像猪尾巴，空角弯曲增大。子宫底的凹沟明显，胚泡如乒乓球大。此时，在卵巢的排卵侧面，可摸到黄体。

（4）怀孕 26～40 d　左右子宫角无变化，摸到的胚泡继续增大，形如拳头大小，卵巢黄体明显。

（5）怀孕 40～55 d　胚泡继续增大，孕角因为重量加大而下沉，卵巢韧带开始紧张，空角多背负于胚泡上面，胚泡部子宫壁变薄，轻轻触动有波动感。

（6）怀孕 60～70 d　胚泡很快增大，大如婴儿头，妊娠侧子宫角下沉，卵巢韧带紧张，两卵巢均下沉，彼此稍为靠近，胚泡处子宫壁薄而软，内有大量胎水。

（7）妊娠 80～90 d　两子宫角被胚胎占据，摸不到子宫角和胚泡整体。卵巢更向腹腔前方移位，卵巢韧带更加紧张，两卵巢更加靠近。直检时，要注意区分胚泡和膀胱，前者表面布满血管，呈球网状，后者表面光滑，并充满尿液。如果区分不清楚时，可等待片刻或牵遛运动后，使

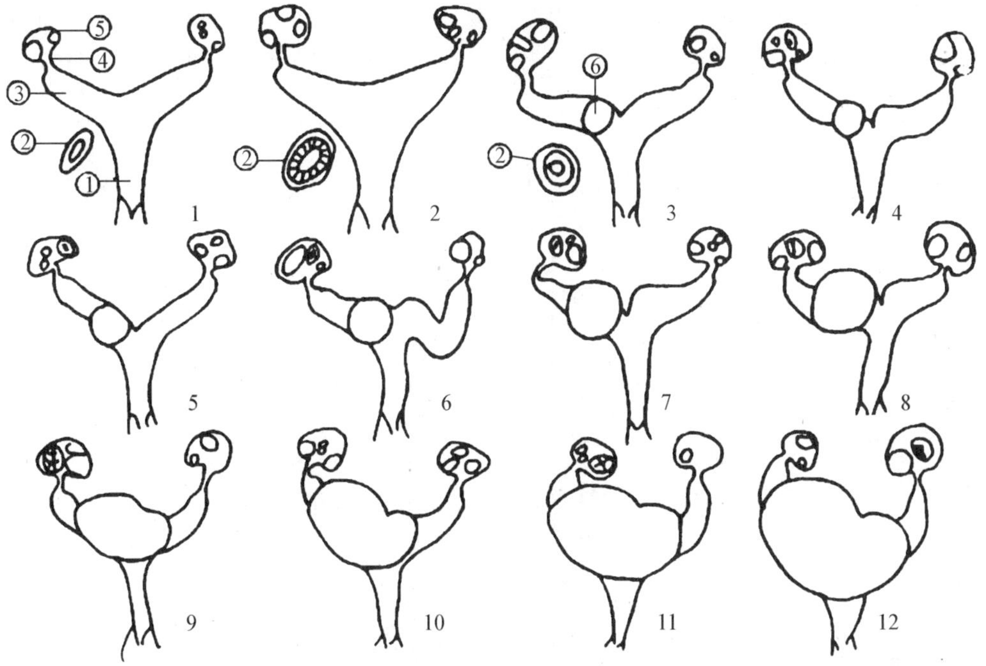

1.未孕正常子宫 2.未孕炎症子宫 3.初产驴怀孕 16～25 d 子宫及胎胞 4.经产驴怀孕 16～25 d 子宫及胎胞
5.初产驴怀孕 26～35 d 子宫及胎胞 6.经产驴怀孕 26～35 d 子宫及胎胞 7.母驴怀孕 36～45 d 子宫及胎胞
8.母驴怀孕 46～55 d 子宫及胎胞 9.母驴怀孕 56～65 d 子宫及胎胞 10.母驴怀孕 66～75 d 子宫及胎胞
11.母驴怀孕 76～85 d 子宫及胎胞 12.母驴怀孕 86～90 d 子宫及胎胞
①子宫体 ②子宫角横断面 ③子宫角 ④输卵管 ⑤卵巢 ⑥胎泡

图 11-15 母驴早期妊娠子宫及胎胞的形态变化

其排尿后再做检查，对比前后变化，有利于区别。

(8)妊娠 4 个月以上 可摸到子宫中动脉的特异搏动。该动脉位于直肠背侧，术者手伸入直肠后，手掌向上用手指贴于骨盆顶部的荐骨，从后向前先找到腹主动脉末端的两条分支，即髂内动脉；再沿正中的腹主动脉向前摸到第 2 个分支为髂外动脉；在髂外动脉的基部可以摸到由该处分出来走向子宫阔韧带的子宫中动脉（图 11-16），子宫中动脉的特异搏动如水管喷水状。只要触到这种搏动，说明母驴已妊娠。怀孕 5 个月以上时，可摸到胎儿活动。

(三)驴的人工授精技术

人工授精是用器械采取公驴精液，经稀释后再用器械把精液注入到发情母驴生殖道内，以代替自然交配的一种方法。该方法可以充分发挥优良公驴的作用，提高配种受胎率，是提高驴群质量的有效手段，还可减少疫病传染。人工授精包括采精、精液品质检查、精液稀释、保存及输精等方面内容。要求技术人员操作熟练、细心、消毒严格、配制稀释液和药液准确。这样，才能达到预期目的。

1.采精

即利用器械采取种公驴的精液。要想取得满意的采精效果，关键是种公驴的选择、调教和技术人员正确的采精技术。对公驴采用假阴道法采精。采精步骤如下：

(1)台驴的选择与保定 选择的台母驴应处在发情旺期，最好是体格健壮、无病且温驯的经产母驴。将选定的台母驴保定在采精栏上。有条件时可采用假台畜采精,更安全、简便。

(2)假阴道的准备　装好假阴道后,先用65%酒精消毒内胎及集精杯,再用96%酒精擦拭,待酒精挥发后,再用稀释液冲洗。

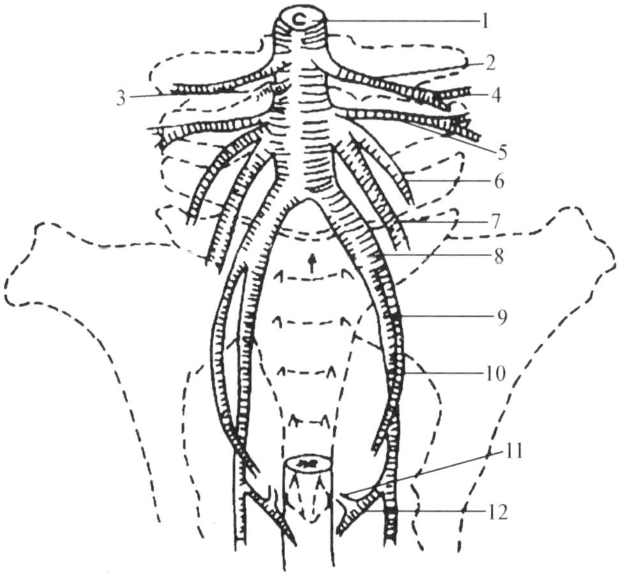

1.腹主动脉　2.卵巢动脉　3.肠系膜后动脉　4.卵巢动脉子宫支　5.旋髂深动脉
6.子宫动脉　7.髂外动脉　8.髂内动脉　9.阴部内动脉
10.脐动脉　11.尿生殖动脉子宫支　12.尿生殖动脉

图 11-16　母驴子宫动脉的起点

(3)假阴道调温、调压、涂润滑剂　先灌入1 500～2 000 mL的42 ℃温水。用温度计测假阴道内壁温度,要求保持在39～41 ℃。吹气加压,使采精筒大口内胎缩成三角形为宜。压力过大,阴茎不易插入;压力过低,公驴缺乏兴奋,不射精。最后用玻璃棒蘸润滑剂涂抹至假阴道内壁的前1/3。如涂抹过深,易使润滑剂流入集精杯内。

(4)冲洗公驴外生殖器　用软毛巾以温水冲洗公驴外生殖器。

(5)采精　采精员站在台畜右侧,右手握采精筒,待种公驴阴茎勃起,爬跨上台驴后,顺势轻托公驴阴茎,导入假阴道。切忌用手使劲握、拉阴茎。持假阴道的角度不宜定死,因种公驴的阴茎勃起时有3种情况:一是勃起时上挑;二是勃起时下托;三是勃起时平直。故应根据阴茎的情况来掌握角度,达到使阴茎在假阴道内抽动自如,不使阴茎曲折。公驴射精后,立即将假阴道的气孔打开,慢慢放气。假阴道随之逐步竖起,使全部精液流入集精杯内。以纱布封口,送入精液处理室。

2.精液检查

精液送进处理室后,应立即置于30 ℃左右恒温水浴中,以防止温度突然下降,对精子造成低温打击,并在保持20～30 ℃的室温下进行品质检查。检查内容有下列几项:

(1)射精量　不同品种、不同个体射精量不同,即使同一个体也会因年龄、性准备情况、采精方法、技术水平、采精频率和营养状况等不同而有所变化。驴的射精量一般为60～100 mL。测定时必须过滤除去胶状物。

(2)色泽　驴正常精液呈淡乳白色或浅灰白色,无味。凡有其他杂色和气味的都属不正常，不能用于输精。

(3)精子活率　精子活率受温度的影响很大，温度过高，精子活动会异常剧烈，很快死去；温度过低精子活动缓慢，活率表现不充分，评定结果不准确。因此，应将显微镜放在保温箱内，检查时温度以 35～38 ℃为宜。用消毒过的玻璃棒蘸取待检精液于载玻片上，在 200～400 倍显微镜下观察。如果视野中 100%精子都作直线前进运动则评为 1.0 分，90%作直线前进运动评为 0.9 分，其余依此类推。驴精子活率低于 0.4 者，不能使用。

(4)密度　测量驴精子密度一般采用估测法和计数法两种方法进行。估测法可与检查活力同时进行，根据精子稠密程度不同，将其粗略分为"密"、"中"、"稀"三级。该法虽欠精确，但简单易行，生产中多采用并以此确定稀释倍数。较精确的方法是用血细胞计算板计算每毫升精液中精子数。驴精子密度一般为 1.5 亿～2 亿个/mL。

3. 精液稀释

精液稀释应在采出后尽快进行。新鲜精液不经稀释不利于精子存活。稀释时，将一定量的与精液等温(一般将稀释液与精液置于同一温度环境下，即 30 ℃左右中)的稀释液沿杯口慢慢倒入，轻轻摇匀。稀释的倍数取决于每次输精所需精子数、精子密度及活率。驴精液的稀释倍数一般为 2～3 倍。

4. 精液保存

精液的保存可分为常温(15～25 ℃)、低温(0～5 ℃)和冷冻(－196 ℃)保存三种。驴精液的低温保存效果不佳，通常采用常温保存和冷冻保存。常温保存无需低温设备，便于普及推广。表 11-10 列出几个常用的常温保存稀释液配方。

表 11-14　驴精液常温稀释液配方

成　分		配方Ⅰ	配方Ⅱ	配方Ⅲ*
基础液	蔗糖/g	8	—	—
	葡萄糖/g	—	7	—
	明胶/g	7	—	—
	马奶/mL	—	—	100
	蒸馏水/mL	100	100	—
	基础液/%	90	97	99.2
稀释液	甘油/%	5	2.5	—
	卵黄/%	5	0.5	0.8
	青霉素/(IU/mL)	1 000	1 000	1 000
	链霉素/(IU/mL)	1 000	1 000	1 000

"*"表示无马奶用牛奶、羊奶、奶粉也可以。新鲜牛奶、羊奶用纱布过滤，隔水煮沸 20 min，去掉奶皮，待温度下降至 30 ℃ 左右备用；奶粉稀释液可用 10 g 奶粉加蒸馏水 100 mL，消毒后备用。

Ⅰ号稀释液保存驴精液在 120 h 以上，活率为原精液的 70%。Ⅱ、Ⅲ号稀释液分别在 12～17 ℃、15～20 ℃保存精液达 2～3 d 或以上。

5. 输精

首先将处于适配期的母驴保定好，对其外阴部进行消毒，再用煮沸凉温水冲洗，并用消毒纱布擦干。输精员手臂用消毒液消毒，再用煮沸凉温水冲洗，用消毒纱布擦干。输精时，输精员站在母畜后方偏左侧，右手握输精管，五指形成锥形，缓慢插入母畜阴道内，将输精管插入子宫颈口内 5～7 cm 处，左手握注射器并抬高，任精液自流输入。

输精时应注意的问题如下：

①输精剂量一般为 15～20 mL，要保证输入精子数不低于 5 亿个。

②输精速度要慢，以防精液倒流。

③注射器内不要混入空气，防止感染。

④发现精液倒流时，可用手捏住子宫颈，轻轻按摩，促使子宫收缩。或轻压驴背腰部，使其伸展，并牵行运动。

此外，在人工授精的整个操作环节中，应特别注意凡是与精液接触的一切用具均要经过彻底清洗、消毒并干燥。

三、提高驴繁殖率的技术措施

提高驴的繁殖力，从根本上说就是要使繁殖公母驴保持旺盛的生育能力，保持良好的繁殖体况；从管理上说就是注意尽可能地提高母驴的受配率，防止母驴的不孕和流产，防止难产；从技术上说就是要提高受胎率等。

(一)繁殖母驴应保持旺盛的生育能力

从母驴初次繁殖起，随胎次和年龄的增长而繁殖力逐年升高，至壮龄时生育力最强。无论公母驴，当营养好时，均可繁殖到 20 岁以上，所以有“老驴少牛”之说。营养差的到 15～16 岁便失去了繁殖力。在繁殖群中，要注意经常保持 65%～70%的母驴进入旺盛生育期。

(二)繁殖驴群应保持良好的体况

繁殖公母驴均要经过系统选择，达到繁殖性能好，身体健壮，营养状况呈中上等。为此，对繁殖用的公母驴，必须按饲养标准饲喂，供给品质良好的饲草、全价混合精料、适量食盐和充足的饮水。

(三)提高母驴的受配率

提高母驴的受配率是增加繁殖力重要的一环，其措施有以下几点：

第一，调整畜群结构，增加繁殖母驴比例，要使繁殖母驴在畜群中的比例达到 50%～70%。

第二，合理布局，建立驴的配种网站，推行人工授精，使尽可能多的母驴参加配种。

第三，增膘复壮，促使发情。草料不足，饲草单一，日粮不全价，尤其是缺乏蛋白质和维生素，是饲养上造成母驴不发情的主要原因。为此，母驴配种前 1 个月要增加精料；参加劳役的要延长母驴的采食时间，对膘情不好的要减轻使役量，增喂青绿多汁饲料。

第四，加强发情观察，建立报情制度。饲养人员要熟悉每头母驴的发情规律和个体特点，注意观察母驴的发情表现，一旦发现，及时牵到人工授精站进行发情鉴定。也可根据上次发情日期，进行发情预报，防止漏配。

第五，加快子宫复旧，促使哺乳母驴配种。母驴分娩后的子宫复旧和产后再次发情的时间，是判定母驴生殖机能的重要标志。驴和马一样，在产后 10 d 左右(第 1 个情期)可以“血配”，以后每个情期都有正常发情的，如能及时配种，就可以提高整个畜群的受胎率。

第六，采取集中试情和配种的方法。在配种旺季，每天定时以村为单位对空怀母驴集中试情，如发现母驴发情，即立即牵站配种。这样可以使优秀公驴的利用率得到提高，并能提高驴的品质。

第七，及时检查和治疗不发情母驴。役用母驴中，有10%～15%的适龄母驴因有生殖道疾患而不发情，应及时诊断和治疗。已失去繁殖能力的母驴，应从适繁母驴数中剔除。

(四)提高母驴受胎率

提高母驴受胎率，是提高繁殖力的重要环节。其措施有以下几点。

第一，改善饲养管理，维持母驴适度膘情。一个驴群或一头母驴的营养条件越差，体重下降就越多，繁殖力也越低。营养不良对青年母驴的主要影响是延迟达到一定体重的时间，推迟初情期到来的年龄，大大降低初配母驴的受胎率。营养不足，对母驴的再次妊娠也有很大影响。表现产后体重下降较多，影响配种的受胎率。有时妊娠也常会发生流产、死胎，致使繁殖效率降低。母驴妊娠期营养不足最大的影响常是母驴产后体重减轻、繁殖率降低和驴驹初生重减轻。我们提倡适度营养，即中等能量和中等蛋白质组合，包括维生素和矿物质，要求各养分需要量取得平衡。

第二，公驴精液质量高，冷冻精液品质必须符合国家标准才可应用。

第三，适时输精(配种)，须从三方面入手：一是准确掌握发情鉴定，二是掌握适宜的输精时间，三是熟练掌握输精技术。

第四，严格遵守操作规程，注意卫生条件。这是一项十分重要而又常被忽视的问题。若不注意无菌操作，开展人工授精越普遍的地方，往往也是母驴生殖道疾患蔓延越严重的地方。

第五，实行早期妊娠检查，抓紧复配。

(五)防止母驴的不孕和流产

母驴常因繁殖障碍造成不孕，不孕常占空怀母驴的40%以上，给母驴繁殖造成了很大的损失。流产也是影响母驴增殖的另一个因素，约占5%以上。对繁殖上的疾病，应给予积极的治疗和预防；流产除疾病因素外，主要是饲养管理不当造成的，这应当通过正确的饲养管理来解决。

(六)提高驴驹的成活率

提高驴驹成活率的措施，主要有以下几条。

①认真护理好新生驴驹。

②注意保暖，防止贼风袭击驴驹，特别是气候骤变时，更应注意。

③及早让驴驹吃上初乳，生后2 h内吃上最好。

④母驴泌乳力的好坏，是幼驹成活率高低、生长发育快慢的重要条件。要求每个泌乳月(哺乳月)的第1天给幼驹称重，这在前3个泌乳月尤为重要，因为这时的驴驹是以母乳营养为主，可用驴驹的增重来检查母驴的泌乳力。泌乳的后3个月，因驴驹逐渐转为补饲为主，驴驹的增重和母驴的泌乳力的相关性就不如以前那样明显了。

⑤早补饲，驴驹在生后1周，可给予柔软优质干草，同时诱其采食精料。最好依体重的增长，补料的量也予以增加。对驴驹进行单槽补饲，比与母驴同槽补饲效果更好。

复习思考题

1. 阐述驴、骡的生物学特性及特点。

2. 简述驴、骡体质外貌的基本要求和鉴定技术。

3. 简述驴毛色的分类和别征的识别与记载。

4. 驴的牙齿构造及其发生、脱换、磨损等和马的牙齿有何不同？鉴定驴的年龄时，应注意什么？

5. 简述种驴综合鉴定的主要内容、鉴定时间与鉴定方法。

6. 简述驴发情鉴定技术的基本要点。

7. 提高驴繁殖率的技术措施有哪些？在生产中如何具体应用？

8. 说明驴的生长发育规律和培育种驴的主要措施。

9. 从外貌上如何区别驴、骡、马？

实　　习

实习一　马匹接近和部位识别及鉴定

一、目的要求

练习正确接近马匹的方法，为日常管理工作中防止事故、保障人马安全打好基础；熟练掌握马匹各部位名称、界限及其骨骼基础，为外貌学习奠定基础；鉴别马匹部位的优劣，为马匹鉴定打下基础。

二、材料和用具

挂图、照片、模型及马若干匹、水勒、笼头等。记录用的表格。

三、实习内容

（一）马匹接近

马神经系统比较发达，对外界刺激很敏感，若调教及管理不当，操纵不得法，在接近时对人造成伤害事故，养成马匹逃窜的恶癖。因此，必须懂得接近马匹的方法，并注意马的表情与心理状态的关系。

接近或牵引马匹时要谨慎，要胆大而警惕，经常注意马的表情和动作。主要观察耳、眼、口、鼻、躯干和四肢的行为表现。马全身的动作表现，常以联合行为出现。

两耳前竖、频频转动，表示注意和惊恐；两耳向后倒、尾夹于两股之间，后躯出现方向性的转动，表示恐惧不安。接近时，应先以轻缓的声音给马以招呼，然后再慢慢接近，抚拍其颈肩部加以安慰，待马安静，然后再接近。

竖耳鸣鼻、怒目狞视、有时鼻翼扇动、全身紧张、尾根紧收，是马恐惧的表现，且有向人、畜攻击之意。接近时应特别小心镇静，消除其恐惧心理，加紧控制缰绳，防止逃脱。并停止前进，以降低其兴奋性，待马安静后再接近。

接近马匹时，不应突然向前，应先向饲养员问明马的习性，有无恶癖，熟悉哪些口令，然后发出温和的声音或呼马名、马号，慢慢地接近。因马多站立睡眠，突然接近，或从后面接近，会引起反抗，发生事故。不要触碰马的敏感部位及危险性较大的部位，如耳、眼、腹下、肷部、阴囊、肛门、四肢下部等。可轻轻拍打颈部，抚摸肩部、背部及鼻梁表示爱护和安慰，以免引起马不安和蹴踢。接近的位置，由马体左前侧方接近（俗称里手），不要从正前方或后面去接近。

（二）马匹部位识别

马体由头颈、躯干、四肢三大部分组成，见实习图-1。

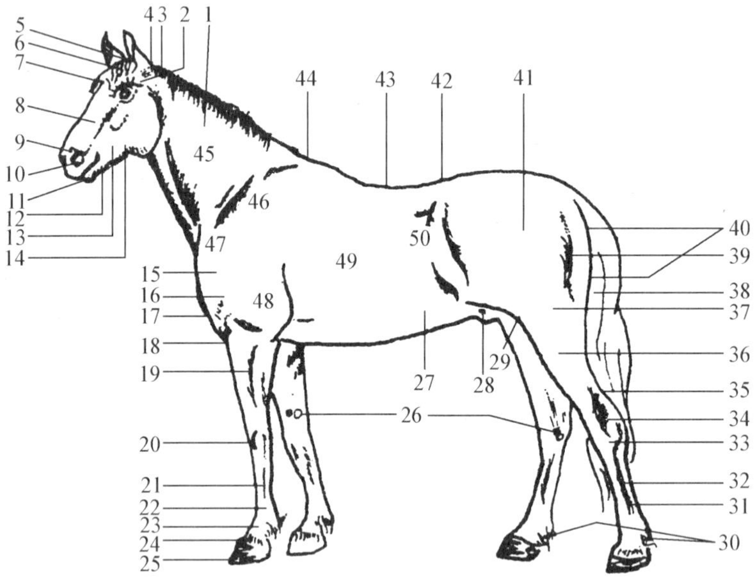

1.鬣　2.眼盂　3.颞颥　4.项　5.耳下　6.鬃　7.额　8.鼻梁　9.鼻端　10.鼻孔　11.口　12.颐和颐凹　13.颊　14.腭缘及腭凹　15.前胸　16.上膊　17.颈础　18.前胁　19.前膊　20.前膝　21.前管　22.球节　23.系　24.蹄冠　25.蹄　26.附蝉　27.腹　28.阴筒　29.鼠蹊　30.距毛和距　31.腱　32.后管　33.飞节　34.飞端　35.飞索　36.胫　37.股　38.尾　39.臀　40.臀端　41.尻　42.腰　43.背　44.鬐甲　45.颈　46.肩部　47.肩端　48.肘　49.胸廓　50.肷

实习图1　马体各部位名称

1.头颈部

（1）头部　包括大脑、额、耳、眼、眼盂、鼻梁、鼻端、鼻翼、口及上下唇等。

（2）头础　头和颈相连接的部位，称为头础。

（3）项　以枕骨嵴和第1颈椎为基础，两耳近后方。

（4）腭凹　左右两下颌骨之间的凹陷部。

（5）颈　以7个颈椎为基础，头础与颈础之间的部位。

（6）颈沟　颈下缘两侧由上向下的浅沟。

(7)颈础　颈和躯干的连接处称为颈础。

2. 躯干部

(1)鬐甲　以2～12节胸椎棘突为基础,连同两侧的肩胛软骨、韧带、肌肉、结合成的体表部分。

(2)背　以最后7～8节胸椎和肋骨上1/3为基础,前接鬐甲、后接腰部的体表部位。

(3)腰　以腰椎为基础,以最后一根肋骨到腰角前缘之间的部位。

(4)尻部　以髋骨和荐骨为基础。前面以两腰角前缘的连线为界,侧面从腰角到臀端连线,后面两臀端连线以上的体表部分。

(5)尾　以尾椎为基础,分尾根、尾干、尾毛3部分。

(6)前胸　两肩端连线以下,躯干前面,两前肢之间的平坦部位。

(7)胸廓　以胸椎、肋骨和胸骨为基础。前面从肩端到后面最后一根肋骨,上面由背部至下面胸状骨和两侧肋骨所包括的体躯部位。

(8)腹部　位于胸廓后缘到骨盆的前缘。前面以横膈膜为界和胸腔分开,下面及侧壁由腹肌和肌腱构成。

(9)肷窝　肋后,腰侧,腰角前下方的凹陷处。

(10)腰角　以髋关节外粗隆为基础的体表突起部分。

(11)臀端　以坐骨结节为基础的体表部分。

(12)臀部　在臀端以下,肛门、会阴两侧,下至胫部上1/3的体表部分。

(13)带径　肘端后一掌的胸下部分,亦即肚带通过的部位。

(14)前肋　又称为"腋部",即前肢与体躯接触的部位。

(15)后肋　又称为"鼠蹊",是股内侧与腹壁之间的部位。

(16)会阴　公马是由肛门至阴囊的区域;母马则是从肛门到阴门之间的区域。

(17)其他　肛门、阴囊、阴筒、阴门、乳房等部位。

3. 四肢部

(1)肩胛部　以肩胛骨为基础,位于第1～8根肋骨侧上方,鬐甲斜下方,胸廓两侧的隆起部分。

(2)肩端　以肩关节为基础,与肱骨上端所形成的隆起部分。

(3)上膊　以肱骨为基础,位于肩端后下方和肘部前上方部分。

(4)肘　以尺骨头为基础,向后方突出的部分。

(5)前膊　以尺骨、桡骨为基础,位于肘与腕之间的部分。

(6)附蝉　前肢在前膊内侧,腕部上方;后肢在后管上方,飞节下方,附着的干固角质物,俗称"夜眼"。

(7)前膝　以腕骨为基础,即腕关节。

(8)前管　以管骨为基础,腕关节以下到球节之间部分。

(9)股部　以股骨为基础,后躯侧面,由后膝到髋关节之间的部位。

(10)后膝　以膝盖骨为基础,股骨下端向前隆起的部位。

(11)胫部　以胫骨为基础,后膝以下到飞节的部分。

(12)飞索　以跟腱为基础,胫下部后面的索状物。

(13)飞节　以跗骨为基础,胫与后管之间的关节。

(14)飞端　以跟骨结节为基础，飞节部向后上方突出的最高点。

(15)后管　以大跖骨及第2、第4小跖骨为基础，由飞节到球节之间的部位。

(16)腱　管骨后面的索状体，腱与管骨之间有明显的沟状分界。

(17)球节　为系骨、管骨和籽骨三者所构成的球状突起，位于管的下端。

(18)距和距毛　球节后面所生的长毛称为距毛，距毛着生的内部角质物称为距。

(19)系　以第1趾骨为基础，在球节以下，蹄以上的部位。

(20)蹄冠　蹄壁上缘一周隆起部分。

(21)蹄　以冠骨、蹄骨为基础，包括蹄冠、蹄壁、蹄尖、蹄踵、蹄底等部分。

(三)马体部位鉴定

1. 头部

(1)头的大小　须与躯干各部位相对称。头要中等大小，一般应略等于颈长，长大者多为重种，短小者多为轻种。

(2)头形　头从侧面观察，由额部至鼻端呈直线者为直头(正头)，是理想的头形。从额部至鼻端的连线弓隆者，为兔头；额部呈直线，鼻梁部弓起者，为半兔头。额部正常鼻梁部有一凹陷，形似鲛鱼的头，谓之凹(鲛)头；另外还有楔头、羊头，均为不良头形。

(3)头倾斜角度　头与地面成45°角倾斜者最为理想。

(4)头础　应附着良好，即项部略长，界限分明，耳下广而稍凹陷。腭凹要宽广，咽喉宜大。

(5)眼　眼睛要大，两眼距离要远，大小对称，眼珠有光泽而灵活者为佳。

(6)额　额部要宽广、平坦。

(7)鼻　鼻梁须宽广，鼻孔要大，鼻翼须薄而灵敏。

(8)头的位置　头的位置要宽广而直立，转动灵活。

2. 颈部

(1)颈与地面的夹角　夹角成45°者称斜颈，为理想的颈；与地面垂直者叫垂直颈；与背线近于一条直线者，谓之水平颈，为不良的颈。

(2)颈的类型　颈上下缘均为直线，且与地面成45°左右的角，叫正颈，是理想的颈形；颈上缘凸，颈下缘凹，头与地面近于垂直者，叫鹤颈，为乘马和公马的良颈；颈上缘凹，下缘凸，头呈水平状者为鹿颈，是不良的颈形。

(3)颈与头长　颈与头长相比，大致等于头长者为中等长的颈；颈部大大超过头长者为长颈；比头短者为短颈。一般乘马的颈较长，挽马的颈短而宽厚。

(4)颈与躯干结合　上缘在鬐甲前方稍微低落，两侧以缓曲线和肩部相连，下缘在肩端连线稍上方者为良颈础。

3. 躯干

(1)鬐甲　乘用马要求高长，且有适当厚度的鬐甲；挽马应有比较低而宽广的鬐甲。鬐甲的高低应与尻高相比较，高于尻高甚多者为高鬐甲，反之为低鬐甲。

(2)背部　背以短、宽、平、直，且肌肉发达者为佳。依其形状可分为直背(背线呈水平状)、凸背(背部弓起)、尖背(背部呈屋脊状)、凹背(背部凹陷)、复背(背部肌肉非常发达，背线呈一条纵沟)等。

(3)腰部　须宽而短，腰肌发达，与背、尻结合良好。依其形状分为长腰、短腰、凸腰和凹腰等。

(4)尻部

①形状。根据腰角与臀端的连线和从臀端所作水平线之间夹角的大小,可分为斜尻(夹角在40°左右)、水平尻(夹角在18°～19°)、正尻(夹角为20°以上)等,挽马多斜尻,乘马多为水平尻,正尻适于任何类型的马。尻中线两侧肌肉丰满,中线呈现纵沟者为复尻,适于挽马;尻短而斜呈圆形,为圆尻,适于兼用马;中线两侧甚为倾斜,呈屋脊状为尖尻,是劣等尻形。

②长短与宽窄。挽马的尻要求长而宽广,乘马的尻应长而广度适当。尻长等于尻宽者较为适中。

(5)尾　在安静的状态下,尾以适当离开臀部者为佳。乘用马尾础较高,挽用马尾础较低。

(6)胸部

①前胸。在正肢势情况下,两前肢之间的距离大于一蹄者为宽胸,适于挽马;等于一蹄者为中等胸,适于乘马和兼用马;小于一蹄者为窄胸,窄胸对任何类型的马都不利。依其形状,胸的前壁与肩端成一垂面,胸肌发育良好,比较丰满者为平胸,是理想的胸形,凹胸,凸胸皆为不良胸形。

②胸廓。长、深、宽的胸廓,胸腔容积大,心肺发达,对任何类型的马都是理想的。乘用马胸廓要求深长,宽度适中;挽用马胸廓要求深长,宽度充分。

(7)腹部　腹部正常的马,腹线和胸下线成一水平线,逐渐向后呈缓弧线达于生殖器部位,两侧以适度的圆形移向肷部。不良的腹形有草腹、垂腹、卷腹。

(8)肷部　该部要求短而充实,约容纳一掌为良。

(9)生殖器　公马睾丸大小应适度,两侧大小一致,阴囊及阴筒皮肤要柔软;母马的阴门要紧闭。

4. 四肢

(1)前肢

①肩部。要求有适当的长度与倾斜度,长而斜的肩胛(长度等于体高的2/5,斜度为40°～60°者最适宜),对任何类型的马都为美格。

②上膊。上膊约等于肩长的1/2,与肩的夹角为115°,肌肉附着强大者为佳。

③肘。要求长而强大,突出于后上方,方向端正。

④前膊。长粗而肌肉发达,方向垂直者为佳。

⑤膝。要求长、广、直而厚,轮廓明显,无弯凹及内外弧等。

⑥管。须直而广,屈腱明显。

⑦球节。以广、厚、干燥、方向端正者为良。

⑧系。长度适当,约为管长的1/3;倾斜角度在45°～50°,和管在同一垂直线上为良系。角度过大为立系,角度过小为卧系,均不良。

⑨蹄。大小要适中,蹄形要正确,蹄质应坚实,蹄尖与蹄踵之比约为3∶1,一般挽马的蹄较大,乘马的蹄较小。

(2)后肢

①股部。股长斜、附着的肌肉长,伸缩力大,步幅大,利于速度,对乘用马是理想的;股短立,肌肉负担小,有利于发挥力量而持久,适于挽马和驮马。

②胫部。胫部长斜,宽度适中,则附着的肌肉长而发达,步幅大,速度快,适于乘马;胫短立,附着的肌肉短宽,肌肉负担小,利于负重和持久,适于挽马和驮马。

③后膝。应大而圆，稍向外张。

④飞节。以长、广、厚，方向端正，结构干燥，不呈内外弧者为良。

对于管、后球节、后系、后蹄的要求，基本上同于前肢的。

(3)肢势

①正肢势。前肢：前望，由肩端引垂线，将前肢及蹄左右二等分；侧望，由肩胛骨中线1/3处引垂线，将球节以上各部分前后等分，垂线通过蹄踵后缘落于地面，系和蹄方向一致，且与地面略呈45°～50°的角；后肢：由两臀端向下引垂线，侧望该垂线触及飞端，沿管和球节后缘落于蹄踵的后方；后望这两条垂线将飞节以下各部位左右等分。系和蹄的方向一致，且与地面呈50°～60°的夹角。

②不正肢势。包括前踏肢势，后踏肢势，广踏肢势，狭踏肢势，“X”、“O”形肢势，内向肢势，外向肢势和刀状肢势等。

5.肌肉、筋腱、体质和气质

(1)肌肉　用手触摸颈部、背部、尻部、前膊及股部肌肉发育情况，要求肌肉坚实而肌界明界。

(2)腱和韧带　观察管部腱的发育情况，以粗大明显者为好。韧带视其项韧带的发育情况，要求强固坚实。

(3)体质　根据马的具体表现，判定其体质类型，以干燥、结实的体质最为理想。

(4)气质　根据马的外表、精神状态和对外界事物反应的敏锐程度，来判断马的气质表现。

6.失格和损征

(1)失格　严重影响马体结构协调性和生产性能的缺点，谓之失格。可以补偿的为关系失格，如头过大、颈过细、背过长等。不能补偿的失格为完全失格，如单睾、隐睾、喘鸣症、鸡跛、失明等。

(2)损征　马体在形态上的局部损伤或在功能上引起的障碍，谓之损征。如管骨瘤、趾骨瘤、飞节软肿、球节软肿、膝软肿、外伤痕、变形蹄等。

四、实习作业

1.观察记载马匹行为活动的各种表情，并注意合理地接近马匹。

2.绘制马体部位名称图。

3.简述马体的正肢势。

实习二　马匹体尺测量、称重

一、目的要求

掌握马匹体尺测量和称重的方法，为判定马体结构、划分类型、了解马的用途和能力、观察马的个体发育情况和体质坚实程度以及检查饲养管理情况等提供依据。配合感官鉴定，进行体尺测量和称重，就所得数据进行整理分析，以得出正确结果。

二、材料和用具

马若干匹、水勒、笼头等，测量用的测杖、卡尺、卷尺、角度计、记录用的表格等。称体重最好用地衡。

各种用具在使用以前，要进行校正，以保证其准确度。

三、实习内容

(一)体尺测量的方法

体尺测量时，马应在平坦地面驻立保定，保持正肢势。测量时做到部位准确、动作敏捷、读数可靠，同时要注意自身安全。一般必须测定 4 项，体高、体长、胸围、管围。

1. 常规测量

(1)体高　鬐甲顶点到地面的垂直距离。

(2)体长　肩端至臀端的斜直线距离。

(3)胸围　鬐甲后方，通过肩胛骨后缘，垂直向下，绕体躯一周之周长。

(4)管围　左前管上 1/3 的地方，管部最细处之水平周长。

2. 其他测量

除以上 4 项体尺处，必要时，还可以测量以下各项(实习图 2)。

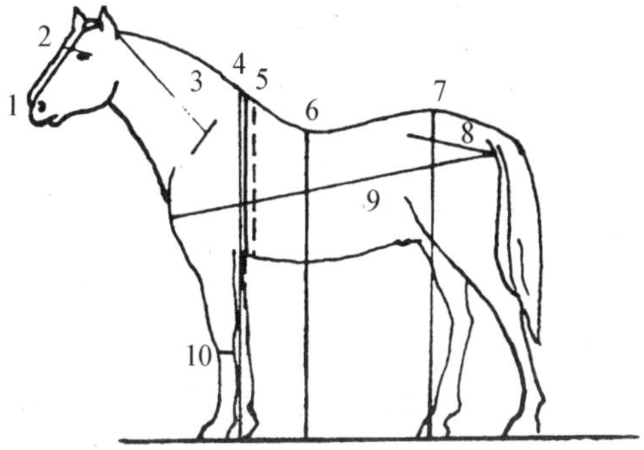

1. 头长　2. 额宽　3. 颈长　4. 体高　5. 胸围　6. 背高　7. 尻高　8. 尻长　9. 体长　10. 管围

实习图 2　马的体尺测量部位

(1)头长 项顶至鼻端连线间的距离。

(2)头宽 两眼眶外侧突出点间的距离。

(3)尻宽 两腰角外侧间的水平距离。

(4)尻长 腰角前缘至臀端之间的距离。

(5)胸宽 两肩端外侧间的宽度。

(6)胸深 鬐甲最高点至胸下缘的直线距离。

(7)胸廓宽 肩胛骨后、肋骨弓起最高点,左右两侧间的距离。

(8)背高 背部最低处至地面的垂直距离。

(9)尻高 尻部最高点至地面的垂直距离。

(10)颈长 由耳根起至肩胛前缘的颈础中点的距离。

(11)肩长 肩端至肩胛骨上缘的距离。

(12)肢长 肘端最高点至地面的垂直距离。

此外,还有马体的前、中、后三躯长,肩斜度、尻斜度、系蹄斜度、肩端角度、飞节角度等。

(二)称重和估重的方法

用地衡称马是最准确的方法,称重在早晨饮水喂料之前进行。马四蹄均应站在地衡上。在没有地衡的情况下,可以根据体尺来估计体重,得出概数。马体重估计公式有多个。现介绍马塔琳的公式如下:

适于小型马的体重(kg)=[胸围(cm)×5.3]-505

适于小型马的体重(kg)=[胸围(cm)×6.4]-689.6

(三)指数计算

(1)体长指数 是指体长与体高之比。由于绝对体尺不能完全说明马体类型和体格,因此还必须计算体尺指数。

$$体长率=\frac{体长}{体高}\times 100\%$$

(2)胸围指数 是指胸围与体高之比。此项指数可以说明马的类型及胚胎期发育情况,所以又称体形指数。

$$胸围率=\frac{胸围}{体高}\times 100\%$$

(3)管围指数 是指管围与体高之比。此项指数说明了体躯相对发育情况又称体幅指数。

$$管围率=\frac{管围}{体高}\times 100\%$$

(4)肢长指数 是指前肢长与体高之比。肢长和马的体形及速力有关,故亦称速力指数。

$$肢长率=\frac{前肢长}{体高}\times 100\%$$

(5)头长指数　是指头长与体高之比。此项指数说明头与体躯发育的对比程度。

$$头长率=\frac{头长}{体高}\times 100\%$$

(6)胸廓指数　是指胸宽与胸深之比。此项指数说明胸部的容积及发育情况。

$$胸廓指数=\frac{胸宽}{胸深}\times 100$$

(7)体躯指数　是指胸围与体长之比。此项指数说明体躯粗度的相对发育程度。

$$体躯指数=\frac{胸围}{体长}\times 100$$

(8)体重指数　是指体重与体高之比。此项指数说明马体格结实程度。

$$体重率=\frac{体重}{体高}\times 100\%$$

四、实习作业

1.每人亲自测量几匹马,计算体尺指数。
2.称重和估测几匹马,比较实际称重与估测体重之间的差异。
3.根据划分马匹经济类型的指数范围对所测马匹进行分析归类。

实习三 马匹毛色、别征和年龄鉴定

一、目的要求

毛色和别征是识别马匹的重要依据。毛色识别，在品种观察、种马鉴定和生产实践中，均有其实际意义。通过实习，让学生初步掌握毛色和别征的识别。

马的年龄和生产力、繁殖力有着密切的关系，年龄鉴定是养马不可缺少的基本知识。通过实习，让学生初步掌握马匹年龄鉴定的方法。

二、材料和用具

毛色、别征彩图片一套、各年龄段马匹牙齿模型一套、马若干匹。

三、实习内容

(一)毛色和别征识别

1.马的毛色

(1)骝毛　全身被毛为红色、黄色或褐色，长毛和四肢下部为黑色，称为骝毛。某些个体口、眼周围及腹部毛色较淡，四肢下部不全是黑色，也属于骝毛。

①红骝。全身被毛为红色，长毛及四肢下部为黑色。

②黑骝。全身被毛为黑色或接近黑色，口、眼周围及腹部、鼠蹊部为茶褐色或灰白色。

③黄骝。全身被毛为黄色，不具备海骝、兔褐之特征者。

④褐骝。全身被毛为褐色，长毛及四肢下部为黑色。

(2)栗毛　全身被毛和长毛均为较红的栗壳色，有些个体的长毛比被毛略浓或略淡，皆为栗毛。有特点者分为：

①红栗。全身被毛呈浅红色或紫红色，长毛略浓或略淡。

②黄栗。被毛和长毛皆为淡黄色。

③金栗。被毛金黄，日光下呈现黄金光泽者。

④朽栗。被毛暗而无光，如枯朽木材色，长毛较浓。

(3)黑毛　全身被毛及长毛均为黑色，但有浓淡程度的不同，无黑骝毛的特征者为黑毛。可区分以下几种：

①纯黑。被毛和长毛浓黑而有光泽者。

②淡黑。被毛和长毛冬季呈灰黑，夏季呈淡黑。

③锈黑。全身被毛和长毛呈黑色，但毛尖呈红褐色。

(4)青毛　全身被毛和长毛黑白毛混杂。幼年时黑毛较多,白毛很少,随着年龄的增长,白毛增加,最后完全变为白色,但皮肤、蹄及眼的周围全为黑色。依黑白毛的多少,分为下列几种:

①铁青。全身被毛黑毛甚多而白毛甚少者为铁青。

②红青。被毛为青毛色,而毛尖略带有红色者为红青。

③菊花青。在青毛马的肩部、肋部、尻部有暗色斑状花纹者。

④斑点青。青毛马年龄到十二三岁时,在颜面、颈、尻等处,散生许多深色的斑点,谓之斑点青。

⑤白青。被毛黑毛甚少,白毛甚多,甚至全部为白色,但皮肤仍为黑色者为白青。

(5)兔褐　全身被毛为红、黄、灰等色,长毛表面和被毛同色,中部为黑色,四肢下部近于黑色。背部有骡线,四肢有斑马纹(虎斑),肩部有鹰膀特征者叫兔褐毛。由于被毛的颜色不同,可分为以下几种。

①灰兔褐。全身被毛为土褐色,和野兔毛色相似。

②黄兔褐。全身被毛呈黄色。

③红兔褐。全身被毛大致为红色。

④青兔褐。全身被毛为青色。

(6)海骝　全身被毛为草黄色或深黄色,长毛表面与被毛相似,内部为黑色,四肢下部亦为黑色,头部略带黑色。背部有骡线,但不是必要有之特征。

(7)鼠灰　全身被毛为鼠灰色,头部为深灰色,长毛和四肢下部近黑色,多数个体有背线,但无鹰膀和斑马纹。它与兔褐不同之点,主要是被毛的毛色不相同。

(8)银鬃　全身被毛为栗色,鬃、尾、鬣、长毛为灰白色,四肢下部较躯干亦淡,而与栗毛有别者,谓之银鬃。

(9)银河　全身被毛为乳白色或淡栗色,长毛及四肢下部为白色或接近白色,称为银河。某些个体皮肤为粉色,眼的虹彩和蹄部都缺乏色素,可特称为白银河(俗称玉石眼)。

(10)花尾栗　全身被毛为朽栗色,头部色泽更暗,口、眼周围,腹下及鼠蹊部位的色泽较淡,鬃、鬣、尾、长毛黑、白毛混生,呈灰白色者,称为花尾栗。

(11)沙毛　在有色被毛中,混生有白毛,但混生的白毛很少,不影响原有的毛色,可依其原有毛色定名。如以栗毛为基础者,可称为沙栗;以骝毛为基础者,称为沙骝。

(12)花毛　在有色毛的基础上,全身各处生有连续性大小不等的白斑,白斑甚至超过基础毛色,均称为花毛。

(13)斑毛　被毛在白毛色的基础上,全身散生有带色的斑块,称为斑毛。

2.马的别征

(1)头部别征　头部别征有额刺毛、星、流星、白鼻、粉口等。

(2)四肢别征　有踏雪、管白、系白、球节白、蹄冠白等。

(二)年龄鉴定

根据切齿发生、脱落及磨损的变化规律,可对马的年龄作出较准确的判断。

1～2周龄:乳门齿长出。

6月龄:乳隅齿长出。

1岁:乳切齿长齐,乳门齿黑窝消失。

2 岁:乳隅齿黑窝消失。

3 岁:永久门齿长齐(一对牙)。

4 岁:永久中间齿长齐(4 颗牙)。

5 岁:永久隅齿长齐(牙齐口),公马的犬齿长出。

6 岁:下门齿黑窝消失。

7 岁:下中间齿黑窝消失,上隅齿出现燕尾。

8 岁:下隅齿黑窝消失,中间齿出现齿星。

9 岁:上门齿黑窝消失。

10 岁:上中间齿黑窝消失。

11 岁:上隅齿黑窝消失。

12 岁:下门齿齿坎痕呈点状,磨面近圆形。

13 岁:下门齿齿坎痕消失,中间齿齿坎痕呈点状。

14 岁:下中间齿齿坎痕消失。

15 岁:下隅齿齿坎痕消失,下门齿齿面呈三角形。

16 岁:上门齿齿坎痕消失,下中间齿磨面呈三角形。

17 岁:上中间齿齿坎痕消失,下隅齿磨面呈三角形。

18 岁:上隅齿齿坎痕消失。

四、实习作业

1. 熟记马的各种毛色和别征。

2. 马的 3～18 岁年龄段,年龄鉴定的主要依据是什么?

实习四　马品种的识别

一、目的要求

通过观察品种活体、照片、模型和幻灯片等，熟悉国内外主要马匹品种的产地、类型及外貌特征等，认识马品种。

二、材料和用具

标有各主要马种产地和分布的中国和世界地形图，放大的品种照片、挂图或模型，当地能见到的马品种个体若干匹，幻灯机和马品种幻灯片，国内外主要马匹品种的简要文字介绍。

三、实习内容

到校办牧场或附近马场、配种站实地观察某些纯种马匹个体的体质、外貌、特点和品种特征。

观看各品种马的模型、照片或幻灯片，参照教科书和有关材料，认识这些品种马的类型和特征。

观看地形图，了解各主要马品种的产地、分布区域及大概的自然环境条件等。

四、实习作业

写出对实习中所观察过的马品种的识别（包括它的产地、类型品种特征和体质、外貌上的优缺点等）。

五、实习报告

请从育成品种阿拉伯马、纯血马，培育品种伊犁马、伊吾马，地方品种哈萨克马、蒙古马 3 个类型中每个类型各选一个描述它们的产地、形成历史、外貌特征、体尺及生产性能。

实习五　种马等级评定

一、目的要求

种马等级评定是选种工作的重要环节，通过等级评定可以选优去劣，加速育种工作的进行。通过实习，使学生初步掌握等级评定的基本方法和内容，为今后正确鉴定种马做好准备。

二、材料和用具

种马若干匹，种马个体鉴定表，有关鉴定资料，测杖和卷尺等。

三、实习内容

(一)等级评定的有关规定

①种马等级评定，应根据农业部颁布的种马鉴定统一标准进行。

②种马在一生中共鉴定3次，2.5～3岁时进行初次鉴定；3.5～4.5岁时进行第2次鉴定；7～8岁时进行第3次鉴定。

③经过鉴定的种马，分为下列等级：

特级　在该品种内最优秀的，完全符合理想型的马匹。

一级　基本上符合理想型要求，但尚有一些缺点。

二级　缺点较多，但仍具有种用价值的马。

等外　具有严重的失格、损征，无种用价值的马。

④种马等级评分，采用10分制评分法，每项最高分为10分(实习表1)。种马等级的决定，应按表内最低一项评分为准，如果只有一项差1分达不到规定的等级时，则允许加1分再评定等级，同时注明修改的地方；但对达不到二级最低要求的马，这种修改则不能使用。

实习表1　种马等级评定标准

项　目	特级		一级		二级	
	公马	母马	公马	母马	公马	母马
血统与理想型	8	7	6	5	4	3
体尺	8	7	6	5	4	3
体质外貌	8	7	6	5	4	3
工作能力	8	7	6	5	4	3
后裔品质	8	7	6	5	4	3

(二)等级评定内容

1.血统与理想型评定

①根据种马卡片或有关记录材料，查清其血统来源，首先确定其是纯种，还是杂种。如为杂种，其代数如实习表2所示。

实习表2　系杂种代数制定

父　母	杂血马	一代	二代	三代	四代	纯种
本地马	杂血	杂血	杂血或一代	一代	一代	一代
杂血马	杂血	杂血或一代	一代	一代	一代	一至二代
一代	杂血或一代	一代	一代	一至二代*	二代	二代
二代	一代	一至二代*	二代	二至三代*	三代	三代
三代	一代	一至二代*	二至三代*	三代	三至四代*	四代*
四代	一至二代*	二代	三代	三至四代*	四代**	纯种
纯种	二代	二代	三代	四代**	纯种	纯种

注："*"表示按理想型表现程度而列入某一代。

"**"表示用级进杂交获得的杂种马，如果理想型表现明确时，可列为纯种。

②在代数确定以后，应以其理想型表现程度，按下表标准进行评分。凡外貌优良，合乎理想型要求者，应给于最高分数。

实习表3　评分标准

代数	理想型表现程度			
	表现明确	表现良好	表现及格	表现不良
纯种及四代杂种	8	7	6	3～4
三代	7	6	5	3～4
二代	6	5	4	3
一代	5	4	3	2

注：如果理想型表现明确，其父母双方均为特级者，可在应得的分数之外加2分，一方为特级者加1分。

2.体质外貌的评定

体质外貌与生产性能有密切的关系。根据外貌可以鉴定马的体质、气质、体形结构、骨骼、肌肉、筋腱的发育程度，因此体质外貌是种马等级评定的主要项目。对体质外貌的评定，是运用种马个体鉴定表进行评分，该方法一般将马体分为头颈躯干、四肢、体质体形三大部分，每部分规定满分标准是10分，如有缺点要从中扣分，最后以3部分中最低部分的评分作为外貌总评分。种马个体鉴定见实习表4。种马的个体鉴定汇总见实习表5。

在对马进行体质外貌的评定时，须注意以下2点：

①在3组分数中，有2组分数公马在8分以上，母马在7分以上，而其余1组分数较低，差1分而不能升级者，则在总评分中可增加1分。但最低分数不符合二级要求者除外。

②具有飞节内外肿、趾骨瘤、管骨瘤、喘鸣症、失明、单睾、隐睾等严重失格、损征的马，应列入等外，不予鉴定。

实习表 4　种马个体鉴定

马号		品种来源		性别		年龄		毛色		别征	

体高	体长	胸围	管围	体长率	胸围率	体重	营养类型

部位	满分标准	主要缺点、失格、损征	评分
头颈、躯干	头大小适中，眼大，项长，腭凹宽，颈长短合适，颈肌发达，颈肩结合良好，鬐甲高、长、宽合适，胸宽深适当，肋张良好，背腰平直，腹正常，生殖器发育良好，尻宽长适宜，呈正尻、圆尻，尻、股肌肉发达		
四肢	肩斜长，前膊和胫部粗壮，关节发育良好，轮廓明显，飞节角度正常，管部骨腱分离，腱和韧带发育良好；蹄大小适宜，蹄形正常，蹄质坚实，呈正肢势，踏着确实		
体质、体形	体质结实、干燥，群牧马可稍粗糙；健康易恋膘，公马精液良好，母马泌乳能力强；体形结构匀称、紧凑；有悍威，较灵敏、温驯，运步轻快		

实习表 5　种马个体鉴定汇总

项　目	血统来源	体质外貌	体尺类型	工作能力	后裔品质	综合等级
评分及等级						
鉴定日期	年　月　日				鉴定人	

3. 体尺评定

体尺评定是根据种马鉴定体尺评分统一标准进行的，是比较客观的鉴定项目。根据体尺和体尺指数，可以判定马匹的体格大小和类型轻重，了解马匹的生长发育情况和体躯结构特征，作为等级评定的依据；同时可以避免肉眼观察所产生的误差。评分办法是按各个品种所规定的标准进行，现分述如下。

①阿拉伯马体尺评分标准见实习表 6。

实习表 6　阿拉伯马体尺评分标准　　cm

类型	公马			母马			评分
	体高	胸围	管围	体高	胸围	管围	
小型	152	172	19.5	150	174	19.0	9～10
	148	168	19.0	146	168	18.5	7～8
	146	166	19.0	144	166	18.0	4～6
	144	164	18.5	142	164	17.5	2～4
大型	156	177	19.5	154	177	19.0	9～10
	154	174	19.5	152	174	19.0	7～8
	152	172	19.0	150	172	18.5	5～6
	150	170	18.5	148	170	18.0	3～4
	148	168	18.0	146	168	17.5	2

注：大型与小型的区分，按其上代的体形系统为基准。

3.5 岁以下种用驹的体尺评分，按实习表 7 所列数字与测得的体尺数字相加后，再按成年种马的评分标准评定之。

实习表 7　3.5 岁以下种用驹应增加的体尺数　cm

年龄	体高	胸围	管围
3.5	1	3	—
3.0	3	4	—
2.5	4	6	0.5
2.0	5	8	0.5
1.5	10	25	1.0

(2)英纯血马及其杂种体尺评分标准见实习表 8。3.5 岁以下种用驹应增加的体尺数见实习表 9。

实习表 8　英纯血马及其杂种体尺评分标准　cm

区分	公马			母马			评分
	体高	胸围	管围	体高	胸围	管围	
纯种及四代以上杂种	162	182	20.5	160	180	20.0	9～10
	160	180	20.0	158	180	19.5	8～9
	158	178	19.5	156	178	19.0	7～8
	156	176	19.5	154	176	18.5	6～7
	154	174	19.0	152	174	18.5	5～6
	152	172	18.5	150	172	18.0	4
三代以下杂种	160	184	20.0	158	182	19.0	9～10
	158	182	19.5	156	180	18.5	8～9
	156	180	19.5	154	178	18.5	7～8
	154	178	19.0	152	176	18.0	6～7
	152	176	19.0	150	174	18.0	5～6
	150	174	18.5	148	172	18.0	4～5
	148	172	18.5	146	170	17.5	2～3

实习表 9　3.5 岁以下种用驹应增加的体尺数　cm

区分	年龄/岁	体高	胸围	管围
纯种及四代以上杂种	3.0	1	5	—
	2.5	3	8	0.5
	2.0	5	12	1.0
	1.5	10	22	1.5
三代以下杂种	3.5	1	3	—
	3.0	2	5	—
	2.5	4	10	0.25
	2.0	6	15	0.75
	1.5	12	30	1.5

注：三项体尺中，有一项不符合标准要求时，如胸围比表中所列标准降低 3 cm，管围比表中所列标准降低 0.5 cm，体高增加 1 cm 或降低 2 cm 以内时，仍按符合标准论；若胸围和管围超过表列标准，胸围增加 10 cm 或管围增加 0.5 cm 时，可各增加 1 分，两项均增加则增加 2 分；这些品种成年马的体长，应约与体高相等为原则，如体长低于体高 3 cm 时，须于应得评分之内扣 1 分，低 5 cm 时扣 2 分；成年马的体高超过表列最高限时，胸围和管围也必须相应增加，而且体高每超过 1 cm，则于应得评分内减 1 分。如果胸围和管围符合于某一栏标准，其体高超过 1 cm 时，每超过 1 cm 也于应得评分内扣 1 分。

③重挽阿尔登马体尺评分标准见实习表 10。大型阿尔登马 3.5 岁以下种用驹应增加的体尺数见实习表 11。

实习表10 重挽阿尔登马品种体尺评分标准 cm

品种	公马				母马				评分
	体高	体长	胸围	管围	体高	体长	胸围	管围	
大型阿尔登马	162	168	202	25.5	160	168	200	23.5	9
	160	166	198	25.0	158	166	196	23.0	8
	158	163	194	24.5	156	162	192	22.5	7
	156	160	190	24.0	154	159	190	22.0	6
	154	157	185	23.5	152	156	185	21.5	5
	152	154	183	22.5	150	154	183	21.5	4
	150	152	178	22.0	148	152	178	21.0	3

实习表11 大型阿尔登马3.5岁以下种用驹应增加的体尺数 cm

年龄	体高	体长	胸围	管围
3.5	2	2	5	0.5
3.0	5	4	10	1.0
2.5	8	8	15	1.5
2.0	10	12	20	2.0

注:评分以体高为基础,其他各项体尺高于或低于表列标准时,体长每降低3 cm,胸围每降低5 cm,管围每降低0.5 cm,各扣1分;胸围增加超过10 cm,管围增加超过1 cm时,各增加1分。

④伊犁马、焉耆马和哈萨克马体尺评分标准见实习表12,3.5岁以下种用驹应增加的体尺数见实习表13。

实习表12 伊犁马、焉耆马和哈萨克马体尺评分标准 cm

品种	公马			母马			评分
	体高	胸围	管围	体高	胸围	管围	
伊犁马	152	177	20.0	150	178	19.5	10
	150	175	19.5	148	176	19.0	9
	148	173	19.0	146	174	19.0	8
	146	171	19.0	144	172	18.5	7
	144	169	18.5	142	170	18.5	6
	142	167	18.5	140	168	18.0	5
	140	165	18.0	138	166	18.0	3～4
焉耆马	148	172	19.5	146	172	18.5	9
	146	170	19.0	144	170	18.5	8
	144	168	19.0	142	168	18.0	7
	142	166	18.5	140	166	18.0	6
	140	164	18.5	138	164	17.5	5
	138	162	18.0	136	162	17.5	3～4
哈萨克马	144	172	19.5	143	173	19.0	10
	142	170	19.0	141	171	18.5	9
	140	168	18.5	139	169	18.0	8
	138	166	18.0	137	167	18.0	7
	136	164	17.5	135	165	17.5	6
	134	162	17.5	133	163	17.5	5
	132	160	17.0	131	161	17.0	3～4

实习表 13　3.5 岁以下种用驹应增加的体尺数　　cm

品　种	年 龄	体 高	胸 围	管 围
伊犁马	3.5	2	6	0.5
	3.0	4	8	0.5
	2.5	6	11	1.0
	2.0	8	15	1.5
焉耆马	3.5	3	6	0.5
	3.0	5	8	0.5
	2.5	7	15	1.0
	2.0	9	20	1.5
哈萨克马	3.5	2	6	0.5
	3.0	3	8	0.5
	2.5	4	10	1.0
	2.0	6	15	1.0

注：评分时以 3 项体尺中最低 1 项为基准，如体高比表列标准低 1 cm，胸围低 2 cm，管围低 0.5 cm，仍按同栏标准计；胸围超过表列标准 8 cm(哈萨克马为 6 cm)，管围超过 1 cm 时，各增加 1 分。

4. 工作能力评定

工作能力的评定，是按照赛马成绩、能力测验成绩、调教及工作中的表现情况进行评定的。评分时由于品种不同，测验的方式不同，故评分的办法亦不同，现分述于后。

(1)乘用马工作能力评分　对乘用品种及其杂种工作能力的评分，因参加测验和比赛的种类较复杂，一般不按绝对速度，而根据分组比赛的名次，按实习表 14 标准进行评分。

实习表 14　乘用马工作能力评分

级　别	名 次	测验和比赛的种类		
		平地赛马	超越障碍	长途比赛
马场、县、乡的测验、比赛	第 1 名	5	7	7
	第 2 名	4	6	6
	第 3 名	3	4	5
	完成比赛	2	3	3
省、自治区的测验和比赛	第 1 名	6	7	8
	第 2 名	5	7	7
	第 3 名	4	5	6
	完成比赛	3	4	4
全国性的测验和比赛	第 1 名	7	9	9
	第 2 名	6	8	8
	第 3 名	5	6	7
	完成比赛	4	5	4

注：创造品种纪录或参加国际比赛者增加 3 分。加分后超过 10 分时，仍按 10 分计算。对性情凶恶、难以控制或有恶癖者扣 1～2 分。

(2)快步马工作能力评分　快步马的工作能力按轻驾的绝对速度评分。不同年龄快步马工作能力评分标准见实习表15。

实习表15 快步马工作能力评分标准

1 600 m用时				评 分
2.5岁	3岁	4岁	4岁以上	
3 min 05 s	2 min 47 s	2 min 43 s	2 min 40 s	3
3 min 00 s	2 min 37 s	2 min 33 s	2 min 30 s	4
2 min 55 s	2 min 30 s	2 min 25 s	2 min 23 s	5
2 min 50 s	2 min 25 s	2 min 20 s	2 min 18 s	6
2 min 40 s	2 min 20 s	2 min 15 s	2 min 13 s	7

注:在竞赛中获得组内第1名者增加1分;创造品种纪录者增加2分。对于运步不正确(交突等),以及有恶癖或难驾驭者扣1～2分。

(3)兼用马工作能力评分　对兼用马要求力速兼备,既得测验骑乘和挽曳速度,也得测验其挽力。在机械化条件下,马匹挽曳工作主要用于短途运输,负担的挽力平均为体重的10%左右。快步和慢步混合挽曳,遇上坡或泥泞处,挽力可增加3～4倍。因此,对兼用马可测验3项指标:第1项,以体重10%的挽力,测验慢步和快步各1 000 m的挽曳速度;第2项,以体重40%的挽力测验重挽行走的距离;第3项,测3 200 m骑乘速度。在挽曳测验时,不同类型和年龄的兼用马还应负担的挽力(kg)见表实习表16。测验成绩标准评分见实习表17。

实习表16 兼用马工作能力

区 分	乘挽兼用型		挽乘兼用型	
	3岁	成年	3岁	成年
慢步和快步各1 000 m负担挽力/kg	40	45	45	50
重挽行走的距离/m	160	185	175	200

实习表17 测验成绩标准评分

慢步和快步各1 000 m速度	重挽行走距离/m		3 200 m骑乘用时	评分
	3岁	成年		
13 min 30 s	30	60	7 min 30 s	2
13 min 00 s	50	100	7 min 00 s	3
12 min 30 s	100	150	6 min 30 s	4
12 min 00 s	150	200	6 min 00 s	5
11 min 30 s	200	250	5 min 30 s	6
11 min 00 s	250	300	5 min 00 s	7
10 min 30 s	300	350	4 min 50 s	8
10 min 00 s	350	400	4 min 40 s	9
9 min 30 s	400	450	4 min 30 s	10

注:以3项中最低1项分数为总分数。每匹马最少必须测2项:乘挽兼用型测第1项和第3项;挽乘兼用型测第1项和第2项。3项都参加测验者加1分。对某项测验获得场内或县、乡冠军者增加1分;参加省或全国比赛者增加1～2分;创品种纪录者增加2分。增加分数超过10分时,仍以10分计算。而有恶癖或难以驾驭者扣1分。

5.后裔品质评定

供测验的后裔,必须是在正常饲养管理条件下培育出来的幼驹,必须是随机抽样挑选幼驹。公马应评定30～40匹后代,最好是两个年度所产的幼驹;母马亦不少于2个鉴定过的幼驹。其评分依据如下:

①种公马配种用母马所产后裔评分，所产后裔均为特级或主要为特级而无二级者，给 8～10 分；所产后裔中，主要为一级或全部为一级者，给 6～7 分；所产后裔中，主要为二级或全部为二级者，给 3～5 分；所产后裔大部分不能作种用者，给 2 分；产生特别优秀个体者，增加 1 分。

(2)种公马配非种用母马所产后裔的评分，所产生后裔大多数具备役用条件理想型不少于 75%，工作能力良好，或不低于二级者，给 8～10 分；所产后裔中，大多数具备役用条件，其中理想型不少于 50%，工作能力良好，或不低于二级者，给 6～7 分；后裔多数具备役用条件者，给 3～5 分。

四、实习作业

按规定方法，每人鉴定种马 2 匹，得出各项评分和综合鉴定等级。并填写实习表 4 和实习表 5。

实习六 刷拭与护蹄

一、目的要求

加强学生对刷拭与护蹄意义的认识，掌握马体刷拭和护蹄操作规程与技能。

二、材料和用具

(一)马体刷拭用材料

实习用马、草刷或草把、鬃刷和棕刷、木梳、铁刨、洗涤桶、擦布、蹄钩。

(二)护蹄用材料

蹄钩，洗涤桶，装蹄箱，削蹄、装蹄工具，保定绳，修蹄台，二柱栏等。

三、实习内容

(一)刷拭方法

1.注意事项

①马体刷拭要依序进行。

②操作熟练，轻重适宜，周到细致。

②注意安全，防范被马踢咬，杜绝意外事故。

2.刷拭操作

先用草把或草刷粗略扫去马身上的草屑、泥垢、粪污和脱换的被毛。动作应快捷、有力、确实，按照先左后右，由前向后，从上到下依序而行。

草把刷后再用鬃刷按顺序细刷马体。通常应一手持刷，另一手持铁刨，先从左侧头部开始，顺序刷拭左侧颈、躯干、前肢和后肢。刷毕左侧，再刷右侧。对背部、肋部应作划弧刷拭，腰部要轻刷，不宜用力过重，尻、股部应自下而上，由后向前，背和腰部、颜面部应顺毛轻刷。对不易刷到的部位，如胸下、腋间、颌凹处应仔细刷到，不可忽略。刷拭中一般应先逆毛、后顺毛，手臂伸长，重去轻回，每刷三四次，用铁刨随时刮去鬃刷上的灰尘和脱毛。操作应避免毛刷冲撞马体。

马体全身刷完后，可用干净湿布擦净耳、眼、口、鼻等无毛部位，并用另一块湿布按先逆后顺顺序将马全身擦拭一遍，再用毛刷顺毛梳理一次。对鬃、鬣、尾等长毛可用木梳仔细梳理，定期用肥皂水洗涤和修剪。

在日常马匹管理中，对役马应每天刷拭1或2次，休闲马每天1次，种公马每天2次。每次刷拭需30 min，重役马刷拭时间应当延长。

（二）护蹄方法

1.护蹄要求

①马厩地面平坦、干湿适度。

②随时清除粪便，加垫新土，不使马蹄在粪尿、污泥中浸泡。

③每天清理蹄底，清洁蹄壁，定期修正蹄形。

2.护蹄方法

（1）日常操作　每日马体刷拭之后，用蹄钩除去蹄底污泥或石子、黏土等物，再用水洗净蹄壁和蹄底。

（2）修蹄　马蹄角质部每月可生长8～10 mm，幼驹更快。不加修蹄易引起蹄形不正，造成肢势不正，甚至完全不能使役，因此马蹄必须定期修削。在农区役马每1～1.5个月削蹄1次，幼驹应根据蹄角质的生长程度和蹄形情况而定，一般每月削蹄1次。削蹄除去蹄底和蹄叉部的枯角质、蹄壁及负面的延长部分，并修整蹄形。削蹄前，先让马站立在平坦坚硬地面，观察马的肢势、蹄形，确定要削的部位。正肢势的蹄壁，应保持与地面的合适角度，即前蹄45°～50°，后蹄50°～55°。削蹄前可先用蹄钳剪去蹄的延长部分，再用蹄刀削去枯角质到蹄负面露出白线为度，蹄底、蹄叉露出新角质便可；把蹄叉中沟、侧沟削成明显的沟，蹄支需要保留完整，最后铲平蹄底，修剪完毕。

因蹄形不同，削蹄方法要略有差别。对常见的高蹄和狭蹄，应少削或保护蹄底、蹄叉及蹄支，而多削负面；低蹄应保护蹄踵部分，而适当削切蹄尖部负面；外向蹄及内狭蹄，应保护蹄底及蹄叉的内半部；内向蹄及外狭蹄，应保护蹄底及蹄叉的外半部。修好的蹄，负面应较蹄底略高出0.5 cm左右，蹄叉部可与蹄负面同高或略高。

（3）装蹄　装蹄俗称“挂掌”，是防止蹄过度磨损的有效措施。通常每隔1～1.5个月应装蹄1次。最好是结合修蹄的同时换掉旧蹄铁。其技术性很强，应由专门人员从事。装蹄前首先要认真修蹄，使马蹄具备正蹄形。装蹄要求蹄铁面要和蹄负面紧密吻合。蹄铁后部的铁缘，可较蹄负面多出少许，铁尾较蹄支角稍向后方延伸0.25～0.5 cm，不仅牢固耐用，亦能更好地防止角质磨损。

四、实习作业

1.马体刷拭和护蹄的意义是什么？

2.简述马体刷拭的方法。

3.如何修蹄？不正蹄形的切削要领是什么？

实习七 马的骑乘

一、目的要求

学习正确的骑马方法，掌握装勒、备鞍、上马、下马和控制缰的要领。

二、材料和用具

马匹、马勒和鞍具等。

三、实习内容

认识马勒、乘鞍的构造；练习装勒、备鞍和骑乘。在教师和工人的指导下，练习上马、下马、骑乘姿势和操纵马匹的要领。

(一)了解马勒及乘鞍的结构

1.马勒

用来操纵马匹，其结构见实习图3。

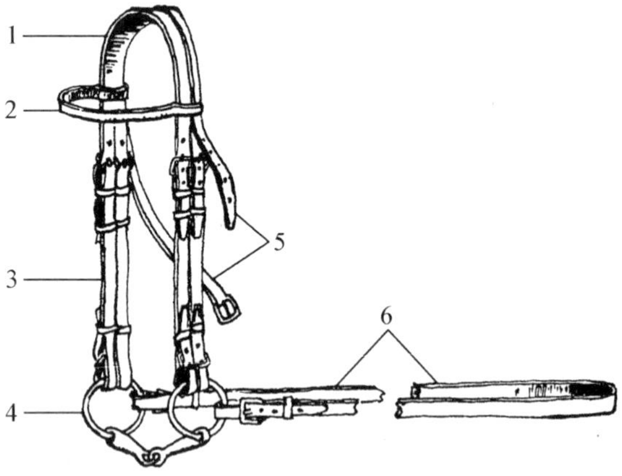

1.项革 2.额革 3.颊革 4.衔环 5.咽革 6.缰

实习图3 马勒的构造

2.乘鞍

因用途不同而有骑兵乘鞍(一般乘鞍)、赛马乘鞍、调教乘鞍、放牧乘鞍等不同类型，其构造大同小异。赛马乘鞍、骑兵乘鞍构造见实习图4和实习图5。

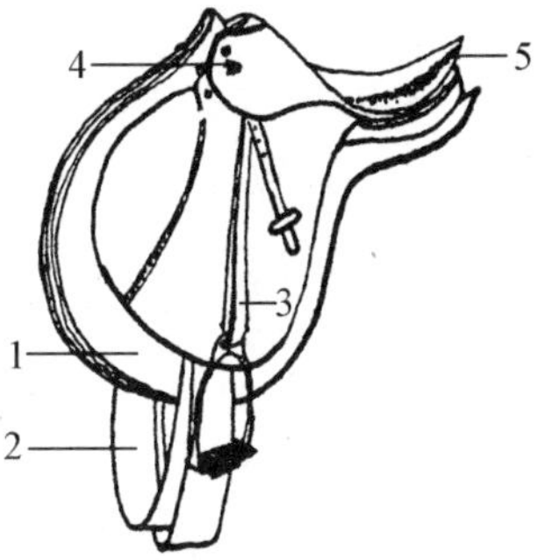

1. 鞍褥　2. 肚带
3. 镫带　4. 前鞍桥　5. 后鞍桥

实习图 4　赛马乘鞍构造

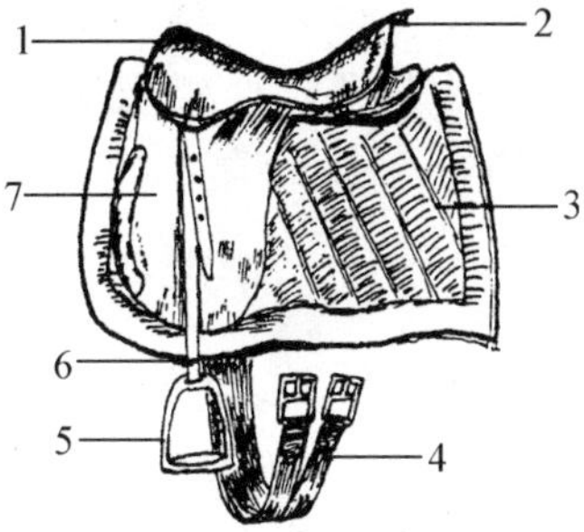

1. 前鞍桥　2. 后鞍桥　3. 鞍褥
4. 肚带　5. 镫　6. 镫带　7. 鞍翼

实习图 5　骑兵乘鞍构造

(二)装勒及卸勒

骑手立于马头左侧,将缰套于马颈或套于骑手左臂上。右手握笼头,左手持顶革使衔铁接近马唇。待马张口时,将衔铁压入马口。如马不张口,可用右手食指及中指插入马口角迫其张口。衔铁入口后,套上项革。注意咽革与喉间能容纳一拳。

卸勒与装勒顺序相反,卸下马勒后,应盘好放于乘鞍上。

(三)备鞍

根据马的背形选择乘鞍,高低宽窄要合适。事先要检查马体有无外伤,鞍褥是否平整、清洁,鞍骨、蹬革、肚带等是否完好,以保证人马安全。

备鞍时,骑手要胆大、心细。先令马闻嗅鞍褥,于马体左侧进行操作。将缰挂在左臂,右手将鞍褥轻搭在马背上的正确位置,由前向后拉,前缘在鬐甲后方。两手分别握鞍桥,向上稍稍提起,放在鞍褥上;在距肘约一横拳处扣好前肚带,接着扣好后肚带。后肚带不可过于靠后,否则马因不舒服而蹴踢。前肚带要紧些,但以能插进 4 个手指为合适。两手由上而下将肚带下的皮肤和被毛弄顺。按骑手手臂的长度,调整镫革的长度。

卸鞍与装鞍顺序相反。鞍卸下以后,要将镫、肚带等放在鞍座上,将鞍褥放好。

(四)骑乘要领

1. 上马

骑手立于马的左前肢近处,以右手将缰套在马颈部。左手无名指插入两缰之间,左缰稍长,右缰稍短,使马颈向右稍弯,并握住鬐甲毛,将全缰抛至马颈右侧。右手执镫,左脚尖踏入镫内。右手握后鞍桥(或搬前鞍桥),以右脚掌的弹力和两臂的拉动力纵身跃起,同时两臂支持体重,上体前倾,右腿伸直跨过后鞍桥,右手随之移至前鞍桥右侧,轻轻坐于鞍上。右脚踏入镫内,保持乘马姿势。上马时要注意以下几点:

①马的表情和举动是否安定;上马后要能操纵马匹。

②动作要稳而快,胆大而警惕;要抓住缰和鬐甲部的长毛,人体可随马体转动而移动。

③上马后要尽快调好缰,以便控制马匹。如脚尚未入镫,马已快跑,可先用两腿夹紧马的腹侧,待其慢行后,再双脚入镫。

2.乘坐姿势

要求正确。骑手上体要正直、自然，肩平、头正、两眼平视，上臂自然下垂，用一手或两手握缰，放在小腹前约 10 cm。上身直立，大腿前倾，小腿自然下垂，脚以 1/3 入镫，脚不要入镫过多，脚尖不低于脚跟。

3.乘马操纵

令马前进或快走时，先给马口令，同时缰稍放松，不要向上提缰或拉动缰绳；可用两脚跟内侧轻叩马腹。令马停止时，先给口令，可稍拉紧缰。

左转弯时，可拉紧左缰，放松右缰，并使右缰向左压迫马颈右侧。骑手上体亦可稍左转；右转弯的动作与左转弯相反。

4.下马

下马动作与上马动作相反。下马后，将缰由马颈上取下，骑手面向马的前方站于马头左侧，右手持缰(距马头 10 cm)牵马行走或站立。

(五)骑乘注意的问题

骑马时，手、脚、臀、腰的变化控制马的运行叫扶助。骑手合理运用各种扶助才能有舒服、优美之感。骑坐要平稳，上体如立正姿势，腰腹微前挺。双臂自然下垂，屈肘持缰，缰从小指和无名指中间穿过，经大拇指和食指间穿出，余缰垂于马颈右侧。臀部的正确坐势为两坐骨和会阴部均衡负重，大腿紧贴鞍部，但不必用力夹，小腿稍倾斜，脚踏镫时以脚掌的前 1/3 入镫，脚尖与膝盖呈直线，镫的长度以与手臂同长为宜。从事速度赛和障碍赛时，镫应适当缩短。

在骑乘马的日常管理中应注意：

①起步不宜快，练习或骑乘途中步度以 1/3 为好，即快步、跑步占总行走时间的 1/3。马的耳根见汗应休息，防止汗及四肢(大汗淋漓)。

②骑完不可立即卸鞍，应先松肚带，待汗干后再卸下。

③晚饲应将精料一次喂给，夜间投给优质干草任其自由采食，以保证马能够充分地休息。

④如果是参加比赛的坐骑，要在赛前 2～3 h 喂完，且不宜过量。上午比赛晨饲占日粮的 25%，中午占 40%，晚上占 35%。下午比赛则应晨饲占 40%，中午占 25%，晚上占 35%。对于高级的竞赛用马，应根据其特点单独制定饮、喂程序。

四、实习作业

进行实际操作，写出实习报告和骑马的体会与感觉。

实习八　马的屠宰实验

一、目的要求

掌握马的屠宰方法和操作步骤，马体膘度评定方法，胴体分割及部位等级划分，学习资料的搜集与分析方法，计算肉用性状指标。

二、内容和方法

(一)现场参观实习

在屠宰场进行参观实习。严格遵守屠宰场安全规定。请场方有关人员介绍马匹屠宰情况。有关工作人员做屠宰示范，进行评定膘度、部位分割、等级划分演示。

(二)资料分析

在现场获取马匹屠宰实验资料，称量活重、胴体重、净肉重、骨重等，计算屠宰率、净肉率、胴体净肉率、肉骨比等数值，比较不同品种、性别、年龄马匹的产肉性能。

$$\text{屠宰率}=\frac{\text{胴体重}}{\text{活重}}\times 100\%$$

$$\text{净肉率}=\frac{\text{净肉重}}{\text{活重}}\times 100\%$$

$$\text{胴体净肉率}=\frac{\text{净肉重}}{\text{胴体重}}\times 100\%$$

$$\text{肉骨比}=\text{净肉重}/\text{骨重}$$

三、实习作业

写出实习报告，递交资料分析结果。

实习九　母马泌乳力测定

一、目的要求

泌乳力是衡量乳用马生产性能的主要指标，是育种工作和生产实践不可缺少的数据。通过实习使学生初步掌握泌乳力的测定方法。

二、材料和用具

产奶母马若干匹、挤奶用具等。

三、实习内容

（一）母马的挤奶特点

母马昼夜泌乳，泌乳量相当大，但乳房的容积较小，特别是乳池很小，容纳不下过多的乳汁，只有多次挤出，才能保持正常泌乳。因此，母马挤奶的间隔时间要短，挤奶的次数要多，一般间隔时间为 2～2.5 h，每天挤奶 4～5 次。白天挤奶，夜里让幼驹哺乳。另外，母马挤奶过程应有阶段性，首先用 20～25 s 时间把乳池内的乳汁排空，然后停顿 20～30 s 时间，等乳汁从乳导管排出，乳头饱满隆起时，再迅速将乳汁挤出，并且尽量将乳房排空，否则往往会导致排乳抑制，影响泌乳量，这段挤奶时间持续 2～3 min。

（二）挤奶技术

挤奶动作要迅速，每分钟要挤 120～150 次，整个挤奶时间持续 3～4 min。

1. 滑榨法

这种方法是先用乳汁将乳头润湿，然后用手指夹紧乳头，由上往下滑动，把乳汁榨出。这种方法容易学，但不卫生，容易使乳头皮肤发生裂纹，使黏膜破裂，使乳头拉的过长。因此，只是对发育不良的小乳头，过细过短的乳头，才使用滑榨法。

2. 压榨法

是用拇指和食指压紧乳头基部，然后用中指、无名指和小指顺序压榨乳头，将乳汁挤出。用压榨法挤奶，能保持乳头的干燥及乳汁卫生，母马也感不到痛苦，是手工挤奶较好的方法。

3. 机械榨乳

榨乳机分两拍节和三拍节 2 种。三拍节榨乳机的动作可分为吸乳、压榨及休息 3 个节拍，是比较好的榨乳机。机械榨乳的操作程序是：先用 35℃ 的热水，在准备室清洗榨乳机，然后打开真空开关，将榨乳杯套在乳头上，把集乳器吊于马体后躯，以免脱落；调整搏动频度，每分钟搏动 45～50 次为正常；通过乳玻管观察排乳情况，当看不到乳流时，立即停止榨乳，严禁榨乳机跑空车，因为跑空车会引起母马不安，使母马泌乳规律紊乱，诱发乳房炎等。

(三)泌乳力测定

1.实地称量法

这种方法是让母马与幼驹彻底隔离，对幼驹实行人工哺乳，每天安排挤奶 6～7 次，在每次挤奶时对每匹母马的产奶量进行过秤和记录，统计出每匹母马的日产奶量、月产奶量及一个泌乳期的产奶量。该方法所得数据精确可靠，但比较费时费力，育种群和舍饲高产群可以采用。

2.估产法

有些马场由于人力和其他条件的限制，可采用估产法测出大致的产奶量。

(1)1/2 昼夜测定法 这种方法是根据马乳分泌 24 h 是均衡的规律，只测定一段时间泌乳量，就可以计算出一昼夜的泌乳量。方法是白天挤奶，夜里让幼驹哺乳，挤奶时先将母马和幼驹隔开，挤净乳房中的乳汁，然后每隔 2 h 挤奶一次，量取挤奶量，做好记录，每天挤奶 3～4 次，得出实际挤奶量，再用 N·A·萨伊金公式推算出一昼夜产奶量。

$$Y_c=\frac{Y_T\times 24}{T}$$

式中：Y_c 表示一昼夜产奶量(kg)；Y_T 表示实际挤奶量(kg)；T 表示挤奶期间母子隔离时间(h)；24 表示一昼夜时间(h)。

(2)间隔 10 d 测定法　每 10 d 测一次母马的日产奶量，将所得的数据用 10 乘，则为 10 d 的产奶量，每月实测 3 次，即 1 号、10 号、20 号各测 1 次，就可以得到月产奶量及整个泌乳期的产奶量。

四、实习作业

用估产法推算出 3～4 匹母马 5 个月的泌乳力。

实习十 驴、骡的鉴定

一、目的要求

初步掌握驴、骡体质外貌的鉴定技术，能评定优劣。熟悉驴、骡切齿变化规律，能初步判断驴、骡的年龄。熟悉驴、骡毛色的名称及其特点。

二、内容和方法

1. 体质外貌鉴定

(1)材料 驴、骡各若干匹，测杖、皮卷尺、卡尺、测角器、种驴鉴定表(实习表18至实习表19)。

实习表18 种驴个体鉴定

字 第 号

<table>
<tr><td>驴名</td><td></td><td>编号</td><td></td><td>性别</td><td></td><td>年龄</td><td></td><td>毛色</td><td></td></tr>
<tr><td colspan="2">品种特征概述</td><td colspan="6"></td><td>等级</td><td></td></tr>
<tr><td>体高</td><td>体长</td><td>胸围</td><td>管围</td><td>体长率</td><td>胸围率</td><td>管围率</td><td>体重</td><td>体尺等级</td><td>营养状况</td></tr>
<tr><td></td><td></td><td></td><td></td><td></td><td></td><td></td><td></td><td></td><td></td></tr>
<tr><td>部位</td><td colspan="7">满分标准</td><td>主要优缺点和失格损征</td><td>评分</td></tr>
<tr><td>头颈、躯干</td><td colspan="7">头大小适中，耳门紧，不下垂，颌凹宽，鼻孔大，眼大而明亮，齿齐；颈长短适中，肌肉发达
鬐甲高、宽、长适中，肩较长斜，颈肩结合良好；胸宽深，肋骨开张而圆
背腰长短适中，宽、平、直，结合良好。腹部充实，不下垂。尻宽长，不过斜，股部肌肉发育良好</td><td></td><td></td></tr>
<tr><td>四肢</td><td colspan="7">四肢端正，长短适中，关节强大、干燥，筋腱明显。系部长短、角度适中。蹄大而圆，质坚实。姿势正确</td><td></td><td></td></tr>
<tr><td>体质和其他等</td><td colspan="7">体质结实、干燥，放牧驴可稍粗糙。健康。体形结构匀称，紧凑，各部结合良好。肌肉发育好。公驴有悍威，睾丸发育良好，均称，阴囊皮薄毛细(成年驴精液品质良好)。母驴乳房发育好，乳头正常(产驹母驴泌乳能力强)。运步轻快。性温驯</td><td></td><td></td></tr>
<tr><td colspan="8">体质外貌总评分</td><td colspan="2"></td></tr>
</table>

注：1. 体质外貌分3部分评定。按10分制，各部位符合标准的，可评7分以上；大多数符合标准的，可评6～7分；半数达到标准的，评为5～6分；少数达到标准的，评为4分及以下。

2. 3部分评完后，以分数最低部分作为体质外貌的总评分。但如果有2部分与最低部分的差数之和高于4分时，可将最低部分加1分作为总评分，但最低部分的原评分值不变。

3. 凡有严重的狭胸、靠膝("X"形)、交突、跛行、切齿咬合不齐等缺点的，只能评为5分以下，单睾、隐睾不能作种用。

实习表 19　种驴体质外貌个体鉴定

品种：　　　　　　镇乡或场名：

<table>
<tr><td>驴名</td><td></td><td>编号</td><td></td><td>性别</td><td></td><td>年龄</td><td></td><td>毛色</td><td></td></tr>
<tr><td colspan="2">体高</td><td>体长</td><td>胸围</td><td>管围</td><td>体重</td><td>等级</td><td colspan="3">营养状况</td></tr>
<tr><td colspan="2"></td><td></td><td></td><td></td><td></td><td></td><td colspan="3"></td></tr>
<tr><td colspan="2">项目</td><td colspan="6">满分标准</td><td>满分</td><td>评分</td></tr>
<tr><td colspan="2">品种特征和整体结构</td><td colspan="6">全身被毛短而细致，符合本品种所要求的毛色：粉黑、栗色或乌头黑（德州驴）；体质干燥、结实，放牧驴可稍粗糙些；结构匀称、紧凑；体形略呈长方形，以驮运为主的可呈正方形；肌肉发育良好；姿态俊美，悍威、机敏；性温驯；公驴鸣声长大</td><td>30</td><td></td></tr>
<tr><td colspan="2">头颈和肩</td><td colspan="6">头大小适中，头形好，眼大而明亮，鼻孔大，口方，齿齐，两耳竖立，不下垂，颌凹宽。公驴有雄性，母驴清秀
颈较长而宽厚，颈肌、韧带发达，头颈高扬，颈肩结合良好
肩较长斜，肌肉良好；鬐甲宽厚、长适中</td><td>15</td><td></td></tr>
<tr><td rowspan="2">躯干</td><td>中躯</td><td colspan="6">胸宽深；肋开张而圆；背腰长短适中、宽而直，肌肉强大，结合良好，肷小，腹部肌肉发育好，充实，不卷腹，亦不下垂</td><td>15</td><td></td></tr>
<tr><td>后躯</td><td colspan="6">尻宽阔，不过斜，丰满，肌肉发达，股部肌肉发育好
公驴睾丸发育好，两侧对称，附睾明显，阴囊皮薄毛细，成年驴精液品质好；母驴乳房发育好，乳头正常匀称，产驹母驴泌乳能力强</td><td>15</td><td></td></tr>
<tr><td colspan="2">四肢</td><td colspan="6">四肢端正，长短适中；筋腱明显，关节强大干燥；系部长短、角度适中；蹄大而圆，蹄质坚实，肢势正确，运步轻快</td><td>25</td><td></td></tr>
<tr><td colspan="2">合计</td><td colspan="6"></td><td>100</td><td></td></tr>
<tr><td colspan="2">主要优缺点</td><td colspan="6"></td><td>等级</td><td></td></tr>
</table>

注：种驴体质外貌鉴定评分标准表有 2 种：10 分制和 100 分制。如当地驴种制订有体质外貌鉴定评分标准者，可按当地驴的标准进行鉴定评分。

根据总评分数，按实习表 20 可定出其体质外貌的等级。

实习表 20　驴体质外貌等级

评定等级	公驴				母驴			
	特等	一等	二等	三等	特等	一等	二等	三等
外貌评分	8	7	6	5	7	6	5	4

按 100 分制，评定总分数，根据实习表 21 标准，可定出其体质外貌等级。

实习表 21　驴体质外貌鉴定

等级	公驴	母驴
特级	85 分以上	80 分以上
一级	80	75
二级	75	70
三级	70	65

注：1. 凡品种特征所要求的粉黑毛，如肚皮呈灰白色或灰黑色、被毛黑、白色界限不明显、栗色毛颜色相应变深或长毛呈黑色或灰白色、乌头黑毛有白色毛者，均应适当扣分。公驴不能列入特等。

2. 凡品种特征不符合本品种规定者，不予评定等级。

3. 在外貌上凡具有严重狭胸、靠膝（“X”形）、交突、跛行、凹背、凹腰、卧系及切齿咬合不齐等缺点者，评分不能超过 70 分。

2.年龄鉴别

(1)材料　驴切齿解剖模型,切齿变化图表,不同年龄的驴、骡若干匹。

(2)鉴定方法　按驴切齿发生、脱换及黑窝磨灭、消失等变化规律与年龄的关系见实习表22,以兹鉴别。

实习表22　驴的年龄鉴定

项目	乳齿发生	乳齿黑窝消失/岁	脱换及磨损		齿星出现及形状变化			黑窝磨灭(消失)			齿坎痕消失/岁
			脱换/岁	开始磨损/岁	线条状/岁	哑铃状/岁	圆形,位于齿中央/岁	近似方形/岁	近似圆形/岁	消失/岁	
下颌门齿	生后5～7 d	1～1.5	2.5～3	3～3.5	6	8	15	7	8	9～10	13～14
下颌中间齿	生后14 d左右	1.5～2	3.5～4	4～4.5	7	9	16	8	9	11～12	15～16
下颌隅齿	生后7～10个月		5～5.5								

3.毛色识别

按教材所列毛色类型进行实习。

三、实习作业

1.每组3～4人鉴定3匹驴或骡,评定每匹的优劣(种驴还可评出种用价值),并指出每匹部位的优点和缺点。

2.根据切齿的脱换、磨灭等状况判定以下驴或骡的年龄:

驴(骡)号或名	切齿脱换、磨灭等变化状况	年龄

3.在现场观察并记录以下序号所列驴(骡)的称呼和毛色特征:

(1)驴名或呼号____________________毛色特征________________

毛色定为____________________别征________________

(2)驴名或呼号____________________毛色特征________________

毛色定为____________________别征________________

(3)驴名或呼号____________________毛色特征________________

毛色定为____________________别征________________

(4)驴名或呼号____________________毛色特征________________

毛色定为____________________别征________________

参考文献

［1］甘肃农业大学. 养马学. 北京：中国农业出版社，1981.

［2］赵天佐. 马匹生产学. 北京：中国农业出版社，1997.

［3］中国现代养马编写组. 中国现代养马. 乌鲁木齐：新疆人民出版社，1981.

［4］刘少伯. 现代马业选集(第一卷). 北京：中国农业科学技术出版社，2007.

［5］刘少伯. 中国马业论文集. 北京：中国农业科学技术出版社，2005.

［6］姚新奎. 养马技术. 乌鲁木齐：新疆人民出版社，1997.

［7］芒来译，吴常信校审. 轻型马饲养标准. 北京：中国农业大学出版社，2007.

［8］王铁权. 现代育马. 北京：中国林业出版社，1997 .

［9］韩国才. 畜牧业经营管理. 北京：中国农业出版社，2003.

［10］张洪吉，陈爱年，李瑞红. 市场营销学. 北京：中国科学技术出版社，1994.

［11］江占民，仲崇敬. 农业经济与管理. 北京：中国农业出版社，1998.

［12］杨秋林. 农业项目投资评估. 2 版. 北京：中国农业出版社，1999.

［13］韩俊文，丁森林. 畜牧业经济管理学. 北京：中国农业出版社，2003.

［14］杨金三，李文彬，李振东. 养驴. 北京：农业出版社，1987.

［15］侯文通，侯宝申. 驴的养殖与肉用. 北京：金盾出版社，2002.

［16］周自动，张居农，赛务加甫. 肉用驴饲养. 北京：科学技术文献出版社，2000.

［17］王永军. 肉驴高效饲养指南. 郑州：中原农民出版社，2002.

［18］王永军. 图文精解——养肉驴技术. 郑州：中原农民出版社，2005.

［19］Rossdalep. *Horse Breeding*. Scotland：David and Charles，1995.

［20］Kozhevnicov Y. V. *Horse Breedings in the USSR*. Moscow：Kolos，1983.

［21］Maurizio B. *The Macdonald Encyclopedia of Horses*. London：Little，Brown and Company，1995.

［22］Nicola J S. *Horse Breeds of the World*. London：Hamlyn，2006.

［23］Mckinnon A O. Voss. J L *Equine Reproduction*. Pennsylvania：Lea & Febiger，1993.

［24］Committee on Horse Nutrition，Committee on Animal Nutrition，Board on Agriculture，National Research Council. Nutrient Requirements of Horses. The National Academies Press，1989.

［25］Committee on Nutrient requirements of Horses，National Research Council. Nutrient Requirements of Horses. The National Academies Press, 2007.

[26] Pagan. J D, Harrisp, Brewster-Barnes T, etc. Exercise Affects Digestibility and Rate of Passage of All-Forage and Mixed Diets in Thoroughbred Horses. *The Journal of Nutrition*, 1998, 128(12). 138-146.

[27] The pony club. The Manual of Horsemanship. England: Halstan & Co. Ltd., Amersham, 2007.

[28] Bradley M. *Horses: A Practical and Scientific Approach*. New York: McGRAW-Hill Book Company, 1981.

[29] Hughes C E, Oliver R. *Practical Stable Management*. London: Pelham Books, 1987.

[30] Jcrcmy II B, Vincent P S. *Horse and Stable Management*. London: Granada Technical Books, 1984.